新疆特色油料作物栽培

向理军　雷中华　贾东海　顾元国　主编

U0306201

中国农业科学技术出版社

图书在版编目（CIP）数据

新疆特色油料作物栽培／向理军等主编. —北京：中国农业科学技术出版社，2020.5

ISBN 978-7-5116-4703-0

Ⅰ.①新… Ⅱ.①向… Ⅲ.①油料作物-栽培技术 Ⅳ.①S565

中国版本图书馆 CIP 数据核字（2020）第 067175 号

责任编辑　于建慧
责任校对　李向荣

出 版 者　中国农业科学技术出版社
　　　　　北京市中关村南大街 12 号　邮编：100081
电　　话　（010）82109708（编辑室）　（010）82109702（发行部）
　　　　　（010）82109709（读者服务部）
传　　真　（010）82106650
网　　址　http://www.castp.cn
经 销 者　各地新华书店
印 刷 者　北京建宏印刷有限公司
开　　本　787mm×1 092mm　1/16
印　　张　20
字　　数　463 千字
版　　次　2020 年 5 月第 1 版　2020 年 5 月第 1 次印刷
定　　价　80.00 元

作者队伍

策　划：曹广才（中国农业科学院作物科学研究所）

主　编：向理军（新疆农业科学院经济作物研究所）

　　　　雷中华（新疆农业科学院经济作物研究所）

　　　　贾东海（新疆农业科学院经济作物研究所）

　　　　顾元国（新疆农业科学院经济作物研究所）

副主编（汉语拼音排序）：

　　　　侯献飞（新疆农业科学院经济作物研究所）

　　　　黄启秀（新疆农业科学院经济作物研究所）

　　　　李广阔（新疆农业科学院植物保护研究所）

　　　　李　强（新疆农业科学院经济作物研究所）

　　　　吕晓刚（伊犁哈萨克自治州种子管理总站）

　　　　秦　刚（新疆维吾尔自治区农业技术推广总站）

　　　　任　瑾（新疆轻工职业技术学院科研处）

　　　　王秀珍（塔城地区农业技术推广中心）

　　　　张　黎（新疆农业科学院经济作物研究所）

编　委（汉语拼音排序）：

　　　　艾海峰（新疆生产建设兵团第九师农业科学研究所）

　　　　曹　彦（内蒙古乌兰察布市农牧科学研究院）

　　　　邓晓娟（新疆农业大学农学院）

　　　　葛　青（新疆维吾尔自治区种子管理总站）

　　　　靳瑞欣（新疆农业大学科学技术学院）

　　　　李国顺（吉木萨尔县农业技术推广站）

李燕娥（阜康市农业技术推广中心）

李　瑜（新疆维吾尔自治区标准化研究院）

林　萍（新疆农业科学院科研管理处）

马　辉（新疆维吾尔自治区阿克苏地区农业技术推广中心）

马雪梅（塔城市农业技术推广中心站）

苗昊翠（新疆农业科学院经济作物研究所）

王世卿（裕民县农业技术推广站）

王维新（昭苏县种子管理站）

吴　伟（新源县农业技术推广站）

夏　昀（特克斯县农业农村局）

徐向阳（新疆生产建设兵团第九师农业科学研究所）

张艳红（巴里坤哈萨克自治县农业技术推广中心）

张　正（新疆农业科学院伊犁分院）

赵卫芳（昭苏县农业技术推广站）

前　言

　　红花是一种集药材、油料、染料和饲料为一体的特种经济作物。红花籽可榨油，红花油是优质的保健食用油，其中，亚油酸含量高达80%以上，高于所有食用植物油，并富含维生素E和多种微量元素，是优质保健食用油。红花丝是传统的中药材，有通经活血、化瘀功效。红花丝还可提取天然色素，可做红色染料和胭脂。红花种植范围广，适应性强，经济效益好。新疆维吾尔自治区（全书简称新疆）是中国红花主产区，常年种植面积占全国红花种植面积和产量的80%以上，产品远销全国各地，并出口外销。

　　向日葵是新疆的主要油料作物，向日葵油品清亮透明，亚油酸含量达77%，仅次于红花。向日葵油含有较多的维生素E和胡萝卜素等。向日葵油与橄榄油二者被国际心脏病协会推荐为最佳食用油。向日葵干果即"葵花籽"，富含蛋白质、脂肪、碳水化合物、膳食纤维、硫胺素（维生素B_1、维生素B_2）和维生素E以及胡萝卜素等，葵花籽具有抑制中枢神经的功效，可防治失眠、抑郁症和神经衰弱，有安眠作用。向日葵是新疆第一大油料作物，从1999年起新疆一直是中国最大的油葵产区。2002年，农业农村部正式把新疆列为"国家油葵适宜发展区域"。近年来，新疆每年向日葵种植面积都稳定在220万亩①以上。

　　胡麻是一种古老的油料作物，有数千年的栽培历史，世界各地都有种植。胡麻油除含有多种不饱和脂肪酸外，还富含亚麻酸，亚麻酸的食疗保健作用已被很多人认识，国内外营养保健专家把胡麻油誉为"高山上的深海鱼油"。新疆年均收获面积10万亩左右，占同期全国年均收获面积的2.81%；新疆是中国胡麻种植单产最高的省份，平均单产137.6kg，高出全国平均水平35%。

　　红花、向日葵、胡麻是新疆的特色油料作物，它们都具有耐旱、耐盐碱、耐瘠薄、适应性强的特点。近年来，新疆的特色油料产业发展非常迅速，2017年全疆合计种植

---

　　①　1亩≈667平方米。全书同

316.99 万亩，总产量 54.26 万 t，由于 3 种油料作物相对效益较好，近年种植面积不断加大，目前，红花、胡麻都是广种薄收，向日葵的种植亦是普遍存在乱施肥、乱打药现象，没能因地制宜和科学种田。为加快新疆特油（红花、向日葵、胡麻）产业增效和农民增收，在中国农业科学院作物科学研究所曹广才老师的精心策划下，笔者召集从事红花、向日葵、胡麻研究和推广技术人员总结不同地域、不同熟期、不同用途的 3 种作物栽培模式，为新疆特油作物新品种、新技术的推广编写此书。

全书共分 3 章，依次阐述了红花、向日葵、胡麻在新疆的布局和生产形势，红花、向日葵、胡麻种质资源，红花、向日葵、胡麻的生长发育，红花、向日葵、胡麻实用栽培技术、环境胁迫及应对，红花、向日葵、胡麻的品质和利用。

本书由新疆农业科学院经济作物研究所、新疆农业科学院植物保护研究所、新疆农业农村厅推广总站、新疆轻工业职业技术学院、伊犁哈萨克自治州种子管理总站、塔城地区农业技术推广中心、裕民县农业技术推广站、昭苏县农业技术推广站等单位科研推广人员共同完成。

本书编写中，承蒙中国农业科学院作物科学研究所曹广才研究员为此书策划以及统稿，付出了很多时间和精力，在此表示真诚的感谢。

本书图文并茂、资料翔实、内容丰富，是新疆第一部系统反映红花、向日葵、胡麻从种植到收获、加工的专著，可供农业科技人员及大、中专学生参考使用，由于编写时间较为仓促，书中难免有不妥之处，恳请读者多加批评指正。

向理军

2019 年 8 月于新疆乌鲁木齐市

目　录

第一章　红　花

第一节　新疆红花生产布局和生产形势

一、红花起源和在中国的传播

红花（*Carthamus tinctorius* L.）是一种传统作物，原产大西洋东部、非洲西北部、地中海沿岸，约在 2 100 年前的汉代传入中国。

麦布拉·满素尔等（1996）详细介绍了新疆红花的历史渊源及作用。公元前 138 年到公元前 121 年张骞两次出使西域，开拓了一条古代东西方交流往来的"丝绸之路"，使得红花等药材传入内地。通过对《山海经》《博物志》以及《本草纲目》等文献的研究，明确了新疆在红花传播中的历史地位及作用。新疆是红花的最早产地之一，丝绸之路的开通使红花得到了广泛传播。新疆在红花传播中对祖国医药学产生了积极作用，并对日本等国产生了影响。而今新疆红花的种植以及色素的开发在中国红花的购销中仍起着举足轻重的作用。

杨建军等（2013）以丝绸之路上的红花传播为例，沿着丝绸之路，自西向东探究红花的传播线路、栽培技术以及与之相关的使用状况，并做出分析和探讨。距今约 4 500 年之前，埃及已经开始种植红花并将其作为染料使用，这正是大多数学者都将埃及作为红花起源地的原因。其次，因为在美索不达米亚出土的壶中发现了红花种子，其年代与埃及发现的红花染织物属于同一时期，据此也有一种说法认为，红花的原产地是美索不达米亚地区。也有学者认为，红花起源于近东，因为栽培红花与两个野生种有亲缘关系，即在土耳其、叙利亚和黎巴嫩发现的波斯红花以及在伊拉克西部荒芜地区和以色列南部发现的巴勒斯坦红花。日本学者星川清亲则认为红花的起源中心为埃塞俄比亚，并绘制了一幅以埃塞俄比亚为中心的红花传播路线图。此外，在印度和中亚地区也发现有接近的野生种红花，可以追溯的红花栽培历史约为公元前 3 世纪至公元前 2 世纪。基于红花的变异性和古老的栽培，印度通常被人们认作是第二个红花起源中心，那里自古盛行红花染。还有学者认为，阿富汗也是红花的起源地之一，这是基于变异性和野生种接近。时至今日，关于红花起源众说纷纭。中国学者赵丰（1987）倾向于将埃及北部和近东地区看作是红花的起源中心，印度和中亚是红花传播过程中的两个中转站。理由是埃及和近东均位于具有大量特有种属的地中海东岸附近，在这里曾发现古老的红花染色资料和红花野生种，说明了红花在这一地区种植和栽培时间久远。从红花特点和习性来分析，由于红花耐干怕涝的植物属性，它的起源地都需要满足水分有限而日照强烈的自然生态条件，否则便不符合红花的生长规律。这样看来，将埃及作为红花的起源地不仅符合考古出土的发现证据，同时也符合红花植株生长需要的满足条件。据《汉书·西域传》《摩诃僧祇律》以及《旧约》等古籍的记载，红花在印度和中亚地区种植和使用都曾非常盛行，同时，从地理位置上来看，印度和中亚地区也应作为起源自埃及的红花传播中的一环，对红花传入中国西北地区产生了直接的影响。公元前138年，中国汉武帝派遣张骞出使西域，开创了贯通欧亚大陆的丝绸之路。红花自中亚地区传入中国西北地区的具体时间已不可考，但是得知位于西北的匈奴地区在张骞通西域之前就已经利用红花中的红色素，提取作为燕支的颜料。西域地区的人们不仅利用红花中的红色素染制红色的丝线和丝绸，还把红花中的黄色素当作黄色染料来使用。

红花自西域传来，从中国西北地区传入中原地区的时间应在汉代。晋代张华所撰《博物志》记载红花是"张骞得种于西域，今魏地亦种之"。张骞出使西域带回了许多新奇的物种，其中包括红花种子，无论这种记载准确与否，在东汉医书《金匮要略》中已经将红花作为治疗妇女腹中血气刺痛的药材了。此外，《博物志》中所说的"魏地"即以安阳为中心的黄河流域一带，可见在河南等地已种植红花。北朝贾思勰著《齐民要术》中更是详细记载了红花的种植要领、经济价值、干燥工艺和制作燕支的方法，因作者贾思勰是山东益都人，足迹遍及山西、河南、河北等省，所以他在书中反映的农业气候主要是以山东地区为中心的黄河中下游地区。这一地区的气候、土壤等种植条件基本类似，同属于北方旱作农业地区。因此至少晚至北朝时期，红花已经传播至黄河中下游地区，并且成为当地十分重要的经济作物。自唐代以后，红花的栽培几乎已经遍及全国各地。任超翔等（2017）查阅相关文献发现，把地中海东岸的新月地带看作红花的起源地最为合理，中国红花产地的变迁受到自然和社会的多种因素影响，中国红花产地适宜性及品质评价需进一步研究。关于红花起源有3种观点：在欧亚非大陆上，人类栽培红花的历史悠久，分布广泛，是一种重要的作物。在1969年Knowles依据株高、分枝、有刺无刺、花色以及花苞大小等形态特点，将世界红花产地分为"七大相似中心"，包括远东地区（中国、朝鲜半岛、日本等地）、印度巴基斯坦地区、中东地区、埃及、苏丹、埃塞俄比亚以及欧洲。1975年Ashri将中东地区分为伊朗阿富汗地区、近东地区（以色列、约旦、叙利亚、伊拉克等地）及土耳其，并增添了肯尼亚，成为"十大相似中心"。这为后续学者研究红花的起源、遗传多样性等内容奠定了基础。然而关于红花起源地的说法不一。例如，1926年前苏联学者瓦维洛夫提出了红花栽培有3个起源中心，分别为埃及、印度及阿富汗。1978年日本学者星川清亲则认为埃塞俄比亚是红花的起源中心，并作了一幅以埃塞俄比亚为中心的红花传播路线图。后来也有人把起源中心置于近东，这是基于栽培红花与当地的野生种有亲缘关系。还有一种观点即把地中海东岸的"新月地带"看作红花的起源地。这个区域包括从尼罗河向东北延伸到底格里斯河，向东南伸展至波斯湾，包括埃及、以色列、约旦、黎巴嫩、叙利亚以及伊拉克等国。这个区域外形如"弧"、东西蜿蜒走向，地带狭长，就像一弯新月。由于这片地区阳光充沛、气候干燥，但相对于整个中东地区，水源较为充足，土地肥沃，故该地区也被称为"新月沃土"。历史上有大量的农作物是在这里被驯化栽培并传播至世界各地的，如大麦、二粒小麦、单粒小麦、豌豆、鹰嘴豆、亚麻等。在该地区还有大量红花野生近缘种存在，如 *C. palaestinus*，*C. oxyacanthus*，*C. dentatus*（Forssk.）Vahl.，*C. glaucus* M. Bieb.，*C. lanatus* L.，*C. tenuis*（Boiss. &Blanche）Bornm.，*C. persicus* Desf. ex Willd. 等。其中 Chapman 与 Burke 收集"七大相似中心"的红花及近缘种，通过对样品的遗传多样性与系统进化分析，证明 *C. palaestinus* Eig. 最有可能是红花 *C. tinctorius* L. 的起源物种，而后采用 SSR、SNP 技术分析核基因多样性与叶绿体基因的变异，从群体遗传学角度分析并结合近缘种的生长地域得出，红花最初的起源在"近东地区"即"新月沃土"。另外还有考古发现，在叙利亚遗存的红花种子，距今约4 500年，是人类栽培红花的最早证据。在古埃及法老图坦卡门的墓室中发现用来装饰木乃伊的红花花环，距今约有3 600年，并残存有红花的种子，距今约3 350年。因此，将地中海东岸的"新月地带"看做是红花的起源中心是合理的。

红花喜温、耐旱怕涝，生长周期短，对环境适应性强，易于栽培，且用途广泛。在20世纪中期合成苯胺用于制作染料之前，红花则是最重要的染料原料之一，并可作油料、禽类饲料、药用甚至是一些文化宗教仪式，因此红花能够在世界各地广泛传播。从新月地带分别向西向东传播，向西到欧洲与非洲，向东途经中亚伊朗、印度、巴基斯坦、阿富汗等国，再通过中国西北地区新疆、甘肃等地传入中国内陆，在12世纪前后，又经中国传播到日本。直到19世纪末20世纪初，红花才被传入美洲、澳洲。在20世纪中后期，红花开始在美国、墨西哥、澳大利亚等地被大面积的种植。

二、新疆红花生产布局和生产形势

（一）生产布局

目前，红花在全国范围内有所种植，例如新疆维吾尔自治区（以下简称新疆）、河南、浙江、四川、云南等地，但新疆是国内红花的主要产区。

林寒等（2018）详细阐述了红花在中国的引种历史、种植概况及其地理分布。目前，中国红花的商业化种植主要集中在新疆、云南和甘肃。新疆是中国栽培红花的最主要种植区，在中国作物种质信息网收录的新疆红花品种有300多种。据统计，新疆每年红花总种植面积约40 000 hm²，主要为昌吉地区、塔城地区和伊犁地区，塔城地区种植面积约25 333 hm²，伊犁地区约13 333 hm²，昌吉地区约6 666 hm²。总体而言，新疆红花种植面积占全国种植面积一半以上，红花的产量更是占全国的80%。其中新疆裕民县红花种植面积达10 000 hm²以上，已成为新疆最大的红花种植基地。

姚艳丽等（2002）通过试验探讨了新疆红花种植的气候适宜性。新和县气象条件适宜发展正播与复播红花，正播红花的适时播期在4月上旬。福海县的气象条件适宜红花正播，但不适宜于复播，正播适时播期为4月中上旬；在夏收作物收获后，剩余≥5℃积温若在2 000℃以上，日照时数在750h左右地区，便可种植复播红花。

早春较低的温度和相对较短的日照利于延长红花营养生长，促进分枝形成，夏季的高温和长日照又利于红花开花和灌浆成熟。故早播的单株花球数，每花籽粒数及千粒重均高于晚播的，适时早播是红花丰产的关键性措施之一。

复播新红花2号籽粒产量平均比复播新红花1号高79.9%，花丝产量低12.2%。一般情况下，复播新红花2号的经济效益要高于复播新红花1号。

任水莲等（2005）利用实测资料分析得出新疆红花适生产区。提出春播及复播红花气候区划。春播红花气候区划：①积温的多少或生长期的长短，决定了该地区能否种植红花或是否高产，新疆主要红花产区≥5℃积温起止日期与累积值，基本符合红花生长的需求，故选用≥5℃积温值作主导指标。②红花虽耐寒、耐热，但红花在生育过程的苗期阶段温度低则分枝多；花期温度高则花盘大、产量高；灌浆期温度低则籽粒饱满，故以这3个关键生长期的平均气温作辅助指标。根据上述指标，新疆除阿勒泰北部、伊犁河谷东部、巴里坤—伊吾盆地等地的部分地区及南北疆高寒山区由于热量不足以及吐鲁番盆地红花灌浆期的气温偏高影响籽粒灌浆，不宜种植外，全疆其余农区的气候条件都适宜春播红花的种植，故在此不再做详细的分区评述和区划图。在此介绍以下区域。

1. 复播红花适宜区

包括喀什、和田地区及阿克苏地区的阿拉尔、库车、沙雅、新和等地。热量资源比较丰富，≥5℃初日至≥15℃终日期间的积温4 000~4 470℃，生长期200~215d。

区内早熟冬小麦在6月15日前后成熟，适于红花复播的时间长。播种期正值汛期，播种用水和生长期用水有一定保证。区内复播红花从出苗到成熟除苗期气温偏高发育速度过快，影响形成壮苗和分枝数外，其余生长发育期间气温适宜，光照充足，气候条件对红花生长发育及产量形成十分有利。本区复播红花的气候优势，从热量条件看，可实行两早配套的一年两熟栽培和搭配部分两年三熟制的轮作田。建议这些地区复播红花可推迟到7月中旬前播种，这样既可避免高温对红花苗期的不利影响，又可合理地安排其他复播作物。

2. 复播红花较适宜区

包括南疆东半部的库尔勒、轮台、尉犁、若羌、且末、民丰和阿克苏等县以及哈密地区。这些地区≥5℃初日至≥15℃终日期间的积温3 770~4 360℃，生长期180~200d。轮台、若羌、且末、民丰和阿克苏等地早熟冬小麦在6月20日前可熟，秋播9月底结束。本区复播红花主要问题是夏季温度高，气候干燥；生长期略短于适宜区，但仍在红花生长适宜范围内，唯阿克苏、哈密等地积温偏少，为3 770~3 930℃，红花生长期光照充足，苗期温度偏高，终花期和籽粒形成后期热量略有不足。适宜套播红花和两年三熟的种植方式，本区复播红花可选择早熟品种。

3. 复播红花种植不适宜区

指吐鲁番盆地平原地区，积温为新疆最多地区，≥5℃初日至≥15℃终日期间积温4 600~5 360℃。夏季气温高，空气干燥，7—8月平均气温在30~32℃。红花虽然十分耐热，但温度过高导致红花发育期缩短，影响红花分枝数和不能充分灌浆，产量低，故不宜大面积种植红花。

（二）生产形势

沈飞（2001）对新疆红色产业的资源条件、基地建设及存在的问题进行了分析。新疆红花的种植历史悠久，至今已有2 100年的栽培历史。新疆红花色泽鲜亮，红花籽含油率和亚油酸含量高达82%，油质好。红花在全疆各地均有种植，常年种植面积占全国总面积的 50%，干花和红花籽的产量均超过全国总产量的 80%，出口量占全国红花出口量的 40% 以上。新疆所产干花和干花籽，大部分调往内地或出口。1999 年，红花种植面积达到 60 万亩，平均亩产 70~80kg，新疆适宜种植红花的土地面积很大，且市场需要，种植面积可从近年的 25 万~80 万亩迅速扩大到 250 万~400 万亩。随着规模化种植技术的提高，产量也可以从现在的平均亩产 70~80kg 提高到 110~150kg。由此可见，新疆红花资源就全国而言，具有规模优势、质量优势和土地优势，红花产业发展的潜力巨大。

1. 新疆红花生产过程中存在问题

（1）生产和经营管理粗放，产量很不稳定　虽然新疆红花种植面积和产量均为全国第一，但由于一直沿袭传统的粗放式生产和经营管理方式，产品质量和规模都受到较大影响。目前，红花加工产品的品种较少，市场需求也很有限，因此使总体发展规模受到限制，难以发挥红花资源的优势和实现规模化经营。

（2）缺乏资金投入，产品开发及综合利用能力低　由于新产品开发滞后，主要是作为原料出口，目前红花系列产品红色素、黄色素、红花茶、红花保健油、红花乳液等的工艺技术已问世多年，但由于新疆缺乏资金及技术人才，这些产品生产技术的推广艰难，无法形成规模和品牌。

（3）产品销售中存在的问题较多　由于市场需求及管理等因素，假冒伪劣产品、产品收购部门压级压价等问题严重。而近年来一些企业开发的新产品由于成本价格过高、包装不当等问题，未能打开市场，并造成产品积压，进一步影响了企业开发产品的后劲。

李荣（2003）分析了新疆红色产业发展与产品开发前景。新疆红花的引种和栽培，是从 20 世纪 70 年代开始，至今已有 30 年的历史，是中国红花最大产区，种植面积及产量均占全国的 80% 以上。新疆红花栽培主要分布塔城、伊犁、昌吉及巴州、喀什等地州，其中以塔城地区的塔城额敏、裕民等县市的面积与产量最多，是新疆的主产区。目前红花每公顷产 225kg，红花籽达 2 250 kg，在品种培育和种植技术方面均处于国内领先水平，生产、加工、开发潜力很大。新疆（不含兵团）2001 年种植面积达到 1.6 万 hm²，总产达到 1.8 万 t。

2. 红花产业的发展特点和优势

（1）原料优势　新疆的塔城、昌吉、伊犁等地气候干燥，光照充足，热量丰富，红花色泽鲜亮，种籽含油率高，亚油酸含量高。新疆红花籽的含油率为 26% 左右，亚油酸含量在 82% 以上，比美国高出 6 个百分点，比全国其他地区高出 13 个百分点。

（2）产品优势　新疆的红花籽、红花油、红花丝及花粉都是驰名中外的优质产品。新疆红花油中维生素 E 含量高达 1 600mg/kg，且红花油中不饱和脂肪酸、碘含量都很高，又不含亚麻酸，具有优良的保色性和不饱和性，耐储存，不易酸变。新疆塔城地区额敏县加工的"塔原牌"纯红花油是 1999 年新疆首次认定的农业名牌产品，新疆德隆企业生产开发的"红花乳液"也正成为红花系列的重要产品。

（3）技术优势和产业优势　新疆是中国红花种质资源研究的重要基地，目前已培育出了新红花1号、新红花2号、新红花3号、新红花4号等优良品种，建立了高产模式化栽培技术体系，建立了精制红花油和红花色素加工企业，开发出许多红花新产品，在国内红花技术开发中占优势地位，为新疆红花产业的发展提供了坚实的科学技术支撑。红花油产品加工已初步形成产业化规模，并在国内市场占有较大的份额。

新疆红花产品主要是以干花、红花籽、红花丝及红花油为主，在原红花油产品基础上，新开发了"红花乳液红花茶""春蜜口服液"等红花产品。但总体来说红花产品生产、加工、销售还未能形成规模。

（贾东海、李强）

第二节　新疆红花种质资源

一、红花的植物分类地位

（一）分类地位

红花（*Carthamus tinctorius* L.）为菊科（*Compositae*）红花属（*Carthamus* L.）1～2年生草本植物，别名红蓝花、刺红花等，各地还有不同的称谓。据《中国植物志》记载，红花属植物有18～20种，中国有其中的两种，即毛红花（*C. lanatus*）和红花（*C. tinctorius*），而红花（*C. tinctorius*）为属内的模式种。著名美国红花专家Knowles认为可按染色体的数目分为四组：

Ⅰ. 第一组（2n=24）

（1）红花（*Carthamus tinctorius* L.）

（2）巴勒斯坦红花（*C. palaestinus* Eig.）　又称沙漠野红花。种子与栽培红花相似，但成熟后容易脱落；在冠毛之下呈褐色。

（3）尖刺红花（*C. oxycantha* M. B.）　又称印度野生红花。有很强的抗病基因，种子横切面为卵圆形，无冠毛，成熟后易脱落。

第二、第三两种被认为很可能为栽培红花的祖先，同工酶谱揭示出两者之间有着相近的亲缘关系，他们与栽培红花杂交可获得能育的后代。

（4）木本红花（*C. arborescens* L.）　又称高大红花，为在西班牙及其相邻的北非发现的野生红花，花黄色。

（5）蓝色红花（*C. caeruleus* L.）　分布在法国至克什米亚的广阔地带，花蓝色。

以上两种为两年生草本植物。过去与栽培红花杂交未获成功。

Ⅱ. 第二组（2n=20）

本组为地中海东部原产的野生红花，花蓝色或粉红色。

（6）亚历山大红花（*C. alexandrinus* (Boiss.) Bornm.）

（7）细叶红花（*C. tenuis* (Boiss.) Bornm.）

（8）叙利亚红花（*C. syriacus* (Boiss.) Dinsm.）

以上3种形态上相似。

（9）苍白红花（*C. glaucus* M. B.） 与上述 3 种不同，有展开生长的习性，花球大，总苞片卵圆形而不呈线形。苍白红花和细叶红花都能和栽培红花杂交；巴基斯坦红花也可同细叶红花杂交得到 F_1 代，但尖刺红花与细叶红花杂交后则为不育。

Ⅲ. 第三组（2n＝44）

（10）棉毛红花（*C. lanatus* L.） 茎高，木质化；叶小而多刺；花头直径为12.7～19mm，长 38.1mm；花柠檬黄色；全株有长棉毛。在欧亚分布很广。可能是第一组和第三组的双倍杂交种。与第一组和第二组的杂交种全部不育。

Ⅳ. 第四组（2n＝64）

（11）伊比利亚红花（*C. baeticus* (Boiss. Et Reut.) Nym.） 本种与棉毛红花相似，但花头小些，总苞片向外张开呈钟状，花浅黄色，植株的毛少些。分布于欧洲西南部的伊比利亚半岛及其毗邻的北非地区。

此外，波斯红花（*C. persica* Willd.）也是比较常见的，染色体为 2n＝24。梁慧珍等（2015）介绍，Lopez Gonzalez 根据解剖学和生物分类学研究，于 1989 年提出红花属下分 3 个族，即红花族（*Carthamus*）、*Odonthagnathius* 族、*Atractylis* 族。红花族主要由染色体 2n＝24 的种组成，红花是其中唯一的栽培钟；*Odonthagnathius* 族由染色体 2n＝20 或 22 的种组成，全部为野生种；*Atractylis* 族为异源四倍体 2n＝44 和异源六培体 2n＝64，也全部为野生种。经过长期的栽培实践，目前，红花已有众多的品种。

（二）形态特征

由于红花是一种栽培历史悠久的古老植物，加上各种生态条件下的天然杂交、自然变异和人工选育而形成了各种不同的品种和类型，种质资源极为丰富。因此，对所收集和保存的红花种质资源进行形态特征的观察、鉴定、筛选，具有十分重要的意义。

一个地区的红花种类及品种，是在一定的自然环境和栽培条件下形成的。由于红花各品种特有的遗传性状，决定了来源于不同地区红花的形态特征和特性有较大差异。红花品种之间外部形态主要通过种子形状、种子壳型、子叶形状、子叶颜色、植株高度、分枝数、分枝角度、叶片形状、叶缘、叶刺、花色、苞片形状、苞片刺、果球形状、顶球直径、单株果球数等特征来区分。种子形状分为椭圆、圆锥、新月状。种子壳型分为普通壳、条纹壳、薄壳、部分壳、少壳。中国及国外的红花种子形状均以圆锥形为主，壳型以普通型为主。种子有多重颜色：白色、米黄色、灰色、黑色斑点、黑色、黑褐色或紫色纵向条纹，少数品种具有冠毛。红花种子形状、壳型、颜色、冠毛有无等特性是由遗传性决定的。而种子的大小因品种、播种期、花球在植株上的着生位置、种植密度的不同而异（图 1-1 至图 1-6）。

红花果球形状因品种而不同，一般可分为圆锥、椭圆及扁平。果球形状以圆锥形为主，扁平次之，椭圆形最少。每个果球内着生的种子数也因品种、植株个体以及着生部位不同而有很大差异（图 1-7 至图 1-9）。

红花头状花序的大小依基因型、环境和在植株上的位置不同而有差异。一般中国西北地区的红花花球直径较大，东南地区花球较小。国外的品种（系）顶花球平均直径大于或略大于中国的红花品种（系），但变化幅度较小。红花单株果球数是产量构成的

图1-1　黑色籽粒

图1-2　冠毛

图1-3　条纹壳

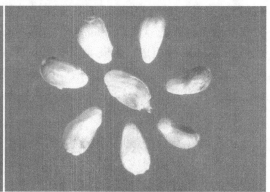

图1-4　薄壳

图1-5　普通壳

图1-6　圆锥形

主要因素。在春播条件下，国内品种的单株平均果球数为12~31个，以新疆当地品种的单株果球数最多，江苏的品种最少。国外品种（系）单株平均果球数14~32个，以阿富汗的品种单株果球数最多，日本的最少。但在低纬度的昆明秋播条件下，单株果球

图1-7　圆锥形（贾东海，2019）

图1-8　扁平（贾东海，2019）

数明显增多。

　　红花的花冠颜色可分为白、红、黄、浅黄、乳黄、橘红、橘黄等7种颜色。而国际植物遗传资源委员会（1983）在红花花色的描述中，将开花时花冠颜色分为8种，即灰白、浅黄、黄、浅橙色、基部橙色、橙、深红及其他。中国红花历史上以花入药为主，习惯上以红色花为好，国外红花的花色以黄色为主，红色花和橙红色花极少（图1-10至图1-12）。

图1-9　椭圆（贾东海，2019）

图1-10　红色花（贾东海，2019）

图1-11　黄色花（贾东海，2019）

图1-12　白色花（贾东海，2019）

红花的分枝数和分枝角度随品种、植株密度、环境条件的不同有明显的差异。中国北方多采用春播，夏季日照长，红花的生育期缩短，植株矮小，分枝数较少。相反，在低纬度的南方，多采用秋播，且冬季气候温和，日照较短，生育期延长，植株高大，分枝数多，分枝角度增大。

总之，国内外所收集的红花资源，由于种植历史、生态分布、自然条件、栽培技术和耕作制度的不同，各品种之间形态特征差异很大，从而形成了丰富的红花种质资源。

二、中国红花种质资源

（一）资源概况

1. 数量众多

红花在长期的栽培中形成了丰富多样的品种资源，Knowles 于 1976 年考察了印度、美国、墨西哥等 49 个国家，收集到 1 500 多份红花资源。随后，国际植物遗传资源研究所（IPGRI）支持的考察活动中，从 15 个国家收集到红花资源近 100 份。印度、墨西哥等主要红花生产国也开展了红花资源的收集工作。中国红花在长达 2 000 余年的栽培历史中，形成了类型独特的种质资源，经过多年努力，收集红花资源 700 多份。据不完全统计，在全世界 15 个国家的 22 个基因库保存有红花资源 20 418 份，其中保存量多的国家依次为印度（9 918 份）、美国（4 374 份）、中国（2 800 份）、墨西哥（1 504 份）、加拿大（490 份）等。有研究发现印度种质资源表现丰富的多样性，但土耳其种质资源与来自中东国家种质亲缘关系较近；还有很多来自印度、土耳其、中东地区的待研究种质之间相似度比来自欧洲和美国的更多。中国红花种质主要来源于美国、墨西哥、叙利亚、日本、印度、埃及等 52 个国家或地区以及中国 26 个省份。

中国红花产区主要集中在新疆，其次为四川、云南、河南、河北、山东、浙江、江苏等省。其中，新疆维吾尔自治区播种面积占全国总面积的 90% 以上，主要分布在塔城、昌吉和伊犁地区。近年来，裕民县每年红花种植面积均在 10 000 hm² 以上，已成为全疆最大的红花种植基地，种植面积居全国第一，红花已成为当地农民增收的支柱产业。红花根据产地不同，又命名为杜红花（浙江）、怀红花（河南温县一带）、散红花（河南商丘）、大散红花（山东）、川红花（四川）、南红花（南方）、西红花（陕西）、云红花（云南）。

2. 种质资源的遗传多样性

关于种质资源的遗传多样性，不乏研究报道。郭丽芬等（2012；2015）通过对 19 个性状的遗传多样性分析表明，红花种质资源存在广泛的性状变异，性状变异的表现是遗传因素与环境因素共同作用的结果，在栽培种植条件一致和材料数较多的情况下，可真实地表现资源间的遗传多样性。分析结果表明，多样性指数越高遗传多样性越丰富，而丰富的多样性为作物育种和遗传改良奠定了基础。供试的红花种质资源存在丰富的遗传多样性，其中多样性指数最高的是果球着粒数，其次为株高、最末分枝高度和千粒重，多样性指数越高，表明以上性状遗传多样性越丰富，而丰富的多样性为作物育种和遗传改良奠定了基础。研究结果表明对红花产量起决定作用的果球着粒数和千粒重的遗传指数较高，利用已有种质资源，对提高红花产量有较大的潜力。Amiri（2001）对伊朗当地红花居群的 PAPD 多态性检测得出其遗传多样性和地理分布无关。郭美丽（2003）对中国 9 省的 22 个红花品种的 RAPD 分析结果表明，红花种内存在一定的遗传变异。中国北方，特别是新疆地区的品种亲缘关系较近，南方品种间遗传差异性较大。逯晓萍等（2004）采用多元遗传统计分析方法分析了红花 16 个性状间的遗传关系。结果表明，多数性状都与千粒重呈显著和极显著表型相关。杨玉霞（2005）利用 ISSR 标记技术对来自 32 个国家的 48 份红花的研究发现红花资源遗传多样性丰富。印度、中东和埃及的材料遗传差异性较大，其他各中心的材料遗传差异相对较小。此外，张磊（2006）采用 AFLP 技术，对中国红花 28 个不同栽培聚群在 DNA 水平的多态性进行研究表明，红花种内存在一定的遗传多样性，基于 AFLP 条带统计的聚类结果和表型特征并不完全一致。赵欢（2007）采用 RAMP 对原产于 42 个国家的 84 份红花材料进行遗传多样性分析。结果表明，被测材料间 RAMP 标记多态性较高，聚类结果与材料的地理分布有一定关系，来源于亚洲和美洲的材料多样性相对比较丰富，所有来自中国的材料被聚为一大类。葛娟（2009）采用 RAPD 和 ISSR 分子标记技术对 29 份新疆红花栽培品种的遗传多样性进行检测。红花不同品种之间具有比较丰富的遗传变异。对比 RAPD 和 ISSR 在 PCR 反应中的稳定性和检测变异的能力表明，对于实验条件的稳定性而言 ISSR 优于 RAPD，且总的来说 ISSR 能检测到比 RAPD 更多的遗传变异。Mantel 检测表明，这两种标记的分析结果有极显著的相关性 r = 0. 963。江磊（2013）利用 SRAP 技术对来源于中国不同地区的 11 份红花品种材料亲缘关系进行了分析。选用了 25 对具有多态性条带的引物组合，获得了 308 条清晰的条带，其中 109 条具有多态性，多态性位点百分率为 35%。遗传相似系数变幅在 0. 82 ~ 0. 9342，平均相似系数为 0. 87，表明红花种内不同品种间存在一定的遗传多样性。聚类结果分析表明，在相似系数 GS = 0. 8914 处，可以将 11 份红花材料分为四类。唐小慧（2017）基于红花基因组的数据，利用 SSR 分子标记分析中国红花主要栽培品种的遗传多样性。根据结果推测，红花种内存在一定的遗传变异，红花品种混杂与当前种子流通及栽培习惯有一定关系。

（二）红花育种途径、手段和方法

早在 1970 年，美国的 Rubis（1981）利用红花的雄性不育选育出了一些抗根腐病的株系。Knowles（1968）研究发现了红花基因型雄性不育品种，该品种已在红花产量育种中得到初步应用。杂交种在美国的加利福尼亚、亚利桑那州、北达科他州以及加拿大、巴基斯坦、墨西哥和西班牙等不同区域的平均产量高出双亲平均产量 27%，杂交种含油率从 1983 年的 34% 上升至 1994 年的 40% ~ 42%。近年来，印度、墨西哥、美国等均加大了在红花新品种选育方面的投入，取得了较大的进展。尽管关于红花的基因型雄性不育的机制研究较多，但对于生产商业红花品种来说，由于花费太大在应用中受到较大限制，而结构型雄性不育受到环境的影响较大，同样不宜于推广。化学诱导雄性不育在红花品种选育中得到了较广泛的应用。大量研究表明，赤霉酸可以诱导雄性不育，同样通过该方法也选育出了大量的杂交种。

1. 引种

引种是最简单的作物改良方法。一般情况下，引进品种会因为环境的改变导致性状的改变，待适应一段时间后进行选择和评估，之后用于商业生产。通过使用这种方法在印度和国外开发的红花品种如印度的 N-630、Nagpur-7、N62-8、A-300、Manjira、S-144、JSF-1、K-1、CO-1、Type-65、APRR3、Bhima、HUS-305、Sharda、JSI-7、A-2、PBNS-12，美国的 Nebraska-5、Nebraska-10（N-10），加拿大的 Saffire。中国在1980 年审定了第一个高油红花引进品种 AC-1，同年引进的高亚油酸品种 14-5 在西北地区曾有较大的推广面积。

2. 杂交育种

杂交育种是作物遗传改良的主要途径。将 2 个品种或多个品种的优良性状通过交配集中在一起，再经过选择和培育，获得新品种。红花中基因作用的遗传研究表明单株头状花序的数量对种子产量有非加性效应，对含油量、种子重量、种子数有加性基因作用。Prakash 等研究发现加性基因和非加性基因对于单株头状花序的数量、含油量、种子质量、种子数的重要性。

（1）系谱法　系谱法已经被广泛用于提高种子产量、含油量和其他需要的红花性状。系谱法选育用于商业化生产的红花品种有印度的 A-1（1969）、Tara（1976）、Nira（1986）、Girna（1990）、JSI-73（1998）、NARI-6（2001）、Phule Kusuma（2003），美国的 Leed（1968）、Sidwill（1977）、Hartman（1980）、Rehbein（1980）、Oker（1984）、Girard（1986）、Finch（1986），墨西哥的 Sahuaripa88（1989）、Ouiriego 88（1989）、San Jose 89（1990），加拿大的 AC Stirling（1991）、AC Sunset（1995）。

（2）单籽传法　单籽传法从分离世代开始，每株收获一粒种子，之后按组合每年混种，每株收获一粒种子，于 F_5 或 F_6 代群体中选择单株，种成株行，选择优良株行成品系。西班牙育种家 Fernandez-Martinez 和 Dominguez-Gimenez 利用单籽传法育成Tomejil（1986）、Rancho（1986）、Merced（1986）、Alameda（1986）、Rinconda（1986）5个红花品种。

（3）回交法　美国育种家成功利用回交法育成抗烂根病品种 US-10，以及高油酸品种 UC-1 和 OleicLeed。

（4）雄性不育在红花杂交中的应用　核雄性不育（GMS）和胞质雄性不育（CMS）在育种中经常用到。印度是世界上唯一一个栽培杂交红花的国家，核雄性不育（GMS）在印度红花育种中已经成功应用。1997 年育成多刺红花杂交品种 DSH-129 和 MKH-11，2001 年育成首个无刺品种 NARI-NH1，2005 年育成多刺红花品种 NARI-H-15。这些红花品种种子量和出油率比全国对照品种 A-1 提高了 20%~25%。

（5）光合作用特性研究在植物育种中的应用　光合作用是作物产量的原动力，一直受到国内外的广泛关注，研究种类涉及几乎所有主要农作物。近年来，光合生理生态的研究已从大田作物扩展到番茄、黄瓜、麻花芁等多种蔬菜及药用植物上。研究作物光合特性，不仅能探明其光合能力和生产潜力，更重要的是可以根据其光合特性采取适当的栽培措施提高植物的光合能力，从而提高产量。此外，作物光合特性的研究也是开展高光效育种工作的重要基础。

3. 基因工程育种

已有研究表明，红花幼嫩组织包括根，适用于体外再生培养，但体外培养组织生根率差，降低了植株再生的效率。红花体外再生需要更深入的研究和试验，开发出行之有效的方法，提高生根率，以便于大规模移植离体再生植株。花粉或花药培养产生的单倍体经过染色体加倍产生纯合二倍体，已经成为基因工程育种的重要手段。印度奥斯马尼亚大学遗传系已经研究出重复性较好的由红花花药组织培养获得整株植株的方法。Rohini 等 2000 年研究出了利用红花胚转化的条件，通过 PCR 检测 TO 代和 T1 代植株，基因 uidA 在红花 A-1 转化率为 5.3%，A-300 中转化率为 1.3%。Mundel 等于 2004 年报道卡尔加里的基因公司通过遗传转化红花组织获得了含有修饰蛋白的红花种子。杨晶等（2009）研究表明子叶是用于红花再生较理想的材料，培养基影响愈伤组织的分化能力，并优化了培养基配方。于勤明（2012）以新疆塔城红花为材料，利用农杆菌介导法，分别用 bFGF 基因、液泡膜 H^+-ATPase 的基因对红花进行遗传转化并成功得到转基因植株，并对试验条件进行优化。周婷婷等（2013）利用分子生物学方法将植物偏好的双基因表皮生长因子 hEGF（Human epidermal growth factor）克隆至表达载体 pOP 上，采用冻融法将重组质粒 pOP-hEGF-hEGF 转入根癌农杆菌 EHA105 中，农杆菌侵染转化红花获得了 3 株阳性植株。盖玉红等（2013）成功构建了含红花酸性成纤维细胞生长因子 aFGF 和大豆油体蛋白基因 Doil 基因的表达载体，获得了 aFGF 转录水平表达的转基因红花植株，这将红花油体蛋白本身的皮肤保护作用与 FGFs 的创伤修复作用累加，为快速开发出外用创伤药物奠定基础。

（三）中国红花品种演替

高含油率红花种质的引种。中国科学院植物研究所北京植物园自 1976 年开始引进大量国外红花种质资源，通过栽培试验和观察对比，从中筛选出含油率高达 42.05%，油中亚油酸含量达 82.17% 的优良品种"AC-1"，并与新疆、甘肃、宁夏回族自治区（以下简称宁夏）、山西等（区）23 个科研、生产单位签订协议，经过 5 年在 448.3 hm^2 土地上进行小区对比试验和大田生产示范，证明油用红花"AC-1"在含油率、出油率、油质和早熟等主要性状上显著优于中国现有地方品种。该品种于 1982 年 10 月在北京通过鉴定，是中国第一个通过鉴定的引进高油红花品种，目前在中国红花主产区已被广泛地栽培应用，其主要缺点是抗逆性较差，易患根腐病。

油用红花"部分壳"是北京植物园于 1978 年引进。部分壳是红花种子中的一种新壳型，它是从 UCL×Leed 的杂种第四代选出。"部分壳"种子的含油率高达 47.45%，种子油中油酸含量达 79.0%，是一种优质的烹饪油，这种高油酸的红花油还可能被广泛用于工业上。

少壳品系是北京植物园于 1978 年从美国引进。具有少壳特性的红花品系是从尤特和 13049 杂交的杂种第 6 代选育出来的。由于果皮外部厚壁组织层的减少而使下面的植物黑色素层以下不规则的黑斑显示出来。由于果皮的减少，使壳的含量降低。这些品系具有同尤特一样的生长习性，分枝多、中熟，花球、种子都比较小。少壳-1、少壳-2、少壳-3、少壳-4 的种子含油率分别达到 41.8%、43.8%、40.8%、44.0%。S-541、S-400、S-317、S-208 是北京植物园于 1982 年从美国引进，它们都属于中熟、高含油品种，种子含油率分别达到 46.02%、45.23%、42.35%、43.33%。

抗病红花种质的引种。14-5 是 1980 年 1 月北京植物园从美国引进，1983 年 10 月在乌鲁木齐市由新疆科委主持通过引种试验鉴定，现在中国西北地区有较大面积推广，14-5 是由 N4051 与 VR14154 杂交后，与 N4041 回交两次，再与 VFR-1 杂交后的杂种第 4 代优选的 27 个高含油率、抗病株系。其主要优点是抗由隐地疫霉（菌）所引起的根腐病和由大丽花轮枝孢霉所引起的黄萎病以及红花镰孢霉所引起的红花枯萎病，是感染根腐病苗圃中广泛筛选 4 年后培育成功的。于 1980 年在美国正式注册，是 20 世纪 80 年代最新育出的抗病新品种。14-5 有刺，中早熟，生长期 96~133d。适应性强，生长健壮，群体发育整齐。在 3 年 7 个品种的区域试验与 1 年 4 点的生产试验中，平均花球直径和单株产量均居第一位。每公顷产油量达 74.5kg，比对照品种吉木萨尔红花增产47.89%；比张掖无刺增产 34.77%。经方差分析其丰产性高于其他品种。14-5 红花油质好，亚油酸含量高达 84.42%，为中国亚油酸含量最高的红花品种之一。

抗病条纹壳品种是北京植物园于 1978 年从美国引进，具有抗黄萎病和抗红花枯萎病的能力。美国农业部研究服务局和加利福尼亚州农业试验站于 1974 年联合发放。抗病条纹壳是由 N4051 与 VR14154 杂交后，与 N4051 回交两次，在于 VFR-1 杂交的杂种第 4 代中选育出的 27 个高含油率、抗病植株的后代。在加利福尼亚州 Davis 附近两个地方感染枯萎病的苗圃中，品种吉拉有 75%~90% 的植株被感染，而这些选择材料只有5% 的植株被感染。在加利福尼亚州 Shafter 感染黄萎病的土地上参加产量试验，吉拉有95% 的植株被感染，而这 27 个植株的选择材料只有 5%~10% 的植株被感染。平均每公顷产种子 2 811kg，而作为对照的吉拉每公顷仅 805kg，但对根腐病易染。

其他优良性状种质的引种。UC-26 是北京植物园于 1978 年作为花用品种从美国引进。花色为橘红色或红色，叶缘全缘，外缘总苞苞片无刺，该品种具有一个贴茎的基因，因此分枝与主茎所形成的角度很小，约 20°，可以密植，单位面积花球数较多，花的产量也较高，缺点是种子含油率较低。UC-1 是 1978 年北京植物园从美国引进。它是美国加利福尼亚大学从一个含高油酸的印度引种材料 UC-57-147 与 N-10 杂交后，再将它与 US-10 回交两次选育而成的。UC-1 种子含油率 36.72%，油中油酸含量达77.89%，这种油在高温下具有很好的热稳定性，因此它是一种优良的烹调油，特别适合用作煎炸用油，这种高油酸的红花油还可能被广泛地用于工业上。油酸李德是 1978年北京植物园从美国引进。它是由 UC-1 和李德（Leed）杂交产生的，种籽含油率高达44.43%，是目前中国收集到的普通壳型中含油率最高的品种。种籽油中油酸含量76.64%，是一种优良的烹调油，特别适合于用作煎炸用油，易感染根腐病，须栽培于排水良好的土地上。油花兼用红花新系 "AC-1 无刺红" 的选育。油用红花 AC-1 于1978 年由中国科学院植物研究所植物园从美国引进，1982 年 10 月由中国科学院植物研究所主持通过引种栽培示范试验技术鉴定，该品种特点：种子含油率高，花橘黄或橘红色，多刺。现已在新疆、甘肃、云南、山西等省有较大种植面积。张掖无刺系甘肃张掖地区农科所从地方品种中选出，属中晚熟品种，生育期 130d 左右。株高 120cm，花红色，干花鲜红，香味浓。1979—1980 年采花的 12 个品种中，干花产量居第一位，每公顷产干花 372.98~422.25kg，每公顷产籽粒 2 178.90~3 735.82kg，含油率 31.5%，油含亚油酸 82.7%。延津 80-8 红花系河南省延津县马庄农技站从延津大红袍品种中株选出来的。该品种除具有延津大红袍品种的特征特性如分枝强、花蕾多外，还具有无刺、抗倒伏、抗寒、抗病、耐旱、丰产等优点。1983 年夏收折合每公顷产干花 338.25kg，籽粒 3 045kg，含油率 25.43%，较一般当地品种高，为优良油花兼用品种。单选无刺-1 为宁夏农科院作物所 1979 年从红花品种罗亚尔-71 中株选出来的。经过 4 年试验，种子产量高而稳定，折合每公顷产种子 1 032.75~3 656.25kg，4 年平均比对照增产 18.28%，含油率 4 年平均为 30.16%，生育期 123d，为中早熟品种。

中国红花在历史上以花用为主，种子含油率低，也没有很好地利用。20 世纪 70 年代后期，中国科学院植物研究所植物园从国外引进了大批种籽含油率高、抗病的新品种，但这些品种一般花为黄色或橘黄色，植株多刺，对花的利用受到种种限制。为了提高红花的经济效益，对红花进行综合开发利用，必须把引进红花的优良性状与中国本地红花的优良性状结合在一起，培育出花是红色，植株无刺，种子含油率高，抗病的新品种。1978 年以来，中国科学院植物研究所植物园、新疆农业科学院经济作物研究所、甘肃省张掖地区农业科学研究所、云南省农业科学院油料作物研究所等单位开始进行红花的杂交育种的研究，经过 10 多年来的努力，已经培育出如花油二号、花油三号、ZW971、ZW972、ZW973、川红一号等很多适合中国国情的红花新品种、新品系。这些新材料不但对中国自然条件适应性强，而且在综合开发利用效益方面比其亲本要高得多，对发展中红花的科研和生产起了很大的促进作用。

三、新疆红花种质资源

（一）资源概况

新疆农业科学院经济作物研究所保存红花种种质 2 648 份，其中包含了 52 个国家和地区以及中国 26 个省（区）的材料，并从形态特征、产量构成、品质性状、生理特征等方面进行了全面系统的鉴定和评价。

（二）新疆红花育种成就

1978 年以来，新疆农业科学院经济作物研究所开始进行红花的杂交育种的研究，针对新疆独特的自然生态条件，开展了大量的研究工作。在育种方法上，以杂交育种、系统选育为基础，开展了辐射诱变、航天诱变育种以及转基因生物技术育种等方面的研究，建立了以常规育种与生物技术相结合的高效育种技术平台，为尽快选育出优良新品种以解决新疆油料生产中所存在的问题打下了良好的基础。拥有国内外红花种质资源 2 600 余份，并对其农艺性状进行了系统的研究，从中筛选出一批各具丰产、高含油、高亚油酸、高油酸、抗病、植株无刺、红色花等特性的优异种质资源。选育出了新红花 1 号、新红花 2 号、新红花 3 号、新红花 4 号、新红花 6 号、新红花 7 号、吉选 3 号 7 个优质红花新品种，创制出药物成分高、含油率高以及抗病等一批优异种质。

（三）新疆红花品种演替

1978 年，新疆塔城市国营博孜达克农场从植物园引种 AC-1 红花，并获得成功。农场科技人员经过 3 年的努力，于 1980 年在 AC-1 红花大田中株选出 "AC-1 无刺红"，其特点是花红色，植株无刺，种籽含壳率 34.16%，含油率高达 44.78%，比亲本高出 2.73%，种子产量与亲本接近，比本地品种"塔城红花"高 10%~20%。"AC-1 无刺红"从株选出来后，又经过 1982—1986 年的选择和提纯，其优良性状稳定。该品系于 1987 年 9 月由塔城市科委组织通过鉴定。

新疆农业科学院经济作物研究所于 1982—1984 年通过对 35 个县市征集的 67 份红花原始材料的种植、田间观察和室内考种，评选出两个优良地方品种：一是油用型乌苏有刺红花，折合每公顷产 3 063.75kg。二是油花兼用型裕民少刺红花，折合每公顷产 2 967 kg。经变量分析，品种间差异显著，这两个品种均较其他地方品种显著增产，并于 1984 年 7 月 11 日在新疆科委主持下通过了鉴定。新红花 1 号、新红花 2 号于 1994 年 11 月经新疆农作物品种审定委员会命名准予推广。新红花 1 号为油花兼用型无刺红花品种，新红花 2 号属于有刺类型油用红花，花黄色。新红花 3 号、新红花 4 号于 2000 年 1 月经新疆农作物品种审定委员会命名准予推广。新红花 3 号、新红花 4 号均为油花兼用型无刺红花品种，且油花兼用无刺新红花 4 号的含油率有大幅提高，达 39.68%。新红花 6 号于 2005 年经新疆维吾尔自治区品种审定委员会审定，属于无刺型油花兼用品种，含油率、产量表现较好。新红花 7 号于 2007 年经新疆维吾尔自治区品种审定委员会审定。属于少刺药用白花品种。吉选 3 号于 2015 年经新疆维吾尔自治区品种审定委员会审定，属油、花兼用无刺品种，植株紧凑，呈圆锥形，抗倒伏能力强，产量高。

（四）新疆红花代表性品种

新疆红花品种较多，应选择适合本地生态环境的优良品种，并可根据采收目的选择油用或油、花兼用型品种种植，以充分发挥品种内在优势。目前在新疆表现较好且种植面积较大的品种主要如下。

1. 吉红 1 号

地方品种，属无刺油、花兼用型红花品种。花橘红色。株高 85~115cm，分枝高度 40cm，分枝角度小于 40°。果球直径 1.9~3.2cm，圆锥形，全包果球，单株有果球 15~20 个，每个果球有种籽 28 粒左右。种籽圆锥形，普通壳，白色，有光泽，千粒重 39g，皮壳率 58%，含油率 26.3%。全生育期 115d。

2. 新红花 1 号

新疆农业科学院经济作物研究所选育，于 1994 年经新疆维吾尔自治区品种审定委员会审定。属油、花兼用型红花品种。无刺，花红色。株高 90~115cm，主茎着生 45~50 片叶，叶片长卵圆形，分枝角度小于 35°，茎秆青白色。果球直径 2.1~3.0cm，圆锥形，全包果球。单株有果球 20 个左右，每个果球有种子 30 粒左右。种籽长卵形，半条纹壳，黄白色，千粒重 38.7g，皮壳率 43.1%，单株产量 16g，含油率 32.5%。全生育期 117d 左右，适于在全疆种植。

3. 新红花 2 号

新疆农业科学院经济作物研究所选育，于 1994 年经新疆维吾尔自治区品种审定委员会审定。属于有刺油用型红花品种。苗期叶片边缘呈锯齿状，分枝后叶缘陆续长出刺，现蕾后逐渐变硬。果球直径 2~3cm，大小较为均匀，苞叶较长，全包果球，刺较多。株高 80cm 左右，分枝高度 40cm。花黄色。单株有果球 18 个，每个果球有种子

23～26 粒。种子为长锥形，种壳为条纹壳形，黄褐色，千粒重 38.8g，皮壳率 36.9%，单株产量 0.015kg 左右，含油率 40.73%。全生育期 112d 左右，适于全疆有机械收获条件的地区种植。

4. 新红花 3 号

新疆农业科学院经济作物研究所选育，于 2000 年经新疆维吾尔自治区品种审定委员会审定。为较好的无刺花、油兼用品种。株型紧凑，呈圆锥形。叶为长条形，叶色深绿。植株高 105cm，分枝高 50cm 左右，茎秆青白色。果球为圆形，直径 2.0～2.5cm，全包果球，苞叶无刺。花为橘红色。种子为短锥形、无冠毛，种壳为白色，普通壳型，千粒重 39.5g，籽实含油率 30.88%。平均生育期为 118d。该品种的突出优点是籽实及花丝产量高，较抗倒伏，较耐根腐病和锈病，适于全疆种植。

5. 新红花 4 号

新疆农业科学院经济作物研究所选育，于 2000 年经新疆维吾尔自治区品种审定委员会审定。该品种植株无刺，株型紧凑，呈圆锥形。叶为长条形，叶色深绿。植株高 100cm 左右，分枝高 50cm 左右，茎秆青白色。果球为圆形，直径 2.0～2.2cm，全包果球，苞叶无刺。花为红色。种子为半月形、无冠毛，种壳为黄褐色、条纹壳型，千粒重 38.5g，籽实含油率 39.68%。平均生育期为 117d。该品种的突出优点是籽实含油率较高，较耐根腐病和锈病，是较好的油、花兼用型品种，适于全疆种植。

6. 新红花 6 号

新疆农业科学院经济作物研究所选育，于 2005 年经新疆维吾尔自治区品种审定委员会审定。属于无刺型油花兼用品种。种子形状长锥形，无冠毛，灰褐色条纹壳型；果球呈圆形、略扁，直径 2.0～2.5cm，苞叶圆形全包果球；幼苗叶边缘光滑，分枝后叶边缘无刺；叶形为长条形，叶色深绿；植株高度约 90cm，分枝高度 45cm 左右，一、二分枝约为 15 个；花色为橘红色，千粒重 36g，单产 150kg 左右，含油率 36.93%，亩产花丝 18kg。生育期 110～120d。

7. 新红花 7 号

新疆农业科学院经济作物研究所选育，于 2007 年经新疆维吾尔自治区品种审定委员会审定。属于少刺药用白花品种。苗期叶片边缘光滑，分枝后叶边缘无刺，适于采摘花丝。植株高度 75cm 左右，分枝高度 38cm 左右，花丝为白色，果球直径平均为 2.31cm，苞叶微刺。单株果球数平均 16 个，每果球粒数平均 32.5 个，种子性状为长锥形，种壳为半条纹形，千粒重为 30g，单株产量为 16.17g，含油率为 30%，亚油酸含量为 74.8%。全生育期为 112d。耐锈病和根腐病。

8. 吉选 3 号

吉木萨尔县农业技术推广站和新疆农业科学院经济作物研究所选育，于 2015 年经新疆维吾尔自治区品种审定委员会审定。属油、花兼用无刺品种。植株紧凑，呈圆锥形，叶色浅绿，株高 103cm，分枝高度 46cm，茎秆青白色，生长势中，整齐度高，叶边缘小锯齿，盛花及终花期花丝多呈橘红。抗倒伏能力强。种皮白色，单株有效果球数

10 个，果球直径 2.3cm，果圆球形，每果球种子数 25.8 粒，千粒重 36g，亩产花丝 21.5kg，亩产籽粒 157.3kg，含油量 26.6%，亚油酸 79.7%。生育期 105d。

9. 裕民红花

为油、花兼用型的新疆地方品种。幼苗绿色，主茎叶片大，分枝叶片小。叶色淡绿，叶片较厚，椭圆形叶缘有刺。株高 120cm 左右，分枝高 30~40cm。花红色。单株有果球 10~30 个，籽粒白色，有光泽，卵圆形，有凸棱，每个果球有种子 25~28 粒，千粒重 41~47g，皮壳率 45%，含油率 20%~25%。全生育期 125~135d。该品种的突出特点是生长势强、抗寒、抗旱、耐瘠薄、耐盐碱，轻感红花锈病，适于新疆塔城地区种植。

新疆地域辽阔，属典型的大陆性干旱气候，光、热资源丰富，极有利于红花的生长。所产的红花籽含油率高，品质好；红花丝鲜红油润，品质优良，药用价值较高，开发的红花系列产品深受国内外市场欢迎。

（贾东海、顾元国）

第三节 红花生长发育

一、生育进程

（一）生育期

生育期是指在正常播期条件下，从播种后种子萌发、出苗至成熟的经历天数，是一个完整的生活周期，其长短用天数表示。

黎大爵等（1995）研究了日照长度和温度对红花生长发育的影响。红花为长日照植物，在长日照条件下，莲座期显著缩短，植株变矮，整个生育期变短，但也有些品种如墨西哥矮，对日照长度的反应不甚敏感。多数红花品种在高温、长日照条件下，莲座期显著缩短，植株变矮，种子产量下降，但中国秋播红花产区北部的一些红花品种如 BJ-240 在高温、长日照条件下莲座期不是缩短，反而无限延长，植株根本不能正常生长、开花结果。宋魁等（2008）对红花进行了灌溉次数的研究。随着灌水次数的增多，红花生育期呈延长的趋势，不灌溉严重抑制了红花的生长发育。灌溉 2 次有利于红花生长发育，其表现在总分枝数、单株花球数、株高和生育期的差异。灌溉次数与总分枝数和株高呈正相关，水分充足红花营养生长旺盛，延长了红花的生育期，抑制了生殖生长。贾东海等（2016）比较了新疆参试红花品种的生育期。在 4 月 19 日播种的条件下，生育期最短的品系为 86d，其次有 92d、97d、100d、103d 的品系。康东健等（2016）研究了新疆红花不同生育期对品质的影响。新疆红花在不同生育期中羟基红花黄色素 A、山柰素及总黄酮的含有量有差异，其中采摘于 8 月 1 日的含油量最高，是红花优质高产的适宜采摘时期。王健等（2003）研究了红花光温指数对其生育期及产量的影响。新红花 1 号和新红花 2 号光温指数对其生育期及产量的影响结果表明，出苗—分枝日数与光温指数呈负相关，与生育期呈正相关。生育期与光温指数、密度呈反相关。

产量与光温指数密切相关，光温指数为 140~150 时相对产量为 90% 以上。光温指数与出苗日期呈良好正相关，最佳出苗日期为 4 月 6—27 日，种植密度为 16.5 万株/hm² 时其相应生育期 108~125d，种植密度为 30 万株/hm² 时则生育期为 93~110d。

（二）生育时期

在连续、完整的生长发育过程中，根据植株形态变化，可以人为地划分为一些"时期"。红花的一生大致可分为莲座期、伸长期、分枝期、开花期和种子成熟期等生长发育时期。

1. 莲座期

绝大多数红花品种在出苗以后其茎并不伸长，叶片紧贴于地面，接连长出许多叶片，状如荷花，故称这一生长发育时期为莲座期。

莲座期的长短取决于品种、播种期、温度和日照的长短。品种不同，莲座期也各不相同。例如，中国的红花，特别是长江、黄河以北的地方品种，其莲座期一般较长，但从墨西哥热带地区引进的墨西哥矮则没有莲座特性。播种期也能影响莲座期的长短。同一个品种，秋播时莲座期可达 3~4 个月，而春播红花一般只有 1~2 个月，特别是在晚春播种者莲座期可能缩短到 4 个星期，甚至没有。影响红花莲座期的最根本的因素是温度的高低和日照的长短。而品种间莲座期的差异，则是品种长期生存在某种环境条件下形成的适应这种条件的能力，因而在不同的地理区域，不同的生态条件下形成的品种，其莲座期是各不相同的；播种期之所以影响莲座期的长短是通过生长期间的环境条件，主要是温度和日照起作用。所以，了解温度和日照对莲座期的影响十分重要。

然而在中国的红花基因库中，却有这样一些品种如 BXY-40A 等，它们的莲座期并不随温度的升高和日照时数的增加而缩短，恰恰相反，高温延长了这些品种的莲座期和营养生长期。在播种后的第一个 10d，平均气温在 17.9℃ 以上，植株便不能进入伸长和开花结果而永远停留在莲座期直至死亡。

2. 伸长期

莲座期过后、红花植株进入快速生长的伸长时期。这一时期的主要特征是节间显著加长、植株迅速长高、每天伸长 4.5cm，个别植株每天伸长速度可达 5.2cm。

在伸长期，红花进入快速生长时期，对肥料和水分的需要也开始增加，故须及时追肥和灌溉。同时要注意防止倒伏和冰雹。灌溉须在无大风日子，早、晚气温较低的情况下进行。采用培土和沟灌等农业技术措施，可防止红花倒伏并避免病害，特别是根腐病的发生。

3. 分枝期

植株进入分枝时期后，在植株顶端的几个叶腋分别长出侧芽，侧芽逐渐长成第 1 级分枝。红花茎的顶端和每一分枝的顶端，均着生花球。因此，分枝越多，花球也就越多，单株的花和种子的产量也就越高，从开花至成熟的时间也越长。由于单位面积产量主要靠红花群体决定，因此，在生产上，并不过分追求单株的分枝数和花球数。然而，每株的分枝数，花球数无疑是构成产量的一个重要的因素。

分枝的数目依品种和环境条件的不同而异，高温和长日照有利于分枝的生长，多数红花品种的分枝发生于植株上部的叶，但也有少数品种的分枝发生于植株的基部和中部。分枝的多少还受播种期、植株密度、水分、肥料状况等因素的影响。秋播红花的分枝较春播者多，在春播红花中，早播又比晚播者多；种植密度大者，分枝少，植株密度小时，分枝多；在水分，肥料充足时分枝多，个别植株的分枝可达数百个之多，当肥水缺乏时分枝显著减少。

在分枝期，植株生长迅速，叶面积迅速增加，因而，对肥料和水分的需要量也增大，在这一时期应施足追肥并进行培土以促进枝条的成熟和花球的发育，为开花结果奠定雄厚的物质基础。培土可防止植株倒伏，因这时的红花枝叶柔嫩，有点"头重脚轻"，植株极易倒伏，特别是遇狂风暴雨更甚，故须将行间的土壤壅于植株基部使行间成沟，株间成垄，这样既防倒伏，又便于采用沟灌，以避免根腐病的发生。

4. 开花期

在红花分枝后期，每一个枝条顶端均形成一个花蕾，花蕾逐渐成长为花球，在花球中的小花发育成熟后伸出内部总苞苞片，然后花球中的小花展开，当有10%的植株主茎上的花球开放时，植株即进入始花期。

红花的发育受到光周期和品种的强烈影响。日照时间长，温度高时小花的发育加快，反之则慢。红花通常于早晨开花，在一个花球中，边缘的小花先开，后向中心进行，每个花球开花的时间因花球在植株上的位置、播种期的不同而异，一般需3~5d。就一个单独的植株而言，花球的数目3~5个至数百个不等。在植株密度小，气候条件适宜的条件下，植株茎基部直径可达2~3cm，花球数目可达100~300个，花期可持续40d左右。在生产上，为使成熟期一致，通常采用密植的方法，每公顷225 000~450 000株，使每株花球数保持5~10个，靠群体来提高单位面积产量。

关于开花顺序，周相军等（2002）观察介绍，顶端花球先开，而后是一级分枝顶端的花球由上而下逐渐开放，即下降花序。花期长短与土壤水分、养分有关。红花头状花中的小花具有大量的花粉和花蜜，以吸引蜜蜂和其他昆虫。因此，红花既是自花授粉作物，又是异花授粉作物，这就给红花品种优良种性的保存增加了困难。红花通常于早晨开花授粉，花朵伴随着柱头的伸长而开放。柱头像刷子一样向上穿过联合成管状的花粉囊而获得花粉。花粉在柱头上萌发长出花粉管。花粉管向下长入子房后同卵子结合而完成授精作用。在适宜条件下，这一过程进行得很快，因此，人们有可能在采花入药或作染料的同时，又收籽以供榨油。

5. 种子成熟期

红花在完成授精作用以后，花冠凋谢，而进入种子成熟期，红花的种子自开花至成熟的这一过程时间的长短，受品种、温度、湿度等因素的影响。

（三）各生育时期植株的形态特征及田间记载标准

1. 物候期

（1）播种期　指实际播种的日期（以日/月表示，下同）。

（2）出苗期　子叶平展达50%的日期为准。

（3）莲座始期　50%植株4片真叶平展日期。

（4）茎伸长期 50%植株子叶地上幼茎伸长至2cm时期。

（5）初花期 10%植株主茎开花之日期。

（6）终花期 80%的花球开毕之日期。

（7）成熟期 80%的花球变黄、种壳变硬之日期。

2. 植物学特征

（1）幼叶色 分浅绿、绿、深绿（8片真叶以前）。

（2）茎色 灰白、浅绿、绿（于终花期记载）。

（3）叶片长度 主茎下部第一分枝基部叶片最长处，以cm表示。

（4）叶片宽度 主茎下部第一分枝基部叶片最宽处，以cm表示。

（5）叶缘 分全缘、锯齿、浅裂、深裂。

（6）叶片刺数 以多、少、有、无表示。

（7）苞片刺数 以多、少、有、无表示。

（8）花色 分白、黄、橘红、红（初花期、终花期2次记载）。

（9）壳型 分普通、条纹、薄壳，部分壳。

3. 生物学特征

（1）出苗率 出苗后用多点取样法测定

$$出苗率（\%）= \frac{单位面积出苗数}{单位面积实际播种粒数×发芽率}×100$$

（2）耐寒性 在苗期出现冻害后，检查受害率（注明受害时间、温度及持续时间）。以强、中、弱表示。

（3）耐旱性 以强、中、弱表示（出现旱情时间调查）。

（4）倒伏性 倒伏程度以50%植株为标准，按级别分五级，"0"级为直立，"1"级不超过15°，"2"级不超过45°，"3"级不超过60°，超过60°以上为"4"级。

（5）病害 记载感病名称、发病时间、感病程度、发病率。

（6）虫害 记载害虫名称、为害时间及程度。

4. 室内考种

（1）取样 每小区连续取，典型10株考种。

（2）株高 由子叶痕量至最高处，以cm表示。

（3）分枝数 主茎上一、二、三级；有效、无效分枝各有多少。

（4）单株果球数 指全株果数。

（5）果球着粒数 考种株中，每株取5个果球（即顶球1个，一、二级分枝各2个），数其粒数，求其平均值。

（6）果球直径 测定10株主茎顶端果球，求其平均值，以cm表示。

（7）单株生产力 将考种植株脱粒后求其平均值，以g表示。

（8）千粒重 数取千粒种籽，称其重量，以g表示。重复3次取值整数。

（9）种籽含油率 以干燥、饱满种子测其种籽油分含量，以%表示，取值小数点后一位数。

(10) 种籽皮壳率　取其 100 粒种子自然风干称重，催芽去壳烘至恒重，自然状态下放 2 小时计算百分率。重复 2 次，取小数点后一位数。

(四) 生育阶段

1. 苗期阶段 (出苗—伸长)

红花苗期阶段是指播种至伸长的一段时间，是生根、分化茎叶为主的营养生长阶段。本阶段的特点是根系发育比较快，至伸长期已基本上形成了强大的根系，但地上部茎叶生长比较缓慢。为此，田间管理的主要任务，就是促进根系发育，培育壮苗，达到苗足、苗齐、苗壮的要求，为红花丰产打好基础。

2. 果球形成阶段 (伸长—开花)

红花从伸长到开花的一段时间称为果球形成阶段。这个阶段的生育特点是营养生长和生殖生长同时进行，就是茎秆伸长，分枝形成等营养器官旺盛生长和果球等生殖器官分化与形成。这是红花一生中生长发育最旺盛的阶段，也是田间管理最关键的阶段。这一阶段田间管理的中心任务是保证水肥供应，促进分枝生长，茎秆健壮，达到果球多、大的丰产长相。

3. 籽粒形成阶段 (开花—成熟)

红花从开花到成熟这一段时间称为籽粒形成阶段。这一阶段的主要特点是基本上停止营养生长，而进入生殖生长为中心的时期，是经过开花、受精进入籽粒产量形成的中心阶段。这一阶段田间管理的中心任务是防倒、防早衰，争取粒多、粒重，达到丰产。

二、环境条件对红花生长发育的影响

(一) 自然生态条件的影响

1. 温度的影响

(1) 三基点温度　所谓三基点温度即不同生育时期的最低温度、适宜温度、最高温度。红花是一种热带油料作物，但它对温度的适应范围很宽，因而在温带地区也可栽培，但极端炎热和非常寒冷，对红花的生长也不利。

王建勋等 (2006) 通过田间试验，分析了新疆阿拉尔垦区红花栽培的气候生态条件，比较了播种期、出苗期、分枝期、始花期、终花期、成熟期不同时期在春播和夏播条件下的最低温度、适宜温度、最高温度。试验结果表明：①出苗期间平均温度在 13℃ 时，播种到出苗的天数为 22d；平均温度在 21℃ 时，为 10d。春播红花适播期在 4 月上旬；夏播红花在 6 月中旬以后播种较为适宜。②春播红花苗期正好处于 4、5 月份，此期间的平均温度分别为 15.2℃ 和 20.5℃，5℃ 积温 990~1 360℃，温度条件较适宜；夏播红花苗期在 7 月中旬前后完成，生长期为 18d 左右，此期间的平均温度在 25℃ 以上；5℃ 积温 410~520℃，此阶段的高温将使发育速度加快，不利于形成壮苗和分枝，导致产量降低。③春播红花的花期处于 7 月中旬之前；夏播红花的花期是在 8 月中下旬前后，此期间的平均温度都在 25℃ 以内，5℃ 积温 500~700℃，温度条件适宜，并且高温对红花开花授粉及单株花球增多十分有利。④春播红花在 7 月底到 8 月中旬前处于灌浆、成熟期，此期间的平均温度为 24.5℃；5℃积温 450℃左右，温度条件适宜；夏播红花在 8 月中下旬到 9 月上旬前处于灌浆、成熟期，此期间的平均温度为 21.5℃；5℃积温 300℃，温度条件较适宜，总量稍显不足。李雨沁（2016）介绍了新疆阿克苏地区红花生长的适宜温度条件。5℃以上，种子可以萌发，15~25℃为发芽的最适温度。李威等（2013）探讨了温度对不同品种红花种子萌发的影响。温度对 3 个品种红花种子萌发的影响很大。红花种子在温度 5~35℃下均有萌发，随着温度升高，始发芽时间提前，发芽周期缩短，发芽率降低。在温度 5~25℃下都可以保证很高的发芽率，最高发芽率在 10℃，为 87.89%。但考虑到地温与大气温度的差异性，所以播种红花的适宜温度范围为 10~15℃。张红瑞等（2016）对秋播红花在冬天低温阶段的生长情况进行了研究，探讨其抗寒性。在低温阶段采样，记录其生长状态和测定生理指标，生理指标测定包括丙二醛（MDA）、SOD、POD、可溶性糖和相对电导率。结果 3 个播期的红花幼苗均可以忍耐低温环境，其承受能力为 11 月 10 日播种红花幼苗和 10 月 20 日播种红花幼苗要强于 10 月 1 日播种红花幼苗，表明延迟播种有利于红花幼苗的越冬。李丹丹等（2018）研究了低温对红花微粒体和质体脂肪酸脱氢酶的影响，研究发现，低温不同程度地提高了两种红花材料组织中不饱和脂肪酸的相对百分含量，但不同基因型红花材料的不同组织部位对低温响应情况有所不同。此外，低温对不同材料脂肪酸脱氢酶基因表达及对同一基因型红花材料的不同组织部位的相关基因表达情况的影响均有较大差异。另外，低温对脂肪酸含量的调节既有转录水平又有转录后水平，且这种调节具有组织差异性。低温主要在转录水平上调节根和叶片中脂肪酸含量变化，而主要在转录后水平上调节茎中脂肪酸含量变化。

（2）积温效应 王键等（1999）通过对红花生活习性、栽培气象条件、田间农业气象措施及管理、红花种植的气候资料等方面进行了探讨。红花为长日照作物，适应性强，新疆绝大部分宜农区气候都比较适宜于红花的种植。红花从播种到成熟需要≥5℃积温 2 270~2 470℃，有刺红花所需的积温多于无刺红花。红花生育期的长短因品种、种植地气候条件的差异而不同。新红花 1 号、新红花 2 号、改良型新红花 1 号的生育期在 110d 左右，其余大部分品种在 120~140d。

播种到出苗适期播种是红花获得高产的重要农业气象措施之一。当旬平均温度为 3℃或 5cm 地温>5℃时可开始播种，北疆一般在 3 月下旬至 4 月上旬。出苗到分枝期，红花苗期耐低温能力强，大多数红花品种的小苗能耐-6℃低温，个别品种可抗-16℃的严寒，低温可使营养生长期拉长，分枝多，产量高。这一时期需要≥5℃积温 750℃左右，苗期红花的气候特点是喜光、耐寒、抗旱。分枝到始花期，这是红花由营养生长向生殖生长转变时期，也是形成产量的关键时期，需要≥5℃积温 540℃左右，需要有较好的光温及水肥条件。始花到终花期，花期是红花开花授精、籽粒开始形成的时期，耐热、耐高温能力强，这一时期需要≥5℃积温 530℃左右。花期是需水关键期。终花到收获期，红花的籽粒形成时期需要≥5℃积温 340℃左右，这一时期较低的温度和充足的光照是形成籽粒饱满而重的关键因素。总体来看，苗期温度低，分枝—现蕾—开花期温度高，日照长，则分枝多、花盘大、产量高；灌浆期温度低，则籽粒饱满。因此，红花从播种到花期≥5℃的积温 1 500℃时的平均气温在 21℃以上，灌浆期气温在 26℃以下，平均日照时数在 9h 以上的气候条件对红花产量形成有利。

2. 光照的影响

以光周期（日长）的影响为例。红花属于长日照植物。花芽分化和开花需要长日照条件，在长日照条件下易于开花结果。但在不同地区和播种季节，对长日光周期条件的敏感程度也存在品种间差异，在用种问题上应该考虑品种特性。这也是将红花从南方引向北方（从低纬度引向高纬度）有可能获得成功的理论根据。

1978 年，北京植物园对 B-54、吉拉、UC-1 等品种进行分期播种试验，结果表明，晚播者因日照较长，从播种至开花的天数显著减少，生长期大大缩短，植株也明显变矮。如 UC-1 于 2 月 28 日、3 月 17 日、4 月 14 日播种，生长期分别为 138d、120d、96d，株高分别为 105cm、95cm 和 73cm。为了更准确地了解日照长度对红花的影响，1979 年北京植物园用从美国、墨西哥和中国云南、陕西、河南、甘肃、福建、内蒙古引进的 12 个红花品种进行光照试验。在同一块土地上以同样规格栽培两组红花，于 4 月 19 日播种，一组用带有通风管道的遮光罩进行短日照处理，从 5 月 4 日至 7 月 3 日，每天给予 9.5~10h 的光照，对照组为自然光照，在此期间，日照长度从 13 时 68 分增加到夏至的 15 小时 01 分又降至 14 时 56 分。试验结果表明，在短日照组，红花的莲座期显著延长，其特征是只长叶片而茎并不伸长，因而植株普遍较矮，播种后 41d，12 个品种的平均高度只有 14.9cm，而对照组高达 41.1cm。短日照组的分枝期也较对照组的晚很多；从播种至开花的天数，除了从国外引进红花品种中李德至 7 月 12 日观察结束时尚未开花外，其他 5 个品种平均多达 84.2d，而对照组仅 73.6d。国内品种，除云南红花外，其他品种从播种至观察结束时经 94d，大多数植株均未开花。由此可见，红花为长日照植物，但各品种对日照的反应则各有不同，如墨西哥矮在日照相差 5 个多小时的情况下，无论株高还是开花期、成熟期均相差不多。

从上述试验结果可以看出，红花为长日照植物，长日照促进了红花的发育，在一定的范围内，不论播种期的早晚，只要处于长日照条件下，红花就能开花。栽培红花的目的，是收获它的花和种子，日照时间越长开花越早，这似乎是好事，但是红花同其他作物一样，要达到丰产，必须有一定的物质基础，只有根深叶茂，才能花果满枝。因此，在根茎叶未充分生长起来的时候，植株过早开花结果必然就少，产量就低。

在地球上，每日最大可能日照时数是随纬度而变化的。在赤道处，日照时数基本上是不变的 12.1h，但在北纬 50° 的纬度上，日照时数从 12 月的 8.1h 增加到 6 月的 16.3h，这就给植物的生长和发育带来极大的影响。中国地处北半球，夏至白昼最长，冬至日最短，而且昼夜长短的变化随纬度的高低而变化，纬度越高，这种变化的幅度也越大。例如，齐齐哈尔（N 47°23′）在夏至（6 月 21 日或 22 日）日照长达 15 小时 58 分，比北京（N 40°48′）长 57 分，比汉口（N 38°38′）长 1 小时 51 分，比海口（N 20°02′）长 2 小时 37 分。这就是中国北方晚播红花植株矮小，生长期短，产量极低的重要原因。但是红花品种对长日的反应，在程度上有所区别，来源于高纬度的品种，由于长期栽培在夏季长日照条件下，已逐渐适应长日照的环境，而油用红花，多来源于纬度较低的地区，因此，对日的反应较中国新疆、甘肃当地品种更敏感，更需适时早播，这也是油用红花引到北方以后植株变矮的原因。短日照有利于红花的营养生长，而长日照则有利于红花的生殖生长。在生产上，为获得丰产，必须使红花苗期处于短日照条件下，使之根深叶茂，积累营养，在此基础上再给以长日照以促进开花结果，要达到这一目的，可以通过选择适当的播种期加以满足。

中国农民在长期的生产实践中，根据红花的生长发育规律，各地都有一套科学的播种方法以满足红花对日照的要求。如陕西、甘肃一般采取晚秋播，南方各地采用秋播都是为了使红花有一段时间处于短日照条件下，让其旺盛生长，为开花结果提供雄厚的物质基础。

黎大爵等（1995）通过试验研究，也认为红花为长日照植物，在长日照条件下，莲座期显著缩短，植株变矮，整个生育期明显变短。但也有些品种如墨西哥矮，对日照长度的反应不甚敏感。多数红花品种在高温长日照条件下莲座期显著缩短，植株变矮，种子产量下降。但秋播红花产区北部的一些红花品种在高温、长日照条件下莲座期不是缩短，反而无限延长，植株根本不能正常生长和开花结果。实验表明，将这些品种的种子萌发后置于 0 ℃ 的冰箱中处理 15d 后再播种，植株即能正常生长、开花、结果。在高温、长日照条件下不能正常生长发育的红花种质资源的发现，对于改良春型红花营养生长习性和提高产量具有重要意义。所发现的种子低温处理克服部分冬型红花不开花结果的方法，可直接在中国北方红花产区应用。姚艳丽等（2002）对不同纬度光照对红花的生长发育进行分析。红花是长日照植物，短日照有利于红花营养器官的健壮生长，长日照有利于生殖器官的生长。长日照能促进红花的发育，在一定的范围内，无论播种早晚，只要处于长日照条件下，红花就能开花，日照时间越长，开花越早。日照长度随纬度和季节的不同而不同（表 1-1）。新和春播红花的苗期在 4 月上旬至 5 月下旬，日照长度平均为 14.84h；分枝期在 5 月下旬至 6 月下旬，日照长度约为 16.24h；花期在 6 月底至 7 月中下旬，日照长度约为16.07h。新和复播红花营养生长基本在 7 月完成，日照长长度为 16.07h；生殖生长在 8 月份完成，日照长度 14.56h，正好与春播相反。由于复播红花苗期温度高，导致发育速度较快，根、茎、叶未充分生长起来，未能形成壮苗，日照长，植株过早开花，从而造成分枝及单株花球数、每花籽粒数减少，千粒重下降，其产量也就降低。特别是 7 月 5 日播种的红花，其营养生长期的日照长度为 15.32h，生殖生长期的日照长度为 13.94h，产量为春播红花的 51%，为 6 月 15 日播种的 64%。日照长度在各发育阶段的分配不适当是造成产量低下的原因之一。

表 1-1　新和、福海 3—8 月日照长度

（单位：h）（姚艳丽，2002）

	纬度	3 月	4 月	5 月	6 月	7 月	8 月	9 月
新和	41°33′	12.59	14.26	15.41	16.24	16.07	14.56	13.33
福海	47°07′	13.05	14.56	16.39	17.39	17.12	15.39	13.48

因为纬度的原因，福海红花全生育期所处的日照长度要比新和平均每天长 1h 左右。福海红花生长的 5—8 月，日照长度为 16.39~17.39h，其苗期日照长度比新和春播红花

1 号的长 1.55~2.55h，花期日照长度平均比新和长 1.05h。由于长日照能促进红花的发育，致使福海红花苗期日数比新和春播新红花 1 号少 27d 左右，花期短 9d 左右。对于长日照特性的红花，长的日照长度能很好地促使红花的开花结果，为籽粒数多，千粒重大的高产指标创造了有利条件。因而，福海红花产量高于新和。新和年日照时数多年平均值为 2 812.3h，春播新红花 1 号全生育期所需日照时数为 1 344.0 h 左右，复播新红花 1 号的全生育期所需日照时数为 741.6h，春播新红花 2 号全生育期件所需日照时数为 1 250.0h，复播新红花 2 号全生育期所需日照时数为 782.5h。福海年日照时数多年平均值为 2 867.0h，红花全生育期所需日照时数为 1 139.9h。因此，新和、福海两为县的光照条件完全能满足红花生长发育的需求。新和气象条件适宜发展正播与复播红花，正播红花的适时播期在 4 月上旬。福海的气象条件适宜红花正播，但不适宜于复播，正播适时播期为 4 月中上旬；在夏收作物收获后，剩余≥5℃积温若在 2 000℃以上，日照时数在 750h 左右地区，便可种植复播红花。早春较低的温度和相对较短的日照利于延长红花营养生长，促进分枝形成，夏季的高温和长日照又利于红花开花和灌浆成熟。故早播的单株花球数，每花籽粒数及千粒重均高于晚播的，适时早播是红花丰产的关键性措施之一。

任水莲等（2005）利用实测资料分析得出红花适于种植区划的主导指标。新疆是中国日照最多的地区之一，≥5℃期间的日照时数从最北面的阿勒泰（1 701~1 855h）到南端的和田地区（1 897~1 987h）平均每天都在 8~10h，能很好地促使红花的开花结果，为花球大、籽粒多、千粒重大创造了有利条件。

3. 水分的影响

耐旱怕涝，是红花的重要习性之一。红花的整个生育过程对水分都敏感。空气湿度过高，土壤湿度过大，会导致各种病害严重发生，一般在苗期能忍受较大的空气湿度，到了分枝阶段以后，如遇长期阴雨或雾气弥漫，就会导致锈病、根腐病、叶斑病的发生；开花期遇雨，对授粉有不良的影响。开花以后至成熟阶段若遇连续阴雨，会使种子变色，严重影响种子的产量、油分和发芽率，甚至有的种子会在花球中发芽发霉。

由于暴雨或漫灌所造成的过高的土壤湿度，会导致根腐病的严重发生。当温度在 15℃以下，红花幼苗能耐暂时的浸泡，而伸长期到开花期，即使是短期的积水，也会使红花植株死亡。在年降水量只有 29.4mm 的干旱地区，若采用大水漫灌，也可能导致红花颗粒无收。在美国和澳大利亚高产的商业化栽培，红花需要 1 600~2 500mm 的水；在以色列需要 600mm 的降水量加上等量的灌溉水；在坦桑尼亚 400mm 的降水量加 450mm 的灌溉水为红花生产的最低需水量，在旱季完全靠灌溉，用 2 250mm 的水时，其产量为湿季红花产量的 2 倍。在印度，旱地红花需 660~1 000mm 的降水量，假如栽培干旱季节靠灌溉，1 800~1 100mm 的灌水量是需要的。假若把植株所需水分误认为在作物生长期间的降水量那是错误的。播种前有足够的土壤水分，大概也就是相当于总需水量的 2/3（Weiss，1983）。

红花有强大的根系，能吸收 1.5~2.6m 处的土壤深层的水分，因此，它比其他作物更能耐旱。进行商业规模的红花生产，一般需要 600mm 的降水量，且大部分降水量应在开花之前。在干燥多风的地区最适于红花的生长，这种气候条件可减少病害的发生，但需要 800~1 000mm 的降水量，采用灌溉时，需水量可能更大。在天气不热没有干热风、播种前土壤有充足水分的地区，300mm 的降水量就可使红花得到相当高的产量。Duan 等（1987）测定了一些油料作物 100 粒风干种子的最大容水量，发现种子吸收水分的比例随温度的不同而变化，在 15~10℃ 时最高，为发芽所吸收的水分，红花在 7h 后为风干种子重量的 42.4%。他还发现最大容水量与种子中蛋白质的含量成正相关，与种子的含油率呈负相关。由于种子吸胀萌发时的容水量相当大，因此，播种时种子一定要播种于潮湿的土壤中，若遇天旱，播种应略深些，以保证种子萌发时有足够的水分。在苗期，植株营养面积小，此时气温也较低，对水分的需要量不大，如遇极度干旱及时进行漫灌（但不能积水），小苗也能忍受。当植株进入伸长阶段以后，对水分需求量逐渐加大；在植株进入分枝阶段，营养面积迅速增大，蒸发量也大，须有足够的水分，以促进花蕾的形成；红花的需水高峰在盛花期，这一阶段不能缺水，要求有充足的土壤水分，但空气湿度和降水量均不能太大，否则影响红花的开花结实。在盛花期过后，红花对水分的需求量迅速减少，干燥的气候条件有利于种子发育，因此，红花的栽培实际上被限制在气候比较干燥的地区或栽培于较干旱的季节，至少在新的抗病、抗涝品种育成之前是如此。红花虽能耐旱，但并不是不要水分，当土壤水分严重缺乏时，须及时灌溉才能获得满意的干花产量和种子产量。但什么时候灌溉最为合适，需多大的灌水量，则因栽培地区气候，土壤条件和栽培管理技术，如播期、种植密度，品种的不同而异，因此，国内外许多科研生产单位为了解水分缺乏和灌溉制度对红花的影响，进行了大量的试验。水分缺乏时抑制了叶片的发育，减少了分枝数和每株花球数，从而降低了种子产量。

Hayashi 等（1985）研究了水分缺乏对红花种子产量及产油量的影响。他将红花栽培于有机质土壤、肥料配成培养土的花盆中，直至第 27d 能完全区别出所有的最后一个分枝时，使植株处于缺水状态。从这阶段之后，每天浇 2 次水使之分别达到土壤最大持水量的 90%、60% 和 40%。试验结果表明，水分缺乏抑制了主茎节间的伸长并强烈地抑制了较低节位上最后分枝的生长，在主茎上的叶片数、总苞苞片和以及叶片+总苞片数不受水分缺乏所影响，土壤水分缺乏并不影响最上部叶片+总苞片数目，40% 反而增加，但土壤水分缺乏时显著减少了叶片和总苞片的叶面积以及植株总的叶面积和总苞苞片的总的叶面积。土壤水分只有土壤最大持水力的 40% 者，延迟了最上部分枝花球的开花时间，但对主茎没有影响，每株种子数和每株种子干物质产量并不因土壤水分缺乏而有显著的减少，每株花球小花的数目、成熟种籽百分率、种籽数和种籽干物质则不受影响，每株种子产量的减少是由于分枝数的减少而导致每株花球数较少所造成的，水分缺乏对分枝，叶片发育的抑制比对种子成熟的抑制作用更大。

为了获得高额产量，必须进行灌溉，但灌多少次最合适，什么时候灌溉最好，许多科学家为此做了许多试验。Leonard（1969）及其同事研究了灌溉制度对红花生长、产量和产量组分的影响。将秋播红花品种夫里奥分成 8 组灌溉处理，分别灌 3~9 次，当土壤上部 120cm 的有效水分被吸剩 60%（处理 A~D）或 72%（处理 E~H）时进行灌溉。试验结果表明，红花的产量随灌溉量的增加而增加，直至第 7 次灌溉（处理 E）。红花产量不受灌溉前土壤有效水分被吸剩的程度所影响。处理 A（消耗 134cm 的水）

产量最高，然而处理 K、B 和 E 的差异并不显著。最早花朵开放时给予最后灌溉，每公顷减产 400kg 以上，在开花前两星期给予最后灌溉，减产将近一半。宋魁等（2008）选取新红花 4 号研究不同灌水量对其生长发育和产量的影响。红花整个生育期灌溉 2 次水较为适宜，灌溉时间分别为分枝期和现蕾开花期，灌水量每次为 60m³/亩，红花的籽和花绒产量最佳。由于土壤水分状况经常直接或间接地显著影响着根系的生长发育，是影响根系生长和分布的最重要因素之一，红花生长发育过程中的分枝期是红花的需水关键期。

（二）人为因素对生育期的影响

红花对日照的长度有特殊的要求。若播种期选择得当，满足红花在不同生长发育阶段对日照的要求，就能获得高产，反之就要大幅度减产。

黎大爵等（1995）选用 B-54、吉拉和 UC-1 这 3 个品种进行分期播种试验，播期分别为 2 月 28 日、3 月 17 日、4 月 14 日和 5 月 13 日，随着播期的延迟，各品种生育期和株高都呈减少的趋势，产量也随之下降。早春播种者，温度较低，日照也较短，因此红花的生育期较长，晚播种者，日照长，植株很快开花，因而生长期短，植株变矮。任水莲等（2005）2000—2001 年，在北疆阿勒泰地区福海县的开发农场和南疆阿克苏的新和县气象局院内进行了红花物候期试验，其中，新和试验点由于热量条件好，无霜期长，播期有春播和复播两种，试验品种为油花兼用的新红花 1 号和油用为主的新红花 2 号；福海试验点的品种为油花兼用的新红花 1 号。结果是南疆春播红花生育期所需天数为 116~131d，≥5℃积温为 2 570~2 920℃；复播红花生育期所需天数为 67~71d，期间≥5℃积温为 1 750~1 910℃。春播比复播红花全生育期多 56d 左右，随着播期推迟，红花全生育期所需天数逐渐减少，其中，春播期每推迟 10d，全生育期天数缩短 6~9d；不同播期的复播红花全生育天数相差不大；北疆春播红花生育期所需天数为 90~107d，≥5℃积温为 2 065~2 190℃；红花出苗—分枝期间气温低，使春播红花发育期明显比复播红花多 36d 左右；而分枝—始花期间由于气温偏高，复播红花的发育期天数比春播红花少 20d；到了终花—成熟期间已进入夏季高温时期，复播红花的发育期天数和春播红花基本接近。安维等（2006）报道了不同播种时间对红花生物学特性及质量的影响。在 5 个秋播期和 5 个春播期中，随着播期的推迟，株高逐渐变矮，果球数逐渐减少，每个花球的粒数逐渐减少，单株种子产量逐渐减少，百粒重也逐渐减少。其他生物学性状也有相应变化，如随着秋播时间的推迟，叶片变短变窄。富财生等（2013）探讨了红花不同播种期对生长发育和产量性状的影响。在 5 个春播期中，随着播期的推迟，各生育时期逐渐推迟，生育期逐渐缩短。扶胜兰等（2017）通过试验，探讨了播期对红花生长发育、产量和品质的影响。在安排的秋播期中，随着播期的推迟，出苗时间逐渐推迟，莲座期结束时间逐渐推迟，现蕾时间及其他生育时期逐渐推迟，生育期逐渐缩短。株高逐渐变矮，总分枝数和一、二级分枝数逐渐减少，单株产量逐渐减少，品质逐渐变差。

（贾东海、侯献飞、王世卿）

第四节　新疆红花实用栽培技术

一、选地整地

(一) 选地

红花对土壤要求不严，但要获得较高的产量，必须有良好的土壤。土壤是红花生长发育的基础，土壤理化性质和肥力状况对红花干花产量、籽实产量、油分积累及脂肪酸成分与含量影响极大。红花喜温暖干燥环境，耐贫瘠，抗寒、抗旱、怕涝。适宜在排水良好、肥力中上等的沙壤土地种植。

宋魁等 (2009)、李强 (2010)、姬正玲等 (2012)、李雨沁 (2016) 的研究表明，红花栽培应该选择地势高燥、平坦、排水良好、土层深厚、肥力中等、壤土或轻沙壤土地块，忌连作。前茬以豆科、禾本科作物为好，如大豆茬、玉米茬、小麦茬，以棉花为前茬也可。

(二) 整地和施基肥

春播红花地块要求在冬前完成秋耕冬灌作业。由于红花的根系深达 2m 以上，故须深耕，深度应达到 25cm 以上。有条件的地方，可结合秋耕一次深施有机肥 15 000~22 500kg/hm²，尿素 8~10kg/亩，磷肥 8~10kg/亩，锌肥 1kg/亩，速效钾低于 350kg/kg 以下的地块亩施 3~5kg 钾肥。深耕可以改良土壤的结构，增加土壤的蓄水能力，提高气温和透气性，增加有效磷和氮的含量，并能使土壤有益微生物增加 70% 左右，减轻病虫害及杂草的孳生，从而达到增产的目的。冬灌一般在 10 月中下旬至 11 月上旬进行，灌水量 1 200m³/hm²。灌水要均匀，不要造成局部积水，否则会给春季整地作业带来困难。到春季，当土壤墒度适宜，人力机具可以进地时，即可进行整地作业。春季主要是进行切地耕耙作业。播前整地要求达到地表平整，表土疏松细碎，土块直径不超过 2cm 大小，整地质量应达到"齐、平、松、碎、净、墒"六字标准。

二、选用良种

(一) 品种选择

红花品种繁多，必须选适合本地生态环境的优良品种种植。种植面积较大、综合性状较好的油用品种有 AC1、油酸李德、新红花 2 号等；油花兼用品种有新红花 1 号、新红花 3 号、新红花 4 号、吉红 1 号、吉选 3 号、裕民红花、云红 2 号等。

(二) 良种简介

1. 吉红 1 号

地方品种，属无刺油、花兼用型红花。无刺，花橘红色，株高 85~115cm，分枝高度 40cm，分枝角度小于 40°。果球直径 1.9~3.2cm，圆锥形，全包果球，单株有果球 15~20 个，每个果球有种子 28 粒左右。种子圆锥形，普通壳，白色，有光泽，千粒重

39g，皮壳率58%，含油率26.3%，全生育期115d，适于全疆红花产区种植。

2. 新红花1号

1994年，由新疆农业科学院经济作物研究所选育而成，属油、花兼用型红花品种。无刺，花红色。株高90~115cm，主茎着生45~50片叶，叶片长卵圆形，分枝角度小于35°，茎秆青白色。果球直径2.13.0cm，圆锥形，全包果球。单株有果球20个左右，每个果球有种子30粒左右。种籽长卵形，半条纹壳，黄白色，千粒重38.7g，皮壳率43.1%，单株产量16g，含油率32.5%。全生育期117d左右，适于全疆红花产区种植。

3. 新红花2号

1994年由新疆农业科学院经济作物研究所选育而成，属于有刺油用型红花品种。苗期叶片边缘呈锯齿状，分枝后叶缘陆续长出刺，现蕾后逐渐变硬。果球直径2~3cm，大小较为均匀，苞叶较长，全包果球，刺较多。株高80cm左右，分枝高度40cm。花黄色。单株有果球18个，每个果球有种籽23~26粒。种子为长锥形，种壳为条纹壳形，黄褐色，千粒重38.8g，皮壳率36.9%，单株产量0.015kg左右，含油率40.73%。全生育期112d左右。适于全疆有机械收获条件的地区种植。

4. 新红花3号

2000年由新疆农业科学院经济作物研究所选育而成，属无刺花、油兼用品种。株型紧凑，呈圆锥形。叶为长条形，叶色深绿。植株高105cm左右，分枝高50cm左右，茎秆青白色。果球为圆形，直径2.0~2.5cm，全包果球，苞叶无刺。花为橘红色。种子为短锥形、无冠毛，种壳为白色，普通壳型，千粒重39.5g，籽实含油率30.88%。平均生育期为118d。该品种的突出优点是籽实及花丝产量高，较抗倒伏，较耐根腐病和锈病，适于全疆种植。

5. 新红花4号

2000年由新疆农业科学院经济作物研究所选育而成，属无刺花、油兼用品种。该品种植株株型紧凑，呈圆锥形，叶为长条形，叶色深绿。植株高100cm左右，分枝高50cm左右，茎秆青白色。果球为圆形，直径2.0~2.2cm，全包果球，苞叶无刺。花为红色。种子为半月形、无冠毛，种壳为黄褐色、条纹壳型，千粒重38.5g，籽实含油率39.68%。平均生育期为117d。该品种的突出优点是籽实含油率较高，较耐根腐病和锈病，是较好的油、花兼用型品种，适于全疆种植。

6. 新红花6号

2005年由新疆农业科学院经济作物研究所选育而成，属无刺花、油兼用品种。种子形状长锥形，无冠毛，灰褐色条纹壳型；果球呈圆形、略扁，直径2.0~2.5cm，苞叶圆形全包果球；幼苗叶边缘光滑，分枝后叶边缘无刺；叶形为长条形，叶色深绿；植株高度约90cm，分枝高度45cm左右，一、二分枝约为15个；花色为橘红色，千粒重36g，亩产150kg左右，含油率36.93%，亩产花丝18kg。生育期110~120d。适于在全疆种植。

7. 新红花7号

2007年由新疆农业科学院经济作物研究所选育而成，属于少刺药用白花品种。苗期叶片边缘光滑，分枝后叶边缘无刺，适于采摘花丝。植株高度 75cm 左右，分枝高度 38cm 左右。花丝为白色，果球直径平均为 2.31cm，苞叶微刺。单株果球数平均 16 个，每果球粒数平均 32.5 个，种籽形状为长锥形，种壳为半条纹型，千粒重为 30g，单株产量为 16.17g，含油率为 30%，亚油酸含量为 74.8%。全生育期为 112d，耐锈病和根腐病。适于在全疆种植。

8. 吉选 3 号

2015 年由吉木萨尔县农业技术推广站和新疆农业科学院经济作物研究所选育而成，属油、花兼用无刺红花品种。植株紧凑，呈圆锥形，叶色浅绿，株高 103cm，分枝高度 46cm。茎秆青白色，生长势中，整齐度高，叶边缘小锯齿，盛花及终花期花丝多呈橘红。抗倒伏能力强，种皮白色，单株有效果球数 10 个，果球直径 2.3cm，果球圆形，每果球种籽数 25.8 粒，千粒重 36g，亩产花丝 21.5kg，亩产籽粒 157.3kg，含油量 26.6%，亚油酸 79.7%。生育期 105d。适于全疆红花种植区种植。

9. 裕民红花

为油、花兼用型的新疆地方品种。幼苗绿色，主茎叶片大，分枝叶片小。叶色淡绿，叶片较厚，椭圆形叶缘有刺。株高 120cm 左右，分枝高 30~40cm。花红色。单株有果球 10~30 个，籽粒白色，有光泽，卵圆形，有凸棱，每个果球有种籽 25~28 粒，千粒重 41~47g，皮壳率 45%，含油率 20%~25%。全生育期 125~135d。该品种的突出特点是生长势强、抗寒、抗旱、耐瘠薄、耐盐碱，轻感红花锈病，适于新疆塔城地区种植。

10. 云红 2 号

由云南省农业科学院经济作物研究选育。该品种生长势强，整齐度高，叶缘为全缘，叶片及苞叶无刺，盛花及终花均为红色。叶色浓绿，根系发达，抗倒伏，分枝中等，株型紧凑，抗逆性强，适应性广，耐旱，品质优良。籽粒大，百粒重高，种皮白色。合理密植后种子产量及花瓣产量较高。云红 2 号植株高度 136.4~141.6cm，平均 139.4cm；单株有效果球数 17.4~49.0 个，平均 34.8 个；每果球种子数 25.0~32.6 粒，平均 29.0 粒；百粒重 3.56~4.42g，平均 4.10g；单株花产量 2.69~6.40g，平均 4.55g；单株种籽产量 22.8~50.98g，平均 41.33g。含油量 25.35%，亚油酸含量为 78.69%。该品种具有品质优良、高产、抗逆性强等特点，适宜在海拔 1 600m 以下，中等肥力水平的红花生产区种植。

三、播种

(一) 种子的播前处理

饱满整齐、生活力强的种子，播种后长出的幼苗健壮、整齐；相反，发育不良的种子播种后，出苗先后不一，生长参差不齐。为了达到培育壮苗和防治病虫害的目的，种子应精选并药剂拌种，使种子的纯度净度、发芽率均达到 90% 以上。有条件的地方，可使种子丸衣化。在根部病害较多的地块，可用 0.3% 的多菌灵拌种，在地下害虫较重的地块，可用 30% 的"噻虫嗪"种衣剂 300mL 拌种 100kg。

（二）适期播种

红花在旬平均气温达到3℃和5cm地温达5℃以上时即可播种。适期早播可延长幼苗的营养生长时期，培育壮苗，为中后期的生长发育打下良好基础。播种期的早晚对红花的株高、生育期的长短和单位面积产量等影响极大，播种期还影响种子的含油率、壳的百分率、蛋白质含量和碘质。

北方多为春播，红花在120~130d内即可成熟。但必须通过试验找出当地的最适播种期（表1-2）。播种深度一般以种子直径的2~3倍为宜，但必须让种子埋于湿土中。红花籽的播种深度以干土5~8cm，湿土3~5cm为好，在大多数情况下，4~5cm深度即可。

表1-2　新疆红花种植区适宜播种期（王兆木，2001）

地点	适播期	地点	适播期
阿勒泰	4月5—10日	哈密	3月5—10日
塔城	4月1—5日	喀什	3月1—5日
伊宁	3月15—20日	和田	2月25—29日
乌鲁木齐	4月10—15日		

（三）合理密植

红花种植密度一般为30.0万~33.0万株/hm²。行距可采用30cm等行距、45cm等行距，或60cm×30cm宽窄行播种，株距5~7cm。

宋魁等（2008）探讨了种植密度对红花生长发育的影响。在2006—2007年的田间密度试验中，设置了4 000株/亩、5 500株/亩、7 000株/亩、8 500株/亩4种密度。结果是随着密度的增大，株高逐渐变矮。籽粒产量以5 500株/亩和7 000株/亩为高，籽粒产量也以5 500株/亩和7 000株/亩为高。综合其他因素，结论是7 000株/亩为最佳种植密度。刘超等（2006）设置了不同株行距处理，研究了不同种质密度对干花产量、种子产量以及有效成分红花黄色素的影响。株行距在（5~10）cm×45cm的花和种子产量最高。花丝产量与种子产量在不同种植密度时的变化趋势一致。不同种植密度，对红花黄色素有一定影响，种植密度过大，红花中红花黄色素减少，种植密度减少到一定程度时，其含量基本保持不变。种植密度在（5~10）cm×45cm较好，与红花产量和种子产量种植密度结果相符。王秀珍等（2010）采用随机区组设计，研究不同种植密度对红花株高、单株有效果球数、每果球粒数等主要农艺性状以及产量性状的影响。结果表明，随着种植密度的增加，株高、单株有效果球数呈降低趋势；每果球粒数、千粒重在种植密度为$2.1×10^4$株/亩时最大；红花籽粒产量与千粒重达极显著正相关，与每果球粒数呈显著正相关，种植密度与单株有效果球数达极显著负相关、与单株产量达显著负相关；不同种植密度，产量差异显著。在新疆塔城地区，红花适宜种植密度为$1.8×10^4$~$2.1×10^4$株/亩。付文君等（2001）介绍了伊犁地区红花高产栽培技术，可采用 15cm 等行距条播或 30cm×（8~10）cm 播种，新红花 1 号种植密度为 $2.2×10^4$~$2.9×10^4$ 株/亩，新红花 2 号种植密度为 $2.8×10^4$~$3.5×10^4$ 株/亩。

（四）播种方法

提高红花播种质量，对于保证苗全苗壮关系很大。红花以条播为宜，必要时也可等距离点播，通常以方便间苗和定苗为准。在新疆，红花通常采用谷物播种机条播，播量一般为 30.0~$37.5kg/hm^2$，播种深度为 4~5cm，播种均匀一致。

四、种植方式

新疆红花于春季播种，夏季或秋季收获，实行红花连作或于小麦、马铃薯、大豆等轮作，形成一年一熟的种植方式。

此外，还有覆膜种植、膜下滴灌、麦后复种等种植模式。方其仙等（2012）比较了露地种植、覆膜种植、大棚种植对红花农艺性状和产量的影响。结果是覆膜种植的单株蕾数、千粒重、单株产量、种子产量皆最多和最高。王秀珍（2010）对红花膜下滴灌种植模式与常规种植模式进行了比较，膜下滴灌红花在产量、农艺性状等各项指标均优于常规栽培红花，综合经济效益每亩增收 380 元。李勤忠等（2010）对霍城县麦后复种红花种植模式进行了探索，证明霍城县麦后复播红花具有一定的可行性，在>9℃以上积温 1 228℃的地区均可种植。

五、田间管理

综合生产实际和资料报道，杨丽英（1994）、付文君等（2001）、杨芳永（2006）、李勤忠等（2010）、李强（2010）、巫双全（2014）、李雨沁（2016）等在新疆各地的试验和经验总结，结合生产实际，主要技术环节如下。

（一）定苗

按照目标密度，适时定苗。苗多则间苗，苗少则补苗。红花 3~5 叶间苗，6~8 叶定苗。

（二）中耕

中耕除草的目的在于疏松土壤，调节土壤、水、肥、气、热状况，加强土壤微生物活动和氧化还原作用，促进根系发育和消灭杂草。在红花生长期间，一般应中耕除草 2~3 次，第一次在出苗现行后即可进行，最后一次在伸长期，并结合开沟培土，开沟深度 15~20cm，以利灌水和防止倒伏。苗期常使用的除草剂有敌草隆 $1.125kg/hm^2$，燕麦灵 $0.45kg/hm^2$。

（三）科学追肥

在红花的一生中，从伸长期到分枝期，是红花的需肥敏感期，如果这一阶段能保证肥料的充分供应，则能取得最大的经济效益。如果错过此时期，施再多的肥料也不能得到较好的产量。基肥应在秋耕前施入，施肥量大致为每公顷 15t 农家肥，并拌入三料磷肥 45~75kg；追肥应在红花伸长期结合开沟培土，在浇头水前施入，施肥量每公顷尿素 150~225kg，磷酸二铵 45~60kg。在伸长期或花蕾期喷施含有铜 Cu、Mo、Zn、B 等微量元素的微肥，可增加籽粒饱满度，提高千粒重。

（四）合理灌溉

红花耐旱怕涝，掌握好灌溉技术是获得红花高产的关键因素。灌溉次数和灌水量因气候、土壤和品种而异。红花种子发芽期间需要较高的土壤湿度，可用秋、冬灌来保证早春的地墒。

种植红花一般需浇水 3 次，分别在分枝期、始花期、终花期。分枝期灌水量一般为 90m³/hm²，初花期 1200 m³/hm²，终花期 90 m³/hm²。如果遇到雨水多的年份，浇水量和浇水次数可适当减少。红花的浇水方式一般采用细流沟灌，或隔行沟灌。这样既节约用水，又不会因积水导致病害的发生。如果用漫灌，易于引起根腐病，喷灌则会导致锈病和枯萎病蔓延。红花浇水时间，以早晨或傍晚为宜。红花植株在高温下浸泡 2h 以上，就可能发生死亡。如果土壤湿度在 15% 以上，或者在 2~3d 内有大雨时，最好不要灌溉，在终花期后，一般不再浇水。如果浇水过多，就会影响产量和含油量。

不同的品种，对水分的需要量各不相同。一般早熟品种需水量较少，晚熟品种需水量较多。新疆、甘肃等地的品种抗涝能力较强，外引的油用品种抗涝力较弱。因此，在灌溉时必需慎重。在纬度和温度都较高的地区，在红花的莲座期及伸长阶段，应尽量满足它对水分和肥料的需要，以利于促进红花早期的生长发育。

（五）防病治虫除草

具体见第五节。

六、覆盖栽培

地膜覆盖能够增温、保水、保肥、抑盐、抑草，加速红花的生育进程。

郭美丽等（1993）试验表明，地膜覆盖对红花产量构成因素影响很大。其中，对单株成花数影响最大。其次是花重和粒重，分别比露地增加。采用地膜覆盖是提高红花产量和经济效益有效途径。在地膜覆盖条件下，红花产量比露地红花明显提高，在同一生态条件下，地膜红花的产量比露地红花增产 8.84~12.46kg/亩，籽粒产量增产 134.37~167.95kg/亩。

闫志顺等（2002）对地膜覆盖条件下红花生长发育规律及产量构成进行了初步研究，结果表明，地膜红花较裸地红花生长发育进程明显提前，各个阶段的生长量显著增加，花和籽粒的产量有较大提高。数据表明，在地膜覆盖条件下，红花的产量比裸地明显提高，地膜红花每公顷增产干花 71.86kg、籽粒 566.19kg，分别比裸地高出 37.44% 和 28.67%。平均干花单价按 15 元，籽粒按 1.6 元，每公顷增收 1 983.8 元，因减少了中耕作业、人工除草和灌水量，每公顷可节约开支 146.25 元，减去地膜、肥料投入，实际每公顷可增收 1 350 元。刘福中（2017）提出了红花地膜覆盖的大田种植模式，即黑色地膜覆盖、适期穴播、合理密植、合理施肥等。吴高明等（2010）、王秀珍（2010）对裕民县地膜覆盖栽培红花与露地栽培红花进行了对比试验，试验结果均表明采用覆膜栽培可提高出苗率，有效促进红花生育进程，获得较高产量及经济效益。

七、适时收获

油用红花收获种子，以备榨油。药用红花收取管状花，干后入药，被误称为"花丝"。两类用途的红花，收获的部位和标准不同。

（一）种子收获

钉齿式滚筒的普通谷物联合收割机收获。红花的收割时间因土壤、水分、品种、气候条件和栽培技术而异。在气候干燥、成熟期无雨的地区，红花可以在完全成熟后收获。植株叶片变干、变褐，茎秆表皮稍微萎缩，较晚成熟的花球上仍有少量绿色的苞片时，即可开始收割。在南方各省，红花成熟期，秋雨连绵，油用红花则需及时抢收。因同一植株中，开花期及成熟期并不完全一致，第1、2级花球先成熟，花球也较大，它们的种子占产量的绝大部分，只要这些花球已成熟就可收获。一些晚开花的花球，可能尚未完全成熟，但它们在割倒的植株上还有相当时间的后熟作用，对整个产量的减少影响不大；若因等待全部种子成熟，则有可能遇雨，使大部分已经饱满的种子发生霉烂变质而造成严重损失。因此，在红花成熟期有可能遇大雨的地区，应根据天气预报及时抢收，必要时可于正常成熟前7~10d收割，运至晒场，让其风干，而且并不影响产量和含油量。小面积零星栽培的红花，可用人工收获。收割工具可用镰刀或枝剪从根部收割植株，将收割后的红花运至晒场，摊开晒干后，用脱粒机脱粒扬净。

测定红花成熟度准确的方法是测定籽粒的含水量。经验表明，收获时间以种子含水量降至10%以下为最合适。确定含水量的方法有二：①用手挤压数个花球，若种子容易脱粒，籽粒饱满，用牙咬时发出脆声，说明种子含水量已经较低，可以收获。②开联合收割机到地里走几米，直接从谷桶里收得样品。取样一定要有代表性，收割机不能沿地边缘取样（因地边的样品比里边的有较高的含水量），将取得的样品放在塑料带或其他的密封容器中，然后用湿度计测定含水量，若没有湿度计，则先称湿种子重，然后用烘箱或炉灶作干燥器烘干籽粒，在95℃温度下烘12h，或在120℃温度下烘4h即可，再称干籽粒重，最后计算籽粒含水率。

$$籽粒水分百分率（\%）= \frac{湿籽粒重-干籽粒重}{湿籽粒重}×100$$

红花籽粒饱满度测定法：根据悬浮剂与红花籽粒比重之间的关系，采用煤油作试剂。用未风选的籽粒作测定样品，放于烧杯中，倒入试剂，以淹没为度，轻搅，静置几分钟，捞去浮着的秕籽，数出沉淀籽粒的数目，计算出占全部籽粒的百分数即为籽粒饱满度。

$$籽粒饱满度（\%）= \frac{下沉籽粒数}{放入样品总粒数}×100$$

以煤油作悬浮剂的优点是可以循环使用，损耗甚少，处理过的籽粒当即播种，不会降低种子发芽率，故煤油也可以作红花精洗籽粒用。

为减少红花籽粒在贮藏过程中的养分消耗，必须低温、干燥，以尽量减低籽粒的呼吸作用。红花籽粒在贮藏前，必须晒干，使籽粒的含水量降至8%以下，籽粒湿度过高，会使其发热，并霉烂变质，降低发芽率。

（二）管状花收获

以花冠片开放，雄蕊开始枯萎，花色鲜红、油润，尤以盛花时清晨8—12时采摘为好。过早，花朵尚未授粉，颜色发黄，过晚则变为黑色，二者均影响质量，或者不宜药用。采收的花丝要阴干，不宜在阳光下曝晒。

郭美丽等（1999）在对红花进行引种栽培的基础上，在其开花的不同时间采集药材，并进行阴干、晒干、45℃和60℃烘干，UV、HPLC法测定红花的化学成分含量。结果表明，不同采收期对红花化学成分含量影响显著（P<0.01），不同加工方法对红花化学成分含量影响不显著（P>0.05）。红花在开花后第3d采收最佳，阴干、晒干及60℃以下烘干均不影响其质量。周相军等（2002）介绍了红花的开花习性。主茎顶端的花球先开放，以后是一级分枝顶端的花球沿主茎由上而下逐渐开放，即下降花序，每一分枝的开放顺序也是由分枝顶端的二级分枝先开放，同为下降花序。有的品种花期不超过半个月。田兰等（2007）通过测定红花水提液中HSYA的含量，确定了红花的最佳采收时间是花开后第3~4d的清晨；贮存时间对红花中HSYA含量有影响，长期贮存会导致红花品质下降。结论是品种差异、采集时间和贮存时间都会影响红花的品质。周铁梅等（2013）采用HPLC法对2008—2010年红花采收期内5个不同时段采收的红花中羟基红花黄色素A、山奈素含量进行测定，并对指纹图谱进行分析。结果表明，采收时间对红花中羟基红花黄色素A、山奈素含量及指纹图谱无明显影响。红花在采收期1d内任一时间进行采收，对红花质量无明显影响。

（王秀珍、艾海峰、徐向阳）

第五节 环境胁迫及其应对

一、生物胁迫及其应对

（一）病害

在农作物病害的种类上，有病毒性病害、细菌性病害、真菌性病害。对于新疆红花，以真菌性病为常见。一般有锈病、根腐病、叶斑病、炭疽病、茎腐病、枯萎病、黄萎病等。

1. 锈病（Rust）

锈病是一种极为普遍的红花病害。当土壤或种子携带有锈病孢子而侵入幼苗的根部、根颈和嫩茎时，在靠近土壤表面下的幼苗颈部形成束带，幼苗因缺水或被风吹断，因而往往造成严重缺苗。高湿有利于锈病的发生和发展，连作栽培是造成锈病孢子浸染根部和根颈的主要原因。随风传播的孢子常侵染红花的子叶、叶片及苞叶，形成栗褐的小疱疱，严重时使红花减产和降低含油量。

锈病的病源是红花柄锈病 *Puccinia carthami*（Hutz）Corda。在生育期内，它有三种孢子：黑色的冬孢子出现在夏季，是由土壤及种子传播的，在冬孢子发芽后，侵袭幼苗，栗褐色的夏孢子，是由风力传播的，在春末夏初，当温度低或中等温度而湿度较高时侵染叶片，黄色的锈孢子则只侵染叶片。

防治方法 轮作和用不带病孢子的红花种子以及药剂拌种。轮作可以防止土壤中孢子的为害，一般晚播红花锈病较少。据报道，在冬季或早春田间用水漫灌，可以减少锈病。在实验室，冬孢子由于灌水及显露在高温之下，也能使其寿命缩短。

2. 根腐病（Phytophthon root rot）

在灌溉的红花田中，根腐病经常严重发生，在雨后的春天也会发生。土壤过湿，气温又高，就为根腐病的发生创造了条件。在旱地种植红花实行地下灌溉，或开沟灌溉等，都可以减少根腐病的发生。

根腐病是由根腐病菌 *Photophthora drechsler* 和 *P. cayptogea* 及 *P. parasitica* 造成的。它们对红花的任何生长阶段都能侵染，尤其是在幼苗期，能够看见的病症在开花期尤为明显，有时侵染植株的根部及茎的基部。被感染的植株萎蔫，呈浅黄色，最后死亡。在早期，红花的组织及根的鲜重会减少，随后变成黑色。

不同的红花品种对根腐病的抗性各异，如高度易染的有 N-10、太平洋-1 号；具有中等抗性的如 US-10、吉拉、夫里奥；抵抗力更好的有 VFR-1、US-Bigge。

防治方法 发现病株要及时拔除烧掉，防止传染给周围植株，在病株穴中撒一些生石灰或快喃丹，杀死根际线虫，用 50%的托布津 1 000 倍液浇灌病株。

3. 叶斑病（Alternaria leat Spot）

常有阵雨或经常有露水的地区，以及有灌溉条件的地区，在红花生长的中期和后期，叶斑病的发生最为严重。在美国加利福尼亚州夏季多雾的海滨地区发现较多，但为害不严重，一般发病期在 7—8 月。

病原是真菌红花交链孢霉菌 *Alternaria cartham* chowdh。红花被侵染后，在叶片上和苞片上有大的不规则褐色斑点，可以引起种子失色、枯萎和腐烂，并使全株倒伏，造成产量降低，油分减少。目前还没有完全抗病的品种。这种病是使红花生产限制在较为干燥地区的因素之一。

防治方法 清除病枝残叶，集中销毁；与禾本科作物轮作；雨后及时开沟排水，降低土壤湿度。发病时可用 70%代森锰锌 600～800 倍液喷雾，每隔 7d 喷 1 次，连续 2～3 次。

4. 炭疽病

红花炭疽病是红花的重要病害，各产区均有发生，常造成普遍减产。其病症表现为叶片病斑褐色、近圆形，有时病斑龟裂；茎上病斑褐色或暗褐色、梭形，互相汇合或扩大环绕基部。天气潮湿时，病斑上生橙红色的点状黏稠物质，这就是病原菌分生孢子盘上大量聚集的分生孢子，严重时造成植株烂梢、烂茎、折倒、死亡。

病原是红花盘长孢菌 *Gloeosporium carthami*（Fukui）Hori et Hemi。主要以分生孢子附着在种子上越冬，次年开春后分生孢子借风力和雨水传播，扩大侵染。炭疽病于 4 月中旬开始发生，5—6 月发病较重。雨季、氮肥施用过多易于发病。

防治方法 选用抗病品种，一般有刺红花比无刺红花抗病，种子的产量也高。选择地势较高、排水良好的土地种植，切忌连作。用 30%菲醌 50g 拌种子 5kg，拌后播种。

或在分枝前后开始喷药防治，1∶1∶100 波尔多液，65%代森锌 500~600 倍液，50%二硝散 200 倍液，每隔 7~10d 喷 1 次，连续 2~3 次。要注意排除积水，降低土壤湿度，抑制病原菌的传播。

5. 茎腐病（Sclerotinia stem rot）

茎腐病是红花的常见病害，发病率一般为 2%~6%，高的达 10%~15%，最高的可达 37.3%~67.5%。长江下游的安徽、江苏、上海和东南沿海的浙江、福建等地均有广泛流行。

病源是核盘菌 *Sclerotinia sclerotiorum*（Lid）de Bary。营养体的菌丝有隔膜和分枝，色洁白而有光泽，或交织成白色片状物，以后变成黑色的菌核。在 15℃ 以下气温时，每个菌核萌生出一至数个芽，形成的子囊棒上端又产生子囊盘，每个子囊内有 8 个子囊孢子。

在南方，4 月可见病株，5 月为盛发期，直至收获。初期症状为茎的基部有水渍斑，叶上有白色的菌丝体，或为黄绿相间的花叶，植株发黄、萎蔫而枯死。在靠近地面的茎的髓部变成黑色而硬化的菌核，它存在于土壤及植株的枯枝败叶中。成熟的子囊孢子可以随风飘落，或通过接触传染，侵入植株体内。在冷湿的环境容易发生此病。一般秋播的有刺红花，密植时发病率高，排水不畅的黏性土、邻油菜地或连作发病率高。

防治方法　实行水旱轮作，不用带病的种子，及时处理病株及时松土，切断子囊棒以减少病源基数。保持田间通气透光，排除积水以降低土壤湿度。选育抗茎腐病的品种。适当增施磷钾肥而控制氮肥，防止机械损伤。喷洒波尔多液或多菌灵进行预防。用生石灰封锁病区。

6. 枯萎病（Fusarium wilt）

这是一种新出现的红花病害，目前只限于少数地区发生，但可能会蔓延成为严重的病害。受害植物下部的叶片开始时变为黄色，以后逐渐枯萎，老的植株能使整株死亡，如植株的一侧被侵染则这一侧枯死。幼苗受害尤甚，受害幼苗的根部呈黑褐色，并且变细。

病源是由于一种红花尖孢镰 *Fsarium Oxysporum* Schlecht ft. sp Carthami Klis et Houst 所致。它从根部通过维管束组织传播到茎、枝、叶片上，使根与茎的维管束组织变为黄褐色。这种真菌寄生在土壤及红花残株上，由种子的壳及种皮内部组织传播。在酸性土壤，含氮量高及温暖潮湿的气候下容易发生。在印度只有 Ganges 河流域一带发生或严重流行。除上述真菌外，北京植物园在红花的栽培过程中还发现有同属的真菌腐皮镰孢 *Fusarium solani*（Mant.）APP. et Wollenw、爪哇镰孢 *F. javanicum* Korrd. 的存在。

防治方法　不使用有病地区的红花种子和轮作，即可以免除此种病害。在药物防治上，曾有人做过不少试验，印度有人用 *Ruellia tubcrosa* 的提取液作为杀菌剂，它含有两种抑菌素，对枯萎病的防治效果比较好。用 Benzophenone 来处理种子，也有防治作用。天然存在 Mangiferin 可以抑制镰刀菌菌丝的生长。据报道，Benomyl（2.2kg/hm²）也能有效地防止枯萎病。

7. 黄萎病（Verticillium Wilt）

此病在美国加利福尼亚州分布很广。红花生长期内的任何阶段都可以侵染。受害植株一般成熟较早或枯黄较早，它的病症是叶子的脉间及叶缘变白，叶片从下部逐渐出现斑点，最后变为白色或棕色，维管束组织出现黑色。除非受害很严重，否则植株不会立刻枯死。

病原菌是黄萎轮枝孢 *Verticillium alboatrum* Reinke et Berth。是由土壤和种子传播的，先由根部侵入，再由维管束系统传到茎及叶，在含有大量氮和水分的冷湿黏结土壤容易发生。

防治方法　目前防治方法还不多，要选用没有携带病菌的种子来种植，同时用有抗性的作物如玉米、水稻、高粱、甜菜等和红花轮作。有一些红花品种如 US-10 对此病非常敏感，而 N-4051 则有相当的抗性。在土耳其、印度、伊朗、埃及等国已经培育出一些抗病品种。

8. 花芽腐烂病（Botrytio head rot）

在湿度大的沿海地区或多雾多雨的地方此病较多发生，灌溉沟边缘土地上，因湿度较高也有发生。为害花球的程度因侵染的时间不同而异，侵染早的病较重，不结种子或种子重量减轻，主要病症是花头变为淡绿色，逐渐变成白色，皱缩，停止生长。受害严重的花头会折断，这是由于苞片与花梗连接处的组织被损坏所引起的。

该病是由于灰葡萄孢 *Botrytis cinereapers*。的侵染而发病的。它的孢子可以随风传播，所以，在高湿条件下，空气中的孢子就能在开花至种子成熟的任何时候侵染花头，经常是昆虫先行损伤组织，然后病菌侵入。目前还没有抵抗本病的红花品种，在高湿多雾地区，不适宜种植红花。

据北京中国科学院微生物研究所鉴定，使头状花序变成褐色腐烂的病菌，是由于互隔交键孢霉菌 *Alternaria alternata*（Fr）Keissl. 的为害。这种霉菌也可以为害叶片，变成不规则淡褐色的病斑。

9. 细菌性腐烂病（Bacterial blight）

在春季雨水多的时候、冬季有重雾时及喷灌区都会发生本病。它靠雨水传播，受害的植株，在茎及叶柄上出现黑色的小水疱，在叶片上出现浅白色边缘和红褐色坏死的斑点或条斑，严重的则顶芽坏死。幼苗时，此病更显得严重，时常在靠近土壤的茎或茎尖发生组织坏死。

病原是细菌 *Pseudo mouas* Syringae.，在美国和印度都有发现。目前还没有完全抗病的品种，易染品种有太平洋一号、吉拉、8-10 等。

10. 花叶病（mosaic）

在美国，发现在红花叶片上有病毒性花叶病的症状，经分离鉴定，确定为黄瓜病毒 *Cucumber mosaic*，其特征和烟草花叶病 *Tobamovirus* 以及早先分离出来的番茄花叶病相同。被害的叶片颜色有深有浅，叶片扭曲，植株生长受挫，但一般果实也能成熟。据报道，这种病毒也能感染红花瘦果的果皮及株被，但不会传染到幼苗上。

11. 红花轮纹病

红花轮纹病也是红花的常见病害，病原是菊科壳二孢 *Ascochyta compositarum* Davis。其发生时期、发生部位、发生特点以及防治方法都与叶斑病基本相似，但症状有所不同。轮纹病的病斑较大，也有同心环纹，上生小黑点，即为病原菌的分生孢子器。将病叶残株集中烧毁、轮作，及时排水都可减轻发病。病期喷洒波尔多液及代森锌亦可。

12. 猝倒病

猝倒病是红花上重要病害，各种植区普遍发生，严重影响红花产量和品质。主要为害幼苗的茎或茎基部，初生水渍状病斑，后病斑组织腐烂或缢缩，幼苗猝倒。病菌侵入后，在皮层薄壁细胞中扩展，菌丝蔓延于细胞间或细胞内，后在病组织内形成卵孢子越冬。该病多发生在土壤潮湿和连阴雨多的地方，与其他根腐病共同为害。

防治方法　重病田实行统一育苗，无病新土育苗。加强苗床管理，增施磷钾肥，培育壮苗，适时浇水，避免低温、高湿条件出现。

药剂防治采用营养钵育苗的，移栽时用 15% 绿亨 1 号 450 倍液灌穴。采用直播的可用 20% 甲基立枯磷乳油 1 000 倍液或 50% 拌种双粉剂 300g 对细干土 100kg 制成药土撒在种子上覆盖一层，然后再覆土。

出苗后发病的可喷洒 72.2% 普力克水剂 400 倍液、58% 甲霜灵锰锌可湿性粉剂 800 倍液、64% 杀毒矾可湿性粉剂 500 倍液、72% 克露可湿性粉剂 800~1 000 倍液、69% 安克·锰锌可湿性粉剂或水分散粒剂 800~900 倍液。常用药剂绿亨 1 号、甲基立枯磷、拌种双、普力克、甲霜灵锰锌、杀毒矾、克露、安克·锰锌。

（二）虫害

既有地上害虫，也有地下害虫。常见有蚜虫、实蝇、潜叶蝇、钻心虫、地老虎等。

1. 红花长须蚜（*Macrosphum goboni* Matsumura.）

又名叫"蚰虫"，除为害红花外，还为害大力子、大蓟等药用植物和其他作物。主要以无翅胎生蚜群集于红花嫩梢上吸取汁液，造成叶片卷缩起疱等。

（1）形态特征　无翅胎生雌蚜的体长 2mm 左右，红褐色，表面有褐色斑纹。头黑色，复眼赤色。触角长于体长的 1.5 倍，第三节与前腿节等长，有小圆形感觉圈 28~32 个，腹管近末端 1/3 处网状，尾片圆锥形，有 5 对长毛。有翅胎生雌蚜，体长 1.5mm 左右，赤褐色，背面有黑色斑纹，头黑色，复眼淡红色。触角比体长，第三节基部黄色，其余均为黑色，有小圆形感觉圈 75~90 个。腹管末端 1/3 处网状，其余部分覆瓦状，尾片近圆锥状，有 3 对长毛。

（2）生活习性　一年繁殖 20~25 代，以无翅胎生蚜在红花幼苗和野生菊科植物上越冬。次年春季，平均气温在 18~20℃ 时，繁殖加快。当气温上升到 25℃ 以上时，大量产生有翅胎生蚜，飞散为害，6—7 月红花开花时为最重。一般雨季为害减轻，干旱时为害严重。蚜虫在红花上繁殖近 10 代。

（3）防治方法　①预测预报：以蚜虫数量、天敌单位占蚜虫数量百分比、气候条件和蚜虫发生情况来选择药物防治种类及防治时间。②拔掉中心蚜株：若有 1~2 株中心蚜株时应直接将其拔掉，并进行销毁。③药剂防治：育苗期和开花前进行，若有蚜株率达到了总数量的 30%～40%，需实施全田防治。使用啶虫脒等药剂进行田间喷洒。④生物防治：可用七星瓢虫进行生物防治。

2. 油菜潜叶蝇（*Phytomyza atricomis* Meigen.）

油菜潜叶蝇又名豌豆潜叶蝇，土名叫"叶蛆"，在红花上发生普遍，为害较重。主要是幼虫潜入红花叶片，吃食叶肉，形成弯曲的不规则的由小到大的虫道。为害严重时，虫道相通，叶肉大部分被破坏，以致叶片枯黄早落，影响产量。

（1）形态特征　成虫体长 2mm 左右，暗灰色，密生刚毛。头部黄色，复眼黑褐色或红褐色。腹部腹面两侧和各节后缘暗黄色。足灰黑色，腿节的胫节连接处黄色。卵长 0.3mm 左右，灰白色，长椭圆形，表面有皱纹。幼虫蛆形，老熟幼虫长 1mm 左右。初孵幼虫乳白色，后变黄白色，前胸和腹末的背面各有一气门突出呈小管状。蛹长 2.5mm 左右，初为鲜黄色，后变黄褐色或黑褐色。蛹体前端和尾端的背面各有一对管状气门。据观察，冬季在油菜、豌豆、红花上可见到蛹、幼虫、卵各种虫态。第 1 代幼虫在 5 月上旬出现，第 2 代在 5 月中旬末出现，世代重叠。早春主要为害豌豆，以后迁到油菜、紫云英和红花上为害。在红花开花前为害最甚，幼虫老熟后，在虫道内化蛹。

（2）发生规律　一年有 1.8～3 代，由北向南渐增，变成一代所需时间随温度而异，日平均气温 10.5℃时需 39d，22.7℃时只需 20d。淮河以北以蛹越冬，淮河以南蛹、幼虫、成虫和卵均可越冬，南岭以南无越冬现象。成虫活泼，寿命 4～20d。每雌虫一生产卵 45～100 粒，散产于嫩叶的叶背边缘，卵期 4～9d。幼虫孵出后即潜食叶肉，经 5～15d 老熟，在隧道末端化蛹，蛹期 8～21d。潜叶蝇成虫出现的适宜温度为 16～18℃，幼虫为 20℃左右。各地为害盛期：青海春油菜区在 7 月上中旬；冬油菜区山东 4 月底至 5 月初，陕西 4 月上旬至 5 月中旬，江苏 4 月中旬至 5 月中旬，湖北、湖南、江西在 3 月下旬至 4 月中下旬。潜叶蝇的天敌有潜蝇茧蜂等，春季寄生率较高。

（3）防治方法　①点喷诱杀剂：在成虫发生期用甘薯、胡萝卜煮汁（或 30% 糖液），加入 0.05% 敌百虫，每 3m² 面积点喷 10～20 株，3～5d 喷 1 次，共喷 4～5 次。②化学防治：于成虫盛发期或幼虫初孵期喷药。药剂有 40% 乐果乳油 1 000 倍液，40% 氧化乐果乳油 1 000～2 000 倍液，90% 敌百虫晶体。③农业防治：油菜、白菜等寄主作物收获后，及时耕翻，或将残株败叶作饲料或沤肥，以减少虫源。

3. 实蝇

双翅目无瓣类实蝇科的通称，实蝇隶属双翅目（Diptera）实蝇科（Tephritidae），也叫作钻心虫或蕾蛆。

实蝇体中小形，头部圆球形，中胸发达，翅具花斑。实蝇是植食性昆虫，幼虫均为潜食性，为害植物各部，从根、茎、叶、花乃至果实，许多种类为作物害虫，其中为害果实的种类尤为重要。可对红花花序造成为害，一般在红花花蕾期间将虫卵产在花蕾中，幼虫在生长过程中以花蕾为食，从而导致红花出现烂蕾，不能正常开花到最终花朵凋零死亡。该虫害可严重影响红花产量。

防治措施　在红花现蕾期借助 150 倍液的 25% 敌杀死均匀喷洒在红花表面，或使用

800 倍液的 90% 敌百虫进行药物喷洒以起到防治作用。

4. 地老虎

地老虎归类为昆虫纲鳞翅目夜蛾科之列，一般又被称为土蚕、地蚕，为多食性害虫。其为害的农作物可高达 10 多种，包括有豆类、麦类、薯类、玉米、高粱等，对中草药红花幼苗也具有较大为害。以小地老虎、大地老虎、黄地老虎、白边地老虎等最严重，为幼虫作害。

（1）形态特征　成虫体长 16~23mm，翅展 42~54mm。触角雌蛾丝状，双栉齿状，栉齿仅达触角之半，端半部则为丝状。前翅黑褐色，亚基线、内横线、外横线及亚缘线均为双条曲线；在肾形斑外侧有一个明显的尖端向外的楔形黑斑，在亚缘线上有 2 个尖端向内的黑褐色楔形斑，3 斑尖端相对，是其最显著的特征。后翅淡灰白色，外援及翅脉黑色。卵是馒头形，直径 0.61mm，高 0.5mm 左右，表面有纵横相交的隆线，出产时乳白色，后渐变为黄色，孵化前顶部呈现黑点。幼虫：老熟幼虫体长 37~47mm，头宽 3.0~3.5mm。黄褐色至黑褐色，体表粗糙，密布大小颗粒。头部后唇基等边三角形，颅中沟很短，额区直达颅顶，顶呈单峰。腹部 1~8 节，背面各有 4 个毛片，后 2 个比前 2 个大一倍以上。腹末臀板黄褐色，有两条深褐色纵纹。蛹：体长 18~24mm，红褐色或暗红褐色。腹部第 4~7 节基部有 2 刻点，背面的大而色深，腹末具臀棘 1 对。

（2）发生规律　小地老虎在新疆通常两年可发生 4~5 代，老熟幼虫或虫蛹在土中过冬，在次年 2—3 月羽化，一般第一代为害而最为严重，为害时期主要是 4 月中上旬，这时也是防治地老虎的重要阶段。白天成虫躲藏在较为阴暗区域晚上 7 时后开始活跃，以 7—10 时为活跃最盛时期。成虫具有很强的糖醋液、发酵物和黑光灯趋性，好食酸甜汁液，对糖醋液趋性远大于黑光灯。幼虫 3 龄前昼夜为害，咬断幼苗顶芽或将叶片吃成网状、白天栖息在幼苗附近土表下面；4 龄以后昼伏夜出为害根际，咬断幼苗嫩茎，常造成缺苗断垄以致毁种。老熟幼虫有假死性，受惊缩成环形。成虫对黑光灯及糖、醋、酒等趋性较强。

（3）防治方法　①预测预报：借助黑光灯进行成虫预测，也可以使用蜜糖液诱蛾器，于春季越冬虫蛹羽化前进行。②农业防治：于早春将红花田间杂草清理干净，这样能够降低成虫产卵。清除虫的杂草要运出田外集中处理。幼虫发生期，结合农事活动于早晚在田间捕捉幼虫。③诱杀防治：可采用黑光灯诱杀、糖醋液诱杀及毒饵诱杀等方法。糖醋液诱杀液配置为，将糖、醋、白酒、水和 90% 的敌百虫按照 6∶3∶1∶10∶4 的比例调配；毒饵制作为每亩用 150ml 的 90% 敌百虫 30 倍水溶液与 45kg 麦麸混合搅拌，于傍晚顺垄撒于田间，诱杀小地老虎幼虫。④化学防治：利用地老虎在幼龄阶段抗药性差的特点，且这时幼虫通常暴露在地面或植物上，是进行药剂防治的最佳时期。在该时间内可用 3 000 倍百液的 5% 溴氰菊酯于每日早晚均匀喷洒在田间，或者是 1 000 倍液的 4.5% 高效氯氰菊酯乳油也可以取得较好防治效果。

5. 蛴螬

金龟子的幼虫。常见为暗铜绿金龟甲、大黑金龟甲和暗黑金龟甲，发生最多、为害最重的是暗黑金龟甲，通常为害红花幼苗，造成根茎枯死，发生缺苗情况。

（1）形态特征　蛴螬体肥大，体型弯曲呈 C 型，多为白色，少数为黄白色。头部褐色，上颚显著，腹部肿胀。体壁较柔软多皱，体表疏生细毛。头大而圆，多为黄褐色，生有左右对称的刚毛，刚毛数量的多少常为分种的特征。如华北大黑鳃金龟的幼虫为 3 对，黄褐丽金龟幼虫为 5 对。蛴螬具胸足 3 对，一般后足较长。腹部 10 节，第 10 节称为臀节，臀节上生有刺毛，其数目的多少和排列方式也是分种的重要特征。

（2）发生规律　通常情况下暗黑金龟甲属于 1 年 3 代害虫，幼虫于土下 14~40cm 处过冬，于夏季 7 月开始为害红花，8 月中下旬为旺盛期，此时对红花造成的为害最为严重。一般在土壤湿度适宜、林地间作及重茬区域虫害发生较为严重。

（3）防治方法　①农业防治：一是与禾本科作物轮作倒茬，加强中耕，捡拾蛴螬，减少虫源。二是清洁田园。清除田间枯枝落叶及杂草秸秆，集中销毁。三是实行地膜覆盖、平衡施肥。增施腐熟有机肥、稀土微肥和钾肥等丰产健身栽培措施，促进作物生长，增强抗虫力；追肥时利用碳铵作底肥，对蛴螬有一定的腐蚀和熏杀作用。②物理防治：利用太阳能频振式杀虫灯诱杀成虫；在田边种植蓖麻，成虫取食后中毒死亡，降低成虫密度；直接人工扑杀。③生物防治：可利用白僵菌、绿僵菌或乳状菌防治蛴螬。每亩用 10 亿孢子/g 绿僵菌微粒剂 3~5kg，按制剂∶土＝1∶5~10，混合均匀，沟穴撒施。④化学防治：一是土壤处理。以每亩面积用细土 45kg 拌入 5% 辛硫磷颗粒剂 2~3kg 为标准，将拌好细土施在播种穴内，可起到防治作用。二是种子处理。将 50% 辛硫磷乳油与种子按照 1∶500 的比例进行拌种。也可以用 500~100 倍水对 50% 辛硫磷乳油进行稀释，然后均匀喷洒在种子上，堆闷至药液被种子吸收后进行播种。三是毒饵诱杀。将炒香麦麸拌入 40% 甲基异柳磷制成毒饵，用量为每亩麦麸 7.5kg、40% 甲基异柳磷 150ml，均匀洒在土壤表面，可起到诱杀幼虫的作用。四是药剂诱杀。蛴螬成虫盛发时期，用 40% 氧化乐果对新鲜杨树枝进行处理，然后将杨树枝插在红花种植区，每亩插 4~5 把，可起到诱杀成虫的作用。

6. 金针虫

金针虫是叩甲（鞘翅目 Coleoptera 叩甲科 Elateridae）幼虫的通称，广布世界各地，为害小麦、玉米等多种农作物以及林木、中药材和牧草等，多以植物的地下部分为食，是一类极为重要的地下害虫。为害红花的金针虫有沟金针虫和细胸金针虫两种，主要是幼虫为害种子，导致缺苗断垄。

（1）形态特征　金针虫主要有沟金针虫、细胸金针虫等。沟金针虫末龄幼虫体长 20~30mm，体扁平，黄金色，背部有一条纵沟，尾端分成两叉，各叉内侧有一小齿，沟金针虫成虫体长 14~18mm，深褐色或棕红色，全身密被金黄色细毛，前脚背板向背后呈半球状隆起。细胸金针虫幼虫末龄幼虫体长 23m 左右，圆筒形，尾端尖，淡黄色，背面近前缘两侧各有一个圆形斑纹，并有四条纵褐色纵纹；成虫体长 8~9mm，体细长，暗褐色，全身密被灰黄色短毛，并有光泽，前胸背板略带圆形。

（2）发生规律　通常沟金针虫为 3 年 1 代。老熟幼虫于每年 8—9 月化蛹，羽化成虫后在土中冬眠，于次年 2 月出土，3 月为旺盛期，并在土中产卵，而后卵孵化为幼虫，于 8—9 月继续上述过程。细胸金针虫一般也为 3 年 1 代，于每年 6 月中下旬羽化成虫，而后至 7 月上旬为产卵旺盛期，孵化幼虫后于土中冬眠越冬，次年春季出土为害红花。温度、湿度均会对金针虫产生影响，沟金针虫喜高温，而细胸金针虫偏向低温，另外沟金针虫在土壤湿度 15%～18% 范围内生长旺盛，而细胸金针虫则更偏向于湿润土壤，一般为 20%～25% 湿度为佳。

（3）防治措施　①农业防治：农业防治的主要方法为合理施肥、精耕细作、翻土、合理间作或套种、轮作倒茬。耕作方式应适宜，不能使用未处理的生粪肥，适时灌溉对地下害虫的活动规律可起到暂时缓解的作用。土壤含水量对主要地下害虫种群数量的影响不明显。②生物防治：利用一些植物的杀虫活性物质防治地下害虫。如油桐叶、蓖麻叶和牡荆叶的水浸液。以乌药、芫花、马醉木、苦皮藤、臭椿和差皂素等的茎、根磨成粉后防治地下害虫效果较好。昆虫病原微生物具有寄主广泛、毒性高、致死速度快、使用安全等特点，对一些化学药剂难以防治的钻蛀、隐蔽性害虫及土壤害虫具有特殊的防效，应用前景极为广泛。寄生金针虫的真菌种类主要有白僵菌和绿僵菌。捕食性天敌。由于金针虫在地下活动，因此捕食性天敌在控制金针虫为害上很难发挥大的作用，尚未有利用捕食性天敌成功控制金针虫的案例报道。性信息素诱杀。金针虫成虫已经出土，可利用性信息素诱集，是金针虫种群动态监测和防治的重要手段。③物理防治：物理防治方法对作物的伤害较小，并且容易实施，成本较低，但效果可能稍差些。最常用的方法为人工捕杀、翻土晾晒、利用成虫的趋光性进行灯光诱杀。金针虫对新枯萎的杂草有极强的趋性，可采用堆草诱杀．另外，羊粪对金针虫具有趋避作用。④化学防治：化学防治是当前控制害虫最为有效和快捷的方法之一。当前国内外控制金针虫的主要途径仍依赖化学防治。但金针虫在土壤中活动深度变化较大。药剂施入土中很难发挥理想的杀虫作用，并易造成环境污染，危及食品安全，因而药剂的筛选及施药方法是化学防治的关键。目前，化学农药常用于土壤处理、药剂拌种、根部灌药、撒施毒土、地面施药、植株喷粉、毒土（饵）、涂抹茎秆等来防治地下害虫。一些药剂实验中，辛硫磷、甲基异柳磷最为常用，效果也较明显，还有二嗪农、敌百虫、速灭杀丁、林丹、艾氏剂、地虫磷、呋喃啉、乐斯本、硫双威、毒死蜱、氟氯菊酯等。通过防治实验和对金针虫为害的系统观察，明确金针虫的发生时期，选择合适的关键时期进行防治，效果最好。

7. 钻心虫 *Chilo suppressalis*（Walker）

为鳞翅目螟蛾科，又叫三化螟、二化螟。三化螟是亚洲热带至温带南部的重要水稻害虫。在中国广泛分布于长江流域以南主要稻区，钻心虫特别是沿海、沿江平原地区为害严重。北限近年已达北纬 38°，即山东烟台附近。三化螟只为害水稻，以幼虫钻蛀稻株，取食叶鞘组织、穗苞和稻茎内壁，造成枯心苗、死孕穗、白穗等为害状，严重影响水稻生产。对花序为害极大，一旦有虫钻进花序中，花朵死亡，严重影响产量。

（1）发生规律　藏在稻桩及小麦、大麦、蚕豆、油菜等冬季作物的茎秆中；均温 10～15℃ 进入转移盛期，转移到冬季作物茎秆中以后继续取食内壁，发育到老熟时，在寄主内壁上咬一羽化孔，仅留表皮，羽化后破膜钻出。有趋光性，喜把卵产在幼苗叶片上，圆秆拔节后产在叶宽、秆粗且生长嫩绿的叶鞘上；初孵幼虫先钻入叶鞘处群集为害，造成枯鞘，2～3 龄后钻入茎秆，3 龄后转株为害。该虫生活力强，食性杂，耐干旱、潮湿和低温条件。其寄主主要有水稻、玉米、甘蔗、粟、蚕豆、茭白、高粱、油菜、小麦、紫云英等。该虫为害仍然严重。

（2）形态特征　雌蛾体长 14~16.5mm，翅展 23~26mm，触角丝状，前翅灰黄色，近长方形，沿外缘具小黑点 7 个；后翅白色，腹部灰白色纺锤形。雄蛾体长 13~15mm，翅展 21~23mm，前翅中央具黑斑 1 个，下面生小黑点 3 个，腹部瘦圆筒形。卵长 1.2mm，扁椭圆形，卵块由数十至 200 粒排成鱼鳞状，长 13~16mm，宽 3mm，乳白色至黄白色或灰黄褐色。幼虫 6 龄左右。末龄幼虫体长 20~30mm，头部除上颚棕色外，余红棕色，全体淡褐色，具红棕色条纹。蛹长 10~13mm，米黄色至浅黄褐色或褐色。一年 3~4 代，年均气温 20~24℃ 地区 4~5 代，高于 24℃ 地区 5~6 代。以 4 龄以上幼虫在稻桩、稻草中或其他寄主的茎秆内、杂草丛、土缝等处越冬。气温高于 11℃ 时开始化蛹，15~16℃ 时成虫羽化。低于 4 龄期幼虫多在翌年土温高于 7℃ 时钻进上面。

（3）防治措施　①农业防治：一是耕翻土地，减少虫源。二是调整播种期；三是适当灌水，增大田间湿度。②化学防治：喷药防治必须抓住成虫盛发期和幼虫孵化期进行。可选用 1.8% 爱福丁乳油 2 500~3 000 倍液，Bt 可湿性粉剂 800 倍液，应早施或选用，或 21% 灭杀毙乳油 2 000 倍，20% 菊杀或 10% 菊马乳油 1 000 倍，或 2.5% 功夫乳油 3 000 倍液，或 10% 多来宝悬浮剂 2 000 倍液，或 20% 氰戊菊酯乳油 3 000 倍液，或 5% 来福灵乳油 3 000 倍液，或 10% 天王星乳油 3 000 倍液，或 5.7% 百树得乳油 2 500 倍液，或 2.5% 敌杀死乳油 3 000 倍液，或灭幼脲 3 号悬浮剂 100。

（三）杂草防除

1. 杂草的为害

农田杂草是指生长在农田中非意识栽培的植物。它们的生存是长期适应的结果，农田杂草的为害可以从以下几个方面加以说明。

（1）吸收大量水分　据研究得知，生产 1kg 小麦干物质需水 256.5kg，而藜和猪秧秧形成 1kg 干物质分别需水 329kg 和 406kg。杂草之所以能吸收如此大量的水分，是由于其具有庞大的根系。如燕麦草根长可达 2m，田蓟 3 年之内根深可达 7.2m。

（2）杂草根系吸肥力很强　据调查，若每平方米有杂草 100~200 株，收获时每亩可使谷物减产 50~100kg，即每亩可吸走 N 4~9kg，P 1.25~2kg，K 6.5~9kg。

（3）干扰农作物生长　杂草生长不仅占据地上空间，而且也占据地下空间，严重地阻碍了作物根系的下扎和扩展。杂草由于长期适应的结果地上部非常茂密，和作物争夺日光，同时严重影响了通风、透光性。使地表温度降低，抑制了作物生长。

（4）增加了病害的繁殖和传播　田间许多杂草都是作物病虫害的中间寄主。主要作物病虫害的寄生杂草各不相同。棉蚜病虫主要寄生在苦荬菜、夏枯草、毛地黄、紫花地丁上，主要为害棉花作物。红蜘蛛病虫主要寄生在苣荬菜、旋花、苍耳、荠、毛地黄上，主要为害棉花、大豆、苜蓿、瓜类等作物。稻苞虫主要寄生在芦苇、酸模上，主要为害水稻。黏虫主要寄生在狗尾草、稗、马唐上，主要为害禾谷类作物。潜叶蝇病虫主要寄生在稗草、三棱草、蒲草、大叶张上，主要为害水稻。

（5）增加管理用工和生产成本　据统计，目前中国农村大田除草用工占田间劳动的 1/3~1/2，如草多的稻田和棉田每亩用于除草往往超过 10 个人工。

（6）降低产量和质量　据实验证明，每穴水稻夹有 1 株稗草时可减产 35.5%，2 株稗草可减产 62%，3 株时可减产 88%；一般杂草造成减产为 10%~15%。同时，作物的品质也有所下降，如使春小麦籽粒蛋白含量降低 0.9%~2.3%，向日葵籽粒中脂肪含量降低 1%~2%。

（7）直接为害人畜　田间有些杂草，种籽中含有有毒物质，如麦仙翁种籽中含 6%~7% 的配糖体。混于作物种子使面粉发生苦味，刺激鼻膜而不能食用。

2. 新疆红花农田常见杂草种类

（1）播娘蒿　（学名：*Descurainia sophia* (L.) Webb. ex Prantl），中文其他名称有大蒜芥、米米蒿、眉毛蒿、麦蒡蒿等。一年生或二年生草本。①生物学特性：全株有分叉毛，茎直立，上部多分枝；幼苗子叶长椭圆形，初生叶 2 片，3~5 裂，后生叶 2 回羽状分裂。成株叶互生，下部叶有柄，上部叶无柄，叶片 2~3 回羽状深裂，最终的裂片条形。总状花序，顶生，花淡黄色，十字形。长角果窄条形或线形。种子长圆形或卵形，黄褐色或红褐色，有细网纹；单株可结籽 5.25 万~9.63 万粒。种子繁殖，在麦田中（华北地区）多为 10 月出苗，翌年 4—6 月为花、果期。种籽发芽最低温度 3℃，适宜土层深度 1~3cm，超过 5cm 不能出苗。出苗早晚和多少与播期及播后雨量有关，出叶速度与气温有关。②生境、为害及分布：适生于较湿润的环境，较耐盐碱，可生长在 pH 值高的土地上，而且有较强的繁殖能力和再生能力。常与荠菜、米瓦罐等杂草生长在一起，有时也成单一的优势种群落，主要为害小麦、油菜、蔬菜及果树。在华北地区是为害小麦的主要恶性杂草之一；也是油菜茎象甲的传播媒介。分布于华北、东北、西北、华东、四川等省（区）。③防治策略：因在河北省表现出的"抗药性"而成为著名杂草。目前在河北对苯黄隆表现出很强的"抗药性"。其实在气温高于 5℃ 且小麦处于 4 叶期至分蘖期间，可以使用百草敌或二甲四氯进行茎叶处理。

（2）藜　（学名：*Chenopodium album* L.）为藜科藜属植物。中文其他名称如落藜、胭脂菜、灰藜、灰蓼头草、灰藜、灰菜、灰条。一年生草本。①生物学特性：高 0.4~2m。茎直立，粗壮，有棱和绿色或紫红色的条纹，多分枝；枝上升或开展。叶有长叶柄；叶片菱状卵形至披针形，长 3~6cm，宽 2.5~5cm，先端急尖或微钝基部宽楔形，边缘常有不整齐的锯齿，下面生粉粒，灰绿色。花两性，数个集成团伞花簇，多数花簇排成腋生或顶生的圆锥状花序；花被片 5，宽卵形或椭圆形，具纵隆脊和膜质的边缘，先端钝或微凹；雄蕊 5；柱头 2。胞果完全包于花被内或顶端稍露，果皮薄，和种子紧贴；种籽横生，双凸镜形，直径 1.21.5mm，光亮，表面有不明显的沟纹及点洼；胚环形。花果期 5—10 月。种子繁殖。适宜发芽温度为 10~40℃，最适温度 20~30℃，发芽深度 4cm 以内。3—4 月出苗。②生境、为害及分布：生于田间、路旁、荒地和宅旁等地。主要为害小麦、棉花、豆类、薯类、蔬菜、花生、玉米等旱作物及果树，常形成单一群落。是地老虎和棉铃虫的寄主，有时也是棉蚜的寄主。除西藏外，我国各地都有分布。③防治策略：华北与西北常见及重要的阔叶杂草，为碱性土壤的指示性杂草。因种子个体小，土壤处理为主要的防除措施，但酰胺类除草剂常规用量下效果较差，一般以二甲戊灵、氟乐灵、仲丁灵等二硝基苯胺类除草剂为优选土壤处理剂，可以加入乙氧氟草醚以保障防除效果。茎叶处理可选用二苯醚类触杀型的化合物如乙羧氟草醚、三氟羧草醚等。天气干旱的情况下，叶表面蜡质层加厚，需要加入有机硅以增强药效。

（3）苦蒿　（学名：*Herba Acroptili* Repentis）为菊科蒿属植物。中文别名：克可日

（维名）、白蒿、苦艾。属多年生草本。①生物学特性：高约 60cm，茎直立，多分枝，有纵棱，有淡灰色绒毛，地下部分黑褐色。叶互生，无柄，叶片披针形至条形，长 2～10cm，先端锐尖，边缘有稀锐齿或裂片，或全缘，两面生灰色绒毛，有腺点，有时边缘有糙毛。头状花序单生枝端，直径 1～1.5cm；总苞片形或宽卵圆形；苞片数层，覆瓦状排列，外层宽卵形，长约 5mm，上半部透明，膜质，有柔毛，下半部绿色，质厚，内层披针形或宽披针形，长约 1cm，先端狭尖，密生长柔软毛；花冠淡红紫色，长 15～20mm。瘦果宽卵圆形，长约 4mm，略扁平；冠毛白色，长 8～10mm。花果期 5—9 月。②生境、为害及分布：生于山坡、丘陵、平原、农田、荒地。分布于四川、重庆、贵州、云南、湖南。北方分布于山西、河北、内蒙古、陕西、青海、甘肃、新疆（善鄯等）。前苏联中亚和西伯利亚、蒙古、伊朗有分布。

（4）田旋花 （学名：*Convolvulus arvensis* L.），为旋花科旋花属。中文其他名称：小旋花、中国旋花、箭叶旋花、野牵牛、拉拉菀。多年生草本。①生物学特性：多年生草质藤本，近无毛。根状茎横走。茎平卧或缠绕，有棱。叶柄长 1～2cm；叶片戟形或箭形，长 2.5～6cm，宽 1～3.5cm，全缘或 3 裂，先端近圆或微尖，有小突尖头；中裂片卵状椭圆形、狭三角形、披针状椭圆形或线性；侧裂片开展或呈耳形。花 1～3 朵腋生；花梗细弱；苞片线性，与萼远离；萼片倒卵状圆形，无毛或被疏毛；缘膜质；花冠漏斗形，粉红色、白色，长约 2cm，外面有柔毛，褶上无毛，有不明显的 5 浅裂；雄蕊的花丝基部肿大，有小鳞毛；子房 2 室，有毛，柱头 2，狭长。蒴果球形或圆锥状，无毛；种子椭圆形，无毛。花期 5—8 月，果期 7—9 月。②生境、为害及分布：野生于耕地及荒坡草地、村边路旁。对小麦、玉米、棉花、大豆、果树等有为害。在大发生时，常成片生长，密被地面，缠绕向上，强烈抑制作物生长，造成作物倒伏。它还是小地老虎第一代幼虫的寄主。可通过根茎和种子繁殖、传播，种子可由鸟类和哺乳动物取食进行远距离传播。分布于东北、华北、西北及山东、江苏、河南、四川、西藏等地。③防治策略：在田旋花发生地区，应调换没有田旋花混杂的种子播种。有田旋花发生的地方，可在开花时将它销毁，连续进行 2～3 年，即可根除。

（5）野燕麦 （学名：*Avena fatua* L.）禾本科、燕麦属。中文其他名称：乌麦，铃铛麦、燕麦草。一年生草本植物。①生物学特性：一年生或二年生旱地杂草。适宜发芽温度为 10～20℃，发芽深度 2～7cm 发芽率最高。西北地区 3—4 月出苗，花、果期 6—8 月；华北及以南地区 10—11 月出苗，花果期 5—6 月。茎直立，具 2～4 节；每株有分蘖 15～25 个，最多达 64 个；叶鞘松弛，叶舌透明膜质；叶片宽条形；花序圆锥状呈塔形，分枝轮生；小穗含 2～3 个花，疏生，柄细长而弯曲下垂；芒长 2～4cm；每株结籽 410～530 粒，最多达 2 600 粒。幼苗叶片初出时成筒状，展开后为宽条形，稍向后扭曲，两面疏生短柔毛，叶缘有倒生短毛。种子有再休眠特性，一般第一年田间发芽率不超过 50%，在以后 3～4 年陆续出土。种子发芽适温为 15～20℃，低于 10℃或高于 25℃不利于萌发，气温达 35℃时萌发率低，达 40℃时基本不萌发。吸收水分达种子重量的 70%才能发芽，土壤含水量在 15%以下或 50%以上不利于发芽。萌芽土层深度为 1.5～12cm，在 20cm 以上土层中种子出苗少。野燕麦在冬麦区主要集中在 10—11 月出苗，部分地区在次年 3 月份、麦苗返青后形成一次出草小高峰。②生境、为害与分布：

野燕麦适应性强，在各种土壤条件下都能生长，旱地发生面积较大。主要在麦田为害，与麦争夺水、肥和阳光，导致麦生长不良、减产，为害麦田最为严重，在麦田中常成单优势种杂草群落。除为害小麦外，也为害大麦、青稞、燕麦、豌豆、油菜等作物，直接影响作物的产量与质量，并为麦类赤霉病、叶斑病和黑粉病的寄主。分布于中国南北各省（区）；以西北、东北地区为害最为严重。野燕麦目前在中国 16 个省（区）7 000 多万亩农田中发生，主要是小麦的伴生杂草，发生环境条件完全与小麦的进化保持一致，且苗期形态非常相似，难以防除。野燕麦的生活习性不仅与小麦相似，而且出苗不齐整，长势凶猛，繁殖率高，且成熟期比小麦要早。野燕麦可有 15~25 个分蘖，最多可达 64 个；每株结籽 410~530 粒，多的可达 1 250~2 600 粒；种子在土壤中持续 4~5 年均能发芽。与小麦相比，株高为小麦的 108%~136%，分蘖相对于小麦的 2.4~4.3 倍；单株叶片数、叶面积、根的数量相对于小麦的 2 倍，形成对小麦的严重竞争。小麦因野燕麦的为害，株高降低，分蘖减少，穗粒重减少，千粒重降低，导致大幅度减产。在小麦地中，30~40 株/ m^2 的草害损失，造成 20~40kg/亩的产量损失，146 株/ m^2 的严重程度下，造成 60kg/亩的高额损失。有报道，田间野燕麦穗数 0~127.8 万个/亩的密度范围内，每增加 1 万个穗，小麦产量损失 2.7kg。③防治策略：据报道，精噁唑禾草灵已经被确认对于野燕麦产生了很强的耐药性，西北各地野燕麦在近年来密度大幅度回升与此有关。绿麦隆对于野燕麦的土壤处理效果很好，但由于其土壤较长的残留性，在南方的使用受到很大限制，且长期使用绿麦隆会导致田间阔叶杂草的种类与密度较快上升。目前茎叶处理该杂草的可选药剂包括氟唑磺隆、环氧嘧磺隆，炔草酸（酯）对于野燕麦的防除效果经这几年实际观察属于一般水准。

（6）稗子 （学名：*Echinochloa crusgalli* (L.) Beauv.）禾本科稗属，中文其他名称：稗草。一年生草本。①生物学特性：通过猪、牛消化道排出的稗草种子仍有一部分能发芽，所以田间稗草的侵染来源除混入作物种子中和本田残留外，厩肥也是传播途径之一。春季，气温 10~11℃以上时开始出苗，6 月中旬抽穗开花，6 月下旬开始成熟，一般比水稻成熟期要早。②生境、为害与分布：喜温暖、潮湿环境，适应性强，生于水田、田边、菜园、茶园、果园、苗圃及村落住屋周围隙地。为水稻田为害最严重的恶性杂草。与水稻的伴生性强，极难清除，亦发生于潮湿旱地，为害棉花、红花、大豆等秋熟旱作物。③防治策略：稗自古以来就是中国南方农业生产的传统大敌。依照耿以礼先生的研究，稗原种在中国有 11 个亚种及生态型，与人工栽培的水稻的耕作制度相适应，且田间种子发生量巨大，成为各地水稻田最大的恶性杂草。目前对于低龄稗草有良好效果的药剂较多，如使用酰胺类的乙草胺、丙草胺、丁草胺及二硝基苯胺类的二甲戊灵、仲丁灵等除草剂做土壤封闭，芽后早期应用噁草酮、禾草敌等，茎叶处理上还可以使用二氯喹啉酸、五氟磺草胺等多种药剂。由于稗草在田间种子密度极大，要想达到有效遏制稗草对于作物的生长竞争，平整土地、腐熟基肥都是必不可少的农事措施，单纯依赖化学除草剂，往往是事倍功半。在药剂防除上，如果要想全面达到治住稗草的目的，需要"一封二杀三补"式多次用药，很多时候超出了产量损失的经济阈值，并不合算。

（7）狗尾草 （学名：*Setaria viridis* (L.) Beauv.）禾本科狗尾草属。中文其他名称：毛毛狗。一年生草本。①生物学特性：根为须状，高大植株具支持根。秆直立或基部膝曲，高 10~100cm，基部径达 3~7 mm。叶鞘松弛，无毛或疏具柔毛或疣毛，边缘具较长的密绵毛状纤毛；叶舌极短，缘有长 1~2mm 的纤毛；叶片扁平，长三角状狭披针形或线状披针形，先端长渐尖或渐尖，基部钝圆形，几呈截状或渐窄，长 4~30cm，宽 2~18mm，通常无毛或疏被疣毛，边缘粗糙。圆锥花序紧密呈圆柱状或基部稍疏离，直立或稍弯垂，主轴被较长柔毛，长 2~15cm，宽 4~13mm（除刚毛外），刚毛长 4~12mm，粗糙或微粗糙，直或稍扭曲，通常绿色或褐黄到紫红或紫色；小穗 2~5 个簇生于主轴上或更多的小穗着生在短小枝上，椭圆形，先端钝，长 2~2.5mm，铅绿色；第一颖卵形、宽卵形，长约为小穗的 1/3，先端钝或稍尖，具 3 脉；第二颖几与小穗等长，椭圆形，具 5~7 脉；第一外稃与小穗第长，具 5~7 脉，先端钝，其内稃短小狭窄；第二外稃椭圆形，顶端钝，具细点状皱纹，边缘内卷，狭窄；鳞被楔形，顶端微凹；花柱基分离；叶上下表皮脉间均为微波纹或无波纹的、壁较薄的长细胞。染色体 2n = 18 (Avdulov, Krishnaswamy, Tateoka) 颖果灰白色。花果期 5—10 月。②生境、为害与分布：生于海拔 4 000 m 以下的荒野、道旁，为旱地作物常见的一种杂草。原产欧亚大陆的温带和暖温带地区，现广布于全世界的温带和亚热带地区。狗尾草喜长于温暖湿润气候区，以疏松肥沃、富含腐殖质的砂质壤土及黏壤土为宜。与农作物争夺水分、养分和光能，是作物病害和虫害的中间寄主，降低农作物产量和品质，杂草较多的农田，其除草的用工量消耗多，同时由于大量用工，增加了生产成本。狗尾草俗称毛毛狗，为红花杂草的优势种之一，繁殖力强，为害严重。③防治策略：合理轮作是改变杂草生态环境抑制和减轻杂草为害的重要农业措施。物理除草最常用的是利用地膜覆盖，提高地膜和土表温度，烫死杂草幼苗，或抑制杂草生长。土壤耕作：利用犁、耙、中耕机等农具，在不同时间和季节进行耕作，对杂草有杀除作用。人工除草：狗尾草适生范围广，传播途径多，因此，对苹果园四周及果园内要适时中耕 2~3 次，把杂草消灭在幼苗阶段。药剂防除：可用克无踪、拉索、扑草净、敌草隆等除草剂防除。

（8）猪秧秧　（学名：*Galium aparine* L. var. *tenerum* Gren. et（Godr.）Rebb.）茜草科拉拉藤属植物。中文其他名称：拉拉秧、锯锯藤。二或一年生蔓状或攀缘状草本。①生物学特性：多于冬前出苗，亦可在早春出苗；花期 4 月，果期 5 月。果实落于土壤或随收获的作物种子传播。种子繁殖。果实成熟时分裂为两个离果，离果圆球形，稍扁，径长 2~2.5mm，厚约 1.5mm，背面拱圆，腹面深凹陷，呈圆口杯状。果皮灰褐色、黄褐色或褐色，背面粗糙，并密生白色透明的空心钩刺毛，先端弯曲，基部瘤状，无光泽。种子在 9 月上中旬，气温降至 19℃ 以下开始发生，到 11 月气温降至 11~16℃ 时为出土高峰期，它的出苗时间拖得很长，至 12 月或翌年春天 3 月还能出现小高峰，发芽深度 0~6cm。幼苗子叶 2，长椭圆形，长约 1cm，宽 4mm，先端微凹，基部楔形，具柄；初生叶 4~6 片轮生，近无柄，叶片条形或倒披针形，顶端有小尖头，叶缘和叶背中脉上有钩刺。茎自基部分枝，四棱，棱上有钩刺，攀附于其他植物向上生长，无依附物则伏地蔓生，长可达 90~120cm。花期在 4—5 月，4 月上旬光照达 13h 以上时零星开花。4 月中下旬开花进入盛期，5 月上旬出苗的猪秧秧，尽管只有一轮真叶，5 月下旬也能结几粒种子。聚伞花序腋生或顶生，总花梗长于叶，单生或 2~3 个簇生，有花 2~10 朵；花小，淡黄绿色。种子于 5 月渐次成熟，落入土中。全生育期 180~220d。

猪秧秧的繁殖率很高，单株结籽70～1185粒，平均529粒。能依附于哺乳类动物的毛皮和鸟类的羽毛上借助于它们的移动而传播。在气候湿润，土表湿度较高的条件下，发芽出土的猪秧秧种子多集中在土表0.5～3cm，而在土壤干旱的条件下，2cm以上土层内的猪秧秧种子基本不发芽，以2～7cm土层内的种子发芽出土为多。10cm深层土壤内猪秧秧种子仅少数能发芽出苗。

猪秧秧种子在土壤中休眠期仅有3～5年，第一年的发芽率只有0.7%；死亡率占42.6%，留存率倒有57%，而第二年、第三年的发芽率就大大的高于头一年，第二年发芽率就高达57%，第三年发芽也能达59.7%.以后的发芽率就明显降低。②生境、为害及分布：为旱性夏熟作物田恶性杂草。华北、西北、淮河流域地区麦和油菜田有大面积发生和为害，长江流域以南地区为害都局限于山坡地的麦和油菜作物，新疆地区也广泛分布。对麦类作物的为害性要大于油菜。攀缘作物，不仅和作物争阳光、争空间，且可引起作物的倒伏，造成较大的减产，并且影响作物的收割。分布范围最北至辽宁，南至广东、广西。常与繁缕、看麦娘、早熟禾、野碗豆等一起向栽种的绿化植物争光、争水、争肥，特别是那些新种植，还不很茂密的草坪为害较甚，是红蜘蛛的越冬寄主。③防治策略：合理轮作是防治猪秧秧有效的农事措施，尤其冬季改种红花草等绿肥。化学防治可供选择的药剂较多，如触杀型的吡草醚、唑草酮，可以适当与苯黄隆混用。乙羧氟草醚由于活性太高，一般不推荐使用。内吸性的药剂有氯氟吡氧乙酸和唑嘧磺草胺，低温条件下见效较慢。猪秧秧药剂防治的要点在于个体冬前没有分枝以前，一旦开始分枝出现，基本上大部分药剂的效果都会受到很明显的影响。

（9）大蓟　（学名：*Cirsium japonicum Fisch. ex DC.*）菊科蓟属，也叫马蓟、虎蓟、刺蓟、山牛蒡、鸡项草、鸡脚刺、野红花、茨芥、牛触嘴、鼓椎、鸡姆刺、恶鸡婆、大牛喳口、山萝卜、猪姆刺、六月霜、蚁姆刺、牛口刺、大刺儿菜、大刺盖、老虎脷、山萝卜、刺萝卜、牛喳口、鸡母刺、大恶鸡婆、山老鼠簕、刺角芽。多年生草本。①生物学特性：高50～100cm，根簇生，圆锥形，肉质，表面棕褐色。茎直立，有细纵纹，基部有白色丝状毛。基生叶丛生，有柄，倒披针形或倒卵状披针形，长15～30cm，羽状深裂，边缘齿状，齿端具针刺，上面疏生白色丝状毛，下面脉上有长毛；茎生叶互生，基部心形抱茎。头状花序顶生；总苞钟状，外被蛛丝状毛；总苞片4～6层，披针形，外层较短；花两性，管状，紫色；花药顶端有附片，基部有尾。瘦果长椭圆形，冠毛多层，羽状，暗灰色。花期5—8月，果期6—9月。在水平生长的根上产生不定芽，进行无性繁殖，以及种子繁殖。②生境、为害及分布：常生长于田边、路边及退耕的撂荒地上，属中生植物。常为害夏收作物（麦类、油菜、红花、马铃薯）及秋收作物（玉米、大豆、谷子和甜菜等），也在牧场及果园为害，在耕作粗放的农田中，发生量大，为害重，很难防治，尤在北方地区，为害更大。分布于东北、华北、陕西、甘肃、宁夏、青海、四川和江苏等省区。③防治策略：使用唑酮草酯或吡草醚这样的触杀型除草剂进行茎叶处理，可以有效压低次年春季对于小麦产量的影响。因是多年生杂草，酰胺类与二硝基苯胺类除草剂的土壤处理均无效。DAS近年推出双氟磺草胺据说有一定效果，还待观察了解。

二、非生物胁迫及其应对

（一）水分胁迫

红花耐旱怕涝，整个生育过程对水分十分敏感。空气湿度过高，土壤湿度过大，会导致各种病害严重发生，开花以后至成熟阶段若遇连续阴雨，会使种子变色，严重影响种子的产量、油分和发芽率，甚至有的种子会在花球中发芽发霉。红花虽能耐旱，当土壤水分严重缺乏时，抑制了叶片的发育，减少了分枝数和每株花球数，从而降低了种子产量，须及时灌溉才能获得满意的干花产量和种子产量。

李威等（2013）探讨了干旱梯度对不同红花品种发芽的影响。以3个红花品种"吉红1号""新红4号"和"裕民无刺"种子为试材，采用不同渗透势的聚乙二醇（PEG-6 000）模拟干旱胁迫处理，观测红花种子发芽特征。结果表明，不同的干旱梯度对红花种子发芽率有影响。当水势≤-0.4 MPa时，红花种子的萌发受到抑制，它不仅降低了发芽率，而且延迟了发芽时间，导致发芽指数的降低；随着水势升高，抑制作用增强。不同品种间受到的抑制程度有显著差异。3个品种红花种子发芽中，PEG胁迫耐受能力大小排序为：裕民无刺>吉红1号>新红4号。

魏波等（2018）对红花芽期抗旱指标进行了筛选鉴定，以2份红花材料PI305192和PI401472种子为供试材料，采用6种不同浓度聚乙二醇（PEG-6000）模拟干旱胁迫处理，运用主成分分析法对多指标予以鉴定筛选。结果表明，对红花12个指标进行测定分析，发现浓度20%的PEG-6000可作为研究红花芽期抗旱性的最佳模拟条件，且在5%~25%PEG处理下，红花种子发芽率、发芽势、发芽指数、根长、芽长、总长、芽鲜重、根鲜重和总鲜重等均随着胁迫强度的增加呈明显的下降趋势；而脯氨酸和可溶性蛋白含量随着浓度增加呈增加趋势。主成分分析结果表明，发芽率、发芽势、丙二醛含量、总长和总鲜重等5个指标可作为红花芽期抗旱鉴定筛选的主要指标。魏波等（2018）研究干旱胁迫对红花幼苗光合、渗透调节物质和抗氧化物保护酶等生理生化特性的影响。结果表明，干旱胁迫下4个红花品种（系）叶片净光合速率（Pn）、气孔导度（Gs）、胞间CO_2浓度（Ci）和蒸腾速率（Tr）均呈不同程度的下降趋势，且品种间差异显著（$P<0.05$）；抗旱红花品种（系）的各光合特性指标降幅均低于敏感型红花品种（系）。干旱胁迫条件下，渗透调节物质可溶性糖、可溶性蛋白质、脯氨酸含量均上升，保护性酶SOD、POD和CAT活性也均呈升高趋势，且抗旱型红花品种（系）的增长率高于敏感型品种（系）；抗旱型品种（系）MDA含量增长率低于敏感型品种。对11项指标进行主成分分析，提取了2个主成分，以净光合速率、气孔导度、胞间CO_2浓度、蒸腾速率、SOD活性和CAT活性为第一主成分，以可溶性蛋白质和脯氨酸含量为第二主成分的抗旱性鉴定指标，累计贡献率达89.50%。

因此，应对措施是首先选用耐旱红花品种；其次，进行合理灌溉，对播种、保苗、全苗、壮苗、增产都有重要意义；最后，合理耕作，蓄水保墒。由于受季风气候的影响新疆农田土壤水分循环具有明显的年周期性和不稳定性。合理耕作蓄水保墒，是农业抗旱增产的重要措施之一。耕作保墒的重点是要适时耕作优化耕作方法和质量，注意耕、耙、压、锄等环节的配合。底墒不足的时候，播种后踩墒使种子与湿土紧密相接利于种子吸水，也有提墒作用。

（二）温度胁迫

处于不同生长发育阶段的红花植株，对温度的要求也不相同。红花种子在 4.4℃ 就能发芽；幼苗非常耐寒，大多数品种能耐 -6.6℃ 的低温，个别品种能耐 -15～-10℃ 的低温。当植株进入分枝阶段以后，任何低于 0℃ 的低温都会引起冻害；从分枝至开花、结实阶段，要求较高的温度；在贮藏中的种子则要求有低温、干燥的条件。

红花品种不同，其抗寒能力也各不相同。"W0-14" 在 -12.7℃ 时并无冻害，但 "N-6" 和 "N-10" 在 -10.6℃ 时便被冻死。为使红花能在冬小麦区栽培，选育抗寒的品种和品系对红花生产有重要的现实意义。为此，美国、伊朗和中国都为选育耐寒品种进行了一些研究工作。Zimmerman 等（1977）为了进行红花的耐寒试验，设计了一种可控的低温室，低温室的长、宽、高为 3.8m×2.6m×2.4m，四壁用 13cm 厚的绝热材料制成，模仿大自然条件，每天最低温度在凌晨 4 时，然后逐渐升高到中午的 11℃，并保持这一温度至 16 时，然后逐渐下降到 20 时的 0.5℃，并保持至凌晨 4 时。在设计试验温度时，若降至最低温度时的差值为 1.7℃，必须调节冷冻机组使它提早 15 分钟开动。例如，最低温度为 -12℃ 的试验设计，在 22 时开始从 5℃ 降温，而最低温度为 -13.9℃ 的试验设计则须提早 15 分钟并于 21：45 时开始降温。为使红花幼苗经过同样的温度环境，在低温室内设一转台，实验转台的桌面直径为 2.4m，其上有许多小孔以便空气流通，转台桌面离地板高度为 1m，由 0.5 马力的电动机驱动，每 40 分钟转一圈，红花种子播于 15cm×15cm 的盆中，出苗后在最高温度平均为 15℃（其范围为 9～29℃）、最低温度为 -1℃（范围为 -6～9℃）的室外锻炼 5 个星期。当植株具 3～4 片真叶时进行低温试验，冷冻试验时将盆苗置于实验转台上，转台可摆 4 圈盆苗，最外为第 1 圈，可摆 34 盆，2、3、4 圈可分别放置 28 盆、22 盆和 11 盆，用最高最低温度计和温湿度计测量温湿度。冷冻处理后，使低温室的温度回升到 0℃，并保持 3h 后移至温室中，3 个星期后算存活率。

试验结果表明，有些基因型在各圈的存活率并不相同，这一差异可能是由于每圈、每个基因型样品大小或各基因型对 -11～-10℃ 的温度梯度反应各不相同所致。但一个重要的事实是，在同一圈内在类似的温度下各基因型耐寒能力所表现出来差异，如 "N-10"，只有在第 3 圈中 20 株苗存活率为 5%，其余圈内均被冻死，而 N-8 除第 1 圈的存活率为 93% 外，其余圈内均 100% 存活。这也表明，对各基因型耐寒性临界温度的评价应该在转台的同一圈中进行。

高温对红花的影响与土壤湿度有密切的联系。当土壤有足够的水分时便可降低高温不利影响。在美国加利福尼亚，温度高达 43℃，但高温对水浇地的红花没有什么影响（Knowles 1965），在该地区当红花开花时白天温度在 24～32℃ 时通常可获得较高的产量，而这一温度指标对于大多数国家来说似乎也是适宜的。

因此，应对措施温度影响主要以苗期低温冻害为主，因此必须选用耐低温红花品种，可根据低温气候规律，考虑回避低温冷害的影响，选择适合当地积温条件的耐寒品种，避免出现盲目、过度的越区种植现象。其次，要根据作物品种的特性，调整播期避过低温冷害的为害。

（三）盐碱胁迫

1. 为害

盐胁迫是植物所受非生物胁迫因子中影响最广泛的一种，其最直接的表现是生长发育受到抑制，主要包括影响种子的萌发、植株的正常生长发育和繁殖等。红花是一种比较耐盐的植物，其耐盐碱与大麦相似。盐不仅降低红花的生长势，影响种子的组成成分，降低产量，而且降低种子萌发率，延长萌发时间。

李凤伟（2014）研究了 NaCl 胁迫处理对红花种子发芽的影响和对幼苗叶片叶绿素、可溶性糖、相对电导率的影响。结果表明，随着盐胁迫浓度的增加发芽率逐渐下降，盐浓度在 0.6%以上发芽率显著下降；盐胁迫下叶片中叶绿素含量随着盐胁迫浓度的增加而降低，可溶性糖含量增加，相对电导率上升；盐浓度在 0.2%及以下叶绿素、可溶性糖、相对电导率 3 种生理指标除相对电导率外差异不显著。王少平（2014）以红花种子为试验材料，设置了 7 个 NaCl 浓度（0.10%、0.15%、0.20%、0.30%、0.50%、0.70%、0.90%）和蒸馏水对照处理，研究了不同浓度的 NaCl 胁迫处理对红花种子发芽率的影响。结果表明，NaCl 溶液对红花种子发芽率的影响总体上呈低浓度促进、高浓度抑制状态。0.1%NaCl 溶液可促进红花种子萌发，其种子发芽率、相对发芽率和相对发芽势均高于对照组；随着盐胁迫浓度的增大，其相对发芽率和发芽势均低于对照组，累计发芽率减小。刘丹等（2018）研究了碱性土壤对红花幼苗生长发育的影响。分别用不同浓度 Na_2CO_3、$NaHCO_3$ 混合胁迫溶液处理红花幼苗，用蒸馏水作为空白对照组（CK）。对各处理后红花幼苗的各项生理指标（根长、株高、根重、株重）及过氧化物酶（POD）、超氧化物歧化酶（SOD）活性进行了测定。结果表明，株高、株重、根长和根重随混合胁迫液中 Na_2CO_3 浓度的增加而减少，其中根重受抑制作用突出。POD 活性受 Na_2CO_3 作用明显，而 SOD 活性受 $NaHCO_3$ 作用显著。田梅等（2019）通过观察红花在萌发期和幼苗期对 NaCl 胁迫的响应特征，确定红花幼苗的耐盐阈值，为深入研究红花幼苗的耐盐机理提供理论依据。以蒸馏水和不同浓度 NaCl 溶液浸泡（0.06 mol/L、0.12 mol/L、0.18 mol/L、0.24mol/L、0.30 mol/L）红花种子，沙培法培养，苗期浇灌含有不同浓度 NaCl 的霍格兰营养液。通过测定红花幼苗形态指标、丙二醛（MDA）含量以及叶片中超氧化物歧化酶（SOD）、过氧化物酶（POD）的活性来考察红花幼苗对 NaCl 的响应。结果表明：①蒸馏水浸泡和 NaCl 浸泡组中，幼苗株高与根长均随 NaCl 浓度的增高而下降，且对地下部分抑制强于地上部分。②蒸馏水浸泡和 NaCl 浸泡组中随 NaCl 浓度的增加，SOD 酶活性先增高后下降，在 0.06 mol/L NaCl 处理下达到最高值；POD 酶活性显著增强，在 0.18 mol/L NaCl 处理下 POD 酶活性最高；同一浇灌浓度下，NaCl 浸泡组 POD 酶活性均大于蒸馏水浸泡组。③蒸馏水浸泡组，MDA 含量随着 NaCl 浓度的增高而增加；NaCl 浸泡组，MDA 含量先减少后增加，在 0.06 mol/L NaCl 处理下含量最低，在 0.18 mol/L NaCl 处理下含量仍比对照组低。NaCl 浸泡组中 MDA 含量整体低于蒸馏水浸泡组。表明红花种子经过 NaCl 浸泡，幼苗耐盐性提高，初步确定红花幼苗的耐 NaCl 阈值为 0.18mol/L。

2. 应对措施

首先，选用耐盐性较强的红花品种，并将播种期提早到返碱高峰期之前，此时耕作层盐分减少、水分较多，易于出苗。播种前采取助苗保苗措施，例如增施有机肥料和 P 肥，整平土地减少碱斑；开沟躲碱播种，增加播种量。盐碱地应浅播，发芽出苗快，播深在 2.5~3.3cm 较适宜，播种量适当加大。其次，在秋季对盐碱地进行深耕，深度要达到 30cm，并结合浇水，以减少表层盐分利于出苗。播种前应耙地、平整表层土壤，防止春季返盐。由于盐碱地生长环境差红花播种后易出现缺苗现象，应及时补苗。如播种量过大，应早间苗，避免幼苗密集争肥争水；晚定苗，待小雨过后或苗龄较大耐盐能力强后再定苗。盐碱地雨后易形成土壤板结，故在生产上要适时中耕除草，防止返盐，消灭杂草，利于形成壮苗。适时灌水把表层结晶盐溶解，下渗到土壤深层，冲洗淡化，促进幼苗生长。

（王世卿、苗昊翠、赵卫芳）

第六节　红花的利用

红花是世界上种植历史悠久的古老作物之一。埃及、印度、中国、前苏联、阿拉伯等国家，曾将红花作为颜料植物栽培。而今，它已成为一种优质食用植物油源，在干旱地区日益扩种。红花是一种集药材、染料、油料和饲料为一体的特种经济作物。它的花冠、籽实、茎叶、秸秆都可以利用，全身是宝。其中最主要的有两种：一是红花的花冠，既是传统中药材，又是天然染料。红花作为中药材，具有活血化瘀、通经止痛的功效。红花作为天然染料，将其提炼成色素，可以广泛用于食品、药品和纺织品的无害着色和天然食品添加剂。二是红花的籽实，既是一种新兴的特种油料，又是高蛋白制品的优质原料。所谓特种油料，其油中亚油酸含量高达 80% 左右，高于所有植物油，人称"亚油酸之王"。亚油酸的特殊功能是可以降低血脂和血清胆固醇的含量，软化血管，扩张动脉。长期食用红花油，对于防治高血压、冠心病和中老年肥胖病有良好的疗效，而且对延年益寿、美容健体有特殊功效。作为高蛋白制品的优质原料，红花饼粕可以直接加工配合饲料，还可以开发氨维营养饮料。

一、种子的利用

（一）制取红花籽油

韩宇昕等（2015）综述了红花籽油的提取方法，包括种子榨取和红花籽油的提取与精制。

1. 种子榨取

（1）压榨法　采用压榨法制取红花籽油的基本步骤如下：原料的清选→剥壳去石→轧坯压榨→毛油→过滤精选→红花籽油。压榨法是一种比较传统的提取方法，主要原理是用强大的外界压力压榨油料，导致细胞破裂，让油分流出来。它的优点是油脂的质量好；缺点是制作方法比较繁琐，油的收率较低，所得的油脂纯度不高。

（2）溶剂浸出法　溶剂浸出法是应用萃取的原理，选用某种能溶解油脂的有机溶剂（如乙醚、氯仿等）与油料进行接触（如浸泡、喷淋等），使油料中油脂被萃取出来。溶剂浸出法的优点是油的提取率较高，所得油纯净无杂质，且蛋白质变性程度较小。

（3）超临界 CO_2 萃取法　超临界 CO_2 萃取法的优点是对脂溶性物质溶解性较好，可提高萃取量、无毒、无腐蚀性，所得的产物能够实现自行分离，不需要任何精炼操作。

（4）超声波辅助提取法　相比较传统提取法，超声波提取法是一种有效的方法，它的优点是降低提取温度，溶剂量减少，节约时间和提高采油量。除此之外，超声波辅助提取法的设备操作简单，且效率高。当温度为35℃、料液比为1∶5、提取时间为30min、超声波功率为300W时，红花籽油的提取率可达到27.02%。

（5）超声波促进水酶法　油脂以脂蛋白的形式存在于细胞内，细胞壁是由果胶、纤维素、半纤维素等构成的，用相应酶水解后可使红花籽油释放出来。超声波促进水酶法的优点是提取油率高、提取时间短、提取条件温和、环保无污染等。

2. 红花籽油的提取与精制

所谓精炼油就是"五脱"油，也就是色拉油。其工艺流程为：

机榨毛油 $\xrightarrow{\text{计量}}$ 脱胶 $\longrightarrow$ 脱酸 $\xrightarrow{\text{水洗、脱水}}$ 脱色 $\xrightarrow{\text{过滤}}$ 脱臭 $\longrightarrow$ 脱蜡 $\xrightarrow{\text{压滤}}$ 成品

（1）脱胶　除去毛油中磷脂及胶状物质。这些物质的存在，影响油脂的贮存和使用，易使油脂乳化变质，并不利于后道工序的处理，影响油的品质。因此，要用加水、加热和酸处理等方法使胶质膨胀凝聚与油分离。脱胶过程是除去杂质所必不可少的工艺。

（2）脱酸　除去油脂中的游离脂肪酸、胶质、部分色素和微量金属等。这些物质的存在，容易使油脂氧化酸败变质，影响油脂的贮存和使用，并且降低后道工序的效率。因此要用碱炼方法进行脱酸处理，以提高油品质量。

（3）脱色　脱除油脂中天然色素和加工中产生的非天然色素。油脂中色素的存在影响油品外观，有碍油品的深加工，并影响油品的稳定性。因此为了保证产品质量，满足不同用途油品色泽要求，必须对粗油进行脱色处理，以提高油脂的品质和商品价值。

（4）脱臭　脱除油脂中的不良气味，提高油脂的稳定性。油脂中的臭味成分是低级脂肪酸、醛、酮和胺类等物质，这些物质的存在影响油脂的气味和食用。尤其是加工人造奶油和起酥油时，更要很好地脱臭。

（5）脱蜡　油脂中的蜡主要来源于油料的皮壳及细胞壁。在40℃以上的高温下，溶解于油脂中，因此无论是以压榨法还是浸出法制取的红花籽油均混入一定量的蜡质。油脂中蜡的存在，影响油品的透明度和消化吸收率，并使气、味和适口性变差，从而降低了油脂的食用营养价值及工业使用价值。

李杨等（2014）用超声波辅助水酶法提取红花籽油的工艺进行了研究。超声提取温度41℃，时间49分钟，超声波功率420W，红花籽油提取率达92.70%。许翠等（2015）介绍了精制红花油的工艺。红花籽油经过片碱皂化，再经硫酸酸化，通过水洗、脱水、过滤而成，最后分装。

（二）红花籽油的有效成分及提取

经分析鉴定，红花籽油主要成分为棕榈酸6%～8%、油酸16%～20%、硬脂酸2%～

3%、亚油酸73%～85%。此外，红花籽油还含有天然维生素 E、黄酮等多种活性物质。通过对比分析，新疆地区红花籽油的品质为最佳，其中亚油酸含量可高达83%以上，天然维生素 E 含量可达160mg/100g，黄酮类物质含量达63mg/100g，α-亚麻酸含量可达0.23%。由此，人们给红花籽油冠以"亚油酸之王""维生素 E 之冠"等美名。

1. 亚油酸

亚油酸是人体必需脂肪酸，由于其在人体内不能自行合成，所以必须由膳食供应。根据日本国立营养生理部、美国国立卫生研究所等多项试验研究证明，亚油酸能够有效溶解胆固醇，因此具有软化血管、防治动脉粥样硬化、调节血脂的作用。现阶段，亚油酸、亚油酸乙酯均已作为药品纳入全国医药产品目录。如今，随着人们生活水平的日益提高，肉制品、蛋制品等营养物质的摄入量也逐渐加大，由此所带来的高血压、高血脂、高血糖现象已成为普遍现象。因此，红花籽油是亚油酸含量最高的食用油，是绝好的亚油酸来源，一直深受消费者的青睐。长期食用亚油酸含量较高的红花籽油，对于有效预防"三高"有着非常重要的意义。

2. 黄酮类物质

黄酮是一种活性物质，具有很强的抗氧化性，能够有效清除体内自由基，起到延缓衰老的作用；改善血液循环，降低体内胆固醇含量，调节毛细血管的脆性与渗透性，扩张冠状动脉，增加冠状动脉血液流量，保护心血管系统。此外，黄酮还具有良好的抗肿瘤作用。

3. 维生素 E

又名生育酚，属脂溶性维生素，是一种天然抗氧化剂，它对人体细胞分裂、延缓衰老有着重要作用。由于生育酚的作用与生理活性很强，近年来从天然维生素 E 中提取生育酚，不仅应用在医药领域，也用来预防因人体内过酸化脂质引起的"现代病"，还可用作食品添加剂，如作为天然的酸化防止剂。红花籽油中的维生素 E 不仅含量高，其渗透性也很强，故使得红花籽油中的维生素 E 极易被人体吸收，有效地提高了维生素 E 的利用率。

王明珍等（1992）介绍，通过气相色谱法可测定红花油的有效成分水杨酸甲酯、桂皮醛等。赵文斌等（2002）通过试验表明，用脲包法能大幅度提高红花籽油的不饱和脂肪酸含量。中国科学院植物研究所谷卫彬等（2002）对引自48个国家和地区、在北京栽培的2 048份红花的脂肪酸进行分析。棕榈酸、硬脂酸、油酸和亚油酸平均含量分别为7.30%、1.28%、15.76%、75.33%。筛选出10个高亚油酸品种和10个高油酸品种。何翠微等（2006）用气相—质谱分析，鉴定出25种正红花油成分。刘仁健等（2006）对来自32个国家的48份红花材料种子含油率及籽油脂肪酸组成及含量进行测定。亚油酸含量与油酸含量呈极显著负相关，亚油酸含量与棕榈所含量呈极显著正相关。棕榈酸含量分别与亚油酸和油酸含量极显著正偏相关，油酸含量与亚油酸含量极显著负偏相关。关亮等（2013）用75%乙醇为提取液，恒温水浴90分钟，提取温度75℃，油脚中的卵磷脂含量为58.93%。刘华锋（2014）介绍了正红花籽油质量的研究。正红花籽油中还有香叶酚撬丁香酚、桂皮醛、水杨酸甲酯、香茅醇、香茅醛等。赵雅霞（2014）用石油醚溶剂对南北疆红花籽油进行提取，用气相色谱技术对提取后的籽油进行理化及脂肪酸成分分析。发现南疆地区生产的红花籽粒各项指标较北疆高。杨晶等（2015）报道了红花油体优化提取条件和稳定性研究。优化条件为 pH≥6，平均粒径 1.75~2.05μm 和 pH 值≤6 条件下，平均粒径 1.50~1.75μm，NaCl 浓度 0.2 和 0.4mg/ml，红花油体分散均匀；蔗糖浓度 0.1 和 0.2mg/ml 时，红花油体分散较为均匀。李倩等（2016）介绍了水酶法提取红花籽油的工艺。酶添加量 305u/g，料液比 1∶6，提取温度 45℃，提取时间 3h，红花籽油的最大提取率约 65.14%。得到的油脂由 11 种脂肪酸组成。总量高达 90% 以上。饱和脂肪酸以棕榈酸为主，不饱和脂肪酸以亚油酸和油酸为主，亚油酸约 79%。李彩云等（2016）介绍，红花籽油除含有亚油酸外，还有维生素 E、黄酮、β-胡萝卜素等。艾尔肯·图尔荪等（2017）用乙醇热回流提取。用波谱法鉴定化合物结构。从红花中鉴定了 12 个化合物，从红花油中分离鉴定 3 个化合物，包括 α-生育酚等。

（三）红花籽油的应用

1. 食用

红花籽油属于珍贵食用油，被人们称为"健康油"和"营养油"，因其含有高达 80% 以上的亚油酸，属高亚油酸型植物油。此外，用红花油还可配制食品混合调味酱汁，色拉调料，法国调料，非标准调料，冻甜点心、加脂牛奶（撇去奶油加入植物油的牛奶），仿制奶、仿酸奶、仿干蛋等。这些红花油产品显示这些食品含有比较高的多不饱和脂肪酸。

美国国家健康研究所赞助的一项《国家心脏病饮食研究》，研究过程中，他们制成一批心脏病饮食（D-H）产品，如混合糕点、奶酪产品和肉类产品，这些产品就是用红花油作为加脂剂的，是为了满足对亚油酸的特殊要求而制成的。1985 年 6 月 29 日合众国际社报道，美国心脏病协会建议美国人少吃盐并强调食用通常在植物油中所含的多不饱和脂肪酸，玉米、棉籽、红花和葵花籽油的多不饱和脂肪酸含量很高，有助于降低血液中的胆固醇含量。

红花油的衍生产品——蒸馏红花单甘油酯，适合用作冰冻起酥油乳化剂，油中水乳化剂，泡沫压成剂等。红花油具有特别高的抗冻性，有香味稳定、颜色亮等优越的理化特性，因而它在食品加工中有多种用途，如在食品复合产品中可使成品在较宽的温度幅度下保持成型，这些成型复合产品可按设计要求持有最高含量的亚油酸。

2. 营养保健

抗氧化、降血脂、降胆固醇等。

（1）红花籽油的抗氧化作用　红花籽油具有良好的抗氧化作用。红花籽油具有较强的自由基清除能力和还原能力，在体内抗氧化试验中，红花籽油能显著提高血清和肝脏 SOD，GSH-Px，GSH 水平，降低 MDA 和 PC 含量，对乙醇导致的机体过氧化性损伤有较好的保护作用。此外，红花籽油虽然具有良好的抗氧化能力，但摄入不能过量。

（2）红花籽油的抗炎作用　红花籽油具有消炎作用。中、高剂量的红花籽油和氢化可的松对二甲苯引起的小鼠耳廓肿胀有良好的抑制作用；低、中、高剂量的红花籽油都能明显抑制蛋清导致的大鼠足爪肿胀,尤其以大剂量效果最佳,持续时间最长,可达6h以上,其效果接近氢化可的松。

(3) 红花籽油的抗衰老作用 红花籽油中的天然维生素E具有很强的抗氧化性,经常补充天然维生素E,可以使细胞变得柔软而富有弹性,增强了细胞的活性,使皮肤保持柔软细腻,从而达到延缓衰老的目的。

(4) 红花籽油的降低胆固醇、降血脂作用 高胆固醇是心血管病的主凶,胆固醇升高可诱发冠状动脉病。红花籽油乳剂有明显的降低动物血清脂质的功效。此外,有临床表明,每人每天食用60g红花籽油,1周后胆固醇下降10%以上,食用3个月后,血脂保持稳定。

(5) 红花籽油具有治疗烫伤的作用 红花籽油对深Ⅱ度烫伤兔创面具有保护和营养作用,还能促进试验兔血液中EGF因子分泌。

(6) 预防乳腺和结肠癌 摄入适量的红花籽油有助于预防乳腺癌和结肠癌。

(7) 预防动脉粥样硬化 红花籽油具有调节血脂作用,这对预防脂质代谢紊乱进而预防动脉粥样硬化的发生具有重要意义。

(8) 防止原发性脂肪酸缺乏症 红花籽油乳剂能防止原发性脂肪酸缺乏症的生化病症。

(9) 其他作用 红花籽油还长期用于治疗神经心理障碍,如中风等,并且在新生鼠脑中发现红花籽油能有效调节多巴胺和5-羟色胺,具有镇痛等作用。红花籽油对高血脂及高胆固醇病人有良好的辅助治疗作用;西红花籽油有调节血脂作用。红花籽油在饲料工业中作为奶牛的饲料添加剂,可以防止瘤胃微生物进行的对脂肪酸的饱和作用,增加乳脂的亚油酸含量;作为羊饲料苜蓿的添加物,可以避免反刍氧化作用,补给一部分不饱和脂肪酸和氮素。作为一种优质的干性油,红花籽油良好的保光性和不黄性使其在油漆、清漆、胶片、胶带、精密机件的喷涂和印刷油墨工业中极受欢迎。红花籽油还用于制备醇酸树脂、聚氨酯树脂、填缝胶及不饱和直链脂肪酸二聚物(防爆的聚酰氨树脂生产原料)等。在农业上,红花籽油还可以用于减轻果实储藏中的冻害等。

(四) 红花籽粕的综合利用

红花籽榨油后的饼粕有两种形式:一种是带壳饼粕,蛋白质含量为19%;另一种是去壳饼粕,蛋白质含量为36%~41%。消化试验表明,带壳饼粕的饲用价值可与苜蓿媲美,而去壳饼粕则与亚麻籽饼粕相似。

红花籽饼粕可用作育肥牲畜,作为小牛、奶牛和羔羊的饲料。带壳饼粕因粗纤维含量较高,不适于用作家禽饲料。但去壳饼粕蛋白质含量高,用它替代其他原料的蛋白质定量饲喂产蛋母鸡,对鸡蛋的生产、饲料的消耗、死亡率和蛋白质均无影响。美国加利福尼亚州奥尔巴尼西部地区研究实验室Kohler G.O.等报道,部分带壳的商品红花籽粗粉对反刍类动物是很有价值的,如果添加赖氨酸与蛋氨酸,很适合用作家禽饲料。正确调配红花籽粗粉的饲料所饲喂家禽的生长率优于用大豆粗粉补充调配的饲料。

1. 浓缩蛋白与分离蛋白

关于红花蛋白质的开发利用,美国农业部SEA/ARS西部地区实验室Betbchart

A. A. 认为，红花油一旦被提取后，可以从剩留的高蛋白粗粉中得到粉状的浓缩蛋白和分离蛋白（Protein isolates）。它将成为人类食品中的一个潜在的品种。

全世界约有 100 万 hm^2 以上土地可提供红花籽生产及从红花籽中获油和蛋白质，红花蛋白质是世界主要产红花国家（如印度和墨西哥）的宝贵资源。红花油为人们所食用，但榨油后的饼粕或粗粉一般都作牲畜饲料中的一种配料，红花籽饼粕蛋白质经水解分析，所含氨基酸有精氨酸、组氨酸、胱氨酸、异亮氨酸等。饼粕中还含有维生素 E、维生素 B_3、泛酸、烟酸、胆碱等。红花粗粉是苦的，其提取物还含有既苦又致人腹泻的物质。这可用 70%~80% 的乙醇来提出以配制可供食用的浓缩蛋白。分离红花蛋白需把纯蛋白质浓度提高到 ≥90%，并具有如下特点：如促进功能性的改善，包括溶解度、起泡能力和焙烤性能，而且几乎没有或只含微量的木质素葡萄糖苷等。通过提取和酸沉淀条件的改变，分离红花蛋白的功能可能部分有所改变。

墨西哥 Oclavioz 等所写《红花蛋白质分离物的功能：吸水性、发泡性和乳化性》一文中报道，实验发现，不同的分离方法影响蛋白质样品的吸水容量。胶粒蛋白（MP）分离蛋白的吸水量高于等电点沉淀法（P）分离蛋白。蛋白质的物理结构（如粒子和孔穴的大小）化学性质（如水合能力）以及蛋白质结构和环境因素等其他因子也影响蛋白质与水的相互作用。蛋白质分子结构的变化可以使原先隐藏在分子内部的氨基酸侧键暴露出来，从而使这些侧键有可能与水发生作用。Kinsella 认为，食物的脂肪吸收性是一种重要功能，它可以改善人们的味觉和提高香味的保持力。红花蛋白各种分离物的脂肪吸收性能均优于其他植物蛋白。实验室制作的红花籽粗粉制取的胶粒蛋白（MP）分离物，其发泡能力在不同的 pH 值下，均优于等电点蛋白（IP）分离。而在工业制作的红花籽粗粉（SMI）的分离物中则未发现这种趋势。唯二者在 pH 为 2 时泡沫伸展性比 pH 为 4~10 时高，从 SML 和 SMI 制取的分离物在 pH 在 4 时稳定性最好，而 IP 则在起点 pH2 时稳定性最好。有资料报道，各种蛋白质分离物在 pH5~6 时可溶性最小。实验表明，pH 变化对所有样品乳胶活性影响不大。在实验室条件下脱脂的样品和工厂提供的样品之间乳胶活性差异不大。不同的分离方法所制取的分离物之间乳胶活性差异也不大。胶粒技术制取的分离乳胶稳定性高于 IP 分离物，与乳胶活性的变化相似。pH 变化对乳胶稳定性的影响都很小。有报道，加热时乳胶稳定的大豆蛋白，在其 IP 附近的 pH 范围内却相当不稳定。但本实验的红花籽粗粉稳定性表明，在等电点的 pH 范围内，吸引力和排斥力之间存在着适当的平衡，从而防止了微滴聚结。这种平衡可以阻止蛋白质的聚合，使乳胶稳定性显著提高。虽然油脂提取时激烈的热处理可导致 SMI 蛋白质功能显著降低，但红花蛋白分离时很少有这种情况，只有在少数特殊情况下，红花粗粉才必须进行预处理。

分离红花蛋白无论是作为一种蛋白质强化剂还是在各种食物中所起的作用，它的营养成分和功能特性在饮料、焙烤食品等的工业生产中都引起了重视。最近几年，对于生产分离红花蛋白的可行性已普遍引起美国有关人士的注意。分离红花蛋白的成本，如果提取过油的残留物被当作副产品出售，按分离红花蛋白所得重量的 50% 来计算，其出售价格相当于 20% 未经加工的蛋白粗粉价格，即每吨约 90 美元。国家对简化红花蛋白的提取方法已进行了一些研究工作，并取得了进展。

2. 复合脂类蛋白

1982 年，美国农业部年度报告，加利福尼亚州伯克利西部地区研究中心的 Lyon，等在《来自红花榨油机饼粕的复合脂类蛋白》一文中介绍，红花生产主要是指红花油，它或者是正规的高亚油酸类型，或者是较近期发展的油酸类型。红花种籽含 40% 左右的油，通常由榨油机可榨出其中的 70%，剩下的饼粕中约含 18% 的油和 17% 的蛋白质。再用乙烷浸提压榨饼粕以提取剩下的油，并生产一种粗粉。它通常经过细筛分为高蛋白质与低蛋白质碎片，两种碎片在动物饲料中都很有价值。但是即使是高蛋白质的碎片也不适宜作食品，这不仅因为它的纤维含量高，也因为它含有少量使它味苦和腹泻的（苯）酚葡萄糖苷。已经证明，分离红花蛋白具有有益的营养成分和优良的功能特性，用乙烷提出油脂后的红花饼粕配制分离红花蛋白，这些分离物几乎没有有害的葡萄糖苷，用碱水可同时将磨碎的种子中的油和蛋白质提出，现在已经弄明白复合脂类蛋白能直接从压榨饼粕配制。

实验室中用锤磨或高速剪切匀浆机可得含油高达 48%，含蛋白质 46% 的复合脂类蛋白。在小规模的试验工厂中（中试），用一种对磨式磨粉机生产的复合脂类蛋白含油 44%，含蛋白质 47%。在红花粗粉中起苦味与腹泻活性作用的（苯）酚葡萄糖苷可在加工过程中去除掉。如果在面粉中掺入 10% 的复合脂类蛋白，制成各式面包，具有令人满意的特性，而且在试验中比对照多含 25%~36% 的蛋白质。随着医学科学知识的普及，人们对人体循环系统疾病的了解日益深化。为了保持身体健康、减少心脏病、高血压、脑溢血等心血管疾病的发病率，世界各国都普遍注意饮食食谱的调配。在所谓健康食谱中，除注意多食不饱和脂肪酸的油类如红花油、玉米油、葵花籽油以降低血液中的胆固醇含量外，同时也提出要少吃高脂肪动物蛋白，代之以高蛋白素食，即植物蛋白。中国大西北干旱少雨，是中国发展红花生产的理想地区，因此应发展红花蛋白，并结合发展红花油脂工业，以便满足中国大西北以及全国人民保健事业日益增长的迫切需要。

从上述资料分析，可以明显看出，无论从质量或经济效益考虑，红花蛋白均不低于大豆蛋白，有些指标甚至优于大豆蛋白。而营养与医疗价值，红花油优于大豆油，因此大力发展中国红花生产实属刻不容缓的任务。应充分利用西部大开发和农业产业结构调整，抓住农业产业化的机遇，积极发展红花生产。沈飞等（2010）报道红花籽粕中含有红花籽蛋白、5-羟色胺、膳食纤维等。魏娜等（2018）以红花籽粕为原料，探讨了胰蛋白酶、木瓜蛋白酶、枯草芽孢杆菌中性蛋白酶 3 种商业酶水解红花籽粕中的氨基酸态氮，并研究了最佳水解的工艺条件。

二、花的利用

红花丝是传统的中药材，具有活血通络、化瘀止痛的功能。红花黄色素可阻止血栓形成，改善组织微循环，解除血管平滑肌痉挛，促使血栓溶解，改善组织缺血缺氧状态，因而对于某些心脑血管疾病，如冠心病、急性缺血性脑病、血栓闭塞性脉管炎等有一定疗效。

长期以来，人们栽培红花的主要目的在于提取红花花瓣中的色素作红色、黄色、橙色染料。在亚洲许多地区，利用红花色素对面包、糖果、酒类等食品染色。目前世界上有许多化妆品都用红花色素作染色剂。

红花色素的光热稳定性好，着色性强，抗酸耐碱，用量少，易保存，是理想的食品色素添加剂。红花色素还具有抗癌、杀菌解毒、防腐、健脾、降血压及保护皮肤等保健作用。从20世纪80年代后期，世界上许多国家，如美国、法国、日本等明令禁止在食品中使用人工合成色素后，红花天然色素逐渐成为重要的替代品。

以红花丝为主要原料制成的红花茶，除保持有红花防治心脑血管等疾病的作用外，还有丰富的营养成分。其氨基酸含量高达11.07%，其中赖氨酸含量为大枣的19倍，矿物元素K的含量为苹果的16倍，Mg的含量为苹果的91倍，红花茶中所含的维生素E和维生素B_{12}也非常丰富。红花茶还具有理气、健胃、生津之功效。红花花粉含有人体所需的各种物质，是完全营养源。具有强体力、增、消除疲劳、美容防衰等作用。目前市场上许多植物花粉已被开发为保健食品。红花花粉具有广阔的开发利用价值。

（一）有效成分研究

1. 红花干花的化学成分

红花干花含红花黄色素（Safflower yellow $C_{21}H_{30}O_{15}$）20%～30%，含红花红色素，即二氢黄酮衍生物红花苷（Carthamin，$C_{21}H_{22}O_{11}$-$2H_2O$）0.3%～0.6%（该品为红色三棱针状的结晶，熔点228～230℃，橙红色，能溶于乙醇、苛性碱、碳酸盐及氨水中，加酸后则重行沉淀，不溶于水、酸液或乙醚中），异红花苷（Iso-Carthamin，$C_{21}H_{22}O_{11}$+$2H_2O$）及新红花苷（neo-Carthamin）。在橘红色花中含红花醌苷（Carthamone，$C_{21}H_{20}O_{11}$），在淡黄色花中含新红花醌苷（neo-Carthamin）。据近期文献报道红花中含有木脂素，即木聚糖（lignan）类，2，3-二苄基丁内脂木脂素葡萄糖苷（2，3-dibenzylbutyrol-actonelignan glucoside）及2-羟基牛蒡子苷（2-hydroxy arctiin）（具有泻下能力），为2-羟基-2（4-β-D-葡萄糖-3-甲氧苄基）-3-（3-4 二甲氧苄基）丁内脂［2-hydroxy-2-（4-β-D-glucosyl-3-methoxybenzyl）-3-（3-4-dimethoxybenzyl）butyrolactone］，并含有1-罗汉松树脂醇-单-β-D 葡萄糖苷（l-matairesinolmono-β-D-glucoside），为红花中的苦味成分，还含有一种苦味甾体苷15α，20β-二羟基-Δ4-娠烯-3-酮-20-纤维二糖苷（15α，20β-dihydroxy-Δ4-preGnen-3-one-20-Cellobiside）。

此外，红花的叶含有木樨草黄素-7-葡萄糖苷（luteolin-7-glucoside）；红花的种子含木脂素，为4′，8′-二羟基-3，4，3′-三甲氧基木脂素（9′，9）-4-β-D-吡喃葡萄糖苷［4′，8′-dihydroxy-3，4，3′-trimethoxy lignanolia（9′-9）-4′-β-D-glucopryanoside］。1995年，杭丽君等在红花中分离出8种黄酮醇化合物，经理化分析和光谱鉴定是：山奈酚 Kacmpferol［I］、槲皮素 qucrcctin［II］、6-羟基山奈酚 6-hydroxy kacmpferol［III］、山奈酚-3-葡萄糖苷 kacmpferol-3-glucoside［IV］、槲皮素-7-葡萄糖苷 quercetin-7-glucoside［V］、槲皮素-3-葡萄糖苷 quercetin-3-glucoside［VI］、山奈酚 3-芸行糖甙 kacmpferol-3-rutinoside［VII］、芦丁 rutin［VIII］。

2. 红花的微量元素

微量元素分析结果表明，红花富含 Cr、Mn、Zn、Mo，红花的生物活性很可能与这些微量元素有关。红花富含 Cr、Mn、Zn、Mo 等元素，可以增强心血管机能。

Cr 的作用机理，目前认为它主要通过形成"葡萄糖耐量因子"（GTF）或其他有机络化合物，协助胰岛素发挥作用。Zn 可以提高胰岛素蛋白的稳定性。缺 Mn 导致糖代谢障碍。因此，有人指出补充 Cr、Zn、Mn 可以降低血糖和胆固醇，有利于防治动脉粥样硬化症。美国大学糖尿病联合计划认为，口服降糖药（特别是甲磺丁脲）能增加心血管病死亡率。考虑到这一情况，合理的给糖尿病患者补充微量元素无论在治疗方面还是预防并发症方面都显得更加具有重要意义。据研究，Mo 很可能通过某种代谢途径改善心肌细胞膜的通透性。红花富含 Cr、Mn、Zn、Mo 等微量元素，所以具有保护心血管、防治糖尿病作用。范莉等（2011）对红花的黄酮类化学成分进行了研究。利用多种色谱方法对红花药材进行分离纯化。根据化合物的理化性质及其波谱数据进行结构鉴定。从红花药材中分离鉴定了 10 个黄酮类成分，分别为 6-羟基槲皮素-3，6，7-三氧葡萄糖苷（1），6-羟基山柰酚-3，6-二氧-7-氧葡萄醛酸苷（2），6-羟基山柰酚-3，6，7-三氧葡萄糖苷（3），6-羟基山柰酚-3-氧葡萄糖苷（4），6-羟基山柰酚-3-氧芸香糖苷（5），6-羟基山柰酚-6，7-二氧葡萄糖苷（6），6-羟基芹菜素-6-氧葡萄糖-7-氧葡萄糖醛酸苷（7），6-羟基山柰酚-3，6-二氧葡萄糖苷（8），6-羟基山柰酚-3-氧芸香糖-6-氧葡萄糖苷（9），（2S）-4′，5-二羟基-6，7-二氧葡萄糖二氢黄酮苷（10）。化合物 1 为新化合物。扈晓佳等（2013）综述了红花的化学成分。按照结构包括黄酮、生物碱、聚炔、亚精胺、木脂素、倍半萜、有机酸、甾醇和烷基二醇等类型，其中醌式查耳酮为其他植物中较少见的成分。

洪奎等（2014）采用多种色谱方法对红花提取物进行分离纯化，根据理化性质和波谱数据鉴定其结构。结果从红花中分离得到了 10 个含氮类化合物，分别鉴定为 L-苯丙氨酸、胸腺嘧啶、次黄嘌呤核苷、鸟嘌呤核苷、2′-脱氧胸苷、2′-甲氧基尿嘧啶核苷、巴内加素 banegasine、腺嘌呤核苷、2′-脱氧腺嘌呤核苷、5′-deoxy-5′-methylamino-adenosine。化合物 3、5、6、9 和 10 为首次从红花中分离得到。刘雅新等（2014）用 HPLC 法测定新疆不同产地红花中羟基红花黄色素 A 及山柰素的量，并对新疆不同产地红花进行 HPLC 指纹图谱对比研究。结果 32 批新疆不同产地红花中羟基红花黄色素 A 含有量为 0.93%～2.55%，山柰素的含有量为 0.04%~0.09%，10 批新疆不同产地红花指纹图谱中，其主要成分基本相似，而其有效成分群的量存在显著差异。由此看出，新疆不同产地红花中羟基红花黄色素 A 及山柰素的含有量差异较大，其中昌吉地区含有量最高。肖艳华等（2014）用体积分数 75%乙醇提取红花，所得浸膏以水稀释，再以石油醚、氯仿、乙酸乙酯和正丁醇萃取，对氯仿和乙酸乙酯部分浓缩所得浸膏以各种硅胶柱色谱和分离纯化，利用溶解性、颜色反应等理化性质以及红外光谱、质谱及氢（1）核磁共振等波谱数据确定了所得物质的结构。从红花中分离并鉴定了 3 个化合物，分别为：3-（3′，4′-二甲氧基苯基）-7-羟基-8-（3-甲基丁基）-香豆素（1），1-（2-吡啶基）-3-戊酮（2），α-甲氧基苯乙酸-1-十一烷基十二烷酯（3）。这 3 个化合物均为首次从该植物中分离得到。瞿城等（2015）采用硅胶、Sephadex LH-20 和 pre-HPLC 等多种色谱技术进行分离纯化，运用 MS、NMR 等波谱学方法以及结合文献数据鉴定化合物结构。结果从红花乙醇提取物中分离得到 20 个化合物，分别鉴定为山柰酚-3-O-β-D-葡萄糖基-（1→2）-β-D-葡萄糖苷（1）、野黄芩素（2）、正二十六烷酸（3）、（2S）-1-Oheptatriacontanoylglycerol（4）、4，

4-二甲基庚二酸（5）、5，7，4'-三羟基-6-甲氧基黄酮-3-O-β-D-芸香糖苷（6）、n-te-tratriacont-20，23-dienoic acid（7）、香草酸（8）、没食子酸（9）tetrephthalic acid mono-［2-（4-carboxy-phenoxycarbonyl）-vinyl］ester（10）、七叶亭（11）、6-羟基芹菜素-6-O-β-D-葡萄糖苷-7-O-β-D-葡萄糖醛酸苷（12）、槲皮素-3，7-二-O-β-D-葡萄糖苷（13）、6-甲氧基山奈酚（14）、紫丁香苷（15）、反式-1-（4'-羟基苯基）-丁-1-烯-3-酮（16）、熊果酸（17）、1-hexadecanoyl propan-2，3-diol（18）、柠黄醇（19）、东莨菪内酯（20）。化合物1、5、7、10、18、19为首次从红花属植物中分离得到，化合物2~4、6、8、9、11、17、20为首次从红花中分离得到。康东健等（2016）分析了不同生育期新疆红花的含量，探讨新疆红花不同生育期对品质的影响。分别采取新红4号、裕民无刺、吉红1号不同品种在7月13日、7月22日、7月24日、8月1日等不同时期的样品，用HPLC法测定3个品种在不同时期、3个品种在同一时期的羟基红花黄色素A含量及山奈素含量；用紫外分光法测定3个品种在不同时期、3个品种在同一时期的总黄酮含量。结果是新疆红花不同生育期中羟基红花黄色素A的含有量为1.01%~1.65%，山奈素的含有量为0.0881%~0.1514%，总黄酮的含有量为0.2731%~1.20%。结论是新疆红花在不同生育期中羟基红花黄色素A、山奈素及总黄酮的含有量有差异，其中采摘于8月1日的含有量最高，是红花优质高产的适宜采摘时期。张丙云等（2016）研究红花干燥管状花的化学成分。采用大孔树脂柱色谱、反复硅胶柱色谱、Sephadex LH-20凝胶柱色谱、开放ODS柱色谱等方法进行分离纯化，根据理化性质及波谱数据鉴定化合物的结构。结果从其水提取物中分离得到9个已知化合物，分别鉴定为：二氢红花菜豆酸-4'-O-β-D-葡萄糖苷甲酯（1）二氢红花菜豆酸甲酯（2）、2，6-dimethoxy-4-methylphenyl-1-O-β-D-glucopyranoside（3）、对羟基苯甲酸（4）、3，4，5-三甲氧基苯乙醇（5）、4-羟基-3，5-二甲氧基苯丙酸（6）、3，4，5-三甲氧基苯酚（7）、blumenol A（8）、β-谷甾醇（9）。化合物5-8为首次从红花中分离得到。

孙丽萍等（2017）对新疆红花蜜的主要成分进行了分析。通过分析检测出新疆红花蜜的理化特征、营养成分和活性成分。结果表明，新疆红花蜜中的多酚类和黄酮类活性成分含量高，且含有萜类活性成分，萜类成分首次在蜂蜜中检出。新疆红花蜜中的总酚含量均值为65.11mg没食子酸/100g蜂蜜，总黄酮含量均值为16.60mg芦丁/100g蜂蜜，萜类化合物含量均值为9.36mg熊果酸/100g蜂蜜。新疆红花蜜中的淀粉酶均值高达39.08ml/（g·h），高于国家标准；主要微量元素有9种，呈现高钾（均值79.01mg/100g）、低钠（均值2.14mg/100g）、高钙（均值2.69mg/100g）的特征；维生素以维生素C和B族维生素为主；氨基酸18种，氨基酸总量均值为190mg/100g蜂蜜，其中脯氨酸含量高达44mg/100g蜂蜜，占氨基酸总量的23%。结论为新疆红花蜜的主要理化质量指标高、营养成分全面、丰富，活性功能成分种类多、含量高，具备优质蜂蜜的主要特点。徐红霞等（2018）初步探究不同产地红花中黄酮类成分含量与测色计所得红花颜色指数L*、a*、b*值间的关系，为红花药材质量评价提供科学依据。采用测色计测得红花样本的粉末色度值，并利用HPLC法检测红花中羟基红花黄色素A（HSYA）、槲皮素、柚皮素和山奈酚的含量，对二者间的相关性进行研究分析。结果是测色计测定的色度值可用来反映红花中黄酮类成分的含量，与HSYA呈显著正相关，但无法直观反映槲皮素、柚皮素和山奈酚的含量；内蒙古、云南、甘肃的红花样品中4种黄酮类成分含量较高，其次主要集中于新疆塔城地区，而新疆伊犁霍城县和察布查尔县的红花样品黄酮类成分含量较低。结论是颜色指数可作为评价红花药材质量的指标，颜色红亮黄丝较少的红花其HSYA的含量更高。

（二）红花品质的影响因素

在影响中药质量的因素中，品种是至关重要的因素。中药有效成分多来源于次生代谢产物，不同品种的植物由于遗传特性的不同，合成与积累次生代谢产物的种类及量可能存在着很大差异。中药的同名异物、同物异名现象普遍存在，严重影响中药材的质量。许兰杰等（2018）探讨了80个红花品种羟基黄色素A含量（HSYA）差异及其与花色的相关性，评价不同红花品种间的HSYA和花色的差别。以来源于不同产地的80份红花品种为试验材料，用高效液相色谱仪和HunterLab EasyMatch® QC4.41型色差仪分析红花HSYA和花色差异。结果表明，不同基因型红花HSYA差异显著，变异幅度为0.05~14.99 mg/g，相差近288倍，平均为11.36 mg/g。在所有供试材料中，有43个红花品种的HSYA高于平均值。不同地理来源红花品种的HSYA差异较大，欧洲红花品种的HSYA高于亚洲和非洲；中国红花的HSYA高于土耳其、印度和肯尼亚等。视觉法将80份红花分为4个花色型，红色型红花HSYA高于橘色、黄色和白色型红花。

中药材的生产主要有两种途径，即野生和栽培（养殖）。中国目前许多药材的栽培主要靠药农分散种植，种植技术粗放，再加上盲目扩大种植范围，造成种质不佳，种质特性退化的情况较为严重。另外，在栽培过程中滥施农药、除草剂，过量使用化肥，造成中药材中农药残留和重金属含量偏高，影响药材的安全性和有效性，已成为影响中药材质量的重要因素之一。因此，在科学研究的基础上，对中药材的生产过程进行科学的管理，是提高药材质量和保证药材质量稳定的基础与关键。

红花品质的好坏，与其所含有效成分的多少密切相关。有效物质含量的高低除取决于红花品种、产地、生产技术外，红花花丝的采收年限、时间、方法等直接影响红花的品质、产量和收获率。郭美丽等（1999）在对红花进行引种栽培的研究基础上，采用UV、HPLC法测定了不同采收期及加工方法对红花中黄色素和腺苷两种化学成分含量的影响。结果表明，不同采收期对红花化学成分含量存在显著影响，方差分析结果表明，红花中黄色素和腺苷含量的最高值均在开花后的第3d，在开花后第三天采收时，红花的质量最优。不同加工方法对红花化学成分含量的影响不显著。产地是影响中药质量的重要因素之一。中药有效成分的形成和积累与其生长的自然条件有着密切的关系。中国土地辽阔，同种药材会因产地不同（土壤、气候、光照、降雨、水质、生态环境的各异）引起药材质量上的差异。这直接影响中药质量的可控性，也会导致临床疗效的差异，因此，国家食品药品监督管理局颁发的《中药材生产质量管理规范》要求规范化种植中药材，在建立种植基地时一定要选择该药材生长最适宜的地域。宋玉龙（2015）运用《中华人民共和国药典》规定的红花质量评价方法，对采自新疆几个主产地的24份红花样品，依据中国药典规定的质量指标，测定了水分、总灰分、酸不溶性灰分、吸光度、浸出物、羟基红花黄色素A含量等指标。结果表明，24批红花样品最终可聚为两大类，来自和田的7个样品聚为一类，和其他样品差异比较大，该类样品总灰分和酸不溶性灰分含量，均大大高于药典标准，其他含量虽然达标，但是均较新疆其他产地的样品为低，因此新疆和田产红花品质较差。在样品 8~样品 24 聚为的一类中，又表现为新疆的昌吉、塔城地区的样品聚为一类，伊犁地区的样品聚为一类，其中伊犁地区红花的水分含量高于其他地区。说明位于北疆的红花传统产区昌吉和塔城的品质较为一致，和新产区伊犁的质量略有差异，影响质量的因素值得进一步研究。刘雅新（2014）等对来自昌吉、塔城、伊犁、和田和喀什等新疆红花主产地的 32 批红花样品中的羟基红花黄色素 A 和山奈素进行了含量测定，显示昌吉产含量最高，塔城和伊犁产次之，和田和喀什的含量最低。康东健等（2017）分析了不同海拔梯度对新疆红花有效成分含量的影响。红花样品采集自昌吉地区、伊犁地区、塔城地区的不同海拔，并将不同地区的海拔划分为 9 个范围，运用 HPLC 和紫外分光光度法分别测定红花中羟基红花黄色素 A、山奈素及总黄酮的含量。结果是新疆不同海拔梯度红花中羟基红花黄色素 A 的含量为 1.00%~1.86%，山奈素的含量为 0.0531%~0.2390%，总黄酮的含量为 0.1489%~1.0169%。不同海拔梯度红花中山奈素及总黄酮的含量差异较大，其中海拔在 1 000~1 250m 的昌吉地区含量最高，红花品质较优。

（三）红花有效成分常用测定方法简介

1. 红花的传统技术提取方法

目前传统生产采用的仍主要是煎煮提取技术、回流提取技术、冷浸提取技术、渗漉提取技术等。

（1）回流提取技术　①回流提取技术原理：回流提取法是用乙醇等易挥发的有机溶剂提取原料成分，将浸出液加热蒸馏，其中挥发性溶剂馏出后又被冷却，重复回流浸出容器中浸提原料，这样周而复始，直至有效成分回流提取完全的方法。②红花黄色素的提取过程：采用回流法通过各单因素及进一步的正交实验，对红花中的有效成分黄色素进行了综合提取。得出黄色素较佳提取工艺为：料液比 1：14，浸泡时间 30min，提取时间 20min。因为溶剂的循环使用，回流法溶媒用量少，浸提较完全。但由于回流提取需要连续加热，浸出液受热时间较长，故不适用于对热敏感型有效成分的浸出。

（2）渗漉提取技术　①渗漉提取技术原理：渗漉法是将适度粉碎的药材置渗漉筒中，由上部不断添加溶剂，溶剂渗过药材层向下流动过程中浸出药材成分的方法。渗漉属于动态浸出方法，溶剂利用率高，有效成分浸出完全，可直接收集浸出液。适用于贵重药材、毒性药材及高浓度制剂；也可用于有效成分含量较低的药材提取。但对新鲜的及易膨胀的药材、无组织结构的药材不宜选用。该法常用不同浓度的乙醇或白酒做溶剂，故应防止溶剂的挥发损失。②渗漉提取过程：采用渗漉法提取红花黄色素和红花黄色素 A，得出的最佳提取条件是以 60% 乙醇浸渍 12h，25 倍量进行渗漉，流速为 0.5ml/min。由于药粉不断与低浓度提取液接触，始终保持一定的浓度差，浸提效率要比冷浸技术高，提取比较完全，效果比较好，但溶剂用量大、时间长。对药物的粒度及工艺要求要高，并且可能造成堵塞而影响正常工作。提取温度越高，提取效果越好，但不能太高，药材的粒度越细，提取效果越好，提取时间适宜。

（3）浸渍提取技术　①浸渍提取技术原理：冷浸提取技术是将天然药物粗粉用适

当的溶剂在常温下浸泡出有效成分的一种技术。热浸提取技术是将药物粉碎成粗粉或碎成碎块置于特制的罐中，加定量溶剂，水浴或蒸汽加热，让药料在40~60℃浸渍一定时间，使被提取成分溶入溶剂中，过滤收集浸渍液。②冷浸提取过程：将红花粉碎成粗粉，置于戴塞容器内，加10~20倍量的溶剂，摇匀后放置，常温浸渍12~24h，浸泡时间应注意经常搅拌或振摇，利用溶剂的穿透性和溶解性将提取的成分溶入溶剂中，当溶质和溶剂达平衡时，过滤，收集浸渍液。不用加热，适用于热不稳定化学成分，或含有大量淀粉、树胶果胶、黏液质的成分提取。缺点是效率低、时间长。

（4）煎煮提取技术　①煎煮提取技术原理：煎煮提取技术是将药材加水煎煮取汁的方法。该法是最早使用的一种简易浸出方法，至今仍是制备浸出制剂最常用的方法。由于浸出溶媒通常用水，故有时也称为"水煮法"或"水提法"。所用的容器一般为陶器、砂罐或铜制、搪瓷器皿、不宜用铁锅。②煎煮提取过程：将药物适当地切碎或粉碎成粗粉放入容器中，加水浸过药面，充分浸泡后，直火加热（不断搅拌以免药材局部受热，温度太高而焦糊，要注意红花吸水较多，在煎煮的过程中就要适当地加点水）。煎煮2~3次，每次30 min左右（保持微沸）收集各次煎出液，经过滤后，浓缩至规定浓度。红花煎煮时间不宜过长，如果煎煮时间过长，会使药内有效成分被破坏掉或挥发掉而达不到治疗目的，使用溶剂为水，适用于热稳定的药材的提取。缺点是不适用于含有挥发性或淀粉较多的成分的提取；不能使用有机溶剂提取。

2. 红花的现代技术提取方法

在中国中药有效成分的提取分离方面，引进高新技术已成为新的发展趋势和关注重点。如超声波提取技术、微波提取技术、膜分离提取技术等。已经应用到中药及其他天然药物的研究领域中，并且逐步得到推广和发展，高新技术在中药有效成分的提取分离中有着广泛的应用前景；现代提取技术具有的产物明确、生产周期缩短、效率提高、能耗降低、质量可靠的优势。

（1）微波提取技术　①微波提取技术原理：微波萃取是利用微波来提高萃取速率的一种最新发展起来的技术。它的原理是在微波场中，吸收微波能力的差异使得基体物质的某些区域或萃取体系中的某些组分被选择性加热，从而使被萃取物质从基体或体系中分离，进入到介电常数较小、微波吸收能力相对差的萃取剂中。微波萃取具有设备简单、适用范围广、萃取效率高、重现性好、节省时间、节省试剂、污染小等特点。目前，微波萃取技术被广泛应用于天然产物化学成分的提取，已被列为中国21世纪食品加工和中药制药现代化推广技术之一，显示出良好的发展前景。②微波提取过程：取一定量的红花，加入一定量的提取剂润湿30min，使提取剂充分渗透，在微波的辅助下提取30min后，滤过。微波萃取具有设备简单、适用范围广、萃取效率高、重现性好、节省时间、节省试剂、污染小等特点。微波萃取技术与传统煎煮法相比较，克服了药材细粉易凝聚易焦化的弊病，提取时间极短，设备简单，投资较少。但这一技术用于中草药提取尚属起步，其萃取机理还需进一步研究。

（2）超声波提取技术　①超声波提取技术原理：超声波萃取中药材的优越性，是基于超声波的特殊物理性质。主要是通过压电换能器产生的快速机械振动波来减少目标萃取物与样品基体之间的作用力从而实现固液萃取分离。超声波在介质中的传播可以使介质质点在其传播空间内产生振动,从而强化介质的扩散、传播,这就是超声波的机械效应。超声波在传播过程中产生一种辐射压强,沿声波方向传播,对物料有很强的破坏作用,可使细胞组织变形,植物蛋白质变性;同时,它还可以给予介质和悬浮体以不同的加速度,且介质分子的运动速度远大于悬浮体分子的运动速度。从而在两者间产生摩擦,这种摩擦力可使生物分子解聚,使细胞壁上的有效成分更快地溶解于溶剂之中。②超声波提取过程:以95%乙醇为溶媒,分别用不同频率的超声波及不同的提取时间从红花中提取红花黄色素。超声技术提取方法简单,提取率高,低耗高效,作为提取的一种手段有着广阔的应用前景。超声波独具的物理特性能促使植物细胞组织破壁或变形,使中药有效成分提取更充分,提取率比传统工艺显著提高达50%~500%;超声波强化中药提取通常在24~40 min即可获得最佳提取率,提取时间较传统方法大大缩短2/3以上;超声提取中药材的最佳温度在40~60℃,对遇热不稳定、易水解或氧化的药材中有效成分具有保护作用,同时大大节约能耗;超声提取中药材不受成分极性、分子量大小的限制,适用于绝大多数种类中药材和各类成分的提取。

(3) 膜分离技术　①膜分离技术原理:膜分离技术是利用化学成分分子量差异而达到分离目的。在中药应用方面主要是滤除细菌、微粒、大分子杂质(胶质、鞣质、蛋白、多糖)等或脱色。用天然或人工合成的高分子薄膜,以外界能量或化学位差为推动力,对双组分或多组分的溶质和溶剂进行分离、分级、提纯和富集的方法,统称为膜分离法。膜分离过程是以选择性透过膜为分离介质,利用膜对混合物各组分渗透性能的差异,实现对多组分混合物进行物理的分离、纯化和富集。②纳滤技术分离:由于浸取液浓度很低,脱水量很大,导致目前工艺的能耗很大,成本很高。应用现代膜分离技术代替蒸发浓缩步骤,在常温下操作,既可以节约能量,又可以保证有效成分不变质。根据初步的研究结果,可以先用超滤膜脱除大分子物质后再用纳滤浓缩脱水,这样可以减少膜的污染。纳滤浓缩的透过液中含有少量红花黄色素,可以作为下次的提取液,既提高了资源的利用率,又为工业化整个流程奠定基础。③膜提取技术优点:该工艺与传统的醇沉工艺比较,省去了醇沉工艺中的多道工序,达到除杂的目的,仍然保持了传统中药的煎煮和复方配伍具有侵膏干燥容易、吸湿性小、添加赋形剂少、节约大量乙醇和相应的回收设备、缩短生产周期、减少工序及人员、节约热能等特点。

赵明波等(2003)建立了菊科植物红花中的主要有效成分羟基红花黄色素A的高效液相色谱定量分析方法。用90℃水提取,以甲醇0.5%磷酸水溶液(体积比为40:60)为流动相,检测波长400nm。该方法的最低检出限为4ng(按S/N=3计)。在羟基红花黄色素A的质量浓度为0.04~0.40g/L(相当于绝对进样量为0.8~8.0μg)时线性良好,方法回收率高,重现性好。对26个不同产地和购买地的红花中的羟基红花黄色素A进行了测定,结果表明不同来源的红花中羟基红花黄色素A含量的差异较大。张纪宁等(2009)对分光光度法测定新疆红花中总黄酮含量进行了研究。以芦丁为对照品,在510nm处建立了工作曲线,并考察该方法的精密度和稳定性。实验结果表明,在检测浓度范围内,芦丁浓度与吸光度之间有良好的线性关系(r=0.9996)。该方法具有较好的精密度(RSD=1.11%)。邢晓轲等(2015)利用紫外线分光光度法测定新疆红花的总黄酮含量。通过实验得到,新疆3个地点红花总黄酮含量各为1.08%、1.22%、1.76%。刘斌等（2016）用紫外分光光度法测定新疆地产中药红花中总黄酮的含量。以芦丁为对照品，以紫外分光光度法（UV）为分析检测方法测定总黄酮的含量。结果用分光光度计进行全波长扫描，在510nm波长处测的最大吸光度，芦丁浓度与吸光度的线性方程为$y = 12.554x - 0.003$（$R^2 = 0.9982$），表明在$8 \sim 48\mu g/ml$浓度范围内具有良好的线性关系，精密度RSD 0.19%，稳定性RSD 0.14%，重现性RSD 0.11%，平均加样回收率103.3%，RSD为1.08%（n=9）。该方法具有较好的精密度，简单易行，科学合理，适用于评价红花药材的质量。岳玉莲等（2014）研究了新疆红花黄色素的分离与提取、纯化与鉴定等工艺条件。以羟基红花黄色素A的提取率为考查指标，采用单因素实验法研究了溶剂的种类、用量、提取温度、提取时间与提取次数等因素对红花黄色素提取率的影响。采用硅胶柱层析法对红花色素进行纯化。HPLC和UV对单因素处理的分析结果表明，处理样品与10%乙醇提取液的料液比为1：50（m/v）、提取温度为60℃、提取次数为2次、提取时间为50min为最优提取工艺条件。获得的红花黄色素提取液经冷冻干燥后，以乙醇：丙酮：水＝3：2：1配比进行硅胶柱层析，分离获得了以羟基红花黄色素A为主的两种红花黄色素纯化产物。

（四）红花的应用

1. 食用

红花的干叶碾碎后，可用来凝固牛奶。新疆和田地区也有将红花籽晒干磨成粉与玉米面混合做成馕（一种烧饼）食用，这样可以增加食品的蛋白质含量。张教洪等（2008）介绍，红花可作为无公害有机食品，可作为叶菜类蔬菜食用。红花是无公害有机食品，可像叶菜类蔬菜样食用其幼嫩地上部分，可炒食或做汤类，口感相当好。还可以像绿豆芽那样，食用其胚茎，其风味像绿豆芽。

2. 药用

（1）药理作用　赵刚等（2004）介绍红花的药用价值，有抗凝血、镇痛、抗炎、降血脂、治心绞痛、治血栓、治皮肤病等作用。魏郁晖等（2011）综述新疆红花的药理作用，主要包括对心功能及血管的影响。有降低血压、降血脂、抗凝血和血栓、抗炎、镇痛和镇静等作用。林崇亭（2012）介绍，红花黄色素有治心绞痛、治急性心肌梗死、抑制血栓形成、治短暂性脑缺血、治糖尿病肾病等作用。张欢等（2012）重点介绍了红花色素的抗氧化活性。杨晓君等（2013）报道，通过试验，研究了红花黄色素与双亚酸的抗血栓作用。研究红花黄色素及双亚酸单用和二者不同比例合并使用的抗血栓作用。结果显示，红花黄色素、双亚酸及合并后低、中、高3个剂量组均具有抗血栓作用，且合并后的作用高于其单独作用。杨晓媛等（2015）综述，红花水溶性提取部分的主要活性成分是红花黄色素（SY），其含有很多有效成分，包括红花总黄酮、羟基红花黄色素A等，属查尔酮类化合物。近几年来国内外学者对红花黄色素药理作用进行了全面深入的研究，部分研究内容甚至已经达到了分子水平。综述内容包括红花黄色素对心血管系统、神经系统的药理作用，以及抗凝血、降血脂的功效和治疗糖尿病肾病、耐受缺氧能力和耐疲劳能力、抗炎等疗效。陈培栋等（2016）报道，通过他们的试验研究，证明红花注射液组具有较好的免疫作用、较强的降血压作用、较强的中枢镇静作用。但注射用红花黄色素仅有较强的降血压作用，降压效果更加明显。

（2）临床应用　①对心脏作用：红花提取物有改善心肌及脑组织微循环障碍，起到治疗冠心病及脑血栓栓塞的效果。②抗凝血作用：红花能使全血凝固时间、血浆（缺血小板）复钙时间显著延长，能使血清凝血酶原时间缩短与凝血酶时间延长，这表明红花对凝血过程的内在凝血毒原及凝血酶—纤维蛋白原反应具有十分显著的抑制作用。③镇痛作用：红花黄色素对小鼠有较强而持久的镇痛效应，对锐痛（热刺痛）及钝痛（化学性刺激）均有效；在临床试验中也得到一致效果。④抗炎作用：红花黄色素对甲醛性大鼠足肿胀、对组胺引起的大鼠皮肤毛细血管的通透量增加及对大鼠棉球肉芽肿形成均有明显的抑制作用。其抗炎的机理可能是通过降低毛细血管通透性，减少炎性渗出，抑制炎症过程病理变化的肉芽增生。⑤降血脂作用：红花种子脂肪油对小鼠实验性高血胆固醇症实验表明，红花油有降血脂和肝脂的作用，但是进食高脂饲料并同时给以多不饱和脂肪比单纯进食高脂饲料可以引起更高的血胆固醇水平。⑥治疗心绞痛：80%乙醇提取物制成的红花片（相当于生药 2.4g，约含红花苷 10mg），对冠心病心肌梗塞有一定疗效。⑦治疗血栓—栓塞性疾病：红花液静脉滴注治疗脑血栓—栓塞性疾病有一定疗效。红花用量加大到 30g 治疗血栓闭塞性脉管炎，效果满意，无不良反应。⑧治疗皮肤病和外伤消肿：红花注射液局部封闭治疗神经性皮炎有较好效果，肌肉注射治疗牛皮癣、红斑性狼疮、斑秃、瘀滞性皮炎、结节性痒疹、泛发性湿疹均有一定疗效，对瘀滞性皮炎疗效尤为明显。红花浸膏治疗 1~3 度褥疮病人也有较好效果。红花酊剂用于外伤性砸伤和扭伤所引起的皮下充血、肿胀有明显疗效，严重患者敷药后 3~5d 可使充血消失、肿胀渐消，轻者 2~3d 恢复，疗效超过次醋酸铅溶液。此外，对亚急性腱鞘炎也有效果。⑨治疗冠心病的作用：冠心 2 号方剂（由丹参、川芎、红花、赤芍和降香（2∶1∶1∶1∶1）组成），用于临床有扩张血管、增加冠脉血流量和降低血管阻力的作用，对冠心病人有抑制 ADP 诱导血小板聚集作用，并能改善病人的甲皱微循环作用。

虽然红花在医药上具有重要的医疗价值，但不可自行随意用药，需在医生指导下科学用药。

（李国顺、张艳红、王维新）

参考文献

艾尔肯·图尔荪，周忠波，等.2017.新疆红花及红花油化学成分的分离与鉴定［J］.塔里木大学学报（4）：1-6.

安维，王林，程宝，等.2006.不同播种时间对红花生物学特性及质量的影响［J］.中医药信息，23（1）：22-24.

曹伟丽，杨丰科.2013.红花籽油的环氧化工艺［J］.应用化学，30（6）：638-642.

陈培栋，房利勤.2016.红花注射液和注射用红花黄色素药理作用研究［J］.世界中医药，11（2）：308-310.

陈卫民，周国辉，王雪薇.1995.新疆红花白粉病的发生与为害［J］.植物保护，21（4）：

51-52.

丁宁 . 2013. 红花常规施肥与配方施肥对比试验 [J]. 农村科技（12）：25-26.

丁文浩 . 2007. 红花油的营养价值与保健作用 [J]. 农村科技（4）：51.

杜刚，杨建国，李文昌，等 . 2003. 模糊聚类在红花生态型分类上的应用初探 [J]. 中国粮油作物学报，25（3）：38-41.

范莉，赵海誉，濮润，等 . 2011. 红花的黄酮类化学成分研究 [J]. 中国药学杂志（5）：333-337.

范仲学，王志芬，闫树林，等 . 2004. 多用途经济植物红花及其高产栽培技术 [J]. 山东农业科学（1）：40-41.

方其仙，张慧，杨燕 . 2012. 不同种植方式对红花农艺性状及产量的影响 [J]. 现代农业科技（23）：65-65.

扶胜兰，张艳玲，张红瑞，等 . 2017. 播期对红花生长发育、产量及品质的影响 [J]. 河南农业科学，46（2）：91-95.

付宏岐，王录军，薛萍，等 . 2004. 红花主要病虫害发生特点及防治措施 [J]. 陕西农业科学，60（7）：123-125.

付文君，赵福，尼格买提，等 . 2001. 伊犁地区红花高产栽培技术 [J]. 新疆农业科技（5）：6.

富财生，范兴忠，魏野畴，等 . 2013. 红花不同播种期对生长发育和产量性状的影响 [J]. 农业科技通讯（2）：100-102.

盖玉红，王旺，金潇，等 . 2013. 大豆 24 kDa 油体蛋白基因与 aFGF 融合转化红花的研究 [J]. 中国中药杂志，38（12）：1 898-1 904.

高武军，刘方，高琳琳，等 . 2014. 20 个红花品种资源的 ISSR 分析 [J]. 河南师范大学学报（自然科学版）（2）：114-118.

葛娟，岳庆妮，王蕾，等 . 2009. 用 RAPD 和 ISSR 法研究新疆红花主栽品种的遗传多样性 [J]. 新疆农业科学，46（6）：1 164-1 170.

谷卫彬，黎大爵 . 2002. 世界红花种质的籽油脂肪酸组分评价 [J]. 植物资源与环境学报，11（1）：17-19.

关亮，杨晓君，侯拥锃，等 . 2013. 新疆红花油脚中卵磷脂的提取工艺研究 [J]. 新疆中医药，31（4）：62-64.

郭丽芬，徐宁生，张跃，等 . 2012. 云南红花种质资源主要农艺性状的遗传多样性分析 [J]. 植物遗传资源学报，13（2）：219-225.

郭丽芬，张跃，徐宁生，等 . 2015. 红花种质资源形态性状遗传多样性分析 [J]. 热带作物学报，36（1）：83-91.

郭美丽，姜伟，张志珍，等 . 2003. 红花种质的随机扩增多态性 DNA 分子鉴定 [J]. 第二军医大学学报，24（10）：1 116-1 119.

郭美丽，张芝玉，张汉明，等 . 1999. 采收期和加工方法对红花质量的影响 [J]. 第二军医大学学报，20（8）：535-537.

郭美丽，郑仙蓉，赵鸿图，等 . 1993. 地膜覆盖条件下红花生长发育规律及其与产量关系的研究 [J]. 中国中药杂志，18（10）：558-591.

韩宇，生艳菲，罗茜，等 . 2014. 药用红花幼苗对盐胁迫的生理响应机制 [J]. 生态学杂志，33（7）：1 833-1 838.

韩宇昕，边连全，陈静，等 . 2015. 红花籽油的提取方法、化学成分及生物学功能的研究进展 [J]. 黑龙江畜牧兽医（21）：61-63.

何翠薇，李耀华，谭骞 .2008. 正红花油化学成分气相—质谱分析 [J]. 中国医院药学杂志，28
　　（11）：896-898.

洪奎，谢雪，王雪晶，等 .2014. 红花中含氮类化学成分研究 [J]. 中草药，45（21）：3 071-
　　3 073.

胡滨，陈一资，王雪铭，等 .2016. 红花籽油的抗氧化功能研究 [J]. 中国粮油学报，31（6）：
　　86-92.

胡学礼，胡尊红，杨瑾，等 .2017. 花油两用红花新品种"云红花五号"和"云红花六号"的选
　　育研究 [J]. 中国农学通报，33（17）：58-65.

扈晓佳，段莎，袁婷婷，等 .2013. 红花的化学成分及其药理活性研究进展 [J]. 药学实践杂志，
　　31（3）：161-168.

姬正玲，柳文彦 .2012. 红花高产栽培技术措施 [J]. 新疆农垦科技（5）：10-11.

贾东海，李国顺，赵卫芳，等 .2016. 新疆地区不同红花品种经济性状及生育特性比较研究 [J].
　　新疆农业科学，53（1）：91-98.

贾宏涛，谭勇，孙霞，等 .2010. 施肥对红花生长和产量的影响 [J]. 新疆农业大学学报，33
　　（5）：394-397.

江磊，李刚，岳帅，等 .2013.11 个红花品种遗传多样性与亲缘关系的 SRAP 分析 [J]. 中国油料
　　作物学报，35（5）：546-550.

姜黎 .2017. 红花籽油的功效及应用前景分析 [J]. 农产品加工（下半月）（6）：56-57，60.

蒋静，张霞，马晓丽，等 .2014. 施肥对新疆红花莲座期生长及 N、P 化学计量的影响 [J]. 石河
　　子大学学报（自然科学版），32（3）：272-278.

瞿城，乐世俊，林航，等 .2015. 红花化学成分研究 [J]. 中草药，46（13）：1 872-1 877.

康东健，谭勇，罗美，等 .2016. 不同生育期新疆红花品质分析研究 [J]. 时珍国医国药（9）：
　　2 253-2 255.

康东健，谭勇，阚萌萌，等 .2017. 不同海拔梯度新疆红花品质分析研究 [J]. 中药材，40（1）：
　　127-130.

雷道传 .1983. 红花品种"AC-1 红花"[J]. 中国油料作物学报（2）：68.

雷道传 .1983. 引种"AC-1 红花"的经济效益 [J]. 农业技术经济（5）：34.

黎大爵，韩孕周，王利平 .1995. 日照长度和温度对红花生长发育的影响 [J]. 植物资源与环境
　　（4）：22-27.

李宝军，刘志强 .2014. 红花药理分析及临床应用研究 [J]. 亚太传统医药，10（15）：44-45.

李本华，张时芳，邓伟，等 .2017. 贵州西南地区红花种植技术 [J]. 农技服务，34（15）：41.

李彩云，康健 .2016. 红花籽油的研究进展 [J]. 食品工业，37（6）：218-221.

李丹丹，王庆，胡博，等 .2018. 低温对红花脂肪酸组成和脂肪酸脱氢酶基因表达的影响 [J].
　　分子植物育种，16（16）：5 223-5 231.

李杜娟，彭云承，邝黎，等 .2017. 中药材红花虫害及绿色防控措施 [J]. 农村经济与科技，28
　　（10）：55-56.

李攻科，杜甫佑，肖小华 .2007. 微波辅助萃取技术在中药现代化中的应用 [J]. 精细化工，24
　　（12）：1 184-1 191.

李洪兵，刘显翠 .2012. 中药材红花高产种植技术 [J]. 中国民族民间医药，21（11）：31-33.

李隆云，张艳，廖光平，等 .1995. 药用红花生长发育规律的研究 [J]. 作物学报，21（6）：
　　740-745.

李倩，赵丽，马媛，等 .2016. 水酶法提取红花籽油工艺的研究 [J]. 食品与发酵科技，52（1）：

52-59.

李强.2010. 红花高产优质种植技术 [J]. 农村百事通 (16)：33-34.

李勤忠，游成勇.2010. 霍城县麦田复播红花栽培初探 [J]. 新疆农业科学 (6)：22-23.

李荣.2003. 新疆红色产业发展现状与产品开发前景 [J]. 华夏星火 (4)：26-29.

李士焱，玛丽娅，袁海丽，等.2001. 红花锈病和根腐病的防治技术 [J]. 新疆农业科技 (6)：21-21.

李威，谭勇，陈文，等.2013. 温度对不同品种红花种子萌发的影响 [J]. 安徽农业科学，41 (10)：4 299-4 301.

李威，张曦，谭勇，等.2013. 干旱胁迫对 3 个品种红花种子萌发的影响 [J]. 中国农学通报，29 (34)：207-211.

李杨，冯红霞，王欢，等.2014. 超声波辅助水酶法提取红花籽油的工艺研究 [J]. 中国粮油学报，29 (7)：63-67.

李雨沁.2016. 阿克苏地区红花栽培技术 [J]. 农村科技 (5)：67-68.

梁慧珍，董薇，余永亮，等.2015. 国内外红花种质资源研究进展 [J]. 安徽农业科学，43 (16)：71-74.

林崇亭.2012. 红花黄色素的临床应用 [J]. 中华保健医学杂志，14 (4)：332-333.

林寒，李刚，刘虹，等.2018. 中国红花种质资源的种类与分布 [J]. 生物资源，40 (4)：314-320.

刘斌，张沾.2016. 新疆红花总黄酮含量的测定 [J]. 海峡药学，28 (6)：60-62.

刘超，王林，赵小磊，等.2006. 不同种植密度对红花产量和品质的影响 [J]. 河南中医学院学报，21 (4)：17-18.

刘丹，李然红，陈鑫.2018. Na_2CO_3、$NaHCO_3$ 混合胁迫对红花幼苗生长的影响 [J]. 农业灾害研究，8 (3)：54-55.

刘福中.2017. 金塔县红花全膜覆盖种植栽培技术 [J]. 农业科技通讯 (7)：242-243.

刘华锋.2014. 正红花油质量研究进展 [J]. 药学研究，33 (2)：108-109.

刘仁建，吴卫，郑有良，等.2006. 48 份红花材料种子含油率及其籽油脂肪酸分析 [J]. 西南农业学报，19 (5)：920-927.

刘雅新，刘珊珊，谭勇，等.2014. 新疆不同产地红花质量评价 [J]. 中成药，36 (1)：144.

逯晓萍，吕学理，张众，等.2004. 油用红花数量性状的多元遗传分析 [J]. 中国油料作物学报 (2)：40-43.

吕顺，张凡庆，孟广龙，等.2004. 红花油及在食品中的应用 [J]. 食品研究与开发，25 (4)：74-75.

马新博，宫汝飞.2014. 红花多糖提取工艺及抑癌药理作用研究进展 [J]. 重庆医学 (3)：364-366.

麦布拉·满索尔，贾晓光.1996. 新疆"红花"的历史渊源及作用 [J]. 中药材，19 (11)：580-582.

钱学射，黄奇碧.1986. 红花种子的研究与利用 [J]. 中国野生植物 (4)：8-12.

任超翔，吴沂芸，唐小慧，等.2017. 红花的起源与产地变迁 [J]. 中国中药杂志，42 (11)：2 219-2 222.

任水莲，王健，王晓梅，等.2005. 新疆红花生育气候条件分析与适生种植气候区划 [J]. 中国农业气象，26 (2)：119-122.

沙涛，高武军，邓传良，等.2011. 基因组 DNA 标记在红花种质遗传多样性研究中的应用 [J].

湖北农业科学，50（1）：95-98.

沈飞，夏明．2010. 红花籽粕的综合利用［J］. 今日科苑（16）：171.

沈飞．2001. 新疆红色产业的资源条件和基地建设分析［J］. 新疆财经（4）：9-12.

宋魁，谭勇，龚昌禄，等．2008. 种植密度和灌溉次数对红花生长发育和产量的影响［J］. 中国农村小康科技（7）：60-62.

宋魁，谭勇，龚昌禄，等．2009. 红花高产栽培技术［J］. 中国林副特产（3）：59-61.

孙丽萍，伊作林，金晓露，等．2017. 新疆红花蜜成分分析［J］. 食品工业科技，38（21）：281-285.

唐小慧，任超翔，陈江，等．2017. 利用 SSR 分子标记分析我国红花主要栽培品种遗传多样性［J］. 中药材，40（12）：2 800-2 804.

田兰，吴桂荣，王岩．2007. 新疆塔城地区额敏县红花的品质研究［J］. 中国药业（1）：5-7.

田梅，曹慧雅，张明烁，等．2019. 红花在萌发期和幼苗期对盐胁迫的响应［J］. 中国农业科技导报，21（5）：49-54.

王贺亚，李怀胜，宋志鹏，等．2018. 额敏垦区红花品种比较试验［J］. 新疆农垦科技（3）：10-12.

王建勋，庞新安，胡云喜．2006. 阿拉尔垦区红花栽培气候生态条件分析［J］. 干旱地区农业研究，24（3）：42-44.

王建勋．2006. 新疆红花及其主要品种简介［J］. 特种经济动植物，9（2）：25-26.

王力军，严兴初．2012. 新疆红花随体染色体及 25SrDNA 位点分析［J］. 中国油料作物学报，34（3）：245-248.

王丽．2010. 裕民县河灌区红花膜下滴灌栽培技术［J］. 新疆农业科技（1）：28.

王丽．2016. 相同密度下不同种植模式对红花产量和生育性状的影响［J］. 农村科技（3）：59-60.

王明珍，刘谦光．1992. 气相色谱法测定红花油有效成分［J］. 陕西师大学报（自然科学版）（2）：89-90.

王少平，李宏广．2014. 盐胁迫对红花种子发芽率的影响［J］. 特产研究，36（2）：36-39.

王秀珍，周相军，王丽．2010. 不同种植密度对红花产量及农艺性状的影响［J］. 新疆农业科学，47（8）：1 557-1 560.

王秀珍．2010. 红花膜下滴灌与常规栽培对比试验［J］. 农村科技（6）：83-84.

王玉芳，贺化祥，张明生，等．2009. 光照、温度和盐胁迫对红花大金元种子萌发的影响［J］. 种子，28（12）：19-22.

王兆木．2001. 红花［M］. 北京：中国中医药出版社．

魏波，侯凯，王庆，等．2018. 干旱胁迫对不同类型红花品种（系）苗期生理生化特性的影响［J］. 中国油料作物学报，40（3）：391-398.

魏波，李丹丹，侯凯，等．2018. PEG 模拟干旱条件下红花种子萌发特性的比较研究［J］. 植物生理学报，54（6）：1 137-1 143.

魏娜，吕凯波．2018. 红花籽粕氨基酸态氮酶法水解工艺优化［J］. 食品研究与开发（4）：118-122.

魏郁晖，张雪雁．2011. 新疆红花的药理作用及临床应用［J］. 海峡药学，23（12）：181-182.

巫双全．2014. 第六师红旗农场红花高产栽培技术［J］. 新疆农垦科技（4）：20-21.

吴高明，何振杰．2011. 旱作红花地膜覆盖栽培对比试验［J］. 农村科技（4）：59-60.

吴桂荣，贾新岳．1995. 红花油的保健应用开发与新疆红花资源［J］. 预防医学论坛（2）：

299-300.

吴桂荣, 毛新民, 王岩, 等. 2003. 红花油乳剂的降血脂作用研究 [J]. 中国新药杂志, 12 (2): 110-111.

武继礼, 武垠杉. 2013. 新疆红花及红花籽油产业化研究 [J]. 中国粮食经济 (12): 48-50.

席鹏洲, 张燕, 马存德, 等. 2014. 红花产地加工技术研究 [J]. 现代中药研究与实践 (4): 3-6.

肖艳华, 崔猛, 李艳艳. 2014. 红花的化学成分 [J]. 武汉工程大学学报, 36 (3): 15-17.

邢晓轲, 黄裴. 2015. 紫外线分光光度法测定新疆红花中总黄酮含量 [J]. 长沙航空职业技术学院学报, 15 (3): 56-59.

徐红霞, 吴沂芸, 裴瑾, 等. 2018. 红花黄酮类成分与其色度值相关性研究 [J]. 中药材, 41 (1): 49-53.

许翠, 袁天平. 2015. 精制红花油工艺探讨 [J]. 化工管理 (8): 192.

许兰杰, 梁慧珍, 余永亮, 等. 2018. 红花羟基黄色素 A 含量与花色相关性及其品种间的差异评价 [J]. 中国农学通报, 34 (1): 41-45.

闫志顺, 王瑞清, 徐崇志, 等. 2002. 地膜红花生育规律及产量构成的研究 [J]. 中国油料作物学报, 24 (3): 41-43.

颜辉, 边旭云. 2008. 超声辅助提取红花总黄酮的研究 [J]. 安徽农业科学, 36 (31): 13 675-13 676.

杨芳永. 2006. 红花平衡施肥技术 [J]. 新疆农业科技 (1): 14-15.

杨建军, 崔岩. 2013. 中国传统红花染料与红花染工艺研究——以丝绸之路上的红花传播为例 [J]. 服饰导刊 (3): 16-20.

杨晶, 韩高强, 刘忠良, 等. 2015. 红花油体提取条件优化及稳定性研究 [J]. 生物技术通报, 31 (3): 185-190.

杨晶, 邵明龙, 李天航, 等. 2009. 新疆红花组织培养与快速繁殖的研究 [J]. 安徽农业科学, 37 (8): 3 439-3 440.

杨丽英. 1994. 红花各生育阶段管理要点 [J]. 云南农业科技 (6): 24.

杨晓君, 郭雪婷, 王颖, 等. 2012. 复合红花油制剂降血脂作用初探 [J]. 新疆农业科学, 49 (5): 868-872.

杨晓君, 穆合塔尔, 包晓玮, 等. 2013. 红花黄色素与双亚酸的抗血栓作用 [J]. 食品科学, 34 (3): 264-266.

杨晓媛, 任玉芳. 2015. 红花黄色素药理作用研究进展 [J]. 热带医学杂志, 15 (3): 421-424.

姚艳丽, 王健, 傅玮, 等. 2002. 红花种植气候适应性初探 [J]. 新疆气象, 25 (5): 21-23.

叶远惠. 1984. 红花品种 14-5 [J]. 中国油料作物学报 (4): 78-79.

衣春杰. 2015. 浅析红花的化学成分及药理作用 [J]. 世界最新医学信息文摘, 15 (72): 254.

易善勇, 官丽莉, 杨晶, 等. 2015. 红花药理作用及其开发与应用研究进展 [J]. 北方园艺 (5): 191-195.

于勤明. 2012. 转 bFGF 和 H+-ATPase 耐盐碱红花生物反应器的研究 [D]. 长春: 吉林农业大学.

于生兰. 2008. 天然药物化学实用技术 [M]. 北京: 中国农业大学出版社.

袁国弼, 韩孕周, 黎大爵, 等. 1989. 红花种质资源及其开发利用 [M]. 北京: 科学出版社.

岳庆妮, 葛娟, 王蕾, 等. 2008. 新疆红花主要栽培品种遗传多样性的 RAPD 分析 [J]. 安徽农业科学, 36 (33): 4 417-4 419.

岳玉莲, 李元, 齐小辉, 等. 2012. 新疆红花黄色素的分离提取与纯化的研究 [J]. 食品工业科技，33（4）：343-345.

张丙云，何蕾，郭涛，等.2016. 红花化学成分的分离与鉴定［J］. 中国药物化学杂志（5）：409-412.

张红瑞，何立威，李青莲，等.2016. 播期对红花幼苗低温阶段生长的影响［J］. 现代中药研究与实践，30（6）：1-4.

张欢，张立伟.2012. 红花黄色素抗氧化活性研究［J］. 化学研究与应用，24（5）：715-721.

张纪宁.2009. 分光光度法测定新疆红花中总黄酮含量［J］. 长春师范学院学报（自然科学版），28（2）：47-50.

张教洪，孙洪春，朱彦威，等.2008. 中草药红花的综合利用及研究进展［J］. 山东农业科学（5）：56-58.

张磊，黄培培，开国银，等.2006. 中国红花遗传多样性的 AFLP 分子标记，药学学报，41（1）：91-96.

张莉.2003. 天然红花黄色素的提取及稳定性研究［J］. 食品研究与开发，24（4）：46.

张欣旸，晋小军，唐文文，等.2013. 干旱灌区次生盐渍化土壤红花配方施肥研究［J］. 草业学报，22（5）：205-211.

张元，冯琼，杨小方，等.2016. 黄腐酸对盐胁迫下红花种子萌发及幼苗生理特性的影响［J］. 腐殖酸，44（2）：24-27.

赵爱民.2013. 浅析农田杂草的为害及其分类［J］. 农业与技术，33（7）：140.

赵丰.1987. 红花在古代中国的传播、栽培和使用［J］. 中国农史（3）：61.

赵刚，王安虎.2004. 红花的资源及药用价值［J］. 中国野生植物资源，23（3）：24-25.

赵欢，吴卫，郑有良，等.2007. 应用 RAMP 分子标记研究红花资源遗传多样性［J］. 植遗传资源学报，8（1）：64-71.

赵卫芳，李泽会，王维新.2008. 红花栽培技术［J］. 新疆农业科技（4）：57.

赵文斌，王航宇，刘金荣，等.2002. 红花籽油混合脂肪酸制备及多不饱和脂肪酸富集［J］. 粮食与油脂（3）：4-5.

赵雅霞.2014. 关于新疆红花籽油理化性质及脂肪酸成分分析的研究［J］. 农产品加工（学刊）（2）：77-78.

周铁梅，翟晓茹，刘永江.2013. 新疆裕民华卫红花 GAP 基地红花采收时间的研究［J］. 安徽农业科学，41（10）：4 316-4 317，4 333.

周婷婷，王沥浩，王文慧.2013. 转入表皮生长因子基因红花研究［J］. 西北农林科技大学学报：自然科学版，41（12）：162-166.

周相军，周广顺.2002. 红花的开发结果习性［J］. 新疆农业科技（2）：18.

朱莉红.2016. 红花药理分析及临床应用分析［J］. 中国现代药用应用，10（16）：286-287.

Amiri R M, Azdi S B, Ghanadha M R, et al. 2001. Detection of DNA polymorphism in landrace populations of safflower in Iran using RAPD-PCR technique. Iranian Journal of Agricultural Sciences, 32（4）：737-745.

Baydrh, Gokmen O Y. 2003. Hybrid seed production in safflower（*Carthamus tinctorius L.*）following the induction of male sterility by gibberellic acid［J］. Plant Breeding, 122：459-461.

Dekoar, Patil F B. 1980. Combining ability analysis in a diallel cross of safflower［J］. Maharashtra Agric, 5：214-216.

Duan W S, Wang W P, Qi F L, et al. 1987. The maximum moisture absorption of some oil crop seeds, Oil Crops of China（1）：52-54.

Fernandez Martinez J, Dominguez Gimenez J. 1986. Release of five new safflower varieties [J]. Sesame Safflower Newsl, 2: 89-90.

Gadekar D A, Jambhale N D. 2003. Inheritance of yield and yield components in safflower (Carthamus tinctorius L.) [J]. Oilseeds Res, 20: 63-65.

Ghorpade P B, Wandhare M R. 2001. Application of simplified triple test cross and combining ability analysis to determine the gene action in safflower [C] //Proceedings of the 5th international safflower conference. Williston, North Dakota and Sidney, Montana.

Hayashi H, Hanada K. 1985. Effects of soil water deficit on seed yiele and yield components of safflower (Carthamus tinctorius L.), Japanese Journal of Crop Science, Vol. 54 (4): 346-352.

Hegde D M, Singh V, Nimbkar N. 2002. [C] //Genetic improvement of field crops. Jodhpur, India: Scientific Publishers.

Hill A B. 1996. Hybrid safflower development [C] //MUNDEL H H, BRAUN J, DANIELS C. Proceedings in North American safflower conference, Great Falls, Montana, USA. Lethbridge, AB, Canada, 17-18.

KNOWLES P F. Registration of 'UC-1' safflower [J]. Crop Sci, 1968, 8: 641.

Leonard J E, Orrin F F. 1969, Growth, yield and yield components of safflower as affected by irrigation regimes, Agronomy Journal, 61: 111-113.

Li D, Mundel H H. 1996. Safflower, Carthamus tinctorius L. promoting the conservation and use of underutilized and neglected crops [C] //7. IPGCPR, Gatersleben/IPCRI. Rome Italy, 119-132.

Makne V G, Choudhari V P. 1980. Combining ability in safflower (Carthamus tinctorius L.) [J]. Maharashtra Agric, 5: 128-130.

Makne V G, Patil V D, Choudhari V P. 1979. Genetic variability and character association in safflower [J]. Indian J Agric Sci, 49: 766-768.

Mandal A B. 1990. Variability, correlation and path coefficient analysis of safflower (Carthamus tinctorius L.) [J]. Phytobreedon, 6: 9-18.

Mundel H H, Blackshawr E, Byers J R, et al. 2004. Safflower production on the Canadian prairies: Revisited in 2004 [M]. Lethbridge, Alberta: Agriculture and Agri-Food Canada, Lethbridge Research Centre.

Narkhede B N, Patil a M, Deokar A B. 1992. Gene action of some characters in safflower [J]. Maharashtra Agric, 17: 4-6.

Patil P S, Patil A M, Deokar A B. 1992. Line X tester analysis for combining ability in safflower [J]. Maharashtra Agric, 17: 64-66.

Prakash K S, Prakash B G. 1993. Yield structure analysis of oil yield in safflower (Carethamus tinctorius L.) [J]. Oleagineux, 48: 83-89.

Prasad B R, Khadeer M A, Seeta P, et al. 1991. In vitro induction of androgenic haploids in safflower (Carthamus tinctorius L.) [J]. Plant Cell Rep, 10: 48-51.

Ramachandram M, Goud J V. 1982. Gene action for seed yield and its components in safflower [J]. Indian J Agric Sci, 42: 213-220.

Ramachandram M, Goud J V. 1981. Genetic analysis of seed yield, oil content and their components in safflower (Carthamus tinctorius L.) [J]. Theor Appl Genet, 60: 191-195.

Ranga R V. 1983. Combining ability for yield, percent oil and related components in safflower [J]. Indian J Genet, 43: 68-75.

Ranga R V. 1982. Heterosis for agronomic characters in safflower [J]. Indian J Genet, 42: 364-371.

Rohini V K, Sankara R K. 2000. Embryo transformation, a practical approach for realizing transgenic plants of safflower (*Carthamus tinctorius L.*) [J]. Ann Bot, 86: 1 043-1 049.

Rubis D D. 1981. Development of a root rot resistance in safflower by introgressive hybridization and thin-hull facilitated recurrent selection [C] //KNOWLES P F. Proceedings First International Safflower Conference. Univ. of California.

Singh V, Deshpande M B, Nimbkar N. 2003. The first nonspiny hybrid safflower released in India [J]. Sesame Safflower Newsl, 18: 77-79.

Singh V, Nimbkar N. 2007. Safflower (*Carthamus tinctorius L.*) [M] //Genetic Resources, Chromosome Engineering and Crop Improvement. CRC Press.

Singh V. 2004. Annual report of ad hoc project on "Biometrical investigations of flower yield and its components and their maximization in safflower" [R]. New Delhi: Submitted to ICAR.

Thomas C A. 1964. Registration of 'US10' safflower [J]. Crop Sci, 4: 446-447.

Urie A L, Peterson W F, Knowles P F. 1979. Registration of "Oleic Leed" safflower [J]. Crop Sci, 19: 747.

Weiss E A. 1983. Castor, Sesame and safflower [M]. New York: Published in the United States of America by Longman Inc.

第二章　向日葵

第一节　新疆向日葵生产布局和生产形势

一、向日葵起源和在中国的传播

向日葵已成为世界第二大油料作物，1982 年已是中国的第五大油料作物，栽培面积仅次于大豆、油菜、花生和芝麻。由于向日葵在中国是一个新兴的油料作物，并且适合发展向日葵的土地面积潜力很大，因此，研究和介绍向日葵这门作物科学，越发显得必要。

向日葵为菊科（Compositae）向日葵属（*Helianthus*），学名：*Helianthus annuus* L.，英名：Sunflower。向日葵原产美洲，1510 年由西班牙人把驯化种从北美洲带到欧洲，约在明朝传入中国。

向日葵属的各种野生向日葵主要分布在 N30°~52°北美洲南部和西部的广大地区，以及秘鲁和墨西哥北部等地。这里野生向日葵群落成片，可长达数千米。在凯恩吐基考古地带曾发现过向日葵碎片。因此，植物学家和考古学家认为，北美洲的南部和西部以及秘鲁和墨西哥北部地区是向日葵的原产地。这里又成为当今向日葵种质资源的宝库。

前苏联资料也见到有关野生向日葵的报道。1768—1769 年，俄国彼得欣院士在俄罗斯旅行的时候，于奥连堡草原发现了野生向日葵，后来在他的札记中建议为获得油脂而栽培向日葵，并利用茎秆作燃料。1786 年，帕拉斯院士在其《俄国各地旅行记》一书中也指出：在奥连堡省有野生状态的向日葵。在墨西哥，向日葵是在 16 世纪开始栽培的。1493 年，在美洲被发现之后，向日葵迅速传遍全欧洲。1510 年西班牙探险队队员，将向日葵瘦果从秘鲁和墨西哥带到欧洲，并播种在西班牙马德里植物园中。而后，法国人和英国人也先后将向日葵种子带入欧洲。这样，向日葵很快就在欧洲传播开来。当时向日葵是作为花卉和药用植物进行栽培。由于人们广泛种植，向日葵瘦果的用途逐渐被发掘出来，作为养鸟的饲料和制造咖啡的代用品，在俄国南部地区也用作代替胡桃的美味食品。18 世纪末叶，向日葵品种俄罗斯毛象和俄罗斯巨人被引入美国。据推测，现在美国栽培的向日葵大多数品种是来自欧洲。1765 年俄国成立的自由经济协会，曾把向日葵当作油料作物大力宣传。1829 年，俄国沃龙涅什省比留禅斯克县阿列克谢耶夫卡村的农民德·伊·博卡烈夫，摸索出了用向日葵种子榨油的方法，这标志着俄国向日葵榨油工业的开始。后来，效法博卡烈夫种向日葵，很快扩大到乌克兰和萨拉托夫省。19 世纪中叶向日葵进入大田栽培，从此成为人类栽培的油料作物。后来，随着牛奶畜牧业的集约化，向日葵开始用于青贮。

现在栽培的向日葵离自己的野生祖先很远。向日葵进化过程的决定因素是在自然和人工栽培条件下形成的。

向日葵的进化导致栽培性状的变异：分枝性和落粒性消失，花盘增大，生育期缩短，果皮坚实而薄，籽实含油率提高，在多数情况下油的脂肪酸成分改变，然而同时却在一定程度上丧失了对某些不利因素的抗性，如干旱、病害等。

20 世纪 60 年代以后，向日葵在世界各地得到了迅速的发展。1974 年油脂产量仅次于大豆，居世界第二位。70 年代中期已有 40 多个国家种植向日葵。苏联一直保持着向日葵栽培面积和总产量的世界第一位。

向日葵在 16 世纪末或 17 世纪初传入中国，至今有 400 多年的历史。早在 1621 年就有文字记载，明朝王象晋著《群芳谱》中称向日葵为"丈菊""西番菊"和"迎阳花"。1688 年清朝陈扶摇著《秘传花镜》中出现向日葵之名，并描述向日葵为"茎丈余，秆坚粗如竹，叶类麻，多直生，无有旁枝，只生一花，大如盘盂，单瓣色黄，心背作窠，如蜂房状"。此后，如《长物志》《植物名实图考》《盐碱物产志》中都有描述。

中国的向日葵最早是从南洋传入，分布在中部、南部；其次，在 1904 年的黑龙江依安县志中记载，沙俄侵略中国东北修筑铁路时带入食用向日葵，从此铁路沿线的农民开始种植。第三条传入路线，是在 20 世纪 20 年代从苏联传入中国新疆。1974 年，中国从国外引入向日葵不孕系、保持系材料和油用型种子进行试种，由此开始了向日葵三系育种和杂交种选育工作。

随着科学的发展，向日葵的用途和优点日益被人类所认识，其丰富的营养成分与人类的生活十分密切。因此，近年来世界各国都在迅速发展向日葵生产，以满足人们日益增长的物质生活的需要。中国向日葵生产中食用向日葵占主要地位，食葵与油葵的面积比大约为 7:3。中国有少量的向日葵籽出口，呈稳步发展的趋势。从 2005 年开始稳定在 11.0 万 t 以上，总值 1.07 亿美元，2011 年中国出口向日葵籽 14.59 万 t，总值 2.01 亿美元。近年来中国开始进口向日葵油，2014 年进口 14.47 万 t，总值 1.39 亿美元。

二、新疆向日葵生产布局和生产形势

(一) 生产布局

1. 向日葵在全国范围的分布

中国是种植向日葵较晚的国家，也是发展较快的国家。1981 年向日葵栽培面积居世界第四位。目前已有 18 个省（区、市）种植向日葵，主要分布在东北、华北、西北的半干旱、轻盐碱地区。2011 年，播种面积 94.02 万 hm^2，总产量为 231.28 万 t，单产 2459.70kg/hm^2。2011 年向日葵种植面积稍有减少，但总产量和单产水平都较 2010 年有所提高。

中国向日葵生产主要集中在东北三省，山西、陕西、河北、内蒙古自治区（全书简称内蒙古）以及新疆、宁夏回族自治区（全书简称宁夏）、甘肃等西北地区。内蒙古是中国最大的向日葵主产区，2011 年种植面积 41.20 万 hm^2，总产量 102.97 万 t，占全国总产量的44.52%。其次是新疆占全国总产量的20%。内蒙古巴彦淖尔市是向日葵产量最大的地区，产量在39.54万t，占全国总产量的17.10%。向日葵主要分布在中国的半干旱、轻盐碱地区，由于各地无霜期长短不同，决定向日葵分为一季栽培和二季夏播复种两种地区。

（1）一季栽培地区 新疆、内蒙古、黑龙江、吉林和辽宁的阜新、朝阳地区，河北的承德、张家口地区，山西的太原以北地区。这些地区一般无霜期短，适合种植生育期较短食用葵或早熟油用葵，还可以晚播躲盐、救灾。

（2）二季夏播复种地区 辽宁沈阳以南和锦州地区，河北、山西的中南部，天津、河南、江苏、湖北、湖南、贵州等无霜期长的地区。在小麦收获之后种植生育期短的油用向日葵，进行二季复种栽培。

中国地域广阔，半干旱轻盐碱土地分布面大，有3亿余亩，这里灾害重、土质薄、产量低、收入少。一般粮食作物亩产量只有100kg左右，油料作物产量更少。种植向日葵后，保苗、耐旱、耐盐能力比其他作物强，并能获得50~100kg的葵花籽产量，收入可超过粮谷作物3~4倍；还可促进当地养殖业的迅速发展。因而，向日葵成了这些地区致富的重要途径，又是改造轻盐碱土的先锋作物。据此，中国的半干旱区和轻盐碱地区，种植向日葵有很大潜力。

2. 向日葵在新疆生产布局

新疆发展种植油葵是从20世纪70年代中期。在此之前新疆是一个严重缺油省区，自从大量发展种植油葵后，食油不仅自给有余还有外调。油葵是新疆主要作物之一，新疆已成为中国除内蒙古之后最大的油葵产区。新疆油葵种植面积占全国油葵面积的18%，总产达22万t/年，占全国总产的18%以上。2002年国家正式把新疆列为国家油葵重点发展区域。新疆油葵种植面积大多稳定在180万~220万亩（2000年最高达245万亩），从1995年起就超过油菜的种植面积，至今一直是自治区最大的油料作物，也是自治区的主要大田作物，占全自治区种植业面积的2.5%以上，占油料作物的57%。从自治区2016年统计年鉴，2015年自治区油料播种面积327.5万亩，向日葵播种面积220.5万亩，油菜播种面积73.8万亩，胡麻播种面积33.2万亩。自治区油料总产32.82万t，其中油葵16.17万t，油菜9.73万t，胡麻2.52万t。

1999年以来，新疆全区自产油料产量和人均占有食用油的数量一直呈下降趋势。以2007年的数据计算，自产人均食用油占有量仅为8.0kg，而全国平均为12.0kg。油葵无论从在单产、总产、播种面积上都是新疆第一大油料作物。在自治区油料作物生产中占有不可替代的作用。

现阶段新疆种植的向日葵分两类，即油葵和食葵两种。新疆油葵无论从单产、总产、播种面积上都是新疆第一大油料作物，在新疆油料作物生产中占有不可替代的作用。从1999年新疆就成为中国最大的油葵产区，一直保持至今。新疆油葵种植面积占全国油葵面积的56%，油葵种植面积大多稳定在80万~120万亩（2000年最高，达245万亩），2002年农业农村部正式把新疆列为国家油葵适宜发展区域。近年来由于食葵杂交种的推广运用，食葵的种植面积迅速增加，每年平均在120万~150万亩。新疆每年向日葵种植面积都稳定在220万亩以上。

新疆种植向日葵的历史很早，在和田的古墓中出土了 200~300 年前的向日葵（食葵）种子。新疆各族人民尤其是维吾尔族人民由于冬季漫长新鲜蔬菜少，都有喜食用干果的习惯，他们通常在田边地头种植一些向日葵，休闲时自己食用，也有少量交易，但一直没有形成大的商品和市场。至 2009 年以前新疆每年食葵种植一直徘徊在 20 万亩以内，品种以三道眉和新疆白葵花为主。近两年来由于中国食葵需求的大幅增加和杂交种的引入，使得新疆食葵生产发展非常迅速，再加上新疆食葵收获早、籽粒饱满、外观颜色鲜艳，虫害少，价格的不断上涨，收购价达到 8~14 元/kg，平均亩产多在 250~350kg，每亩地产值达到 3 000 多元，效益显著高于棉花、番茄和玉米。全疆从前几年的十几万亩发展到目前的 150 余万亩，2013 年仅奇台县和福海县就达到 80 余万亩。当前，中国主要的炒货商"洽洽""正林""大好大"都在新疆纷纷建收购站和分厂，因此从这些年食葵生产发展来看，新疆将是今后中国食葵生产的最适宜区域和重要的生产基地。

新疆的向日葵主要集中于北疆非植棉地区，以阿勒泰地区、伊犁地区、昌吉州为最多，其次为塔城地区和巴州的焉耆盆地、博尔塔拉洲温泉县也比较集中，这些地方比棉花产区略凉一些，但与内地油葵产区相比，气候干燥，光热资源充足，水土条件优越，属灌溉农业，特别是这些地区在向日葵开花期到成熟期间干旱少雨，日照充足，气温又不是太炎热，非常有利于向日葵的开花授粉和结实灌浆，病虫害相对很少，再加上向日葵抗干旱、耐盐碱、耐瘠薄，所产的向日葵千粒重大，含油率高，品质优良，机械化程度高，种植成本低。一般的同一品种在新疆种植含油率要比内地高 2%~5%。向日葵是新疆非植棉地区的重要农作物和主要经济作物。新疆油葵生产主要集中于以下几个区域。

（1）伊犁地区　位于伊犁地区山川谷地，是新疆最大的油葵主产区。该地区气候干燥，光热资源充足，水土条件优越，属灌溉农业。2007 年油葵种植面积为 40 万亩，单产约为 180kg/亩。春播种植的品种主要为西亚矮大头 HZ001、S606、KWS303。复播油葵品种为新葵杂 5 号。2017 年以来种植食葵约 12 万亩。

（2）塔额盆地及周边团场　位于新疆北疆，气候较为干旱。2007 年油葵种植面积为 30 万亩，占该市总耕地面积的 40%，单产约为 147kg/亩。种植的品种主要为西亚矮大头 HZ001、S606、KWS303。2017 年以来种植食葵约 10 万亩。

（3）阿勒泰地区农十师团场　位于新疆北疆，准葛尔盆地北部，气候较为干旱凉爽。2007 年油葵种植面积为 30 万亩，单产约为 150kg/亩。种植的品种主要为西亚矮大头 HZ001、S606、KWS303、新葵杂 5 号。2017 年以来种植食葵约 120 万亩。

（4）昌吉东三县、乌鲁木齐米东区及周边团场　位于准葛尔盆地东部，气候较为干旱。2007 年油葵种植面积为 15 万亩，单产约为 220kg/亩。种植的品种主要为西亚矮大头 HZ001、KWS303、新葵杂 5 号。2017 年以来种植食葵约 30 万亩。

（5）博州温泉县及周边团场　位于准葛尔盆地东部，气候较为干旱凉爽。2007 年油葵种植面积为 10 万亩，种植的品种主要为西亚矮大头 HZ001、S606、KWS303。2017 年以来种植食葵约 60 万亩。

（6）乌伊公路沿线、焉耆盆地及团场　主要分布在天山北坡和准葛尔盆地南缘，气候较为干旱。2007年油葵种植面积为5万亩，种植的品种主要为西亚矮大头HZ001、S606、KWS303、新葵杂5号。2017年以来种植食葵约8万亩。

近年来，由于进口油葵的冲击和食葵效益好的原因，2017年，食葵播种面积超过180万亩，占同年向日葵播种面积的85%。

(二) 新疆向日葵生产形势

1976年，兵团引进油用向日葵试种，取得成功。1979年，新疆把推广油葵作为解决新疆食油的重要途径，纳入国家种植计划。1981年，向日葵面积由油料作物中的第四位上升为第二位，占油料总面积的31.66%，占油料总产量的43.7%。1985年无论单产和总产等，已占油料作物第一位（表2-1）

表2-1　新疆向日葵发展情况（向理军，2019）

年度	面积（hm²）	占油料面积（%）	总产（kt）	占油料总产（%）
1963	4.77	3.18	4.7	9.47
1976	15.34	8.71	15.2	16.92
1980	50.08	18.39	45.9	26.08
1985	111.39	38.18	169.0	49.33
1987	112.88	34.81	182.0	43.22

新疆的向日葵主要集中于北疆非植棉地区，以阿勒泰地区（100万亩）、伊犁地区（35万亩）、昌吉州（50万亩）为最多，其次为塔城地区（25万亩）和巴州的焉耆盆地（15万亩）、博尔塔拉蒙古自治州温泉县（40万亩）也比较集中，这些地方比棉花产区略凉一些，但与内地油葵产区相比，气候干燥，光热资源充足，水土条件优越，属灌溉农业，特别是这些地区在向日葵开花期到成熟期间干旱少雨，日照充足，气温又不是太炎热，非常有利于向日葵的开花授粉和结实灌浆，病虫害相对很少，再加上向日葵本生抗干旱、耐盐碱、耐瘠薄，所产的向日葵千粒重大，含油率高，品质优良，机械化程度高，种植成本低。一般的同一品种在新疆种植含油率要比内地高2%~5%。向日葵是新疆非植棉地区的重要农作物和主要经济作物。

2015年新疆向日葵面积为145.97千hm²，比2014年的143.19千hm²增加2.39%；总产43.5116千t，全疆2015年向日葵总产比2014年下降2.2%。2015年面积明显减少的县市有奇台县、阜康市、福海县、阿勒泰市、温泉县，面积增加的县市有沙湾县、乌苏市、玛纳斯县、呼图壁县、克拉玛依市等地，其余的县市向日葵种植面积变化不大。2015年新疆油葵种植主要在伊犁河谷、焉耆盆地和阿勒泰的布尔津县、哈巴河县以及昌吉的部分县市的瘠薄地和盐碱地上，约占全疆向日葵面积的30%~45%，平均产量在180kg左右。油葵的收购价每千克在4.6~5.2元，亩成本在320元左右（不包含地租费），亩纯利润580元。

2015年新疆食葵多集中种植在昌吉州、阿勒泰地区、和塔城地区的部分县市的中上等地块上，约占全疆向日葵面积的65%~70%，平均产量在265kg左右。今年新疆食葵收购价每千克在 6~9 元, 亩成本在 510 元左右 (不包含地租费), 亩纯利润 1 477 元。

(三) 新疆向日葵生产上的主要问题

1. 在油葵生产上投入少, 效益差

近年来, 由于前些年种植油葵的经济效益低于其他作物, 农民不愿意增加在油料生产上的投入, 栽培管理粗放, 品种更新速度慢, 混杂退化, 单产较低, 品质较差。新疆的油葵生产在很大程度上是靠天吃饭, 产量变幅很大。

2. 对油葵缺乏认识

目前新疆人总认为菜籽油好, 胡麻油好, 菜籽油和胡麻油价还高于油葵油 0.2~0.4 元/kg。其实在食用油中, 油葵油是除红花油外最好的食用油, 其不饱和脂肪酸含量达到 90%, 其中人体不能自身合成又必需的, 可以降低胆固醇含量防止动脉硬化, 对高血压、冠心病有一定疗效的亚油酸占 69%~75%, 比菜籽油的 26%、豆油的 37%、花生油的 34%、胡麻油的 14% 都高了很多, 仅比世界上最好的红花油低 4 个百分点, 因此欧美等发达国家都改食葵花油为主。新疆目前只知道红花油是 "保健油", 并且每 kg 价格达到 35 元, 而油葵油每 kg 仅 14 元, 可谓是物美价廉的上等油品。

3. 缺乏龙头企业带动产业发展

目前新疆油脂加工大部分企业停产, 转产部分企业因资金、原料不足处于半停产状态, 没有一家大型企业做油葵油。据有关数据显示 "金龙鱼" "福临门" "鲁花" "鲤鱼" "海狮" "天天旺" 六大食用油品牌已占据了时常的 91.35%, 而这些品牌挤进名牌行列, 油葵油自身价值虽然很高, 但市场消费不高就不能拉动原料生产。所以要做强做大油葵产业应先引导人们认识到向日葵的优点, 对人体的益处, 使大家都来消费向日葵油, 由大型龙头企业来策划宣传, 大打葵花油品牌战略刺激向日葵的消费, 从而达到积极稳妥地发展油葵产业。

4. 新疆油葵品种多乱杂, 盲目引种

由于种植主要是杂交种, 经营杂交种有较为丰厚的利润, 新疆大多数种子企业及个人从国内外引种, 没有经过严格的检验检疫, 只图小集体及个人利益造成新疆油葵一地多个品种, 含油率参差不齐, 病虫害大量发生, 个别检疫病害如向日葵霜霉病北美型、欧洲 Ⅱ 型和向日葵黑斑病大量发生, 尤其是向日葵黑斑病在向日葵业界称为 "向日葵的艾滋病" 虫害有蒙古象甲, 已经在新疆开始发生发展, 其实新疆的育种水平不比内地差, 和国外一些大型种子集团的品种在产量上的差距也不是很大, 只是种子扩繁中种子纯度难以保证, 以及种子包衣、包装上不如国外的好。

5. 病虫害大量发生

从 20 世纪 80 年代初大部分边远县市, 由于种植油葵连年重茬, 土壤中的黄萎病、菌核病病原菌以及列当种子大量繁衍更新, 越集越多, 病原种类多而且重。例如, 在 1999—2000 年大发生时, 北部哈巴河县西部温泉县两个县就有 40%~70% 的种植田块菌核病大发生造成大幅减产, 温泉县有户农民 15 亩地仅收了 500kg 油葵。2000 年米泉县一户农民种 800 亩油葵（G101）由于黑斑病大发生，刚开花全田枯死绝收。

（向理军、雷中华、张黎）

第二节　新疆向日葵种质资源

一、分类地位

向日葵（*Helianthus annuus* L.）别名丈菊。菊科（Compositae）向日葵属（*Helianthus*）一年生草本植物。据《中国植物志》记载，菊属植物约有 100 种，主要分布于美洲北部，少数分布于南美洲的秘鲁、智利等地。其中一些种在世界各地广为栽培。向日葵属是多态的，有 60 多个种，根据不同标准，向日葵分类如下。

（一）按染色体分

二倍体（2n=34）：多数向日葵种属于二倍体。

四倍体（2n=4x=68）：分布在美国东部的 *H. laevigatus* 和 *H. smithii* 属四倍体。

六倍体（2n=6x=102）：分布在美国东部和东南部的 *H. tuberosus* 和 *H. resinosus* 均为六倍体。

（二）按习惯分

野生向日葵、观赏向日葵、栽培向日葵。

（三）按选育途径分

常规种、杂交种。

（四）按熟期分（从出苗到成熟的生育日数）

可分为极早熟种（生育日数 85d 以内）；早熟种（生育日数 86~100d）；中早熟种（生育日数 101~105d）；中熟种（生育日数 106~115d）；中晚熟种（生育日数 116~125d）；晚熟种（生育日数 126d 以上）。

（五）按用途分

1. 食用型向日葵

分常规品种和杂交种。以作为休闲嗑食食品为主，适合用于烘烤做成干果小食品。籽仁也可作为食品加工的原料。

（1）常规品种　植株高大，株高 2~3m，生育期长达 120~140d，籽实大，百粒重 12g 以上，种皮多带黑白纹，籽仁率 50% 左右，籽实含油率 20%~30%。

（2）杂交种　植株较矮，1.2~2.0m，生育期一般较常规品种短，约在 85~125d。

2. 油用型向日葵

植株较矮，株高 1.2~1.9m，生育日数 80~115d，籽实小，百粒重 5~8g，种皮黑色或黑色带灰纹，籽仁饱满，籽仁率 70%~80%，籽实含油率高，可达 40%~55%，适用于榨油。

3. 中间型

植株性状、生育性状均介于食用型和油用型之间。若作榨油用，其含油率偏低；若作嗑食用，籽实又嫌小，在国外常用来喂鸟。近年来，中间型向日葵主要用于扒仁，作为植物蛋白质原料。

4. 观赏型

多分枝、多花盘、花盘小、花色鲜艳。主要用于插花。

新疆向日葵经过长期的栽培实践，新疆向日葵科研和企业已育成（新葵系列）油葵品种13个，（新食葵系列）食葵品种8个。

目前，中国栽培的向日葵有不同的品种类型，如普通向日葵、观赏向日葵、油用向日葵（简称油葵）。在相当长的时间内，中国向日葵是作为观赏植物或干果食用植物而零星种植的。20世纪50年代初全国种植向日葵近4万 hm²，1955年为6.7万 hm²，大都以嗑食为主。1958年从前苏联、匈牙利等国引进油用型向日葵，开始大面积种植。20世纪70年代又从国外引入了法国雄性不育源，之后实现了三系配套，80年代开始推广三系杂交种，向日葵生产得以快速发展。1987年陕西省种子公司从美国引进油葵杂交种 G101，在陕西各地试种成功，1991年通过陕西省农作物品种审定委员会审定。之后在陕西、宁夏、内蒙古、新疆等省（区）大面积推广种植。1998年赤峰种子联营公司（赤峰德农股份有限公司前身）高级农艺师汪家灼等人从澳大利亚太平洋种子公司引入杂交油葵"S31"，试种获得成功，并先后在内蒙古和新疆通过审定。S31在2008年前曾是中国油葵种植面积最大的品种。进入21世纪以来，油用型向日葵杂交种在产量、含油率、抗逆性等方面均有所提高和改善。食用型向日葵杂交种也在生产上推广开来，在炒货市场的强力拉动下，种植面积和产量得到迅速扩大和提高，向日葵主产区也从东北迅速向华北和西北发展。目前食用和油用向日葵年种植在100万 hm² 上下，总产量170万 t 左右，主要集中在东北、华北和西北"三北"地区，成为中国重要油料作物和经济作物之一。近几年种植面积和总产量均居世界第五位。2011年播种面积94.02万 hm²，总产量为231.28万 t，单产2 459.70kg/ hm²。2011年向日葵种植面积稍有减少，但总产量和单产水平都较2010年有所提高。

中国向日葵生产主要集中在内蒙古、新疆及东北三省等地。新疆是中国第二大的向日葵主产区，2016年种植面积260万亩，总产量53.63万 t，2017年和2018年种植面积有小幅下降。新疆向日葵种植主要分布在北疆地区，阿勒泰地区是新疆食用型向日葵的主产区之一，伊犁州地区是新疆油葵主产区。

二、生长发育

向日葵的一生是指从种子萌动开始到新的种子成熟。向日葵整个生长发育过程包括根、茎、叶、花、籽实等器官的建成。向日葵器官的形态建成过程是基因与环境因素共同作用下的复杂生长发育现象。外界环境条件，如阳光、空气、气温、地温、降雨、刮风等气象因素，土壤质地、水、气以及病、虫状况对向日葵的生长发育也会产生影响，而低温冷害、霜冻、干旱、雨涝等则可能对生长发育造成严重后果。

(一) 种子发芽和出苗

分吸胀、萌动和发芽3个过程。有生命的向日葵籽实即种子，在适宜的温度、水分和氧气供应条件下，开始吸水膨胀（吸胀），此时各种酶被激活，呼吸作用增强，子叶中贮存的营养物质，在酶的作用下，逐步降解为低分子化合物。譬如，淀粉水解为葡萄糖、麦芽糖，蛋白质降解为氨基酸，脂类分解为甘油和脂肪酸。这些低分子化合物，一部分作为呼吸作用的底物被氧化消耗，成为能量的来源；另一部分则参与新生胚根、胚轴、胚芽的建成。

种子发芽，一般从胚根伸长开始，胚根突破种皮，显露出根尖，完成萌动。当胚根长到与种子等长、胚芽长达种子长度一半时，即达到了发芽时期。

随着胚轴的生长将两片子叶和果皮顶出地表，果皮脱落（有时子叶也可能将果壳带出地面），子叶露出地面并平展，此时即为出苗。

干种子播种后第一天成为吸胀的种子，播种后第2d胚根突破种皮。播种后第5d侧根生出。播种后第6d果壳脱落，两片子叶展开。播种后第7d的幼苗子叶变绿。

出苗时，胚轴由弯变直，下胚轴长度与播种深度有关，一般在5~6cm，地下部稍长些，地上部稍短些。

(二) 根的形成

向日葵的根来源于胚根顶端分生组织（一般称作根端），根的顶端为根冠，它是根初生结构的一部分，具有保护作用。根冠的后面，依次是分生区、伸长区、成熟区。

向日葵的根系属于直根系，由主根、侧根、须根和根毛四个部分组成。向日葵根的生长从种子萌发时即已开始，胚根首先突破果皮，受向地性控制而向下生长，形成主根，之后在其周围产生侧根。向日葵的侧根包括从主根上长出的侧根（定根）和从胚轴上长出的不定根。不定根中又可分为下下根、下上根、上下根三种（土面下称下下根、土面至子叶段的称下上根、子叶至真叶的下半段称上下根）。到开花期，不定根总量已超过从主根上发出的侧根的重量，以后还在继续增加。赖先齐等（1993）研究了不定根的发生规律，结果表明，随着植株的生长，不定根越长越多，其作用越来越重要。如在盛花期观察，下下根占侧根总量的31%，下上根占15.8%，上下根占7.92%，共占54.72%，到灌浆期则达到侧根的67.1%。

向日葵根的生长速度比茎快（春播比夏播更显著），当株高只有5cm时，根入土已达14cm，而且，在不同的生育阶段，根的生长速度也不同。现蕾期根系伸长较快，开花期达到高峰，每天可伸长2~5cm，后期又变慢。向日葵的根量比玉米约大1倍以上，它的风干重约占整个植株的20%~30%。据崔良基等（2011）测定，盆栽试验向日葵品种F60的冠根比为3.3；田间条件下，同一品种的冠根比为5.2。

(三) 茎的形成

向日葵的茎源于胚顶端分生组织。在初生生长完成后，产生一种次生组织——微管形成层。微管形成层细胞分裂，其衍生细胞出现分化，向内产生次生韧皮部（运输养料），向外产生次生木质部（运输水分），从而构成茎的次生微管系统。微管组织数量增加，茎的直径也随之增粗。

向日葵茎的生长属于单轴生长，是由胚轴从下向上无限伸长，分化成节和节间，在节上着生叶和分枝。作物茎尖分生组织具有自我形成和维护的能力，包括分生组织的形成与再生、保护和调控。茎秆的高度取决于地上部分的伸长节间数和节间长度。向日葵的茎，主要靠茎尖分生组织的细胞分裂和伸长，使节数增加，节间伸长，植株逐渐长高，其节间伸长的方式为顶端生长。向日葵的茎秆直立，高度差异很大，从 0.5~5m 不等。茎的横断面近圆形，直径约 0.8~10cm 不等。表面粗糙，被有刚毛。由外向里由表皮、皮层、微管组织（韧皮部、木质部）和海绵状的髓部组成。接近完熟期，茎秆发生强烈木质化，而茎内的髓则形成空心。向日葵的幼茎多呈绿色，也有淡紫色或紫色者，这是幼茎细胞中含有花青苷色素所致，这一特征是苗期鉴别品种，进行去杂提纯的重要标志。向日葵茎秆可分为无分枝型和分枝型两种。分枝型又分顶部分枝、基部分枝、有主盘全分枝、无主盘全分枝 4 种类型，详见图 2-1。

1. 基部分枝；2. 上部分枝；3. 有主盘分枝；4. 无主盘分枝

图 2-1　向日葵的分枝类型（向日葵种子资源描述规范和数据标准，2006）

除上述分枝类型外，还有一种特殊的类型，即"双头同熟分枝型"，也称 Y 分枝性状，如苏联的 WJR1629 基因型（图 2-2）。Y 分枝源自顶端分生组织的分裂：顶部原体细胞首先解体，靠近原套的细胞随之坏死，接着，周围的分生细胞形成新的顶生分生组织，形成二叉植株。分枝前叶螺线数达 4 个或更多，分权后则回到 2 个叶螺线。

向日葵的分枝可分为遗传性分枝和非遗传性分枝两种类型。遗传性分枝是品种本身具有分枝性，这类分枝品种，即使在比较干旱瘠薄的环境条件下，叶腋也会长出分枝。非遗传性分枝是因环境条件影响出现的分枝。

基部分枝是由单显性基因控制，也就是说，只要有分枝基因存在就 100% 发生基部分枝。上部分枝、有主盘全分枝、无主盘全分枝这 3 种分枝类型为等位隐性。

栽培上，要选用不分枝的品种。但是在配制杂交种过程中，常常利用恢复系的隐性分枝延长散粉时间以提高结实率，不育系为无分枝，这样隐性性状在 F1 中不会表现。

（四）叶的分化与形成

向日葵的叶是由叶原基发育而来的。叶原基则是由茎顶端分生组织外围的基细胞分化形成的。

向日葵的叶根据其来源和着生部位不同，可分为子叶和真叶。向日葵幼芽出土后，一对子叶首先破土钻出地面，一般为圆扇形。子叶逐渐变为绿色，可进行光合作用，提

图 2-2　Y 分枝示意（刘公社，1986）

供幼苗生长所需的养分。之后两片子叶的顶端（生长点）长出两片对生真叶，着生在短的叶柄之上，直到继续长出 3 对对生真叶（有的是 4 对真叶），以后随着茎的继续生长，每个节上只生一片单叶，单叶互生，并着生在较长的叶柄之上，直到茎的顶端。当真叶长出后，子叶逐渐枯萎、脱落，"完成了它的历史使命"，子叶也叫不完全叶，真叶则叫完全叶。

向日葵叶片的形状和数量因品种而异，与叶原基的形状、细胞分裂的次数、叶细胞体积的增大等因素有关。向日葵叶片较大，长和宽均可达到 40cm 或更长，形状有披针形、椭圆形、三角形、心形、圆形，但多数呈心形（图 2-3）。叶端尖，叶缘大都有缺裂或呈锯齿状。叶面上覆有一层极薄的蜡质层，且密生短而硬的茸毛，可减少水分消耗。

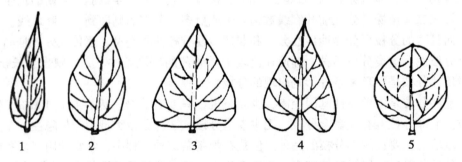

1. 披针形；2. 椭圆形；3. 三角形；4. 心形；5. 圆形

图 2-3　叶形（向日葵种子资源描述规范和数据标准，2006）

不同品种叶片数不同，一般为 30~50 片，极个别的品种，只有 18~19 片。向日葵叶片数目到现蕾期即已固定，当叶数为全株叶片的半数时，叶片开始迅速生长，到开花盛期便停止生长。

（五）花盘分化

向日葵花盘分化标志着植株由营养生长期进入生殖生长期。山西省阳曲县王润中和郑海兔对"三道眉"品种进行了观察：1980年4月21日播种，5月5日出苗；5月26日，当株高约16cm、5对真叶时，花盘开始分化；6月16日，株高54cm、17对真叶时进入雏形期。山西省农业科学院经济作物研究所梁一刚和张维锋于1981年，以"三道眉"和油用品种"墨西哥派列多维克"为试材，对向日葵花盘分化过程进行了比较详细的解剖学观察。他们把整个分化过程划分为8个时期，即：生长锥未膨大期、生长锥膨大期、花盘雏体分化期、小花分化期、雄雌蕊形成期、花粉母细胞形成和减数分裂期、花粉粒形成期和花粉粒充实完成期。现分述如下。

1. 生锥未膨大期

此时生长锥呈馒头状，其高度和宽度基本相同，生长点尚未开始花盘分化，植株处于营养生长阶段（图2-4）。

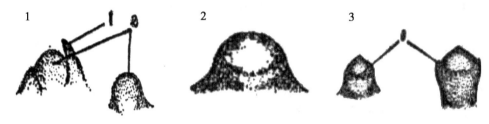

1. 茎生叶原基；2. 生长锥（未膨大）；3. 苞片原基

图2-4 生长锥（梁一刚，1982）

2. 生长锥膨大期

生长锥基部的宽度大于高度，基部膨大凸起，形成苞叶原始体着生基盘，并分化出最后1~2片真叶的原基。此期结束，标志着茎节和真叶分化过程的结束和结实器官形成过程的开始（图2-4）。

3. 花盘雏体分化期

由于生长锥继续向周边扩展，并由外向内相继分化出第1~5或6圈苞片原始体。同时，因为生长锥的膨大速度远远超过幼茎顶部加长的速度，所以使原来的柱状突起逐步发育成头状花盘雏体（图2-4）。

4. 小花分化期

此期生长锥和繁殖器官的形态变化比较复杂，又可细分为3个时期。

（1）小花原基分化期 花盘雏体边缘的粗糙表面开始隆起，第一圈小花原基微凸。开始时较扁，以后渐尖（图2-5）。

（2）托片原基分化期 小花原基生长到一定程度后，其边缘一侧开始分化出托片原基凸起，体积较小形似圆锥体。托片原始体形成之后，花盘边缘大约每隔两个小花原基的部位开始分化出一个个半圆球状的微小凸起，即边缘舌状花凸起。

（3）花冠原始体形成期 当舌状花原基分化形成之后，小花原基顶部眉缘开始隆起，形如轮胎。尔后，小花中心生长点周缘突起迅速生长，其顶端形成五裂。

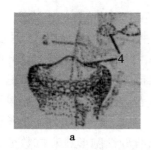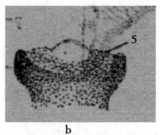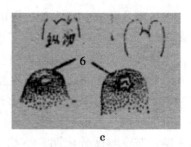

a 小花原基分化期；b 托片原基分化期；c 花冠原始体形成期；

4. 小花原基；5. 托片原基；6. 花冠原基（及纵切面）

图 2-5　小花分化期（梁一刚，1982）

5. 雄雌蕊形成期

当花冠形成裂片以后，其内侧相继出现雄蕊和雌蕊原基以及珠心组织。此期又可分为如下 3 个时期。

（1）雄蕊原基分化期　在小花花冠内部，生长点周围分化出 5 个突起，这便是雄蕊原基（图 2-6）。

（2）雌蕊原基分化期　在雌蕊基部的内侧，先分化出 2 片心皮突起，随着心皮生长，上部愈合，基部形成子房室（图 2-6）。

（3）珠心原始体分化期　当二片心皮接近合拢时，子房室基部略微隆起；心皮愈合后，珠心组织明显突出（图 2-6）。

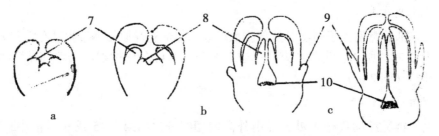

a. 雄蕊原基分化期；b. 雌蕊原基分化期；c. 珠心原始体分化期；

7. 雄蕊原基；8. 心皮原始体；9. 苞片原始体；10. 珠心原始体

图 2-6　雌雄蕊形成期（梁一刚，1982）

6. 花粉母细胞形成和减数分裂期

当小花长至 1.5mm 后，雄蕊内的孢原细胞开始分化形成；约 2.2mm 后，花粉母细胞成熟；而在 2.4 mm 时，花粉母细胞进入旺盛分裂期（图 2-7）。

7. 花粉粒形成期

花粉母细胞经减数分裂后，形成四分体，接着每一个分体的细胞壁增厚，外围出现刺突，花粉粒即告成熟（图 2-8）。

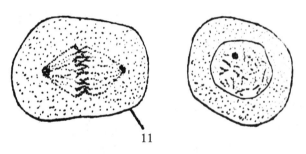

11. 正在分裂的花粉母细胞

图 2-7　花粉母细胞期形成和减数分裂（梁一刚，1982）

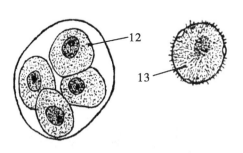

12. 四分体；13. 初生花粉粒

图 2-8　花粉粒形成期（梁一刚，1982）

8. 花粉粒充实完成期

此时，花粉粒的内容物逐渐充实，体积逐渐增大，刺突增长，颜色变黄，花粉粒成熟。至此，花盘分化全程停止（图 2-9）。

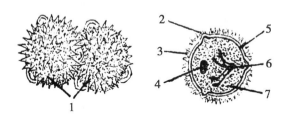

1. 充实的花粉粒；2. 发芽孔；3. 刚毛；4. 精核；5. 细胞膜；6. 染色体；7. 细胞质

图 2-9　花粉粒充实完成期（梁一刚，1982）

向日葵植株通过一定时期的营养生长之后，其顶端分生组织在形态上虽然没有什么变化，但是在生理生化和基因表达上却发生了明显的变化，进入了生殖生长启动阶段。茎端分生组织此时向花分生组织转变。在花分生组织特性基因控制下，顶端的细胞停止分裂，分生组织首先变平，进而凹陷，接着从外往里逐步分化出花托原基、苞叶原基、花（舌状花、管状花）原基，而每朵管状花又分化出雄蕊原基和雌蕊原基。据俄罗斯的一份资料称，向日葵从出苗至第 18~20 片叶之前，经历了个体发育的第一、第二阶段。第 18~20 片叶时，花盘原基开始形成，是第三阶段；第四阶段时，柱状花托出现

5~8 片，花突起居于中央，在第五阶段时，花的附属器官和生殖器官相继形成。

9. 花盘

向日葵的花序俗称花盘（图2-10），着生在茎秆的顶端。花盘的四周围生3~4层绿色苞叶。花盘直径一般为20~40cm，其形状因品种而异，有凸起、凹下、平展、畸形等类型（图2-11）。花盘的形状对产量亦有一定影响，平展形和微凸形花盘的维管束分布比较合理，使花盘中央的小花能获得较为充足的营养，所以可受精结实，提高单盘产量；其他形状的花盘则因维管束分布不合理，营养供应不充足，导致花盘中央出现较多的空秕粒。

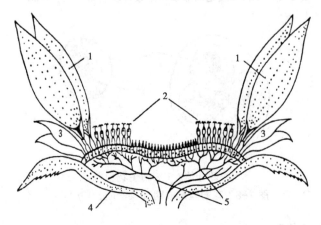

1. 舌状花；2. 管状花；3. 苞叶；4. 花托；5. 维管束

图2-10 向日葵花盘的基本构造及维管束的分布（向日葵种子资源描述规范和数据标准，2006）

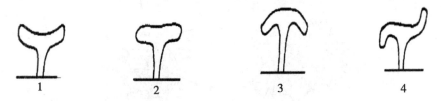

1. 凹；2. 平；3. 凸；4. 畸形

图2-11 花盘的形状（向日葵种子资源描述规范和数据标准，2006）

向日葵的花序由两种花组成。在花盘的边缘围生着1~2层或更多层的舌状花，多呈鲜艳的橙黄色，也有少数为淡黄色，或紫红色。它具有引诱蜂、蝶及其他昆虫前来采蜜传粉的作用。舌状花花瓣大，长约5cm，宽2cm左右，无花蕊，不结实，是无性花。舌状花的内侧均为管状花（图2-12），短圆管形，花冠5裂齿状，为两性花。每朵花由子房、萼片、花冠和5个雄蕊（花药）、一个雌蕊（柱头）构成。

（六）开花、授粉、受精

是指花朵张开。当已成熟的雄蕊和雌蕊（或二者之一）暴露出来即为开花。向日葵开花的次序是由外缘向盘心逐渐开放的。开花第一天只开1~2轮，3d后每天可开放

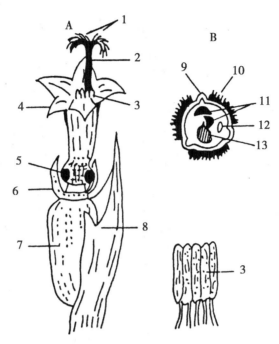

A（管状花）：1. 柱头；2. 花柱；3. 花药；4. 花冠；5. 蜜腺；6. 萼片；7. 子房；8. 萼片

B（花粉粒）：9. 花粉上的萌发孔；10. 刚毛；11. 精子；12. 细胞器；13. 花粉的营养核

图 2-12　向日葵筒状花的构造（向日葵种子资源描述规范和数据标准，2006）

3~4 轮，最多不超过 5 轮。每个花盘的开花持续时间约 7~10d。天气晴朗，气温高时花期常缩短，阴雨天则延长。

授粉成熟的花粉粒借助昆虫或人工等外力的作用从雄蕊花药传到雌蕊的柱头上的过程，称为授粉。向日葵是典型的异花授粉作物，自交不亲和。由于雄蕊先熟，在雌蕊柱头未熟前，成熟的花粉就散落了，所以一般都是异花授粉，即别的植株上的花粉落在本株花朵之上才有效。另外，由于生理不亲和性，即使进行人工强制自交，结实率也不高。

受精授粉后，雌、雄性细胞即卵细胞和精子相互融合的过程，称为受精。雌蕊伸出管状花之后 5~7d，柱头尖端开始张开呈翼状，经过 8~9d 才能接受花粉受精。管状花在授粉后很快萎蔫，种子成熟后，管状花冠脱落。花盘上管状花的数目，因品种和花盘原基形成期间所处的条件不同而异。如果条件适宜，花盘上的小花就多些；条件不适宜则少些。小花数量 500~2 000 朵，常见品种多为 1 000~1 500 朵小花。

结实的管状花的开放过程如图 2-13 所示。

（七）籽实的形成

向日葵的果实（籽实）是有坚硬外壳的瘦果（习惯上称为种子）。果实的结构比较简单，包括皮壳、种皮、子叶和胚四个部分。皮壳由表皮、木栓组织与厚壁组织组成，大部分油用种的皮壳，在木栓组织与厚壁组织之间有一层硬壳层（图2-14）。硬壳层基本上是由碳素组成，也叫碳素层，有阻止向日葵螟蛀入的作用。品种有无硬壳层是其能否抗螟虫的一项标志。一般油用种具有硬壳层，绝大多数品种抗螟虫，食用品种多不具

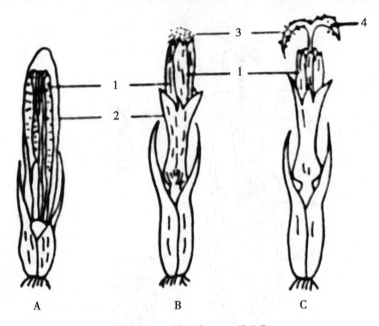

A. 孕花期；B. 雄花期；C. 雌花期

1. 花药；2. 花冠；3. 花粉；4. 柱头

图 2-13　管状花的开放过程（向日葵种子资源描述规范和数据标准，2006）

硬壳层。据资料介绍，有硬壳层的品种抗列当的能力较强。果实由受精卵发育而成。卵细胞受精之后，花的各部分发生显著的变化。花萼、花冠枯萎，雄蕊和雌蕊的柱头萎谢，剩下子房。子房随之膨大发育为果实，胚珠发育为种子（种仁）。

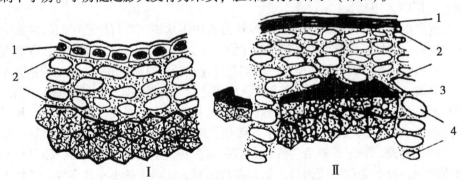

Ⅰ种子没有硬壳层　Ⅱ种子有硬壳层

1. 表皮细胞；2. 木栓组织；3. 硬壳层；4. 厚壁组织

图 2-14　向日葵籽实皮壳的断面（梁一刚，1992）

（八）种子和果实的发育

种子由胚珠发育而成，各部分的对应关系是：受精卵发育成胚，初生胚乳核发育成胚乳，包被胚珠的珠被发育成种皮。受精卵连续分裂的结果，使胚不断长大，并依次分化出子叶、胚芽、胚轴和胚根，形成种子——新的生命。在初生胚乳核发育成胚乳、积累贮藏养分过程中，向日葵的胚乳会被发育中的胚所吸收，而把养分贮藏在子叶内，从而形成无胚乳的种子。在胚和胚乳发育的同时，珠被也长大，包被在胚和胚乳的外面起保护作用。

子房受精后，籽实开始生长，约持续 14~16d，接着开始灌浆，大约在 20~25d 之间，脂肪和其他贮存物陆续积蓄。这一时期需水较多。在籽实生理成熟时，其含水量在 36%~40%。当花盘完全成熟即收获时，花盘呈黄褐色或褐色，此时籽实的含水量降至 12%~14%。

向日葵籽实外形一头宽一头窄，宽头有小花脱落的痕迹；窄头有唇形的果孔（图 2-15）。果孔周边呈疏松海绵状，吸收水分后膨胀开裂，促进种子萌发。有些品种尤其是食用品种其皮壳内侧生有疏密不同的绒毛，绒毛吸收水分，不利于种子贮存。

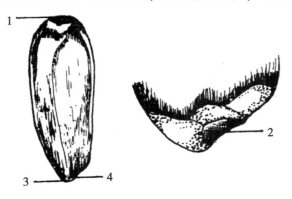

1. 小花脱落痕；2. 果孔放大；3. 果脐；4. 果孔

图 2-15　向日葵果实外形与构造（梁一刚，1992）

向日葵籽实的纵切面和横切面如图 2-16 所示。

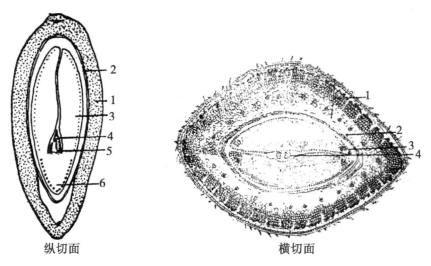

纵切面　　　　　　　　　　横切面

1. 果皮；2. 种皮；3. 子叶；4. 胚芽；5. 胚的生长点；6. 胚根

图 2-16　向日葵籽实解剖（品种：派列多维克）（侯家骙等，1985）

三、中国向日葵种质资源

（一）资源概况

1. 数量众多

谭美莲等（2011）介绍，全世界已收集了610多万份向日葵种质，其中90%以上是以种子的形式保存在低温种质库中。至今，中国收集、繁殖和入库保存的向日葵资源有3 000余份，保存在国家农作物种质资源长期库（北京）和国家油料作物种质资源中期库（武汉）中。向日葵国内种质占87%，主要来源于吉林（18%），内蒙古（17%）、贵州（10%）、辽宁（8%）、新疆（8%）、山西（6%）和湖北（5%）等20个省、区、市，国外种质资源分别来源于南斯拉夫、加拿大、美国和阿根廷等30个国家或组织。

2. 种质资源的遗传多样性

向日葵起源于美洲北部，少数分布于南美洲的秘鲁、智利等地。品种资源是育种的物质基础，在中国的向日葵种质资源大体分为野生种，地方农家品种，育成品种和突变群体4种类型。

（1）野生资源　向日葵野生种约有67个，其中50多个已被育种家所公认。向日葵野生种有一年生和多年生组，染色体数目有二倍体（2n＝34），四倍体（2n＝68）和六倍体（2n＝102）3组。

野生向日葵对多种向日葵病害具有抗性，是抗病育种的丰富抗原。普斯陶沃依特等人对40多个野生种进行广泛的研究，发现对锈病、霜霉病、灰腐病、黄萎病、菌核病、白粉病和枯萎病具有抗性。对列当、向日葵螟和蚜虫也有抗性。

在一般情况下栽培向日葵与向日葵属的不同野生种杂交是困难的。$H.\ annuus$ 和一年生种 $H.\ debilis$、$H.\ argophylus$ 及 $H.\ bolanderi$ 之间很少表现出不亲和性障碍，其杂交率达85%。F1表现中间遗传，在多数情况下倾向野生亲本。$H.\ annuus$ 与多年生二倍体种的亲和力很低，在分类上属于不同的组，而与某些多年生种，如 $H.\ salicifolium$、$H.\ angustifolium$、$H.\ nuttallii$、$H.\ argophyllus$ 和 $H.\ diuaricatus$，则表现为完全不亲合。$H.\ annuus$ 与四倍体种的 $H.\ scaberimus$，$H.\ decapetalus$ 和 $H.\ hirsutus$ 之间也很难进行杂交。$H.\ annusus$ 与六倍体种杂交只有 $H.\ tuberosus$ 获得成功。

野生种的含油量一般低于栽培种，变幅在18%～40%（Dorrel，1978）。野生种中油的脂肪酸组成为宽幅变异。

野生种籽实的蛋白质含量较栽培种高得多。$H.\ scaberrimus$ 的籽实蛋白质含量为40%，坚硬向日葵的脱脂子仁蛋白质含量为70%（Georaievatodo 和 Hristova 1975）。野生种是选育细胞质雄性不育和育性恢复系的来源。法国勒克莱尔格1969年用 $H.\ petiolaris$ 和 $H.\ annuus$ 杂交再用 $H.\ annuus$ 回交育成了世界上第一个细胞质雄性不育系。胞质雄性不育的大部分育性恢复源也来自野生种。野生种 $H.\ annuus$ 和 $H.\ petiolaris$ 中普遍存在恢复基因。

（2）地方农家品种　对于向日育种者来说，地方品种资源是非常重要的育种资源，因为当地群体大多对当地的环境条件（土壤环境、气候环境）具有非常好的适应性，而且其中一些对当地的一些病害具有较高的抗性，如新疆的地方向日葵品种"拜城白葵花""焉耆大白葵"等，它们对当地的菌核病可以达到中耐程度。而随着近年来外地品种尤其是国外杂交种的快速涌入，地方品种受到了大量的冲击，如何利用和保护好地方品种也是育种工作者的重要任务。

（3）育成品种　一些曾经的品种现在已经在市场上难以找到，因为在产量和品质上不及目前生产上的向日葵品种。可是这些陈旧的品种可能含有育种者需要的某些性状基因，所以这些过时的品种也是重要的育种材料。应用目前生产上常用的品种作为育种材料是非常简单和有效的手段，这些品种大多具有高产、优质、抗病等优点。

（4）突变体　突变群体是通过辐射或化学诱变获得的，其中最实用的是早熟和矮秆的突变。苏联通过化学诱变，获得了早熟兼高含油量，皮壳率低，矮秆、脂肪酸组分改变和具有雄性不育的突变类型，通过选择，突变群体的油酸含量达到72%，单株高达90%。

对于种质资源的研究中国已进入分子研究阶段，这方面的研究报道甚多。张曼等（2015）研究报道了向日葵DNA指纹图谱构建和遗传多样性分析，为向日葵品种纯度和真伪鉴定提供了科学依据。王德兴等（2015）以矮秆突变体为父本配制的杂交组合株高显著降低。籽粒产量和其他性状间差异不明显。刘胜利等（2017）利用SSR标记对新疆部分向日葵自交系材料进行了群体结构划分及聚类分析。研究认为，食葵的遗传多样性较油葵的遗传多样性丰富。食葵和油葵资源材料间有部分基因相互交叉渗透，为新疆向日葵核心种质的构建和资源的合理利用提供理论支持。郭树春等（2017）采用形态标记与RAPD标记相结合的方法，利用UPGMA聚类法对50份向日葵核心种质资源材料亲缘关系进行深入研究，把50份种质资源分为三大类群，形态标记结果与RAPD标记分类结果可靠。

（二）向日葵常规育种途径、手段和方法

1. 常规品种选育

（1）系统选育法　通过选择优良的向日葵变异单盘，从盘行鉴定、盘系比较到新品种育成的选育方法。具体方法如下。第1年在原始群体中选择优良单盘，经室内复选，淘汰不良单盘，选留的单盘分别脱粒，单独编号保存，并对其特点加以记录，以备对其后代进行检验。第2年将上年入选单盘按盘号种成盘行，每盘2行，每隔18行设一个对照，种植生产中的主推品种。生育期间按照育种目标的要求认真选择符合的盘行，在开花前将选择的盘行其中一行进行选择套袋，开花后进行自交，另一行成熟后进行产量比较和各性状的比较，淘汰不良的盘行。将选留盘行的自交提纯单盘单收、单脱，盘行内进行比较，选择性状一致的盘头混合作为盘系。第3年将上一年的盘系进行比较，每盘系选择性状一致的盘头套袋互交，成熟后按盘系将套袋互交盘头收获，分别去劣选优，将入选盘头按盘系混合脱粒，风选后按系保存。对未套袋的选择有代表性的相同盘头进行测产比较作为室内选留的依据。如性状表现不稳定可以反复进行，直至稳定为止，最后形成新的品系。新品系形成后，将新品系主推品种进行对比试验，以鉴定其稳定性、性状一致性以及某些性状的特异性。

下一年将入选的品系在隔离区（网室内或 3 000m 以内的自然隔离区）进行种植扩繁，根据品系的种子数量确定繁种面积，在生育期间认真做好去杂工作。去杂分 4 次进行。第 1 次在苗期：结合定苗拔除与本品种幼茎颜色不同的异型株和劣株。第 2 次在现蕾期：根据品种的株高、叶片性状颜色株型等去除杂株和劣株。第 3 次在开花初期：根据花盘形状、舌状花颜色花粉颜色等去除杂株和劣株。第 4 次在收获前：根据株型、花盘形状倾斜度、性状、籽粒形状和颜色等进行去杂。

生育期间还要精细管理，开花期进行人工辅助授粉或每 0.33m² 地放一箱蜂，以提高结实率，增加原始产量

（2）混合选育法　从混杂的原始群体中选取典型优良（或变异）单株，混合留种，下一代播种在混选区里，与标准品种（当地优良品种）和原始群体的小区相邻种植，进行比较鉴定。混合法的优点是简便易行，成本低，可结合生产进行，适宜于品种复优变纯，异花授粉不容易导致生活力衰退。混合法可分为一次混合选择法、多次混合选种法，集团混合选择法。

2. 群体改良

（1）Pustovoit I 的半分法育种　这个方法是苏联专家 S. Pustovoit 于 20 世纪 20 年代研究采用的用于改良向日葵群体的方法，被认为是向日葵最成功有效的群体改良方法。其理论思路是尽可能在大的范围内收集和鉴别优良遗传个体，并将这些优良个体组成一个新的优良遗传群体。该方法尤其适用在粒形、粒色变异复杂，其他方法难以改良的食用向日葵籽粒性状上。这个方法能否在食用向日葵上被采用的关键是要缩短育种年限，降低育种成本。多年的食用向日葵育种经验和研究表明，这个方法是最有效的食用向日葵群体改良方法。方法虽然简单明了，但是由于规模大投入高和育种年限长，中国的向日葵育种单位很少采用。

第 1 年：选定要改良的群体。该群体最好是生产中被广泛种植，但有某些性状和特性需要改良。根据群体性状和育种目标，最好在一个较大的种植区域内进行深入考察，在选中的几个大群体里选择合意的 2 000~3 000 个单株收获单头，分别装袋。这个方法要求基础群体有足够的遗传变异，否则该选择方法没有效果或效果不好。如果基础材料变异过大，尤其是粒形和粒色，最后就很难选择出足够数量的相对一致的优良单头组成一个具有优良遗传性状的新群体。单头收获后，室内考种鉴定单头产量、百粒重、瘪粒率粒色、粒形、子仁率、蛋白质含量等性状，选择 1000~1500 个单头编号保存，这个称为 S0 代单头，其他单头淘汰。

第 2 年：从编号的 S0 的每个单头取出部分种子种成单行或双行区，每区 15~30 株，在原群体选择优良单头混合收获的种子作对照，也可用生产上推广的优良品种作对照，每隔两区设 1 个对照，一般设两次重复。试验最好在隔离条件或在原群体的种植区域进行，这样可以考虑降低育种成本，用原品种作对照的收获材料可以作种子自用。生育期内调查记载每个小区性状的一致性、长势、病害抗性等。一般农家品种都有 10% 左右的分枝在开花前去除分枝植株，随时去除不良植株病株。秋季做一次最后的田间鉴定，表现不好的小区在田间直接淘汰；一般根据材料长势和株高留 1.5~2.0m 的区头过道，留 1.0~1.5m 的区尾。如果区尾不明显，要在收获前整理出可以识别不同小区的区

尾。根据田间表现，选中的小区以小区为单位混合收获，在田间简单去除杂质装袋晾晒。晾晒后对粒形粒色、皮壳率、百粒重、单头产量、容重等性状进行室内考种，根据田间调查记载和考种结果选择 100～300 个单头。根据生产需要和材料及试验情况决定是否进行下一年的比较试验。如果生产上急用种子，可以不做下一年的比较试验。一般食用向日葵单头较大，也可以分两部分进行。取入选的一部分 S0 种子在隔离区内混合种植成一个由优良单头组成的自由交配群体。如果进行下一年的比较，按编号取出入选种子，重复上一年的比较试验，这一轮选择要相对多留些单头。最后入选 50～100 个单头比较适宜。入选单头过多影响选择质量，入选单头过少难以保留群体良好的遗传变异。因为食用向日葵群体的许多优良性状是多基因互作的结果，尤其是籽粒大小和对菌核病的抗性。这个方法的优点是能够很好保持群体的遗传变异。根据育种目标，如果要选择产量，试验必须设对照，要注意各区条件的一致性。如果要选择籽粒性状，可以不加对照，而增加选择个体。也可以在第 1 次的比较试验不加对照，重点选择籽粒性状，第 2 年的比较试验增加对照，重点选择产量。

第 3 年：将入选的第 1 年保存的 S0 单株种子按编号取出部分单头种子，重复上一年的比较试验。这一年试验最后选择 50～100 个 S0 单头。

第 4 年：将入选的 S0 单头 50～100 个混合一起在隔离区种植成自由交配群体同时取部分种子进行推广前的产量比较试验。为加快育种进度，如果条件允许，第 2 年的比较试验之后可以在当年的冬季将入选单头种子送海南繁殖，这样可使育种进度提前一年。第 3 年在本地扩繁一次，第 4 年可以有种子出售。

（2）混合选择　混合选择法在食用向日葵改良中一般用在改良育成后的常规品种。在轻度混杂退化的育成品种中，根据表现型选择 100～500 个植株，根据育种目标，进行相应性状的鉴定，入选单头种子下一代在隔离条件下种植，群体自由交配，生育期内淘汰不良单株。这个方法简便快捷，短时间内可以获得大量种子。一般用来改良抗病性，改良食用向日葵的籽粒性状不如半分法的改良效果。

不管哪种方法育成的品种，种子扩繁时要注意，向日葵的自由授粉品种是高度自交不亲和的异交结实群体，全部是由蜜蜂或其他昆虫来传粉，极少靠风力传粉。在隔离区内制种一定要考虑是否有足够的蜂源，如果蜂源不足要考虑人工辅助授粉。

（三）向日葵杂交种选育途径、手段和方法

向日葵杂交种不仅在产量上表现出明显的优势，多数对锈病、霜霉病和黄萎病具有抗性，而且用不育系生产杂交种比较容易。所以，以胞质雄性不育系为基础配制杂交种的选育，是当前世界向日葵品种改良的主要方向。

1. 向日葵杂种优势利用的若干规律　向日葵是具有强大杂种优势的作物。据辽宁省农业科学院研究（1980—1981），有关生育期、产量、油分的 15 个性状的总平均优势为 53.91%。但在不同性状间和不同组合间存在明显差异。产量性状表现了最高优势，生长发育性状表现了中等优势，品质性状表现了低优势。在产量性状中，又以籽实产量的优势为最大。辽宁省农业科学院又统计分析了 1978—1980 年 172 个组合，其产量平均优势为 75.9%。品质性状如出仁率、果实含油率、籽仁含油率等具有较低的优势，必须注意选用高标准的亲本。

向日葵普遍存在组合间的优势差异，但不同性状间有所不同。生育期、出仁率、籽仁含油率：粒长、粒宽等性状，组合间差异较小，可着重考虑一般配合力；盘粒重，单株产量，千粒重，盘粒数等性状，组合间差异甚大，应着重考虑其特殊配合力。

杂交种单位面积产量是由单株产量和栽植密度两个因素决定的。加大栽植密度是今后向日葵生产的发展方向。高密度要求有较矮的茎秆。试验表明株高的优势（1978—1980 年 3 年平均）为 18.4%，可见选配弱势组合是可能的。茎秆粗度是高产的保证性状，3 年结果近似，其平均优势为 22.4%。表现了高度集中性和稳定性。

油分含量的优势表现，在不同组合之间有很大的变化。1978 年、1980 年两年平均为 6.9%。这个数值虽然较低，但考虑到在产量方面已表现了很高的优势。但有的组合油分含量的优势可以高达 40% 以上，说明在油分含量方面应致力于特殊配合力的研究。

2. 向日葵杂交种的选育方法

（1）自交系的选育　自交系可用于生产合成品种和杂交种。在技术和经济上还不能实行向日葵杂交制种的地区，利用合成品种较为有利。但合成品种没有杂交种整齐一致，而且，合成品种的所有自交系必须具备对主要病害的抗性，而杂交种只要其中有一个亲本具有显性抗性就可以了。目前，各国选育自交系主要用于生产单交种。

把收集到的资源材料（包括国内外优良品种、品种间及种间杂交所获得的特异材料等）种植在原始材料圃中，进行自花授粉（至少 100 株），以获得 S_0 代。因向日葵白花授粉结实率很低，必须在花期给以辅助授粉（开花前要套袋）。对资源材料要进行接种鉴定，以观察其对本地区主要病害的抗病性。第二年把自花授粉植株所结的种子播种 2 行（20 株/行）。从 S_1 代开始对下列性状进行鉴定：生育期、植株高度、每盘籽粒数、异交和自交的种子产量（测单株）、花盘倾斜度、千粒重、皮壳率、种籽含油率、抗病虫等。一些研究表明，一般对营养生长旺盛起作用的性状与高产相关。南斯拉夫斯克尼奇认为，叶片厚、有皱褶可抗斑病，叶色绿叶绿素 A 含量高，有利于光合作用，叶子少、叶柄与主茎夹角小则适于密植，可配制早熟杂交种。

要特别注意选择自交结实率高的自交系，这种自交系不但容易保持，而且能够获得高度自交能育的杂交种，在传粉昆虫较少的情况下也能获得高产。经验表明，通过选择，可育成自交结实率接近 100% 的自交系。选择的方法是 S_0 S_1 S_2 代时，只要在开花前选择好优良单株把袋套上就不必去管它了，到收获时，选择结实率高于 10% 的自交系，到 S_3 代时再采用人工自交。

根据上述性状选择培育的自交系，在 S_5 代可进行配合力测定。

（2）配合力测定

一是一般配合力测定：

A. 多基因杂交——在 3 km 隔离区内，把数个被测定的自交系种在一起，设 3 次重复，随机排列，各试材自由授粉，每个品系的多交后代进行产比试验。它们的一般配合力是由它们的生产力来估价的。收获的种子进行品质分析，性状优良，产量高的，可认为是一般配合力高的自交系。

B. 顶交测验鉴定法——用综合性状好的品种与被测验种（自交系）1:1 种植，现蕾期用 0.16% 赤霉素处理测验系，即杀雄（如果被测验的自交系是用来选育不育系的，则应用赤霉素处理被测验种），通过蜜蜂或人工授粉，得到的种子，下年进行产量鉴定，收获的种子进行品质分析，表现优良的，说明一般配合力高。即一般配合力根据其种子产量和含油率评定的。

C. 用不育系测定——用配合力好的不育系与自交系 1∶1 种植，套袋隔离。给不育系授粉时，至少要用一个自交系的 5 个植株的花粉混合后进行。把不育系所结的种子收下，下年进行产量鉴定。产量高的说明其配合力高。这个方法较好，因为同时可进行恢复可育性鉴定。

二是特殊配合力测定：采用双列杂交法，根据一般配合力和抗病性鉴定结果，选出 10~15 个最好的品系进行人工杂交。用作母本的植株用赤霉素溶液杀雄，所结种子，下年进行产量鉴定和品质分析。表现优良者，认为是特殊配合力高的自交系。

3. 不育系的选育

当前，用胞质雄性不育系配制杂交种被认为是向日葵育种主要方向。这里主要介绍胞质雄性不育系的选育方法和途径。

（1）不育源的引用　引进现成不育系，再用优良品种或自交系进行转育（或直接利用），是既快又好的方法。1974 年，中国引入 1366 胞质不育系，以此为基础，各育种单位先后转育出一批新的不育系，并很快地开始了杂交种的选育，可以说 1366 胞质不育系的引入，对中国开展向日葵杂种优势利用的研究起了重要作用。现在已从美国、法国等国家引入新的不育系，杂交种的选育工作正在进行之中。

（2）回交转育　当前常用的一种见效快的方法。即以现有稳定的雄性不育系为基础，将优良品种或经过配合力测定的优良自交系转育成新的不育系。

选育方法是以现有稳定的不育系为母本，与经过筛选确认属于保持类型的优良品种或自交系进行成对杂交，然后在杂种一代中选择不育株和不育株率高的组合的不育株，用其父本进行回交，如此回交 6 代，即可育成新的不育系。

（3）杂交选育　选用具有某项所带特征的保持系或经过测交鉴定表现为不育类型的自交系（如果是品种最好经 2 年以上自交再用），进行人工杂交（即称保×保）。杂交组合要掌握少而精的原则。杂交后代进行单株选择并与生育期相同的不育系测交，在测交种鉴定中，选择不育率高，性状好的组合进行回交。如此继续选择与回交，直至全部性状稳定为止。

（4）远缘杂交　利用种间、属间或亲缘较远的品种（或类型）进行杂交和连续回交，用回交父本的细胞核取代母本的细胞核。法国最先育成的向日葵雄性不育系，就是用野生种（*H. petiolaris*）与栽培种（阿尔玛维尔）杂交获得的。这种杂交一般用野生向日葵作母本，栽培向日葵作父本，如果所用父母本染色体数目相同时，可对母本去雄后授粉，也可用赤霉酸杀雄，即当母本花蕾长有 1.5cm 时（即减数分裂前期）用浓度为 $0.5mg/3cm^3$ 的赤霉酸溶液喷洒。授粉时隔 1d 进行 1 次。授粉用的笔和器皿用漂白粉或 75% 的酒精消毒。种子单收，下一年在分离群体中选取不育性好的单株，用栽培父本回交，下年仍在分离群体中选取不育性好的单株用父本回交，如此回交到母本不育性稳定，形态特征与父本完全相似为止。在回交 2 代或 3 代时应进行抗病性鉴定。如果所用杂交亲本染色体数不同，F_1 不育（授粉也不易结实），可在减数分裂阶段，夜间用 $-30 \sim 3℃$ 低温处理，使其减数分裂阶段的温度处于激烈的变动中，这样可以得到可育后代。这种办法，用野生种获得抗原的抗病育种中已被采用。

为解决对病虫害的遗传脆弱性，育种家正在寻找新的不育源和相应的恢复基因。勒克莱尔格最近发现，在 *H. petiolaris* 的杂交中可找到第二个雄性不育胞质。在 *H. petiolaris*、大向日葵（*H. gigantens*）和马克西米氏向日葵（*H. maximiani*）的杂交中也发现具有胞质雄性不育性。

（5）人工诱变　用一定剂量的 γ 射线、中子等物理因素或化学药剂处理作物品种（或不育系，保持系），使其产生变异，可能出现不育株。将不育株授以邻近能育植株的花粉，再经多代回交就可以得到雄性不育系。

此外，由于天然杂交或自然突变，可能出现自然雄性不育株，注意发现也可利用。如山东昌潍地区的小麦潍型不育系，湖南水稻南新不育系等，就是利用自然不育株培育的雄性不育系。

4. 恢复系的选育

在栽培向日葵中，胞质雄性不育的完全育性恢复基因很少，大量的恢复资源存在于野生种中，因此通过种间杂交的方法，获得具有某种抗性基因的恢复系是一重要途径。在栽培向日葵中，要使显性恢复基因结合到父本恢复系中，可以用育成的自交系作轮回亲本回交，也可以用雄性可育杂交种，通过连续自交再从中分离出恢复基因纯合而其他性状较为理想的恢复系。下面介绍几种常用的选育方法。

（1）利用品种资源测定筛选　用稳定的不育系为母本，用现有品种（国内与国外的资源）作父本，分别与不育系成对杂交，然后检查杂种一代的育性。如果某品种与不育系杂交第一代育性正常，说明这个品种对该不育系有恢复能力。经复测一次，如果杂种结实率仍然正常，则这个品种即为该不育系的恢复系。中国育成的第一批向日葵杂交种中，白葵杂 1 号和辽葵杂 1 号的恢复系，就是用这种方法筛选出来并加以培育而成的。

（2）杂交转育　通过品种间杂交的方法，创造新的适应当地生产发展需要的恢复系。选育方法是采用一次杂交，系统选育的方法。把现有恢复系的恢复基因转移到杂种后代里。如用恢复系与恢复系（或优良品种）杂交，将两个以上的恢复系的恢复基因和优良性状，综合到一个品种里。这种方法可以选配多种组合方式，较易选出恢复力强，配合力高，农艺性状好的恢复系。一般从 3 代开始进行恢复力测定。方法是取当选系的单株的花粉与不育系成对测交，检查杂种一代的育性，恢复力表现好的，再复测 1 次，约经 5 ~ 6 代的选育，即可育成新的恢复系。

（3）回交转育　一种是以恢复系为母本，以生产上推广的优良品种为父本进行杂交，然后用生产上推广的良种为父本与 F_1 代的优良单株进行回交，回交同时进行测交，选择有恢复能力的材料进一步回交，这样连续回交 3 ~ 4 代后，再自交 2 ~ 3 代，即可育成新的恢复系。

另一种方法是把恢复基因结合到特殊配合力好的自交系中去。方法如下：先将自交系与一个不育系杂交，同时该自交系再与一个恢复系杂交，所得的 2 个 F_1 进行人工杂交，下一代可育株再用配合力好的自交系回交，后代可育株再连续回交，在此循环过程中，接受恢复基因的品系还可与其他的新类型杂交，然后再自交便可得到含有恢复基因，配合力好，并具多种特性的纯合子，即恢复系。

由测交种中分离选育用具有恢复基因的品系或群体与胞质雄性不育系杂交，所获得的杂种通过连续自交，可以分离出育性基因纯合而其他性状理想的恢复系。

（4）选育方法　不育系与恢复系（自交系或品种）杂交所得的杂种一代，生育期间选株套袋自交，在 F_2 代中，选择育性好的优良单株自交，如此进行到 F_4 代，在选择优良单株套袋自交的同时再与不育系进行测交，下年对测交种的恢复性、抗病性及配合力进行鉴定。其中恢复性好，其他性状优良的组合，再复配鉴定一年。两年恢复力及其他性状均好，该组合的父本株系即为新选育的恢复系。如果性状仍有分离时，可再自交两年。

（5）种间杂交选育恢复系　研究证明，野生种 *H. annuus* 和 *H. petiolaris* 中普遍存在恢复基因，野生种是向日葵胞质雄性不育恢复基因的丰富源泉。通过种间杂交的方法，可以获得具有某种抗性基因的恢复系。

选育方法可参照前面提到的种间杂交方法，在杂种后代的选择中要注意花粉量大，结实率高的株系。回交 2 代以后，用结实性好并具有抗病性的姊妹株杂交，进行 3～4 年再自交，然后用不育系测配，鉴定恢复性，再重复 1 次，恢复性稳定，其他性状具备，即可隔离繁殖。所得自交系还可与其他品种或自交系进行品种间杂交，以获得更多的优良性状。

5. 杂交种的选育

（1）选育标准　向日葵杂交种的选育目标在品种资源及育种目标和向日葵杂种优势利用的若干规律中作了原则论述，这里重点介绍与产量有关性状的选择标准。

向日葵籽实和油脂产量的组成因素有种植密度、果盘粒数、千粒重、容重、皮壳率和籽实含油率。如果向日葵种植密度达到 3 000～3 300 株/亩，果盘籽粒数达到 1 500 粒，千粒重达到 80g，容重达到 45～50g/100 ml，皮壳率为 20%～24%，籽实含油率达到 50%，那么每亩可获得 133.35kg 以上的油脂。选择具有上述性状的杂交种具体如下。①适于密植类型的选择标准：决定密度的主要因素是品种的生育期、株高和叶面积。要使密度达到 3 000 株/亩以上，则杂交种的生育期应是中早熟和中熟的（95～120d）；正常株高应在 160cm 以下，当密植时株高才能不超过 180cm；叶片中等大小，生理寿命长，顶部叶片成熟时尚有绿色，叶片之间要呈 90° 角分布，叶面具有轻微皱褶，叶柄短。②丰产型果盘的选择：果盘大小和形状，决定果盘的粒数、瘦果千粒重和容重。要获得每株 1 500 粒同时具有较高的千粒重和容重的杂交种，果盘应为中等大小，直径可在 20～25cm，表面微凸或稍平，这样的果盘输导组织可以分布到盘心，保证水分和养分的供应，不使盘心形成秕粒，又可得到容重和千粒重均高的籽实。杂交种苗期应具有适应外界不良条件的特性，可以保证花原基形成时，不致因不良的外界条件的影响而减少，保证有足够的子粒数。花盘成熟时要高于所有叶片，这样有利于干燥，不易感病，茎颈部组织要坚硬，不裂，花盘倾斜度最好 5 级，即花盘与主茎形成 270° 角。③抗旱性：干旱是获得高产的限制因素。杂交种要抗土壤干旱和大气干旱，抗开花授粉和成熟期的高温，所以要选择根系强大、粗壮、有效根系多，叶子蒸腾系数小的类型，从而能有效地利用土壤中的空气、水分和营养；要选择自交亲和力高的类型，以避免因高温干燥而授不上粉；要选早熟类型，3 个月能够成熟的杂交种抗御干旱的能力很强。④抗病性：杂交种必须对当地发生的主要病害具有抗性，才能保证高产稳产。野生资源可以获得高度抗病的亲本，目前一些国家用这种方法已经成功。选育过程中，注意选择叶片厚，有皱褶，绿色持续时间长的有抗病特性的后代。⑤ 抗虫性：向日葵螟（*Homoeosema nebulella*、Hb）是向日葵主要虫害，因此选择皮壳内具有硬壳层的类型，硬壳层对保证果皮必要的坚韧性和防止向日葵螟幼虫蛀食种籽。⑥高含油类型的选择：向日葵籽实含油量的提高，主要是通过降低皮壳率和提高子仁率取得的。南斯拉夫斯克尼奇认为，选择皮壳率24%，蛋白质22%时含油率只能达到54%。所以含油率指标应46%~54%。如果再提高含油率，只有再降低皮壳率，其结果会使硬壳层消失，失去抗虫能力。如果采用减少蛋白质来提高含油率则会使种籽生理平衡失调而降低品质。

（2）选育途径和方法　①引种鉴定现有杂交种：根据本地区的自然条件，栽培特点及耕作制度等，引入现成的杂交种，经鉴定后加以推广利用，对发展生产很有积极作用。在引种试种过程中，应注意以下几项工作：引种时应严格实行检疫，以免检疫对象（危险性病、虫害及杂草）传播蔓延；国外引进的杂交种鉴定，最好在隔离地区由专门机构负责进行，确定其没有检疫病虫害后，再进行其他试验；要与当地品种进行 2~3 年产量比较之后，确认该杂交种适于本地种植方可大面积推广。②利用引入不育系与自选恢复系选配杂交种。③利用引入恢复系与自选不育系选配杂交种。④结合不育系与恢复系的选育选配杂交种。⑤核雄性不育型杂交种的选育。⑥杂交种恢复性及主要性状配合力鉴定：选配的杂交组合，要进行恢复性及生产力鉴定，观察鉴定其是否符合选育目标。测配的组合播种时，行长不小于 5m，行数最好不要少于 3 行（父本可相邻种植作为对照以观察杂交种的优势表现）。生育期间进行恢复性观察，如果有花粉的植株数达90%以上，且花粉量大的组合，可以认为恢复性好。用株高、茎粗、果盘直径及产量来评价组合的配合力。用含油量、皮壳率及千粒重来评价组合的经济性状。在鉴定配合力同时，要另设一抗病鉴定圃，以鉴定杂交组合对当地主要病害的抗性。最后根据选育目标要求，综合评定，决定中选组合。

（3）杂交种的产量鉴定　①产量比较试验：经恢复性和主要性状配合力鉴定后中选的组合，可进行产量比较试验。要求采取随机排列，3~4 次重复，小区面积在 30m² 左右，以当地推广杂交种（或优良品种）作对照，试验结果要进行变量分析。这样经两年以上产量比较试验，表现优良的中选组合，进入区域试验。②区域试验：区域试验是对新育成或引进的杂交种（或品种）的生育特性，适应性、丰产性和抗逆性能进行观察鉴定的重要环节。通过区域试验可以确定新组合的适应地区，为新杂交种布局区域化提供科学依据。参加区域试验的新组合，必须经过连续 2 年以上完整的品种比较试验，在试验中表现丰产、品质好，抗逆性强或具有某种特殊的优良经济性状的组合，报省农作物品种审定委员会审议批准后方可参加。被批准参加区域试验的品种，由选育单位提供数量充足的无检疫病、虫的种子，拟定栽培要点和简要说明书，直接寄给承担区域试验单位。区域试验的对照种，要用统一规定的标准品种，所需种子，应由种子管理部门指定单位统一繁、制和供应。

田间设计采用随机区组法或对比法排列。随机区组法要求 3~4 次重复，小区面积应在 50m² 左右。试验结果应用变量分析法进行产量分析。对比法要求 2~3 次重复，小区面积不少于 60m²。两种设计方法的小区均不宜少于 8 行，计产时要去掉边行。根据气候变化情况和杂种表现，一般进行 2~3 年。第一年除表现特殊不良者外，一般不予淘汰，经 2 年试验，表现不良者可淘汰，表现优异者可结束试验。2 年结果有出入，可再进行 1 年试验，但不要超过 3 年。经过区试合乎标准的品种，即由选育单位向品种审定委员会提出申请参加生产试验。③生产试验：按规定完成区域试验年限并确认表现优良的组合，或经过 1 年以上区域试验表现特别优良的组合，经协作组讨论同意，省农作物品种审定委员会批准，可参加生产试验。生产试验可采用大区对比法，即与对照品种间隔种植，每组合试验面积不得少于 1 亩。生产试验一般可进行两年。试验中观察认为表现尚不够理想的组合，可延长生产试验 1 年。完成生产试验年限后，确认表现优良的组合，可按照规定，报请省农作物品种审定委员会审定命名和推广。

（四）中国向日葵品种演替

中国向日葵杂种优势利用的研究工作开始于 1974 年。中国农业科学院从加拿大引入了向日葵细胞质雄性不育系 13664 及保持系 1366B，于 1975 年成立了全国向日葵杂种优势利用研究协作组。吉林省白城地区农业科学研究所于 1977 年育成了向日葵细胞质雄性不育系 741024A 及保持系 741024B 以及恢复系矮 11，实现了油葵杂交种的三系配套。此后，国内各育种单位又育成了不育系 7611A、76055A 以及相应的保持系和恢复系辽 68、辽 181、内 5 等，向日葵三系的选育结束了中国没有向日葵三系的历史，为向日葵杂种优势利用研究的进一步提高奠定了基础。1979 年正式列入国家油料作物种植计划，成为油菜、花生、大豆之后的第四大油料作物。20 世纪 80 年代初期，全国育成并推广了第一批油用型向日葵杂交种白葵杂 1 号、辽葵杂 1 号、沈葵杂 1 号及内蒙古农业科学院育成的核不育杂交种 485A×7713。20 世纪 80 年代后期，又育成了第二批向日葵杂交种白葵杂 2 号、白葵杂 3 号、辽葵杂 2 号、内葵杂 1 号、内葵杂 2 号、龙葵杂 1 号、汾葵杂 3 号、汾葵杂 4 号等。至此，我国向日葵生产用种基本实现了杂交种化。

四、新疆向日葵种质资源

（一）资源概况

作物育种成效的大小，很大程度上取决于掌握种质资源的数量多少和对其性状表现及遗传规律的研究深度。品种资源是在长期自然选择和人工选择过程中形成的，它们携带着各种各样的基因，是品种选育和生物学理论研究不可缺少的基本材料来源。如果没有品种资源，作物育种工作就成为"无米之炊"，筛选和确定作物育种的原始材料，也是作物育种的基础。

新疆农业科学院经济作物研究所作、品种资源研究所拥有 3 907 余份向日葵"三系"材料，做了收集和整理工作。能否灵活地、恰当地选择育种的原始材料，受作物品种资源工作的广度和深度的制约，整理近 78 份野生资源和 63 份农家品种。其中，1 842 份油葵种质资源，这部分油葵资源主要来自自育的油葵资源，以及从国外油葵产区引进；2 065 份食葵种质资源主要来自转育的食葵资源，以及从国外食葵产区引进的食葵资源。近年来从国内（吉林、内蒙古、黑龙江、辽宁）、国外（美国、德国、法国、俄罗斯、塞尔维亚）先后引入了上百份材料，同时还利用新疆向日葵品种、品系以及国外的杂交种培育了一批新的自交系，已测定了部分不育系和恢复系的配合力，试配了一批杂交组合，积累了一定的经验，评选出几份较好的杂交组合。在同国内外同行交流过程中引入了抗斑病、抗菌核病野生种质资源材料，利用构建的抗菌核病基因，尝试进行了花粉管导入。新疆向日葵的种质源大体分为以下 5 种类型。

1. 地方品种

对于向日葵育种者来说，地方品种资源是非常重要的育种资源，因为当地群体大多对当地的环境条件（土壤环境、气候环境）具有非常好的适应性，而且其中一些对当地的一些病害具有较高的抗性，如黑龙江的地方向日葵品种"龙食葵 2 号"对当地的菌核病可以达到中耐程度。而随着近年来外地品种尤其是国外杂交种的快速涌入，地方品种受到了大量的冲击，如何利用和保护好地方品种也是育种工作者的重要任务。

2. 过时的品种

一些曾经的品种现在已经在市场上难以找到，因为在产量和品质上不及目前的向日葵品种。可是这些陈旧的品种可能含有育种者需要的某些性状基因，所以这些过时的品种也是重要的育种材料。

3. 生产中常用的品种

应用目前生产上常用的品种作为育种材料是非常简单和有效的手段，这些品种大多具有高产、优质、抗病等优点。

4. 育种品种

这些材料包括纯系、突变体、远缘杂交后代，还有利用基因工程技术获得的一些新材料。

5. 混合品种

在育种过程的开始阶段利用混合品种作为育种资源是非常有价值的。例如混合群体 CM303 就是一些著名的自交系的来源。利用混合品种的实质就是在开放授粉的条件下使各种基因型充分混合，以便创造一些具有新基因型的资源（例如抗病或者一些农艺性状）。

（二）新疆向日葵育种成就

新疆向日葵科研工作开始于 1978 年，目前已有 40 多年的历史，在这 40 多年科研工作中，先后从事向日葵育种工作的单位有新疆农业科学院经济作物研究所、新疆农垦科学院作物研究所、伊犁哈萨克自治州农科所、新疆昌吉州西亚种子有限责任公司、兵团康地农业科技开发有限公司、沙湾县农技中心、兵团农十师农科所等共计 7 家单位。目前，主要有新疆农业科学院经济作物研究所、新疆农垦科学院作物研究所、新疆昌吉州西亚种子有限责任公司 3 家单位从事向日葵科研工作。新疆向日葵科研单位于 1986 年育成了全区首个油用向日葵品种（新疆农业科学院经济作物研究所育成）。在首个品种育成之前，新疆向日葵品种比较混杂，向日葵生产老区 80% 的农民自留种子或串换留种。食用向日葵以农家品种"焉耆大白葵"和"拜城白葵花""三道眉"为主；油用向日葵以国外引进的"派列多维克"和"先进工作者"为主；油食兼用理以"匈牙利 4 号"为主。其中，油、食用向日葵混合产区农民自留的种子更为混杂，个别的产品几乎无法分辨品种和类型。1986 年"新葵 1 号"的育成，结束了新疆油用型向日葵品种一直沿用农家品种和国外引进油用种的局面。

新疆农业科学院经济作物研究所是省级向日葵专业研究所，多年来一直承担农业部、自治区科技厅和农业科学院多项课题。"七五"至"九五"期间重点进行了油用向日葵杂交种的选育工作，并相继育成登记了 7 个油用杂交种，目前矮大头 HZ001 是全区油用向日葵主栽品种。

1989 年至今，育成并登记新葵杂 2 号、新葵杂 4 号、新葵杂 6 号、新葵杂 8 号、新葵杂 10 号等等 10 余个向日葵新品种。近年来在全区食葵面积迅速扩大，列当大面积发生，抗列当食葵品种 XY2399 有望成为全区食用向日葵主栽品种，对食用向日葵生产及产业化起到一定的促进作用。

为适应全区食葵市场需求，2014 年后与西亚种业公司合作重点进行了食用向日葵品种和杂交种的选育工作，育成并登记了新食葵 8 号、新食葵 10 号、XY588、HZ003、优质抗列当食葵 XY147、XY1030、XY2399 等食用向日葵新品种。该系列新品种是利用国外资源的品质和地方资源的抗性及适应性，并利用区重病区的自然条件经过定向培育而成，是目前国内食用向日葵品种中子仁香甜，外观品质好，又适宜在国内食葵主产区种植的品种。

新疆向日葵科研单位于 1986 年育成并登记首个向日葵新品种至今共育成 35 个新品种，其中食用向日葵杂交种 10 个；油用向日葵杂交种 25 个。另外，由中国种子公司、华西种业、圣泽种子公司、安徽华夏种子公司、甘肃同辉种子公司等还从国内外引进一些向日葵品种。这些品种的育成、引进和推广对新疆向日葵生产起到了一定的促进作用，产生了较大的经济效益和社会效益，为发展新疆的向日葵生产作出了一定贡献。

（三）新疆向日葵品种演替

新疆种植向日葵始于 180 余年前，到 1974 年前都以农家嗑食品种为主，少有榨油，品种多为"焉耆大白葵""拜城白葵花"等。20 世纪 70 年代新疆从东欧引进油葵后大规模的种植品种为"派列多维克""先进工作者""匈牙利 4 号"等。

新疆农业科学院经济作物研究所于 1986 年育成新疆第一个油葵品种"新葵 1 号"。新疆农垦科学院作物所利用从沈阳农业科学院引进的美国油葵资源细胞质雄性不育系 HA89A 及保持系 HA89B 育成了第一个新疆油葵杂交种"新葵杂 2 号"，后又育成"新葵杂 4 号"。在这期间新疆沙湾县农业技术推广中心选育出油葵杂交种"新葵杂 3 号"，从 1986 年到 1996 年期间新疆都用的是自育的油葵杂交品种。1996 年新疆兵团种子公司（新疆康地种业的前身）从美国迪卡公司成功引进 G101，至此到 2002 年都是 G101 作为主栽品种，这期间新疆农业科学院经济作物研究所育成了新疆第一个油葵复播杂交种"新葵杂 5 号",在全国大面积推广。在当时新疆的油葵育种水平和品种推广面积都是全国最大的,并始终走在全国的前列。2002—2008 年新疆华西种业从德国 KWS 公司引进油葵 KWS303 和瑞士先正达公司 S606,昌吉西亚种业公司从美国胜利公司引进的第一个油葵矮大头品种 567DW 对新疆油葵新品种选育造成很大压力。

2008 年后,新疆农业科学院经济作物研究所采取了大量引进消化式育种方法,依托自身科技优势,同新疆昌吉西亚种子有限责任公司开展合作研发,形成了育、繁、推、销一体化产业向日葵种业模式。又先后育成了新葵杂 7 号、新葵杂 18 号、新葵杂 23 号、伊葵杂 1 号、伊葵杂 3 号、矮大头 HZ001 等 6 份油葵杂交种;新食葵 8 号、HZ003、XY588、XY147、XY1030、XY2399 等 6 份食葵杂交种。累积推广 780 余万亩,为国家创造价值 3.8 亿元的社会效益。新葵杂 5 号的育成,填补了新疆没有复播油葵杂交种的空白,提高了北疆的复种指数;矮大头 HZ001 成为全国油葵的主栽品种;XY147、XY1030、XY2399 为国家登记的抗列当食葵杂交种。至此,新疆向日葵生产用种基本实现了自育杂交化。

(四) 新疆向日葵品种名录

1. 新疆油用向日葵杂交种育种名录

新疆自 1986—2018 年共引进育成近 30 个油葵品种。其中在生产上推广和有影响的油用向日葵杂交种 7 个 (表 2-2),其中 5 个油用向日葵杂交种由新疆农业科学院经济作物研究所独立或与新疆昌吉州西亚种业公司合作育成;6 个油用向日葵杂交种由新疆农垦科学院作物所育成;新疆沙湾县农业技术中心育成 1 个。其余的新疆兵团种子公司引进 1 个;内蒙古天葵种业公司引进 1 个;新疆华西种业引进 1 个;中国种子集团公司引进 1 个;新疆昌吉西亚子有限公司引进 1 个。这 16 份油葵杂交种中,"新葵 1 号"是新疆育成第一个油葵品种;"新葵杂 3 号"是新疆第一个自育油葵杂交种;"新葵杂 5号"是新疆第一个早熟油葵杂交种;"G101"是新疆审定后在全国推广面积最大的油葵杂交种;"KWS303"是新疆审定后推广时间最长的油葵杂交种;"新葵杂 4 号"是新疆自育油葵影响力最大的品种;矮大头 HZ001 是新疆自育的第一个矮化油葵杂交种,截至目前仍是新疆乃至全国油葵的主栽品种之一;早熟矮大头 6K132 是全国唯一的一个特早熟矮化油葵杂交种 (生育期 73~82d)。这些品种都为新疆的油葵生产,甚至全国的油葵生产贡献过巨大的贡献。

表 2-2　新疆历年育成具有一定影响力的油葵品种 (向理军, 2019)

序号	品种名称	原代号	育成单位	审(认)定省份及年份
1	新葵 1 号	770160	新疆农科院经济作物研究所育成	1986 年/新疆
2	新葵杂 2 号	HA89×106-2	新疆农垦科学院作物所引进	1992 年/新疆
3	新葵杂 3 号	88901A×88108R	新疆沙湾县农业技术推广中心育成	1992 年/新疆
4	新葵杂 4 号	HA89A×7961-2 甲	新疆农垦科学院作物所育成	1993 年/新疆
5	新葵杂 5 号	9311A×9309R	新疆农科院经济作物研究所育成	1996 年/新疆

（续表）

序号	品种名称	原代号	育成单位	审（认）定省份及年份
6	新葵杂 6 号		新疆农垦科学院作物所育成	1997 年/新疆
7	新葵杂 7 号	9317	新疆农科院经济作物研究所育成	1997 年/新疆
8	G101	Dkg101	美国迪卡种子公司育成中国种子公司和新疆兵团种子公司引进	1994 年/新疆
9	KWS303	KWS303	德国 KD 种业公司内蒙古天葵种子公司引进	2000/新疆
10	S606	X0012A×F20	瑞士先正达中国投资有限责任公司育成新疆华西种业引进	2007 年/新疆
11	TO12244	TO12244	瑞士先正达中国投资有限责任公司育成中国种子集团有限公司引进	2006 年/新疆
12	新葵杂 18 号		新疆农科院经济作物研究所育成	2007 年/新疆
13	新葵杂 10 号	AR7-5150	新疆农垦科学院作物所育成	2006 年/新疆
14	矮大头 567	567DW	新疆昌吉州西亚种业公司引进	2007 年/新疆
15	新葵杂 22 号	AR5-0306	新疆农垦科学院作物所育成	2010 年/新疆
16	矮大头 HZ001	HZ001	新疆农科院经济作物研究所昌吉西亚种业有限公司育成	2007 年伊犁审定、2018 年农业部登记
17	早熟矮大头 6K132	6K132	新疆农科院经济作物研究所昌吉西亚种业有限公司育成	2008 年伊犁审定 2010 年新疆认定

2. 新疆油用向日葵杂交种育种名录

新疆 2003—2018 年共引进育成登记食用向日葵杂交种近 20 个。其中有一定影响的有 13 个品种（表 2-3），这 13 个品种中，新疆农业科学院经济作物研究所与新疆昌吉西亚种子公司联合育成 5 个；新疆农垦科学院作物所育成 1 个；新疆兵团康地种业育成 2 个；北京凯福瑞种业公司引进 1 个；内蒙古三瑞农业科技开发公司引进 2 个；北京金色谷雨种业引进 1 个；安徽华夏种业引进 1 个。这些食葵杂交种大多为新疆和全国的食葵生产作出过一定贡献。

表 2-3　新疆历年育成具有一定影响力的食葵品种（向理军，2019）

序号	品种名称	组合	育成单位	审（认）定省份和年份
1	新食葵 1 号	KD001	新疆康地种业育成	新疆康地种业育成
2	新食葵 2 号	KD002	新疆康地种业育成	新疆康地种业育成
3	LD5009		北京凯福瑞种业有限公司引进	2005 年/新疆
4	X3939		金色农华种业公司引进	2007 年/新疆
5	新食葵 7 号	AR6-5650	新疆农垦科学院作物所育成	2007 年/新疆
6	新食葵 8 号	XY8318	新疆农科院经济作物研究所昌吉西亚种业有限公司育成	2012 年/新疆

（续表）

序号	品种名称	组合	育成单位	审（认）定省份和年份
7	SH363	A463×R1843	美国 GENOSYS. LLC 公司育成内蒙古三瑞农业科技开发公司引进	2011 年/新疆
8	SH361	A436×R06-1264-1	美国 GENOSYS. LLC 公司育成内蒙古三瑞农业科技开发公司引进	2011 年/新疆
9	JK601	07057A×FE44R	吉林省白城市农业科学院安徽华夏种业引进	2012 年/新疆
10	XY588		新疆农科院经济作物研究所昌吉西亚种业有限公司育成	2018 年/农业农村部等级
11	XY147	A1×147R	新疆农科院经济作物研究所昌吉西亚种业有限公司育成	2019 年/农业农村部等级
12	XY1030	A1×1030	新疆农科院经济作物研究所昌吉西亚种业有限公司育成	2019 年/农业农村部等级
13	XY2399	A1×2399	新疆农科院经济作物研究所昌吉西亚种业有限公司育成	2019 年/农业农村部等级

（雷中华、黄启秀、李艳娥）

第三节　向日葵生长发育

一、生育进程

（一）生育期

生育期是指在正常播期条件下，从播种后种子萌发、出苗至成熟的经历天数，它是一个完整的生活周期，其长短用天数表示。生育期是向日葵的主要性状之一。它关系着品种的选育、选用、品种的适宜区域以及在耕作制度中的位置等。在向日葵众多的品种中，根据生育期长短，分为极早熟种（生育日数 85d 以内）、早熟种（86～100d）、中早熟种（101～105d）、中熟种（106～115d）、中晚熟种（116～125d）、晚熟种（126d以上）。

向日葵是短日照植物，但不同品种类型对光周期的反应又是不完全相同的。播期效应在向日葵上表现非常明显。播期不同，就其实质而言是光周期和温度的差异，而光周期的影响是主要的。同一品种在同一地点种植，与春播相比，夏播的生育期大为缩短。向日葵夏播生育期缩短主要是缩在出苗至现蕾的营养生长阶段，而生殖生长阶段仍保持相当的时间。

（二）生育时期

在连续、完整的生长发育过程中，根据植株形态变化，可以人为地划分为一些"时期"。向日葵的生育时期与物候期的含义有相近之处，但又有区别。物候期偏重于指呈现某种征候的时间，而生育时期则主要是指某种形态特征出现后持续的一段时间。

向日葵的物候期，是在向日葵的一生中，其外部形态会出现若干次显著的变化。对品种和育种材料的重要性状及其生长发育动态做出评判，按照植株的生长发育进程采取适当的栽培措施，根据外部形态的显著变化，一般把向日葵的一生划分若干个物候期是十分必要的。向日葵从出苗到生理成熟经历日数之多少即生育期的长短，它因品种特性、种植地区、栽培技术、气候条件等不同而差异很大。食用类型、晚熟品种、高纬度地区、春季早播、水肥充足、气温较低的情况下，其生育期较长；反之，则较短。食用型品种以"三道眉"为例在太原地区的生育期为110~120d；油用型品种以墨葵为例春播生育期为100~110d，夏播生育期为95d左右。

同一品种种植在不同地区的生育期长短差别很大。例如，白葵杂1号杂交种的生育期，在黑龙江省呼兰市及内蒙古呼和浩特市等地种植需123d，在吉林省白城市需115d，在新疆沙湾市需113d，在山西省汾阳市需108d，在辽宁省沈阳市需89d，在山西省定襄县需83d，在山东省广北农场需79d。同一品种在同一地区因播种期不同其生育期也不同。据河北省沧州地区农业科学研究所观察，"派列多维克"品种在2月下旬播种的生育期为104d；4月中、下旬播种的生育期为90d；6月上旬播种的生育期仅为75d。生育期长短的差异主要表现在营养生长阶段，播种期早的营养生长期较长，生殖生长阶段的差别较小。例如，从出苗到现蕾经历的日数，早播和晚播的相差21d，从现蕾到成熟早晚相差仅2~3d。种植密度对向日葵生育期及各物候期都无影响或影响轻微。同一品种同期播种，不同密度的群体植株基本上同期现蕾、开花和成熟。向日葵的生育时期可分为如下阶段。

1. 播种期

播种的日期，以年月日表示。

2. 出苗期

整个小区75%幼苗子叶出土平展的日期（图2-17）。

图 2-17　向日葵出苗期和现蕾期（崔良基，2012）

3. 现蕾期

整个小区75%植株主茎花蕾直径达1cm的日期（图2-17）。

4. 开花期

整个小区 75%植株主茎花蕾的舌状花完全展开的日期（图 2-18）。

图 2-18　向日葵开花期和盛花期（崔良基，2012）

5. 盛花期

整个小区 75%植株主茎花蕾的管状花完全开放的日期（图 2-18）。
同一花盘开花持续时间为 8~10d。具体进程如图 2-19 所示。

开花期　　　开花后 2d　　　开花后 4d　　　开花后 6d　　　开花后 8d

图 2-19　开花进程（崔良基，2012）

6. 成熟期

整个小区 90%植株籽实（种子）成熟的日期。籽实成熟的标准是花盘背面和茎秆上中部变成黄白色，叶片出现黄绿色；籽实充实，外壳坚硬，呈现固有色泽（图 2-20）。

图 2-20　向日葵成熟期（崔良基，2012）

国内外不同研究者划分向日葵物候期的标准不尽相同。例如，Schneiter 和 Millet (1981) 对植株各物候期划分标准如下：出苗达 90% 为出苗期（维生素 E），可见蕾达 50% 为现蕾期（R_1），开花达 50% 为开花期（R5.1），90% 达生理成熟则为成熟期（R_9）。

各生育时期植株的形态特征及田间记载标准。据梁一刚等（1984）以"墨葵"为试材所进行的观察，当播种层地温为 20℃、土壤含水量为 18% 时，向日葵种子在播后第 2~3d 皮壳尖端即可张开，露出胚根白尖；第 4~5d，胚根长 3~4cm，在胚根与胚茎交界线以下出现密集的根毛；第 6~7d，弯曲的茎颈部接近地面；第 7~8d，茎颈部开始顶土，随着胚茎伸长，子叶被带出地面，即为出苗。当"墨葵"长到 25 叶左右、株高 70cm 上下时，植株顶部出现被尖形小苞叶围绕的星状体—花蕾，直径约 1cm 时，植株进入现蕾期。食用品种"三道眉"在株高 120cm、34 片叶左右、苗龄 50~60d 时进入现蕾期。

现蕾后，随着茎颈部伸长，将花蕾托出，大约经 20d 左右，花盘长大，盘心逐渐外露，舌状花和管状花相继开放，进入初花期。从现蕾到初花约 20d，是株高增长极快的时期。花盘直径也从 1cm 迅速增大到 9~10cm。从初花到花盘定形经 15~20d，增长最快时每日盘径可扩大 0.9~1.0cm。管状花授粉受精后即进入籽实灌浆期。灌浆期约持续 30d 左右（因品种而异）。紧随灌浆期之后，向日葵逐渐进入成熟期。

二、环境条件对向日葵生长发育的影响

（一）自然生态条件的影响

向日葵品种间生育期的差异主要是由遗传因素决定的，环境因素对之有一定的影响。环境因素中温度起主导作用。高纬度地区、早期播种、多雨年份等都因气温较低而使生育期延长。因为向日葵生育期间要求的有效积温相对稳定，积温不够就不能从前一生育阶段过渡到下一个生育阶段。气温低时，必须延长其营养生长期才能满足它向生殖生长转化所需的有效积温，因而延长了生育期。

1. 温度的影响

（1）种子萌发和出苗的三基点温度 所谓三基点温度即最低温度、适宜温度、最高温度。

向日葵开花至生理成熟阶段虽然需要较高的温度，但高温不能伴随着高湿。如果气温高于 40℃，同时相对湿度达到 90% 则生长停止，而且招致叶斑病、锈病的大发生。气温 40℃ 与相对湿度 90% 是向日葵生理成熟前半个月内所能忍耐的极限。但若气温高而湿度低则能适应，例如气温高达 50℃ 而相对湿度仅 30%~55% 时，可借叶片蒸腾作用调节体温，仍能进行正常生理活动。开花至生理成熟期较大的昼夜温差有利于油分的积累。白天温度高光合作用强，夜间温度低，呼吸作用弱，可减少能量的消耗。同一品种在呼和浩特表现含油量较高，可能与当地昼夜温差较大有关系。向日葵各生育阶段所需要的有效积温相对稳定，受地理、年度、气候等环境因素的影响较小。在生育中期如遇低温，昼夜温差比大于 2：1 时，可能减少有效积温，从而降低产量和含油量。一般油

用品种各生育阶段所需5℃以上的有效积温为：从播种到出苗110~120℃；从出苗到现蕾约640℃；从现蕾到开花约340℃；从开花到成熟约760℃。从出苗到成熟共需有效积温1 740℃。食用品种需要的有效积温比油用种高。同一品种在不同环境中，从出苗到现蕾以及从现蕾到开花所需有效积温基本稳定，变动甚微。前一个生育阶段的有效积温未满足时就不能进入后一个生育阶段。例如同一品种，播种期不同，出苗期不同，而现蕾开花期则基本同时出现，其间经历的日数可能相差很多，而有效积温则基本一致。就是说，早播种的虽然出苗较早，但因早期气温低，有效积温不足，最终不能早现蕾早开花。从开花到生理成熟所需有效积温却可能增减，如果在生理成熟前半个月出现高温干旱气候有催熟作用，则其有效积温就有所减少，反之则有所增加。

（2）积温效应　　不同的作物有不同的有效积温起始点，向日葵5℃以上是向日葵种子萌发所需有效温度的起点，从播种到出苗所需有效积温约为110~120℃；从出苗到现蕾历时40余天，需5℃以上有效积温约640℃；从现蕾到初花期约经20余天，需有效积温340℃左右；从开花到成熟所需有效积温约为760℃，如果生理成熟前出现高温有催熟作用，则有效积温有所减少。

（3）温度对植株生长发育和产量的影响　　杜红等（2012）采用春播和夏播两种不同播种方式，每隔10~15d取样，每处理取30株考种。结果是温度对油葵苗期长短及植株生长发育速度影响极大。5cm日平均地温与油葵发芽出苗天数呈幂函数关系；温度对油葵株高、茎粗和叶片数都呈直线形增长，但温度过高对油葵授粉灌浆不利；在油葵产量构成因素中，单盘粒数对油葵产量影响不大，千粒重与空壳率则是影响产量的重要因素。试验研究确定了油葵适宜栽培地区、适宜播种期，使其前期生长发育处于温度适中，后期气温充足，才能获得高产。

向日葵对温度的适应性较强，既耐高温又耐低温，这是它能广泛地分布在世界各地的原因之一。向日葵种子在一定温度条件下-2~4℃时开始膨胀萌动，4℃即能发芽，5℃时可以出苗，8~10℃即能满足正常发芽出苗的需要。幼苗耐寒力较强，可经受几小时-4℃的低温，低温过后仍恢复正常生长。1980年5月中旬寒潮侵袭山西汾阳地区，地表气温下降到-4.4℃，历时数小时，棉苗冻死70%~80%，向日葵仅冻死2.8%~12%。内蒙古自治区西部1977车5月中旬霜冻，地表温度下降为-9℃，向日葵幼苗受冻后仍能发出新的枝杈。资料报道，向日葵幼苗在-6℃时仅叶片边缘受冻，而不至破坏生长点，-7℃时还能活10分钟。但在2对真叶期如果气温降低到5~6℃则停止生长。向日葵苗期抗冻的特性使它能适应早播而借以提高产量。向日葵结实时期能抗御早霜侵袭，据在山西忻定盆地观察，当9月下旬早霜降临，高粱、玉米、谷子等作物已受严重冻害，夏播的向日葵仍能维持生育。所以在无霜期140d以上的地区，麦收后夏播向日葵可以成熟。

2. 光照的影响

（1）光周期（日长）的影响　　向日葵属于短日植物。花芽分化和开花需要短日条件。但在不同地区和播种季节，对长日光周期条件的敏感程度也存在品种间差异。向日葵是喜光作物，其幼苗、叶片和花盘都有强烈的向日性，头部向着太阳目标转，在纬度较高的地区早晨向东、中午向南、傍晚向西，在低纬度地区早晨向东、中午向上、傍晚向西。这种现象称为向性运动，在苗期和蕾期尤为明显。向日葵虽然属于短日照作物，但在世界各地不同日照条件下种植多年以及选择培育的结果，光照特性已有所改变。一般种对日照反应不敏感，特别是早熟品种，只有在长日照的高纬度地区才有较明显的光周期反应。光照为向日葵生长发育所必需。光照充足，生育前期能促进幼苗生长，生育中期能使茎叶繁茂，促进花盘发育，生育后期利于籽实灌浆和油分积累。向日葵的边际效应是比较突出的。这除营养因素外，很大程度上反映了光照的起作用。据聂文权（1989）介绍，Robinson（1978）认为向日葵属于对光周期不敏感类型，可以在较大的日照范围内开花。Dyer 等（1959）、Robinson（1971）和 Doyle（1975）曾报道，向日葵是定量的短日照反应类型。汪景宽（1990）在介绍向日葵基因型对光周期和田间温度反应的报道中，介绍了 Goyne 等的试验。研究结果获得了光周期在 14.5~16.2h 范围内的资料。对于向日葵，无论光周期长短，生长发育模型仅用温度一项即可建立。

（2）光照对向日葵生育的作用　光照为向日葵生长发育所必需。叶片、总苞叶等绿色器官吸收阳光能量，经过复杂的生理生化过程进行光合作用，同化二氧化碳和水，产生有机物质供应植株生育。在一定光强的范围内，随光照强度的增加，向日葵叶片光合作用的强度也增加，吸收二氧化碳的量也大幅度增加。向日葵生育前期充分的光照能使茎叶繁茂，促进花盘发育；生育后期晴朗的天气，充足的光照有利于籽实灌浆和油分积累。生产上常看到边行植株生长健壮而增产显著，边际效应表现突出，除营养因素外，在很大程度上反映了光照对向日葵生育的重大作用。

（3）向日葵对短光照的生态反应　向日葵虽然属于短日照作物。但在世界各地不同日照条件下种植多年以及选择培育的结果，其光照特性已有所改变，有些品种已成为中性日照作物。一般品种对日照反应不敏感，特别是生育期较短的早熟品种更不敏感。只有在日照特长的高纬度地区才有较明显的光周期反应。

（4）向日葵叶片对弱光照的反应　据澳大利亚 Rawson 等（1981）试验，苗期将光照强度由 100%减弱至 50%及 20%时，在第 10 片叶以后发生出叶延迟现象，但未影响单株叶片总数。光照强度减弱到 20%时，中部叶片（第 14~24 叶）的叶面积明显缩小，随叶位增高则其影响增大。减弱光照强度时降低了叶重比，光照强度为 100%、50%、20%，其叶重比分别为 5.89mg/cm、4.47mg/cm、3.46mg/cm，差异显著。进而影响叶干重及籽实产量。

（5）向日葵的向阳性及其原因　向日葵幼苗、叶片、花盘都有强烈的向阳性，头部向着太阳旋转。在纬度较高的地区早晨向东、中午向南、傍晚向西，在低纬度地区早晨向东、中午向上、傍晚向西。白天头部倾斜度大于 25°，夜间小于 25°，仲夏的中午和午夜其倾斜度接近于 "0"。这种现象称为向性运动。从子叶期就能轻微的观察到，苗期和蕾期则更明显，直到大部分管状花受精后籽实逐渐充实，花盘越来越重，重力超过转动力时，花盘就向东方或东南方呈不同程度的倾斜或下垂，并不再转动。成熟时花盘倾斜方向一致，有利于机械化收割。

向日葵向光旋转的原因，有不同解释。大多数学者是从向日葵茎上部含有较多的植物生长素，受光照刺激发生变动的角度来分析。有人认为，向日葵体细胞里所含的胡萝卜素和类胡萝卜素对光反应敏感，植株顶端在阳光刺激下生长激素的分布发生改变。向阳的一面产生阴电荷，背光的一面产生阳电荷，极化作用使带有阴电荷的生长激素趋向于带有阳电荷的细胞，则背光面生长素增多，细胞伸长量大，生长较快。向阳面生长素少，细胞伸长量小，生长较慢，头部就向有光方向弯曲。Thronton（1967）介绍说，当阳光照射到茎部顶端时，向光面茎内的生长素在光的作用下减少了纵向运输，增强了横向运输，使茎内背光面的生长素含量激增，促进其茎细胞分裂与伸长加速，长度增长较快；而向光一侧的茎组织由于生长素含量锐减，几乎停止伸长或伸长量较少。茎两侧的伸长差异至花盘向光照方向倾斜。随着太阳位置的移动，生长素在茎上部的横向运输也相应改变，致使植株上端倾斜方向始终向着太阳。有人认为，除由于吲哚乙酸（IAA）在茎中分布不匀这一因素外，光照量的差异还直接影响了某些酶类的活性与一些有机物质的合成，进而影响茎两侧细胞的分裂速度。还有人持相反的解释，即光照引起生长素运输障碍，其移动速度虽不受影响，但在受光面吲哚乙酸的转移量却显著下降。积累在受光面的生长素过量，反而抑制了细胞的分裂与伸长。以上几种说法都是基于光照使生长素在茎中分布不均匀，异致茎细胞分裂与伸长速度的差异，造成茎上部向光照方向弯曲。Lam与Leopold（1966）观察到向日葵幼苗的子叶和胚茎同时置于阳光照射下也发生向阳光弯曲现象，如果只让胚茎部暴露在单向光下，头部并不发生弯曲现象。假若将两个子叶中的一个遮光，茎就向不遮光而受光照的方向弯曲。

早在19世纪末，生物学家达尔文通过实验证明，植物茎尖和胚芽鞘的向光性反应十分明显，如果将尖端剪除，其朝向单侧光向光弯曲便明显减弱或消失。说明这个部位与向光性有密切的关系。20世纪20年代提出的Cholody-Went模型认为，植物激素生长素（吲哚-3-乙酸，IAA）在向光和背光两侧分布不均匀，造成了向光性反应。有实验证实，生长素在10分钟之内，可使生长速度增加5~10倍，它主要通过增强细胞壁延展，使之松弛，促进生长。在光的作用下，植物体内的生长素开始再分配：背光的一侧生长素增加，受光的一侧生长素相应的减少（其总量未变）。这样一来，背光的一侧生长加快，而受光的另一侧生长缓慢，便出现"光弯曲"。有测定结果表明，植物的向光性还与细胞溶液中的溶质钾离子（K^+）有一定的关系，K^+控制叶枕的运动细胞，引起叶片的向性。从光源的角度来说，诱导向光弯曲的最有效光谱是波长为400~500nm的蓝光，植物的各器官在蓝光的作用下由非活性状态变为活性状态，而在非蓝光下，又由活性状态变为非活性状态。向光性是一种光形态建成的反应，也是一种适应性反应，植物器官与光源相垂直，对于光合作用和其他生理过程应当是有利的。

在新疆，利用"新葵杂5号"既可以春播又能在夏季进行复播这一例子可以看到，"新葵杂5号"在春播时生育期为95d左右；而在夏播时仅85d左右就成熟了，说明在"新葵杂5号"由营养生长向生殖生长转换期为6月期间，这一时间是全年日照最长的时间；而复播"新葵杂5号"是7月上中旬种植，营养生长向生殖生长转换期为9月期间，这时白天日照时长要比6月时短许多，因为向日葵是短日照植物，因此，对复播种植的向日葵由营养生长向生殖生长是有利的，所以，复播的"新葵杂5号"表现为提前成熟。

（6）光照强度的影响　向日葵是喜光作物。当它被遮阳或者遇到阴天时，其生长和发育即受影响。总体来说，良好的光照是向日葵健壮生长、开花结实的必要条件。

从另一方面来说，向日葵还能有效地利用漫射光和散射光。在种植密度较大，或者在与其他作物间作、套种的条件下，群体冠层顶部和上部叶片吸收红、橙色光较多，而留给中部和下部叶片的光多为蓝紫光。叶绿素对光波的吸收区有两处：一处在波长为640~660nm的红光部分，另一处在波长为430~450nm的蓝紫光部分。叶绿素自身又有叶绿素a和叶绿素b之别。Zschcile等（1941）证明，叶绿素a吸收红光部分较多，而叶绿素b则吸收蓝紫光部分更多些。向日葵植株高、叶片大，群体内上部直射光多，群体中下部散射光多。就整个群体而言，光照可能被有效利用。当然，关于向日葵对光的利用，还有许多方面值得进一步深入研究。

（7）光质的影响 不同光质对向日葵生长的影响不一样，有利的光质能够促进向日葵的生长发育。因此，光质对光合强度的影响不容忽视，并不是照射到向日葵叶片上的所有可见光都可被吸收利用，仅有红光和蓝紫光部分才能被向日葵的叶绿体色素所吸收利用，其他波长的光则多被反射或透过。Воскресенская.（1960）测定，向日葵叶绿体色素在红光下合成碳水化合物较多，而在蓝光下合成蛋白质较多（表2-4）。

表2-4 光质与叶中碳水化合物及蛋白质合成的关系（mg/315cm）

（H. Ⅱ. Воскресенская, 1953）

光质	碳水化合物	蛋白质
红光	24.0	−2.8
蓝光	15.2	6.4
红光	25.6	22.0
蓝光	12.4	36.8

不同光质下向日葵叶片的叶绿体积累强度（相对数）不等。如以白光为100，则红光的积累强度为104.7；黄光为101.3，绿光为94.6，蓝光为97.9。说明向日葵对红光与蓝光的专一性还是较差的。向日葵在白光F100株的绝对干重增加6.65g（以此为100），红光下为5.94g（89.2%），蓝光下为5.68g（85.35%）。张欢等（2012）采用发光二极管（light emitting diode，LED）精确调制红光（630±20）nm的光强及光周期，研究不同光周期LED红光对油葵芽苗菜生长和品质的影响。结果表明，随着光周期从0延长至12h/d，油葵芽苗菜下胚轴长显著降低，子叶面积显著增加；而随着光周期从0延长至16h/d时，芽苗菜叶绿素和类胡萝卜素含量显著提高；全株鲜质量和淀粉含量在光周期为16h/d时均有显著提高；维生素C的含量随光周期延长呈现逐渐提高的趋势，而游离氨基酸含量、SOD和CAT活性均呈现降低趋势。总体上，红光光周期设置在16h/d时有利于促进油葵芽苗菜生长和部分品质改善。邢泽南等（2012）采用发光二极管（light emitting diode，LED）调制光谱能量分布，以荧光灯作为对照，研究光质对油葵芽苗菜生长和品质的影响。研究表明，光照强度23 μmol/m²/s、光周期14 h/d和温度（25±2）℃的条件下，红光处理显著提高子叶面积、下胚轴直径、淀粉含量、叶绿

素总量/类胡萝卜素含量,与其他光质处理相比,红光下油葵芽苗菜叶绿素 a、叶绿素总量和类胡萝卜素含量显著提高;蓝光显著提高芽苗菜干物质、可溶性蛋白含量及 POD、CAT 活性;黄光对根长有抑制效果,而对游离氨基酸的积累有促进作用;UV-B 辐射显著提高下胚轴长度和 SOD、CAT 的活性。综上所述,红光照射有利于油葵芽苗菜生长及品质提升。

3. 水分的影响

(1) 向日葵需水状况 向日葵植株体内含水量较多,约占植株鲜重的 75%~95%,苗期、蕾期、花期、灌浆期的含水量较大,成熟期含水量下降。土壤中水分减少时叶片含水量显著低。叶片含水量低于 75% 时便呈现缺水现象,缺水到 26% 时接近萎蔫系数值。

向日葵蒸腾系数即每生产一个单位干物质所消耗的水分量,其幅度为 440~705。总的趋势是认为向日葵植株高大、叶片宽大而多,在旱田作物中其蒸腾系数较高,因之,人们把它列为需水作物。各个生育期的需水量有显著差异,种子发芽需水量为种子风干重量的 56% 左右,出苗至现蕾需水量占全生育期中总需水量的 19%,现蕾至开花需水量占 43%,开花至生理成熟需水量占 38%。其中从现蕾到开花结束仅 26~28d,耗水量却占总需水量的一半,是耗水最多的时期。种子成熟前的需水量尽管较少,但对籽实产量及含油率的影响却很明显。

(2) 向日葵抗旱形态特征 虽然向日葵生育过程中需水量较多,但仍具有较强的抗旱力。这是因为向日葵的根系十分发达,根系风干重约占整株风干重的 30%,下扎很深,分布很广,吸收力很强,既能吸收浅层土壤水分也可以从深层土壤中吸收较多的水分,又有气生根,还增强了需水高峰期的吸水量。不但能够补充蒸腾作用失去的水分,还能较好地维持体内水分的动态平衡。苗期根系生长快,早期具有较强的抗旱能力。叶片上布满茸毛并覆有蜡质层,增加了对光的反射率,可减少水分散失。茎中海绵状的髓可贮存水分,有利于体内水分的调节。所以能承受较大程度的土壤干旱和空气干燥。

(3) 向日葵抗旱生理 从生理上分析,向日葵的抗旱机理主要是它具有较强的吸水能力 (开源) 和保水能力 (节流)。水分亏缺时光合作用强度降低的幅度较小,复水后合成活动能力恢复速度较快。

用蒸气压法测得向日葵根部细胞的渗透势为 -19.6bar (高粱为 -12.3~12.5bar,玉米为 -10.3~-12.3bar),表明其水势低,可从土壤中摄取较多的水分。伤流试验也证明,向日葵的伤流量是旱田作物中较多的作物 (Bowling, 1973)。抗旱试验证明,荞麦在水分损失 57% 时即有一半叶子死亡,而向日葵在水分损失 87% 时才有一半叶子死亡。当因水分亏缺而使光合作用停止进行时,向日葵叶片含水量已接近玉米叶片的致死含水量。充分说明其保水能力和耐旱能力甚强。试验证明,叶部缺水 20% 时,向日葵的光合强度仅下降 20%,同样情况下玉米的光合强度已下降 50%。当向日葵因水分胁迫而使光合强度降低 50% 时,玉米的光合作用已基本停止,光合强度为 "0" (牛岛中广, 1967)。因而向日葵遭受干旱时,单位叶面积光合产物的剩余量较多,受旱减产的幅度较小。说明向日葵在干旱情况下对水分亏缺的反应迟缓,其净光合生产率较一般作物高。受旱作物复获水分以后，生理活动的恢复速度与恢复水平，尤其是光合作用的恢复程度对有机物质的生产和积累影响很大，也是权衡作物抗旱性能强弱的因素之一。向日葵复水后其光合作用恢复到原来强度的 90% 时需要 100 分钟，而玉米则需要 200 分钟（村田，1968）。表明向日葵复水后生理活动的恢复能力较强，恢复速度较快。

（4）向日葵的耐涝性　向日葵苗期对水涝甚至被水浸泡具有较强的忍耐力，品种间耐涝程度有较大差异。沧州地区农业科学研究所 1981—1982 年进行了向日葵抗涝试验，在株高 34～36cm 时灌水，保持地面水深 5cm 的模拟致死灌水量，水淹 9d 以后，油用种"派列多维克"株高增长 24cm，叶子增加 8 片；比对照（不灌水）的少增长 33cm，叶子少 4 片。食用种"三道眉"株高增长 16cm，叶子增加 9 片，比对照（不灌水）株高少增长 41cm，叶子少 3 片。由于淹水期间土壤中空气少，根系的呼吸作用受抑制甚至被窒息，吸收能力减弱或停止，致使植株生长势减弱甚至枯死。淹水 11d 以后，"派列多维克"死株达 7.5%，"三道眉"死株 30%，油用种的耐淹性比食用种强得多。水淹 4～7d 后植株陆续出现萎蔫现象，随后适应性增强，有 75% 的萎蔫株恢复正常，其余株的萎蔫程度有所减轻，只是叶色黄绿。据观察，植株被淹数日后旧的根系停止生长，而从基部长出新的支根和许多须根，浮在水中取代旧根的吸收功能。水淹 5d 后，单株新生根系重量为旧根的 33.5%，这是向日葵耐涝力较强的主要生态特征。

资料介绍，向日葵叶片的致死含水量比值为 350，比玉米高 150（致死含水量为单位叶面积干重与含水量的比值）。从生理上证明向日葵的耐涝性较强。

（二）人为因素对生育期的影响

1. 播季和播期的影响

分期播种方面的实例甚多。随着播种日期的推迟，生育期逐渐缩短，并且主要是营养生长阶段逐渐缩短。播期依当地无霜期的长短和所用品种的生育日数和积温的多少来确定。但向日葵对短时间的早霜和晚霜均有耐受力，幼苗可耐短期 -3～5℃ 的低温，植株可耐 -7℃ 短时的低温。实际播种时间伸缩性较大。早播可避免和减轻病虫为害，迟播皮壳率增高，油分降低，花盘小，结籽少。为减轻春播的紧张程度，可采用临冬播种的方法。但临冬播种，须注意播种适期，要求播后冬前不能发芽出苗，否则幼苗易冻死。

早春可抢雪墒播种，当 5cm 地温连续 4～5d 稳定在 8～10℃ 时即可播种，北疆在 3 月中旬至 4 月上、中旬播种。重盐碱地多利用冬闲水在结冻前临冬播种，早春出苗，保苗率可达 70% 以上。向日葵复播，取决于夏收作物的收获期到早霜期间的天数或有效积温。应选择生育期较短的油葵品种，抢早播种，越早越好，新疆的南疆大部分地区可在小麦收割后 6 月下旬复播。播期的确定还要考虑向日葵生理成熟前 15d 应避开忽高忽低的气温条件。生理成熟前 15d 是油分缓慢形成期，对气温变化非常敏感，这一时期 24h 内温差超过 2：1 时，产量和含油量都将受到影响，亟剧的变化可使产量下降达 20%。在依靠灌溉才能种植向日葵的地区，可根据洪水下来的时间与向日葵需水的时期来决定适宜的播种期，争取在现蕾前灌上水。新疆食用品种可在 4 月中旬播种，油用种可在 5 月上旬播种。

2. 播种质量的影响

向日葵属双子叶植物，顶土力弱，播种不宜过深，但播浅因墒不足，不能发芽，甚至发芽时幼苗带壳出土，影响光合作用，对全苗、壮苗都不利。播深要因地制宜，否则影响出苗。另外，还可用微时元素拌种，1kg 种子拌 Zn、Mn4.5mg，有利增产。

3. 盐碱地的保苗措施

在盐碱地区，向日葵能否丰收，关键在于保全苗，一般可采用以下几种方法：

（1）盐水浸种　用盐渍化土 0.5kg，加水 5kg，形成盐渍化水溶液，浸种 12h，捞出后用清水洗涤晾干，即可播种。这既可起到催芽作用，又能增强幼苗的抗盐碱能力。

（2）改进播种方法　①开沟点播：先用犁开沟，然后用耧或人工点播在沟侧的半坡上，可避开盐碱上升之害。②换土点播：在重盐碱地上用揪挖去碱土，换进好土再播种，或用锹扒去表层盐碱土，再播种。③人工点种，沙土覆盖：地过湿可先点种后盖沙。④闷种：将种子浅播入土 2cm，接着灌水压碱，盐水下渗，易于抓苗。

4. 栽培措施的影响

作物栽培制度是指一个地区或一个生产单位的作物构成、配置、熟制和种植方式的总称，它所包含的内容非常广泛，例如作物的布局、轮作倒茬、间作、套种、复种等。作物的栽培制度和措施直接影响了作物产量。

（雷中华、黄启秀、吕晓刚、曹彦）

第四节　新疆向日葵实用栽培技术

一、主要栽培技术环节概述

栽培技术是综合性的生产科学，根据向日葵的形态特征和生理、生态特性，以及生长发育规律，因地制宜地采用相应的技术措施。向日葵栽培技术体系的主要技术环节可概括为以下方面：地块选择和整地时期、方法、标准和作用；选用良种和种子播前处理；施足基肥；适期播种和播种方法；合理密植；田间管理（定苗；中耕除草；科学追肥；合理灌溉；整枝打杈；防病、治虫、除草；辅助授粉）；适时收获等。

二、选地整地

向日葵对土壤和气候的适应性较强。对土壤要求不严格对土壤适应范围广，种植向日葵的选地原则是应尽量不与粮食作物及经济作物争地，尽可能在粮食作物与经济作物可以生长但长势差、产量低的地块种植。

（一）茬口选择

向日葵需要进行轮作，并且年限较长为好。向日葵连作减产严重，并随连作年限增加而明显的加重。

实行轮作，避免连作，是一项十分重要的增产措施。在没有寄生地区，至少也要 5

年轮作一次。如有列当寄生，则轮作年限更长，一般在 8～10 年。重茬、迎茬和连作，除会加重列当为害外，并为病、虫创造了孳生繁殖的机会，累积了病、虫基数，使其扩大蔓延，造成严重减产的后果。中国劳动人民在长期的生产实践中，早就总结出了"油见油，三年愁"的宝贵经验。向日葵的多数病原菌能长时间在土壤中和植株残体上保存生命，轮作则消除了病菌生存的寄主（表 2-5）。

表 2-5　病菌在土壤和向日葵残体上存活年限（梁一刚，1990）

	列当种子	霜霉病卵孢子	菌核病菌核	锈病冬孢子	叶斑病真菌孢子	灰霉病真功孢子	灰腐病菌核
在土壤中	8～12	9	2～3			6～7	2
在残体上				2	2	6～7	

从表看出，在有列当寄生和霜霉病严重地区，向日葵的轮作周期应在 8～9 年；在向日葵灰霉病发生地区的轮作周期应不少于 6～7 年；在菌核病（白腐病）、锈病、叶斑病、灰腐病（茎腐病）发生地区，向日葵轮作周期应在 3 年以上。所以，合理轮作是防治列当、霜霉病和其他病害的根本措施。

前茬作物对向日葵病害的发生具有密切关系，向日葵应种在不发生、不传播向日葵病虫害的前茬作物之后，其中禾谷类作物是良好的前作。向日葵连作还会加重土壤干旱，因向日葵是耗水多的深根作物，根系吸水能力很强，向日葵一生总耗水量为 435mm，比玉米耗水多 16.0%，比谷子多 57.0%。向日葵可吸取土壤水分深度达 100～120cm，虽然经过秋冬两季水分的补给，土壤水分仍然不能恢复，在干旱的年份，干旱层可延续 2～3 年。从恢复土壤水分角度出发，向日葵轮作的间隔时间也不能少于 4～5 年。在向日葵茬之后，必须安排种植能有利于恢复土壤水分的、耗水少的作物。

1. 前作

（1）对前茬作物的选择　向日葵适应能力很强，本来对前茬作物的要求是不严格的。但是，由于病虫害和杂草的影响，而不得不认真选择不传播病虫和杂草的前茬作物。禾谷类作物是向日葵的良好前作；豆科作物能传播一些病害。因此，在菌核病等严重发生的地区，向日葵不能选择豆科作物作前作。根据（苏）A. и. 鲁卡舍维奇的资料，不同的前茬作物使向日葵菌核病的感染率不同：向日葵重茬为 17.3%；豌豆茬为 11.3%，玉米茬为 6.0%，小麦茬为 3.5%；大麦茬为 3.3%。在黄萎病和白腐病严重发生的地区，马铃薯则不能作向日葵的前茬作物。

（2）前作的耗水特性　在选择向日葵的前作时，还须考虑土壤水分的合理利用。向日葵本身对水分要求很高，尤其是开花期和灌浆期是一生中需要水分、养分最多的时期。

由于向日葵苗期需水很少，表现出突出的耐旱能力。现蕾到开花末期是其需水高峰，这与中国 7—8 月的雨季相吻合，可以比较理想地满足向日葵需要，进入秋季少雨季节也正逢向日葵成熟时期，需水很少。这样就使向日葵需水较多的特性不成为生产中的突出问题了。

向日葵需水多是与其他作物比较而言，根据资料介绍，向日葵需水量仅次于水稻、大豆、棉花，而高于玉米、高粱、谷子、马铃薯和小麦。向日葵需要的水分是从土壤中吸收的，如果深层水分不足，就会影响水分的供应。深层土壤中的水分不仅在干旱地区对向日葵获得高产具有决定意义，即使在雨水较充沛的地区也起重要作用。在轮作中，禾谷类作物根系多集中在土壤表层，因而主要利用土壤表层水分，遂使深层土壤贮水较多。故从土壤水分出发，禾谷类作物做前茬是对向日葵生育有利的。据试验，苜蓿草和多年生牧草，根系发达，入土较深，能够吸收 2~3m 以下的深层土壤水分。因此，在干旱地区种草以后，深层土壤水分消耗较多，容易出现土壤全层干旱，往往须 4~5 年方能完全恢复。故多年生牧草不宜作长向日葵的前作。

（3）前作对养分的吸收　不同前茬作物，对土壤养分吸收的种类和数量各有不同。向日葵在选择前茬作物时，应考虑对养分消耗的差别。特别是在单位面积上所带走的养分数量，因为各作物的单产差别很大。例如，玉米单产可以达到 400~500kg/亩，而向日葵只有 100~150kg/亩。因此，必须折合成单位面积实际产量所带走的养分数量，来比较各作物耗地情况，并据此选择前茬作物和增加施肥数量。

（4）前作对产量的影响　虽然向日葵对前作要求不严，但不同前作对向日葵的产量也有影响。苏联经验认为禾谷类作物是向日葵的良好前作；美国认为马铃薯和大豆不能作向日葵的前作。中国实践证明，禾本科作物茬口种向日葵，对防除病虫、杂草传播和保持土壤中水分、养分的平衡都有益处，而大豆、草木樨茬上种向日葵可增产达26.0%~45.6%。

2. 向日葵茬对后作物的影响

究竟向日葵茬口本身是肥是瘦？是好是坏？对后作物影响如何？各说不一。其一，认为向日葵根系发达，大量消耗地力，是个"拔地"的茬口，是"白茬""瘦茬"和"坏茬"，因而产生了向日葵越种地越薄，最后得出以"不种向日葵"为最佳的结论，其二，认为向日葵是比较好的茬口，向日葵茬有疏松土壤、保苗发苗的作用，与玉米茬相似，好于杂交高粱茬，是"红茬""好茬""肥茬"；其三，认为向日葵茬既不算好茬，也不是坏茬，是个中等茬口，与杂交高粱茬相近。据辽宁省农业科学院栽培研究所的研究结果认为，向日葵茬之后种草木樨、大豆增产，是草木樨、大豆的良好前茬，种玉米平产，即与玉米茬相近，种高粱、谷子减产，是高粱、谷子减产茬口（表2-6）。

表 2-6　向日葵茬与玉米茬的后作产量比较

（辽宁省农业科学院栽培研究所，1984）　　　　　　　　　　单位：%

	玉米	高粱	谷子	大豆	草木樨
比玉米茬±%	-0.1	-7.5	-14.7	5.2	13.4

向日葵茬口特性也与各地土壤肥力基础有关，上述研究结果还说明，在肥力高的营口地区，向日葵茬是好茬；在肥力中等的沈阳，向日葵茬也表现中等；而在肥力低下的建平，则向日葵茬表现不好（表2-7）。

表 2-7 向日葵茬与玉米茬在不同肥力条件下的产量效果

(辽宁省农业科学院栽培研究所,1984) 单位:%

向日葵茬后作	上等肥力（营口）	中等肥力（沈阳）	下午肥力（建平）
玉米	16.5	7.6	-24.3
大豆	32.5	3.6	-14.0

生产实践表现也是如此。例如，沈阳市新城子区大辛二村和郭七村，大连市金县登沙河乡、大孤山乡，辽阳市黄泥洼乡等复种向日葵生产单位，由于土壤肥力较高，都认为向日葵茬是"红茬"，土壤松软、干净。向日葵茬种玉米或高粱，比高粱茬种玉米和玉米茬种高粱的长势好。向日葵茬与大豆、玉米、香瓜茬相似。其原因是：这些地区是高产复种区，土壤肥力高，水分充足，茬口效应不明显；向日葵是小麦的复种下茬，在一年内施两茬粪，并追施大量化肥，给下茬作物留下的剩余养分较多；向日葵株高叶大，覆盖严密，杂草少，地表干净。根系发达，根茬易烂，故后作土壤松暄。

向日葵一季作的阿勒泰地区及新疆西部地区，如博尔塔拉蒙古自治州、伊犁地区，都认为向日葵茬是"较好的茬口"、中等茬口、不是坏茬，次于大豆、玉米茬，施肥但数量不多，土壤肥力中等，还不能完全掩盖茬口的反应，因此认为向日葵茬表现中等。阿勒泰地区及昌吉州东三县土地盐碱瘠薄，地多人少，管理粗放，施肥很少，甚至种向日葵不施肥，粮食产量水平也较低，一般亩产只有 100kg 左右。对向日葵茬口反应最坏，认为向日葵茬是"白茬""瘦茬""坏茬"，仅好于甜菜茬。这是由于向日葵有对土壤的强大适应性，它能从土壤中吸收其他作物吸收不了的养分，其他作物产量十分低下时向日葵仍能获得可观的产量。在不施肥情况下，当然下茬土壤就更瘠薄了。

茬口反应是指前作物的土壤因素对后作物的综合影响。除特殊病虫杂草以外，一般情况下以土壤肥力和水分影响较大，所以对茬口的评价是与当地施肥水平、土壤肥力及土壤水分状况有直接的关系。施肥水平低土壤肥力差的地区，茬口反应突出，暴露出各种作物耕地的强弱，施肥数量充足地力很肥的地区，施肥增加的养分能够对前茬作物所消耗的养分补充有余，保水能力强，而掩盖了茬口耗地的缺点。因而，对向日葵茬口的评价是随着土壤肥力和保水能力的不同而得出不同的结论。

（二）地块选择

向日葵对土壤要求不严格，从肥沃土壤到沙荒瘠薄地、盐碱地（含盐量在 0.6% 以下）均可种植。但最适宜种植向日葵的土壤为壤土和砂壤土，这类土壤土层深厚，团粒结构好，土质疏松，腐殖质多，肥力较高，能提供良好的营养、水分和空气，有利于根系发育，获得高产和稳产。向日葵不能种在林地附近的土地，因生长后期鸟害较重。前茬打过杀灭双子叶杂草的除草剂以及低洼易涝的土地，不宜种植向日葵。向日葵严禁重茬和迎茬，否则病害加重，产量低下。

新疆很多地方利用零星闲散地块种植向日葵，也有很好的效果。这是因为：不占耕地，不与粮食等主要作物争地，可以腾出好地发展高效农业，有利于总体经济效益的提高。以小见大，积少成多，达到成片良田难以收到的效果。因为向日葵植株高大，零星种植通风透光好，营养面积大，个体发育好，花盘大，籽粒大，单株产量高，边际效应明显。化肥、农药、种子等农资投入少，管理相对简单。生长期短，见效快。从播种到收获仅需100d左右。既可美化环境，又收获向日葵籽实，茎秆等副产品还可用于养猪、养羊，发展家庭副业。向日葵较耐盐碱，有利于盐碱地改良。

（三）整地时期和标准

新疆向日葵种植一般采用秋整地的方式，阿勒泰地区个别地方实行春季整地，原因是冬季山上下来的牲畜在农田放养过冬。目前新疆向日葵主产区多将向日葵种植在坡耕地或盐碱地的瘠薄土壤上，尽管在这里能取得比其他作物更好的经济效益，但对向日葵本身的生长发育是相当不利的，因而只能获得不高的产量。

向日葵的高产土壤应当是肥力较高、排水良好、地势平坦的黑钙土、草甸土和棕黄土等。任何土壤耕作措施，都是为了改善土壤的理化性质。虽不能直接增加土壤中的水分、养分和热量（温度），但可通过机械的作用，创造良好的耕层土壤结构和土壤孔隙度，提供更好的水、肥、气、热的环境条件，保证作物根系顺利地执行吸收水分和养分的生理功能。如果不进行土壤耕作或者耕作不合理，造成土壤板结或干旱，就会妨碍作物根系发育。

据资料介绍，高产土壤的总孔隙度应为50%左右，通气孔隙经常变动在总容积的15%~30%。这主要决定于土壤水分的含量，土壤含水多时，通气孔隙就减少。当通气孔隙减少到10%以下时，空气流通受阻，造成土壤中缺氧，不利根系生长发育。采取耕作措施，保持土壤疏松和适宜的耕层结构，以及破坏土壤板结层，为向日葵创造良好的土壤通气状况。一般向日葵要求活土层为25~30cm。

1. 整地技术

（1）深度　科学试验和各地经验证明，适宜的耕翻深度为20cm以上。耕翻深度应根据当地原有耕层的深浅而定，如原有耕层较浅，翻地应逐年加深。如果一次加深耕层幅度过大，将耕层下面的生土层翻到地表，就将明显地影响作物生长。当然在有条件时，耕层越厚土壤越疏松，越有利于贮水保墒，有利于养分的矿化。由于土壤耕翻能释放土壤中的有效养分，因而在耕翻后的土壤上种植作物能增产。据辽宁省农业科学院1958—1959年加深耕层的研究结果证明，机械秋翻18cm以上，可比畜力翻地增产10%~20%。耕翻深度还与当地土壤性质有关。黑土、草甸土土层深厚，黏土、棕黄土土质黏重，盐碱土耕层紧实易返盐碱，这些土壤可耕翻深些。而砂质土、漏风土土质粗松，土层薄的坡耕地，都不易深翻，应因地制宜地确定耕翻深度。

（2）时间　土壤耕翻必须在田间不生长作物的时间里进行。翻地以秋翻为主，即在作物收获之后到土壤封冻之前的30~40d中进行秋翻。实践证明，秋翻比春翻优点多，增产效果大，一般秋翻比春翻增产10%~30%。春翻在播种之前只有20~30d的作业时间，如遇特殊气候条件，容易耽误农时，影响生产。

秋翻的时间宜早不宜晚，如东北农谚所说"七金、八银、九铜、十铁"，即早翻比晚翻更值钱。半干旱和春旱地区不宜进行春翻。春翻将会使土壤大量失水，加重旱情，影响向日葵播种和保苗。非春旱和低洼地区可以进行春翻，翻地时间一般在返浆前进行。翻后及时整地。低洼地块的春翻要尽早进行，在春季化冻一犁深时立即翻地，以免翻浆和误车。

2. 整地标准

表土整地是改善土壤上层（0~12cm）和地面状况的一套耕作措施。包括耙地、耢地、镇压、起垄和播前中耕等作业。整地的目的是为向日葵播种和出苗创造良好的种床和苗床，是保证播种质量，实现一次播种出全苗的重要条件。所以正确进行表土整地，掌握适宜时期，保证作业质量，达到碎土、平地和干净的地表状态，从而保住土壤墒情。

向日葵株繁叶茂，需要养分比一般作物多，因此肥料的丰缺，直接影响它的生长发育和产量的形成，而且与油分的形成也有密切关系。生产上往往将它种在薄地上，因此，合理施肥显得更为重要。

3. 施足基肥

播种前施用的肥料称为基肥。基肥的作用在于满足作物整个生育期对养分的需要。播前施用有机农家肥具有养分齐全并含有较多的有机物质。它不仅可以供应向日葵生长发育所需要的各种营养物质，同时，有机农肥能提高土壤有机质含量。土壤有机质经过微生物的分解和合成，产生土壤腐殖质，可以提高土壤肥力及增强土壤抗旱、保肥能力，改良土壤结构，为向日葵生长发育创造良好的土壤环境。有机农肥种类很多，其中以动物过腹的农家肥质量最好。但填土数量多少，沤制的时间长短是决定质量优劣的关键。因之，每亩施用数量多少必须与粪肥质量优劣结合在一起。

播种前施用的肥料称为基肥。基肥以农家肥为主，由以腐熟的厩肥为好。农家肥一般以秋施为好，结合秋翻灌水将农家肥充分混合熟化；如果春施，一定要早，肥料必须腐熟，并用圆盘耙将肥料与表层土壤混合。一般田块每公顷施22 500~37 500kg，高产田应公顷施45 000~60 000 kg。另外，每公顷配合施用磷酸二铵150~300kg，氯化钾225~375kg或草木灰750~1 125kg（但在盐碱地不宜施用草木灰），可起到高产稳产的作用。

由于磷元素移动性小，应将磷肥作为种肥和基肥。正确的施用方法是，将磷肥掺和在厩肥中沤熟后使用，这样磷肥不会与土壤直接接触，不致被土壤吸附固定，可提高肥效。基肥施用的数量要根据土壤肥力状况和粪肥质量而定。据试验证明，优质农家肥比不施农家肥的可以增强抗旱能力并有促熟作用，可增产30%以上。

三、选用良种

（一）根据播季和播期选用品种

1. 选用不同熟期类型的品种

根据不同种植地点、不同播种季节、不同播种时期，选用不同熟期类型的优良品种。一般在新疆向日葵春播地区按照当地有效积温和无霜期主要选择生育期较长的品种。例如，阿勒泰地区、昌吉州东三县（奇台县、木垒县、吉木萨尔县）、伊犁地区的各县（除昭苏县）多采用生育期100~115d的向日葵品种；而在伊犁昭苏县、博州温泉县以及其他冷凉地区还有北疆乌伊公路沿线复播种植向日葵的就需要选择生育期80~90d 的向日葵品种。

2. 良种标准

良种的标准（国标）应该是种子无杂粒，纯度达96%以上，净度达98%以上，发芽率达90%以上，种子水分在9%以下，籽实整齐饱满。根据国家 GB 4407.2—2008 的规定，高质量的向日葵种子应具备如表2-8所示的几个要求。

表2-8　中华人民共和国国家向日葵种子标准（GB 4407.2—2008）　　单位:%

作物名称	种子类别	品种纯度 不低于	净度 不低于	发芽率 不低于	水分 不高于
向日葵常规种	原种	99.0	98.0	85	9.0
	大田用种	96.0			
向日葵亲本	原种	99.0	98.0	90	9.0
	大田用种	98.0			
向日葵杂交种	大田用种	96.0	98.0	90	9.0

（二）良种简介

1. 油用型向日葵"新葵1号"

选育单位　新疆农业科学院经济作物研究所。

品种来源　新疆农业科学院经济作物研究所以"派列多维克"770160 为基础，经过系统选育育成的油用型向日葵品种。

特征特性　从出苗至成熟平均90d，属早熟品种。株高170cm 左右，生育整齐度好，叶数29片，茎粗2.0cm，花盘直径16.6cm，花盘平展。单头籽实重平均61.04g。籽粒锥形，黑色。百粒重5g 左右。籽仁率70.95%。平均结实率86.6%。籽实含油率44.31%。耐菌核病，抗螟虫、抗褐斑病和霜霉病。

产量表现　区域试验平均产量2 596.10 kg/hm²，比对照增产11.87%。生产试验平均产量2 985.75 kg/hm²，比对照增产8.65%。

栽培要点　生产田适宜播期4月上旬至6月中旬，播种量3~4kg/hm²。一般垄作，保苗4.5万~5.5万株/ hm² 左右。最好轮作三年以上。建议一次性施向日葵专用复合肥250~300kg/hm²，或每公顷施磷酸二铵 150kg/hm²、硝酸钾 75~100kg/hm²；现蕾前追施尿素150kg/hm²。生育期间做到中耕除草2次以上。

适应区域　新疆油葵主产区。

2. 油用型向日葵"新葵杂2号"

选育单位　1992 年新疆农垦科学院作物所引进。

品种来源　辽宁省沈阳市农科所1981 年选配的杂交组合，属油用型向日葵杂交种品种。

特征特性　从出苗至成熟平均96d 属早熟品种。株高175cm 左右，生育整齐度好，叶数 26 片，茎粗 1.8cm，花盘直径 17.6cm，花盘平展。单头籽实重平均 65.04g。籽粒锥形，黑色。百粒重 5.4g 左右。籽粒锥形，黑色，平均百粒重 5.35g，籽仁率 74.95%。平均结实率 84.6%。籽实含油率 45.31%。耐菌核病，抗螟虫、抗褐斑病和霜霉病。

产量表现　区域试验平均产量 2 586.10kg/hm²，比对照增产 11.07%。生产试验平均产量 2 942.75kg/hm²，比对照增产 8.05%。

栽培要点　生产田适宜播期 4 月上旬至 6 月中，播种量 3~4kg/hm²。一般垄作，保苗 4.5 万~5.5 万株/hm²。最好轮作 3 年以上。建议一次性施向日葵专用复合肥 250~300kg/hm²，或每公顷施磷酸二铵 150kg/hm²、硝酸钾 75~100kg/hm²；现蕾前追施尿素 150kg/hm²。生育期做到中耕除草 2 次以上。

适应区域　新疆油葵主产区。

3. 油用型向日葵 "新葵杂 3 号"

选育单位　新疆沙湾县农业技术推广中心。

品种来源　新疆沙湾县农业技术推广中心以自选不育系 "88901A" 为母本，外引恢复系 "88108R" 为父本杂交育成的油用型向日葵杂交种。

特征特性　从出苗至成熟平均 91d 属早熟品种。平均株高 158.48cm；平均花盘直径 17.27cm；平均茎粗 1.83cm；平均叶数 29.98；平均单头重 64.94g。籽粒锥形，黑色。平均百粒重 5g。籽粒锥形，黑色，平均百粒重 5.5g，籽仁率 72.35%。平均结实率 85.70%。籽实含油率 47.37%。中抗黑斑、褐斑、锈病和黄萎病。

产量表现　两年区域试验平均公顷产量是 2 623.50kg，比对照增产 5.21%。生产试验平均产量 2 288.63kg，比对照增产 11.06%

栽培要点　生产田适宜播期 4 月上旬至 6 月中，每公顷播种量 3~4kg。一般垄作，每公顷保苗 4.0 万~5.0 万株。建议每公顷一次性施向日葵专用复合肥 250~300kg，或每公顷施磷酸二铵 150kg、硝酸钾 75~100kg；现蕾前每公顷追施尿素 150kg。生育期做到两铲两趟。

适应区域　新疆油用向日葵主产区。

4. 油用型向日葵 "新葵杂 4 号"

选育单位　新疆农垦科学院作物所。

品种来源　新疆农垦科学院作物所油葵室 1988 年以不育系 HA89A 为母本、恢复系 7961-2 甲为父本配制的杂交组合。

特征特性　从出苗至成熟平均 105d，属中熟品种。平均株高 178.48cm；平均花盘直径 18.27cm；平均茎粗 1.88cm；平均叶数 31；平均单头重 67.54g。籽粒锥形，黑色。平均百粒重 5.5g。籽仁率 76.35%。平均结实率 86.70%。籽实含油率 47.67%。中抗黑斑、褐斑、锈病和黄萎病。

产量表现　两年区域试验平均公顷产量是 2 686.50kg，比对照增产 7.21%。生产试验平均产量 2 378.63kg，比对照增产 13.06%

栽培要点　生产田适宜播期 4 月上旬至 6 月中，每公顷播种量 3~4kg。一般垄作，公顷保苗 4.0 万~5.0 万株。建议每公顷一次性施向日葵专用复合肥 250~300kg，或每公顷施磷酸二铵 150kg、硝酸钾 75~100kg；现蕾前每公顷追施尿素 150kg。生育期间做到两铲两趟。

适应区域　新疆油用向日葵主产区。

5. 油用向日葵"新葵杂 5 号"

选育单位　新疆农业科学院经济作物研究所。

品种来源　由新疆农业科学院经济作物研究所选育的特早熟、高产优质的油葵杂交种。用自育油葵不育系 9311A 与自育油葵恢复系 9309R 杂交而成，于 1996 年 11 月 27 日经新疆农作物品种审定委员会审定命名。

特征特性　生育期 80~85d。株高 1.4m 左右，叶片数 22~24 片，茎粗 2.0~2.5cm，单盘，不分支，盘茎 18~22cm，花盘微凸，花盘倾斜度 4~5 级，单盘粒重 65~80g。其种子呈圆锥形，黑色，千粒重 68~75g，出仁率 77%左右。该杂交种中熟，春播生育期 93d；复播栽培。

产量和品质　在产量比较试验、区域试验及生产试验中，新葵杂 7 号产量为 173.2~281.80kg/亩，比对照新葵杂 2 号增产 4.5%~13.2%。种子含油率 48.1%~51.0%，是一个矮秆、丰产、高油、特早熟油葵杂交种。

栽培要点　复播油葵易发生霜霉病、菌核病，种子处理能有效地防治霜霉病、菌核病。用种子量 0.03%的 25%瑞毒霉（甲霜灵）可湿性粉剂拌种，防治霜霉病，用种子量 0.03%的 50%异菌脲可湿性粉剂拌种，防治苗期菌核病。该品种适应性广，适合在南北疆种植。春播从 3 月下旬到 5 月下旬都可播种，以 3 月下旬到 4 月中旬为宜，盐碱地宜早播，轻盐碱地可晚播。复播以 7 月 5 日前播种为宜。若用机械条播，每亩 800g 左右，精量点播只需 300g 即可，播种深度一般以 4~5cm 为宜。应防止施肥"一炮轰"，一般播种时用 10~15kg 磷酸二铵作种肥（种子和肥料分开，严禁与种子混施），现蕾后结合中耕开沟施肥，每亩追施尿素 15~20kg，追施深度以 8~10cm 为宜。早间苗、早定苗。1 对真叶时开始进行间定苗，2 对真叶时定苗结束，田间保苗在 5 500 株左右。现蕾后应及时灌水，要求头水小，二水紧跟上，灌水要匀，灌水量 70~80m³/亩，整个生育期应根据当地实际情况灌水 2~4 次。要求每 5 亩地放一箱蜂。

人工收获在植株上部 4~5 片叶和茎秆上部及花盘背面变黄，籽粒变硬时即可进行，机械收获要求 95%以上的花盘失水变褐才能收获。

适应区域　国内油葵春播主产区以及天山以北，乌伊公路沿线 7 月 5 日前麦收后种植。

6. 油用向日葵"新葵杂 6 号"

选育单位　新疆农垦科学院作物研究所。

品种来源　由新疆农垦科学院作物所选育的中熟熟、高产的油葵杂交种。于 1997 年 11 月 27 日经新疆农作物品种审定委员会审定命名。

特征特性　该杂交种中熟，春播生育期 100~110d。株高 1.8m 左右，叶片数 28~34 片，茎粗 2.0~2.5cm，单盘，不分支，盘茎 18~22cm，花盘微凸，花盘倾斜度 4~5

级，单盘粒重74g。其种子呈圆锥形，黑色，千粒重68~75g，出仁率76%左右。

产量和品质　在产量比较试验、区域试验及生产试验中，新葵杂6号产量为177.2~283.8kg/亩，比对照新葵杂2号增产4.15%~13.6%。种子含油率46.1%~48.2%，是一个高秆、丰产、中熟油葵杂交种。

栽培要点　复播油葵易发生霜霉病、菌核病，种子处理能有效防治霜霉病、菌核病。用种子量0.03%的25%瑞毒霉（甲霜灵）可湿性粉剂拌种，防治霜霉病，用种子量0.03%的50%异菌脲可湿性粉剂拌种，防治苗期菌核病。该品种适应性广，适合在南北疆种植。春播从3月下旬到5月下旬都可播种，以3月下旬到4月中旬为宜，盐碱地宜早播，轻盐碱地可晚播。若用机械条播，每亩800g左右，精量点播只需300g即可，播种深度一般以4~5cm为宜。应防止施肥"一炮轰"，一般播种时用10~15kg磷酸二铵作种肥（种子和肥料分开，严禁与种子混施），现蕾后结合中耕开沟施肥，每亩追施尿素15~20kg，追施深度以8~10cm为宜。早间苗、早定苗。1对真叶时开始进行间定苗，2对真叶时定苗结束，田间保苗在5500株左右。现蕾后应及时灌水，要求头水小，二水紧跟上，灌水要匀，灌水量70~80m³/亩，整个生育期应根据当地实际情况灌水2~4次。要求每5亩地放一箱蜂。人工收获在植株上部4~5片叶和茎秆上部及花盘背面变黄，籽粒变硬时即可进行，机械收获要求95%以上的花盘失水变褐才能收获。

适应区域　新疆油葵春播主产区。

7. 油用向日葵"新葵杂7号"

选育单位　新疆农业科学院经济作物研究所

品种来源　油葵杂交种新葵杂7号是由新疆农业科学院经济作物研究所选育的中熟、丰产、高油类型的油葵杂交种。于1998年经新疆农作物品种审定委员会审定命名。

特征特性　中熟，生育期100~110d，适宜在新疆各地种植。植株呈宝塔形，株高1.78m左右，叶片数38~41片，茎粗2.2~2.4cm，单盘，不分支，盘径18.1~21.7cm，花盘微凸，花盘倾斜度3~3.5级，单盘粒重79.8g。其种子呈圆锥形，黑暗条纹，千粒重54.7g，出仁率77.7%。

产量和品质　在产量比较试验、区域试验及生产试验中，新葵杂7号产量为205~330kg/亩，其种籽含油率为49.2%，产油量101~162kg/亩，亩产量和亩产油量均比对照G101增产10%以上。

栽培要点　用种子量0.03%的25%瑞毒霉（甲霜灵）可湿性粉剂拌种，防治霜霉病，用种子量0.03%的50%异菌脲可湿性粉剂拌种，防治苗期菌核病。该品种适应性广，适合在南北疆种植。从3月下旬到5月下旬都可播种，以3月下旬到4月中旬为宜，盐碱地宜早播，轻盐碱地可晚播。若用机械条播，每亩600~800g，播种深度一般以4~5cm为宜。应防止施肥"一炮轰"，一般播种时用10~15kg磷酸二铵作种肥（种子和肥料分开，严禁与种子混施），现蕾后结合中耕开沟施肥，每亩追施尿素15~20kg，追施深度以8~10cm为宜。1对真叶时开始进行间定苗，2对真叶时定苗结束，田间保苗在3600~4000株。现蕾后应及时灌水，要求头水小，二水紧跟上，灌水要匀，灌水量70~80 m³/亩，整个生育期应根据当地实际情况灌水2~4次。要求每5亩地放一箱蜂。人工收获在植株上部4~5片叶和茎秆上部及花盘背面变黄，籽粒变硬时即可进行，机械收获要求 95%以上的花盘失水变褐才能收获。

适用范围 新疆油葵主产区。

8. 油用向日葵"G101"

选育单位 美国迪卡种子公司。

品种来源 由中国种子公司和新疆兵团康地种子公司 1994 年从美国引进。

特征特性 从出苗至成熟平均 103d，属中熟品种。平均株高 178.48cm；平均花盘直径 17.27cm；平均茎粗 1.83cm；平均叶数 29.98；平均单头重 64.94g。籽粒锥形、黑色。平均百粒重 5.8g。籽仁率 74.35%。平均结实率 88.70%。产量和品质：两年区域试验平均公顷产量是 2 623.50kg，比对照增产 5.21%。生产试验平均产量 2 288.63 kg，比对照增产 11.06%。籽实含油率 47.37%。中抗黑斑、褐斑、锈病和黄萎病。

栽培要点 生产田适宜播期 4 月上旬至 6 月中旬，每公顷播种量 3~4kg。一般垄作，公顷保苗 4.0 万~5.0 万株。建议每公顷一次性施向日葵专用复合肥 250~300kg，或每公顷施磷酸二铵 150kg、硝酸钾 75~100kg；现蕾前每公顷追施尿素 150kg。生育期做到两铲两趟。

适应区域 国内油用向日葵主产区。

9. 油用向日葵"KWS303"

选育单位 德国 KWS 种子公司。

品种来源 由内蒙古天葵种子公司 2000 年从引进。

特征特性 生育期 105~115d。株高 180~190cm，叶片上冲 3.5°，叶柄短壮，叶片数 31~33 片，果盘直径 16~22cm，果盘倾斜度 4 级。果皮为黑灰色，果形长卵形。抗病性强，耐高密。单盘粒重 61g，千粒重 57g，籽仁率 77.2%，含油率 47.6%。

产量表现 大面积生产试验平均产量 281.3kg/亩，最高产量可达 324.5kg/亩。

栽培要点 生产田适宜播期 4 月上旬至 6 月中旬，播种量 3~4kg/hm²。一般垄作，保苗 1.8 万~2.0 万株/hm²。最好轮作 3 年以上。建议一次性施向日葵专用复合肥 250~300kg/hm²，或每公顷施磷酸二铵 150kg/hm²、硝酸钾 75~100kg/hm²；现蕾前追施尿素 150kg/hm²。生育期做到"两铲两趟"。开花期如果自然界中昆虫数量不足，要做 2~3 次的人工辅助授粉。

适应区域 国内向日葵主产区种植。

10. 油用向日葵"TO12244"

育成单位 瑞士先正达公司育成。

品种来源 TO12244 是由中国种子集团有限公司独家引进并审定。

特征特性 中熟品种，生育期 90~100d。株高 160~175cm，叶片数 27 片左右；植株生长整齐，茎粗 2.5cm 左右；花盘形状好，无空心，盘径 20~22cm；籽粒饱满，单盘籽实重 89g，百粒重 6.5~7.2g；含油率 49%左右；易于人工或机械收获。抗列当、耐霜霉病、锈病、叶斑病、耐干旱、耐盐碱。该品种丰产性良好，在科学的栽培管理和良好的水肥条件下亩产可达 300kg（在特殊年份和不良气候条件下，会出现营养分枝，属品种正常生理反应）。

栽培技术要点 应避免重茬，深翻整地，实施耙耱保墒。该品种适应性广，在春播地区当土壤温度稳定在 10℃ 以上时可开始播种；夏播种植，一般应在 6 月中旬至 7 月初播种。每亩播种量一般在 400~500g，播种深度一般在 3cm 左右。根据土壤情况，地力较好、光照充足的地块保苗可在 3 300~3 500 株/亩，一般的地块在 3 500~3 800 株/亩。苗期应及时除草，生长前期如无特殊干旱应尽量少浇水以利蹲苗；现蕾初期根据土壤情况及时灌水，到灌浆期遇旱时，有灌溉条件的地块要及时灌水；向日葵怕涝，因此在播种时应考虑开花授粉和成熟收获期避开雨季。一般每亩施底肥尿素 10~15kg、磷酸二铵 10~15kg、硫酸钾 10~15kg，或亩施三元复合肥 30~40kg。现蕾至开花期追施尿素 5~10kg/亩；也可根据当地实际情况，另行安排施肥数量和方法。当花盘背面变成黄褐色，籽粒含水率低于 14% 时即可收获。

适宜种植区域 国内油葵主产区。

11. 油用向日葵"S606"

育成单位 瑞士先正达种业公司。

品种来源 先正达（中国）投资责任有限公司以 X0012A×F20 杂交选育而成，2006 年由新疆华西种业引进。

特征特性 春播生育期 106d，比对照 G101 早熟 1d，属中熟油用型杂交品种。幼茎花青甙色素强。株高 172.63cm，茎粗 2.48cm，茎上部刚毛较少，全株 30 片叶，叶浅绿色，叶圆形，叶锯齿小且规则，叶柄长 15~18cm，叶侧脉成锐角，叶尖高，叶柄下部与茎间角度小，叶片大小中等，叶横截面成凹形，花盘微凸形且向下倾斜，盘径 17.68cm，花瓣数中等，花及花粉黄色，每盘 1 230 粒，结实率 92.47%，盘粒重 73.21g，百粒重 6.19g，籽实出仁率 74.87%。经农业部油料及制品质量监督检验测试中心（武汉）测定，籽实含油率 46.35%，籽仁含油率 61.8%。中感黑斑病、褐斑病。苗期生长势强，株高适中，生长整齐，耐密植，籽粒饱满，容重高，结实率高，丰产稳产性较好。

产量水平 2008 年区域试验亩产 269.26kg，比对照 G101 增产 6.76%，增产不显著；2009 年区域试验亩产 268.4kg，比 G101 增产 13.57%，增产不显著；两年区域试验亩产 268.83kg，比 G101 平均增产 10.17%；2009 年生产试验亩产 275.31kg，比 G101 增产 8.79%。

栽培技术要点 春播区 4 月中下旬至 6 月中旬均可播种。人工点播 0.5kg/亩，机播 0.55kg/亩，足墒播种，播深 3~4cm。中等肥力地块亩保苗 3 700~4 000 株。播种时亩施磷酸二铵 15kg，硫酸钾或氯化钾 7.5kg，现蕾期追施尿素 10kg。开花前灌第一水，灌浆期结合土壤墒情灌二水，在无风天进行，灌水量不宜过大，防止倒伏。在植株上部 4~5 片叶及葵盘背面变黄，籽实含水量低于 15% 时即可收获。

适宜范围 适宜新疆油葵主产区。

12. 油用向日葵"新葵 18 号"

育成单位 新疆农业科学院经济作物研究所。

品种来源 新葵 18 号是由早熟、高产、抗病、高油类型的油葵杂交种，2007 年 2

月经自治区农作物品种审定委员会审定并命名。

特征特性 新葵18号生育期85~95d，一般春播95d，复播85d左右。植株生长整齐，株高130~170cm，叶片数28片，茎粗3.3cm。叶心脏形，绿色，叶缘叶裂多而宽，舌状花和柱头为黄色，花药褐色。花盘为单盘微凸，倾斜度4级，花盘直径16cm。种籽卵圆锥型，种皮黑色带暗条纹，单株产量55.8g，千粒重51.0g，籽仁率78.8%，籽实含油率48%。耐水肥，抗倒伏。抗向日葵霜霉病、锈病、褐斑病，耐菌核病。

产量性状 该品种两年复播油葵区域试验，折合亩产177.3kg，比辅助对照DK3790增产11.11%。亩产油80.0kg，较对照新葵10号的76.5kg增产3.5kg，增长4.58%。丰产性及稳定性较好。

栽培技术要点 新疆冷凉地区春播4月中旬即可开始，在昌吉至伊宁一线复播应在7月5日前播种为宜。播量0.7~1.0kg/亩，播种时每亩带种肥：三料磷肥8~10kg、尿素3kg与种子分沟施入。出苗后1~2对真叶时进行第一遍中耕，并进行人工间定苗，亩保苗4 500~5 000株。第一遍中耕后8~10d进行第二次中耕，现蕾后进行第三次中耕、开沟培土，并亩追施尿素8~10kg，磷酸二铵3~5kg。现蕾后开始灌第一水，花期不得脱水，生育期间灌水3~5次。开花时应放蜜蜂辅助授粉，一公顷地3~5箱，可有效提高结实率。

适宜范围 适宜在新疆冷凉地区春播和昌吉至伊宁一线复播种植。

13. 油用向日葵"矮大头HZ001"

育成单位 新疆农业科学院经济作物研究所、新疆昌吉西亚种子有限责任公司。

品种来源 伊葵杂2号（矮大头HZ001）是由新疆农业科业院经济作物研究所、昌吉西亚种子公司选育的矮秆、中熟、抗病、高油类型的油葵杂交种，2007年2月经伊犁哈萨克自治州农作物品种审定委员会审定并命名。2018年在农业农村部登记命名：矮大头HZ001。

特征特性 矮大头HZ001生育期100~110d左右。植株生长整齐，株高100~130cm，叶片数28片，茎粗3.4cm。叶片肥厚、深绿色、叶心脏形，叶缘叶裂多而宽，舌状花和柱头为黄色，花药褐色。花盘为单盘微凸，倾斜度4~5级，花盘直径18cm。种子卵圆锥形，种皮黑色带暗条纹，单株产量48.8g，千粒重48.0g，籽仁率80.8%，籽实含油率51.6%。耐水肥，抗倒伏。抗向日葵霜霉病、锈病、褐斑病，耐菌核病。

产量性状 该品种两年油葵区域试验，折合亩产267.3kg，比对照KWS303增产11.11%。亩产油133.6kg，较对照KWS303的增产28.5kg，增长17.58%。生产试验比对照增产16.2%，丰产性及稳定性较好。主要经济性状和生物性状均优于对照。

栽培技术要点 新疆地区春播3月下旬即可开始，在昌吉至伊宁一线复播应在7月20日前播种为宜。亩播量0.7~1.0kg，播种时每亩带种肥：三料磷肥8~10kg、尿素3kg与种子分沟施入。出苗后1~2对真叶时进行第一遍中耕，并进行人工间定苗，亩保苗5 000~5 500株。第一遍中耕后8~10d进行第二次中耕，现蕾后进行第三次中耕、开沟培土，并亩追施尿素8~10kg，磷酸二铵3~5kg。现蕾后开始灌第一水，花期不得脱水，生育期间灌水3~5次。开花时应放蜜蜂辅助授粉，每公顷地3~5箱，可有效提高结实率。

适宜范围 适宜在南北疆向日葵产区种植。

14. 油用向日葵"早熟矮大头 6K132"

育成单位 新疆农业科学院经济作物研究所、新疆昌吉西亚种子有限责任公司。

品种来源 伊葵杂 3 号（早熟矮大头 6K132）是由新疆农业科学院经济作物研究所选育的矮秆、特早熟、抗病、高油类型的油葵杂交种，2008 年 2 月经伊犁哈沙克自治州农作物品种审定委员会审定并命名。2010 年在自治区种子站认定。

特征特性 伊葵杂 3 号生育期 70~80d，一般春播 88d，复播 75d 左右。植株生长整齐，株高 80~120cm，叶片数 24 片，茎粗 3.1cm。叶心脏形，绿色，叶缘叶裂多而宽，舌状花和柱头为黄色，花药褐色。花盘为单盘微凸，倾斜度 2~3 级，花盘直径 16cm。种子卵圆锥形，种皮黑色带暗条纹，单株产量 43.8g，千粒重 46.0g，籽仁率 75.8%，籽实含油率 47%。耐水肥，抗倒伏。抗向日葵霜霉病、锈病、褐斑病，耐菌核病。

产量表现 该品种两年复播油葵区域试验，折合亩产 167.3kg，比辅助对照 DK3790 增产 11.11%。亩产油 80.0kg，较对照新葵 10 号的增产 1.5kg，增长 0.58%。主要经济性状和生物性状均优于对照。复播丰产性及稳定性较好。

栽培技术要点 新疆春播 3 月中旬至 5 月中旬都可播种，一般以 4 月中下旬播种为宜。亩播量 0.7~1.0kg，播种时每亩带种肥：三料磷肥 8~10kg、尿素 3kg 与种子分沟施入。出苗后 1~2 对真叶时进行第一遍中耕，并进行人工间定苗，亩保苗 4 500~5 000 株。第一遍中耕后 8~10d 进行第二次中耕，现蕾后进行第三次中耕、开沟培土，并亩追施尿素 8~10kg，磷酸二胺 3~5kg。现蕾后开始灌第一水，花期不得脱水，生育期间灌水 3~5 次。开花时应放蜜蜂辅助授粉，每公顷 3~5 箱，可有效提高结实率。

适宜范围 适宜在新疆冷凉地区春播和昌吉至伊宁一线麦收后复播种植。

15. 食用向日葵"新食葵 7 号"

育成单位 新疆农垦科学院作物所。

品种来源 由新疆农垦科学院作物所 2007 年组培成功。

特征特性 全生育期 104d。秆矮、茎粗，叶色深绿、生长整齐，花盘平展，倾斜度 3~4 级；花冠黄色，管状花粉量大株高 161.8cm，叶片数 23 叶，茎粗 2.41cm。抗倒伏，抗向日葵锈病、褐斑病、黑斑病，较耐菌核病。花盘平展，倾斜度 3~4 级，舌状花黄色、管状花粉量大，盘径 18.63cm，结实率 61.2%，单株产量 82.3g。籽仁率 59.9%，籽粒长度 1.89cm、宽度 0.77cm、厚度 0.43cm，籽实蛋白含量 14.7%~15.1%、油分油酸含量较高达 35.3%。

产量表现 在两年自治区食葵区域化试验中，2009 年平均亩产籽实 291.0kg，比对照 KA757 增产 18.03%，居各参试品种首位；2010 年平均亩产 273.62kg，比对照品种增产 25.23%，居各参试品种第二位。两年自治区食葵区域化试验平均亩产 269.54kg，较对照增产 18.90%，居各参试品种首位，品种丰产性及其稳定性分析表现很好。

栽培技术要点 该杂交种适宜在各向日葵产区种植。播种前用"甲霜灵"等防治霜霉病的抗菌农药拌种。亩播种量 3 000~3 500 粒，亩保苗 2 500 株。播种时亩带种肥三料磷肥 10kg、尿素 3kg 与种子分沟施入。出苗后及时进行第一遍中耕，2 对真叶期定苗、锄草。与头遍中耕间隔 7~10d 进行第二次中耕，亩追施尿素 8~10kg；现蕾期进行第三次中耕、开沟、培土，每亩追施尿素 15~20kg。达到现蕾期开始灌第一水；生育期间，应灌水 3~4 次。花期必须放蜂和人工授粉，提高结实率。葵盘变黄达到生理成熟时必须人工及时收割、晾晒、脱粒清选，避免霉变和落粒造成损失。

适应范围　适宜在新疆各食用向日葵产区种植。

16. 食用向日葵 "新食葵 8 号"

育成单位　新疆农业科学院经济作物研究所、新疆昌吉西亚种子有限公司。

品种来源　新疆农业科学院经济作物研究所和昌吉西亚种子有限公司联合选育的中熟、高产、优质食葵杂交种 XY8318，于 2012 年经新疆农作物品种审定委员会审定命名。

特征特性　中晚熟杂交种，4 月中下旬即可播种，6 月底 7 月初开花，8 月中下旬成熟，生育期 105~110d。株高 180~190cm，叶片数 38 片，叶心脏形，绿色。舌状花和柱头为黄色，花盘直径 18cm。植株生长整齐，生长势强，耐水肥，抗倒伏，同时抗性较好。单株产量 97.3g，千粒重 143.8g，出仁率 53.3%，蛋白质含量为 16.1%。

产量表现　在自治区 2010—2011 年食用向日葵区域试验 7 个参试品种中，两年 6 个点，平均产量折合亩产 241.3kg，较对照 KA757 增产 21.01%，列各参试品种第二位，丰产性及稳定性很好。2011 年参加自治区食用向日葵多点生产试验，以鉴定其在大田生产条件下的综合表现。经过 6 个点两重复生产的试验，平均亩产籽实 223.67kg，在各参试材料中列第二位，比对照 LD5009 的 211.53kg 多产籽实 12.14kg，增产 10.46%。

栽培技术要点　新疆适宜食葵生长的区域均可种植。播种于 4 月中旬即可开始，为躲避花期高温，播期可适当后移。亩播量 0.7~1.0kg，播种时每亩带种肥：三料磷肥 8~10kg、尿素 3kg 与种子分沟施入。出苗后 1~2 对真叶时进行第一遍中耕，并进行人工间定苗，亩保苗 3 000~4 000 株。第一遍中耕后 8~10d 进行第二次中耕，现蕾后进行第三次中耕，并进行开沟培土，同时亩追施尿素 8~10kg，磷酸二胺 3~5kg。现蕾后开始灌第一水，花期不得脱水，生育期间灌水 3~5 次。开花时应放蜜蜂辅助授粉，3~5 亩地一箱，可有效提高结实率。

适应范围　适宜在新疆各食用向日葵产区种植。

17. 食用向日葵 "SH363"

育成单位　美国 GENOSYS LLC 公司。

品种来源　美国 GENOSYS LLC 公司的食葵杂交种，亲本组合为 A463×R1843。由三瑞农业科技开发公司引进推广。

特征特性　属晚熟品种，生育期为 115~125d。叶片平展，深绿色，卵圆形，全株叶片数 30 片左右。植株弯曲度较大，株高 220cm 左右。舌状花黄色，花盘直径 20cm 左右；籽粒为黑色白边有不规则白色条纹，籽粒长 2.0~2.3cm，籽仁率 50%~55%，千粒重 185g 左右。粗蛋白含量 35.7%，粗脂肪含量 51.1%。田间调查较抗霜霉病，菌核病的发病株率低于对照。

产量表现　在2008—2010年多点试验中，平均亩产346.8kg，比对照增产18.4%。在2010年生产试验中，平均亩产339.9kg，比对照增产14.8%。

栽培要点　播期为4月底至5月初，种植密度以2 500~3 000株/亩为宜，采用大小行种植，大行距80cm，小行距40cm，播种深度2~3cm。现蕾期浇第一水，结合浇第一水亩施尿素20kg，全生育期浇3~4次水。开花期采用放养蜜蜂和人工授粉的方法辅助授粉，以提高结实率和产量。

适宜范围　适宜在新疆食葵主产区种植。

18. 食用向日葵"SH361"

育成单位　美国GENOSYS LLC公司。

品种来源　美国GENOSYS LLC公司的组配的食葵杂交种。由三瑞农业科技开发公司引进推广。

特征特性　该品种偏晚熟，生育期115~118d。发芽出苗整齐，成苗率高。株形比较高大，株高190~260cm，叶片数量37片左右，叶片大小适中，叶片平展，植株清秀叶色绿，生育期生长整齐。花色黄，花盘平，灌浆成熟期花盘弯曲度大，倾斜度4级。该品种生育前期和中期表现出了较强的抗旱性能，连续三年在甘肃武威田间生长条件下表现对霜霉病、黄萎病高抗，零星感染叶斑病和菌核病。不同栽培条件下表现出了比较强的抗倒伏性。该品种平均盘径23~25cm，开花整齐一致，授粉结实能力强，单盘结实粒数800~880粒，千粒重180g左右，单盘粒重135g左右，增产潜力大，比对照增产达显著水平。试验亩产量高达360~400kg。籽粒长2.1~2.3cm，宽0.98cm，长锥形，粒色灰黑底白边不规则白色条纹，籽粒口感香甜，外观商品性较好。

产量表现　在2008—2010年多点试验中，平均亩产357.8kg，比对照增产19.4%。在2010年生产试验中，平均亩产349.9kg，比对照增产16.7%。

栽培要点　播期为4月底至5月初，种植密度以2 500~3 000株/亩为宜，采用大小行种植，大行距80cm，小行距40cm，播种深度2~3cm。现蕾期浇第一水，结合浇第一水亩施尿素20kg，全生育期浇3~4次水。开花期采用放养蜜蜂和人工授粉的方法辅助授粉，以提高结实率和产量。

适宜范围　适宜在新疆食葵主产区种植。

19. 食用向日葵"JK601"

选育单位　吉林省白城市农业科学。

品种来源　吉林省白城市农业科学院以不育系"07057A"为母本，恢复系"FE44R"为父本杂交育成的食用型向日葵杂交种。

特征特性　中熟长粒型食葵杂交种，生育期110d左右。正常株高170~180cm。花盘直径20cm左右，粒长2.33cm，粒宽0.88cm，百粒重19.23g，籽仁率56.1%。花盘形状平展，籽粒长卵圆形，颜色黑底白边；籽粒较长，千粒重高，商品性好，结实率高，平均亩产280kg左右，高产可达360kg以上。该品种对黄萎病及列当大部分生理小种有较好抗性。

产量表现　两年区域试验平均公顷产量是2 077.10kg，比对照增产6.03%，生产试验平均产量 1 935.92kg，比对照增产 11.53%。

栽培要点　生产田适宜播期 6 月中或下旬，播种量 3~4kg/hm²。一般垄作，公顷保苗 1.8 万~2.2 万株。建议一次性施向日葵专用复合肥每公顷 250~300kg，或每公顷施磷酸二铵 150kg、硝酸钾 75~100kg；现蕾前追施尿素每公顷 150kg。生育期做到两铲两趟。开花期如果自然界中昆虫数量不足，需 2~3 次的人工辅助授粉。

适应区域　适宜在新疆食葵主产区种植。

20. 食用向日葵 "XY147"

育成单位　新疆农业科学院经济作物研究所、新疆昌吉西亚种子有限公司。

品种来源　新疆农业科学院经济作物研究所 2016 年用 17S7079A（即抗列当不育系 A1）与 147R 杂交，亲本组合为 A1×147R。2019 年农业农村部登记，由新疆昌吉西亚种子有限公司推广种植。

特征特性　属晚熟品种，生育期为 112~122d。叶片平展，深绿色，卵圆形，全株叶片数 32 片左右。植株弯曲度较大，株高 220cm 左右，舌状花黄色，花盘直径 20cm 左右；籽粒为黑色白边有不规则白色条纹，颜色亮丽。籽粒长 2.2~2.6cm，籽仁率 50%~52%，千粒重 195g 左右。粗蛋白含量 35.7%。田间调查抗 F 小种列当，较抗霜霉病，菌核病的发病株率低于对照。

产量表现　在 2017—2018 年多点试验中，平均亩产 346.8kg，比对照增产 18.4%。在 2018 年生产试验中，平均亩产 339.9kg，比对照增产 14.8%。

栽培要点　播期为 4 月底至 5 月初，种植密度以 1 300~1 500 株/亩为宜，采用大小行种植，大行距 80cm，小行距 40cm，播种深度 2~3cm。现蕾期浇第一水，结合浇第一水亩施尿素 20kg，全生育期浇 3~4 次水。开花期采用放养蜜蜂和人工授粉的方法辅助授粉，以提高结实率和产量。

适宜范围　适宜在新疆食葵主产区种植。

21. 食用向日葵 "XY2399"

育成单位　新疆农业科学院经济作物研究所、新疆昌吉西亚子有限公司。

品种来源　新疆农业科学院经济作物研究所 2016 年用 17S7079A（即抗列当不育系 A1）与 2399R 杂交，亲本组合为 A1×2399R。2019 年农业农村部登记，由新疆昌吉西亚子有限公司推广种植。

特征特性　属晚熟品种，生育期为 115~127d；叶片平展，深绿色，卵圆形，全株叶片数 32 片左右。植株弯曲度较大，株高 220cm 左右，舌状花黄色，花盘直径 20cm 左右；籽粒为黑色白边有不规则白色条纹，颜色较好。籽粒长 2.3~2.6cm，籽仁率 50%~52%，千粒重 205g 左右。粗蛋白含量 35.7%。田间调查抗 F 小种列当，较抗霜霉病，菌核病的发病株率低于对照。

产量表现　在 2017—2018 年多点试验中，平均亩产 353.8kg，比对照增产 19.4%。在 2018 年生产试验中，平均亩产 339.9kg，比对照增产 16.8%。

栽培要点　播期为 4 月底至 5 月初，种植密度以 1 300~1 500 株/亩为宜，采用大小行种植，大行 80cm，小行 40cm，播种深度 2~3cm。现蕾期浇第一水，结合浇第一水亩施尿素 20kg，全生育期浇 3~4 水。开花期采用放养蜜蜂和人工授粉的方法辅助授粉，以提高结实率和产量。

适宜范围　适宜在新疆食葵主产区种植。

四、播种

(一) 种子的播前处理

自从向日葵种子杂交化以后，新疆使用的种子都进行了包衣，在包衣剂里通常都加有杀菌剂和杀虫剂，因此新疆在播前只进行晒种和浸种。具体做法如下。

1. 晒种

清明时节，天气转暖，气温上升。经贮藏一冬的种子，如果仓库空气流通不好，空气湿度大，种子水分高，种仁内呼吸作用加强，发热，温度增高，病菌繁殖，发霉变质，使种子丧失发芽能力。所以，在清明前后能晒种 2~3d，对防止降低发芽率有着明显的效果。

播种之前 3~5d 内晒种 1~2d，有利于种子发芽、出苗，并对种子有杀菌作用。

2. 浸种

向日葵在播种之前能浸泡 6h，可以吸收其发芽所需水分总量的 25%~30%。这样，播种之后可以减少对土壤水分的消耗和吸水时间，使种子提早发芽和出苗。春旱地区，在某种程度上还有添墒抗旱的作用。

在轻盐碱土上播种向日葵，播前可采用浸种催芽法，即先将种子晒 2~3d，然后用 0.5kg 盐碱土加 5kg 水浸泡，用其浸出液浸种 12h，在 3~5℃ 条件下放置 5~7d 后播种，播种深度在 3cm 左右。这样，种子能提高抗盐碱能力，有利于向日葵出苗。

3. 微量元素拌种

某些微量元素对油分形成过程产生有益影响。具体做法，Zn 和 Mn 做种肥每亩需要 1~1.5kg，Zn 和 Zn 拌种每 0.5kg 种子只需 4~5g，可起到增产作用。

在新疆石灰性土壤上，一般来说既缺 P 又缺 Zn。试验结果表明，施 P 肥的效果往往都比较明显，但施 P 不当或施 P 过量又会发生缺 Zn 引起的病害。在施 P 量每亩 20~40kg 范围内，P 和 Zn 有连应效果，即 P、Zn 配合施用增产效果大于单施 P 或单施 Zn 的效果。亩施 60kg P 肥情况下则没有连应效果或产生减产。向日葵用 Zn、Mn 微量元素拌种在苗期叶色浓绿，幼苗明显高于对照区。

(二) 适期播种

1. 适宜播期的选择和确定

根据各地的气候条件和生产水平以及实践经验，都有适宜的播种季节和日期范围。向日葵是一种生育期比较短的作物，播种期的选择余地比较大。最佳播种时间可根据品种特性、各地气候特点和无霜期长短来加以确定。首先，要保证种植的品种能正常成熟；其次，要使出苗期尽量避开晚霜，以免幼苗受冻；最后，尽量使开花至籽实灌浆期避开高温多湿的雨季，减轻病害对向日葵生长发育的影响。

向日葵一般在春季 10cm 表土温度稳定在 8~10℃ 时即可播种。食葵常规种的生育期长，应尽量早播；食葵杂交种和油葵生育期较短，可适当晚播。全国向日葵主产区由于地理位置和气候特点不同，适宜播种期也不尽相同。以油用型向日葵杂交种为例，在新疆阿勒泰地区、塔城地区、伊犁地区、昌吉州东三县，春播应在 4 月 20 日至 5 月 10 日，新疆沿天山一带夏播则在 6 月 20 日至 7 月 15 日较为适宜。吴承杰（1992）通过分期播种试验结果，总结出"白葵杂 1 号"的活动积温同播种至成熟日数之间存在下列关系：

$$\Sigma T = 989.5 + 12.0N$$

式中，ΣT 为播种至成熟的活动积温；N 为播种至成熟的日数；989.5 为播种至成熟期间的有效积温；12.0 指向日葵生物学下限温度。根据该关系式首先计算出播种至成熟的日数，进而确定播种日期。

2. 播期对向日葵产量和品质的影响

（1）播种期与生育天数及单株生长发育的关系　禹庆奎等（1986）的研究证明，油用向日葵在黑龙江省西部地区春季晚播（5 月 20—30 日）比早播（4 月 20—30 日）更为适宜。以 4 月 20 日与 5 月 20 日两个播期为例，前者株高、茎粗、单株叶面积、单株粒重分别为 60.8cm、1.59cm、3 458 cm²、61.6g；相应地，后者为 121.0cm、2.24cm、66 437cm²、71.6g。表 2-9 给出了不同播期向日葵各生育阶段所经历的天数。

表 2-9　不同播期油葵各生育阶段经历天数（禹庆奎等，1986）

播期 （月·日）	生育日数（d）					
	播种—出苗	出苗—现蕾	现蕾—开花	开花—成熟	播种—成熟	出苗—成熟
4.20	23	42	26	37	128	105
4.30	21	42	24	37	124	103
5.10	16	42	21	38	117	101
5.20	15	42	15	39	111	96
5.30	10	40	16	39	105	95

从表 2-9 可以看出，油葵晚播与早播相比，自播种至出苗所经历的天数大大缩短，现蕾至开花的时间也有所减少；但是开花至成熟的天数非但未减少，反而有所增加，这可能是油葵不宜过早播种，却应适时晚播的原因之一。

陈建忠等（1987）在河北省沧州于 1981—1983 年连续 3 年对油葵"派列多维克"进行了春播、夏播播期试验。春播自 2 月中旬至 6 月上旬每隔 15d 播种一期，夏播 6 月上旬至 8 月上旬每隔 10d 播种一期。现将春播试验结果列于表 2-10。

表 2-10　油葵不同播期各生育阶段所经历日数（陈建忠等，1987）

播期 （月·日）	生育日数（d）					
	播种—出苗	出苗—现蕾	现蕾—开花	开花—成熟	播种—成熟	出苗—成熟
2.19	36	54	21	29	140	104
3.6	24	51	20	29	124	100

（续表）

播期 （月·日）	生育日数（d）					
	播种—出苗	出苗—现蕾	现蕾—开花	开花—成熟	播种—成熟	出苗—成熟
3.21	19	48	19	26	112	93
4.5	13	44	19	26	102	89
4.20	8	41	20	27	96	88
5.5	8	38	19	26	90	83
5.20	6	35	20	26	87	81
6.6	6	33	20	22	81	75

从表 2-10 可以看出，不同播期的向日葵，从现蕾至开花的天数基本上是一致的，在 19~21d 之内；从开花至成熟所需天数差异也不显著，在 26~29d 之间（除 6 月 6 日为 22d 外）。从播种至出苗的天数相差却达 30d 之多（其原因只要是早播地温低不利于种子吸胀、萌动和出苗）。从出苗至现蕾所持续的时间与气温有密切关系，即随着播期推迟、气温升高，从 2 月 19 日播种的 54d 缩短为 6 月 6 日播种的 33d。由此可知，向日葵播种—出苗—现蕾的长短即营养生长期的长度是影响全生育期长短的主要阶段。

陈建忠等（1987）认为，对河北省沧州地区来说，向日葵春播宜在 3 月下旬或 4 月上旬；夏播以 7 月初或上旬为宜。

吴春胜（1995）通过分期播种试验，结果表明播种期对向日葵各生育阶段所需日数有明显影响，这种影响主要表现在出苗到开花这一阶段。例如，4 月 1 日与 5 月 21 日播种的向日葵，两者从播种至出苗日数相差 23d，从出苗至开花日数相差 17d，而开花至成熟期日数仅差 6d（表 2-11）。说明播种期早晚对花期前各生育阶段影响较大，而对后期影响很小。尤其值得注意的是，4 月 1—21 日之间的三种播期，开花—成熟阶段的生育日数几乎没有差别。播种过早，种子埋在土壤中的时间太长，极易遭受土壤病菌和害虫侵害，对出苗和植株生长均不利，不应提倡。

表 2-11　播种期对向日葵各生育阶段所需日数的影响（吴春胜，1995）

播期 （月·日）	生育日数（d）					
	播种—出苗	出苗—现蕾	现蕾—开花	开花—成熟	播种—成熟	出苗—成熟
4.1	29	75	41	116	144	
4.11	23	73	40	113	136	
4.21	17	69	40	110	127	
5.1	15	67	38	105	120	
5.11	12	60	36	96	109	
5.21	6	58	35	94	100	

（2）播种期对向日葵品质的影响　Tan（1991）报道，通常情况下，播种期影响种子产量、含油量、油的脂肪酸组分、株高和葵盘直径。脂肪酸的组分及油的质量与开花后期温度密切相关，随着温度降低，亚油酸含量增加。播期对向日葵籽实含油率的影响不如对籽实产量的影响大。播期影响皮壳率，随播期推迟，皮壳率从24.3%增加到28.8%，这也正是向日葵晚播含油率低的重要原因。张东铭等（1991）介绍，根据新疆石河子地区的田间试验，油葵最高产量的播种期是5月5日至6月4日，食葵最高产量的播种期是4月5日至25日。为躲避自然灾害，认为油葵在石河子地区不宜春播。刘文杰等（2015）通过田间试验，认为在新疆昌吉州主产区，向日葵在5月上中旬播种较适宜，病虫害较轻，产量和品质较好。李瑞等（2017）介绍，通过陕西省神木县的播期试验，认为5月20日左右可作为向日葵的最适宜播期。

（三）合理密植

为获得大小适中，化学组成理想，丰产性能好的种子，向日葵种植田要采用合理的密度。

1. 适宜的种植密度范围

向日葵的密度有一个合理的范围，这个范围主要取决于三个因素：第一是品种条件。食用品种生育期长、植株高大、根深叶茂，覆盖面大，单株应占有较大的营养面积，种植密度应小些。油用种植株低矮，叶片相对少而小，适于密植；第二是水肥条件。世界上单产较高的向日葵，大多分布在气候适宜、土壤肥沃的地区，一般是通过多施肥、高密植而获得高产的，这证明了利用肥沃土地，增加肥料、增加密度是提高产量的正确途径。只有那些盐碱地、旱薄地、不施肥的地块，种得密了长不起来，才种得较稀，其产量自然很低。投入和产出是一致的；第三是栽培条件（农机具、作业方式等）。在机械化作业条件下，宽行距、小株距，便于田间作业。

因此，食用型向日葵的密度一般应为22 500~37 500株/hm²；油用型向日葵的密度一般为45 000~60 000株/hm²。近年来，各地油葵的种植密度有增加的趋势。譬如，新疆北疆一些地区密度达到75 000株/hm²。

2. 合理密植的产量效应

据国外的研究结果，向日葵种植密度约为45 000株/hm²，采用50cm×44.3cm、60cm×37cm和66.7cm×33.3cm三种行株距配置籽实单产分别为1 773.0 kg/hm²、2 001.0 kg/hm²、2 100.0kg/hm²。若以50cm×44.3cm为100%，60cm×37cm为112.9%、66.7cm×33.3cm为118.4%，即分别增产12.9%和18.4%。内蒙古自治区巴彦淖尔市农业科学研究所以株高300~350cm的食用向日葵品种"河套花葵"为供试材料，测定了种植密度与产量的关系，所得结果如表2-12所示。

表2-12　食用向日葵种植密度与产量的关系（梁一刚等，1990）

行距株距（cm×cm）	70×53.2	70×40	70×36.7	70×33.3	70×30	70×26.7
密度（株/hm²）	26 520	35 715	38 955	42 855	47 625	53 565

（续表）

行距株距（cm×cm）	70×53.2	70×40	70×36.7	70×33.3	70×30	70×26.7
产量（kg/hm²）	2 742.0	3 283.5	3 396.0	3 525.0	3 282.0	2 791.5
（%）	100.0	119.7	123.9	128.6	119.7	101.8

从表2-12可以看出，植株高大的食葵品种"河套花葵"种植密度在42855株/hm²的条件下产量最高，少于此数，或多于此数，产量均下降。

油用向日葵因株高较矮，种植密度应大于食葵（表2-13）。

表2-13　油用向日葵种植密度与产量的关系（梁一刚等，1990）

行距株距（cm×cm）	70×43.3	70×40	70×36.7	70×33.3	70×30	70×26.7	70×23.3	70×21.7
密度（株/hm²）	32 970	35 715	38 955	42 855	47 625	53 565	61 230	65 940
产量（kg/hm²）	3 316.5	3 444.0	3 453.0	3 546.0	3 892.5	4 066.5	3 720.0	3 583.5
（%）	100.0	103.8	104.1	106.9	117.3	122.6	112.1	108.0

表2-13数据表明，油用向日葵的种植密度以53 565株/hm²产量最高，比32 970株/hm²高22.6%；但是，在此基础如再增加密度，产量则递减。

向日葵产区的环境条件差异极大，栽培技术互不相同。种植密度相差悬殊。例如，油葵在辽宁和山西每39 000~54 000株/hm²，在内蒙古呼和浩特则多达61 500~67 500株，甚至达到75 000株/hm²，其产量仍有增加的趋势。内蒙古农业科学院作物研究所试验结果，种植密度47 625株/hm²的种子籽粒重高（83.9g），单株产量高（70.2g），单产却较低（3 231kg/hm²）；密植到75 180株/hm²时，千粒重较小（72.1g），单株产量下降为48.8g，单产却增加到3 787.5kg/hm²，比前者增产17.2%。（表2-14）。

表2-14　油葵种植密度与产量和品质的关系（梁一刚等，1990）

株行距（cm）	密度（株/hm²）	千粒重（g）	单株产量（g）	子仁含油率（%）	空秕率（%）	种子产量（kg/hm²）	油脂产量（kg/hm²）
70×30	47 625	83.9	70.2	57.26	11.9	3 231.0	1 254.0
70×26	54 945	81.3	63.8	57.19	11.0	3 504.0	1 374.0
70×23	62 115	78.4	59.7	57.57	11.4	3 708.0	1 467.0
70×21	68 025	75.5	54.1	57.39	15.5	3 678.0	1 465.5
70×19	75 180	72.1	48.8	59.06	14.0	3 787.5	1 543.5

上项试验结果，油葵在当地适宜的种植密度，以60 000株/hm²左右为宜。合理密植不仅是单纯地保持较多的株数，还要配合适当的株行距。株行距调配适当，可以改善田间小气候，利于促进个体及群体的生长发育。种植密度是获取理想产量的一项重要措

施。这方面有很好的生产经验和试验研究数据。在不同地区、不同播种季节，不同品种，不同产量目标等前提下，应有一定的种植密度范围。例如，王冀川等（2002）介绍，他们通过田间试验，对新疆南疆地区油葵 G101 品种 4 种密度下（3 万株/hm²、7.2 万株/hm²、9.9 万株/hm²、12.9 万株/hm²）干物质积累、分配及转移规律研究结果表明，油葵干物质积累动态符合 Logistic 曲线变化，干物质增长速率呈单峰曲线变化，随密度增加，干物质积累降低，且生育期推迟；净干物质分配随生长中心的转移而发生变化：幼苗期主要分配在叶片中，初蕾至初花期主要分配到茎秆中，花期是并进生长高峰期，以营养器官分配为主，灌浆后转向盘籽中，盘籽成为干物质分配中心；各器官中积累的干物质转向籽粒的比例大小顺序为茎秆 > 叶片 > 花盘，转移量占籽粒干物质重量的百分比随密度加大而降低。籽粒产量结果表明，7.2 万株/hm²（4 800株/亩）的经济系数与产量最高。

向理军等（2010）为了寻求"新葵 4 号""新葵 6 号""新葵 7 号"3 个品种及其种植适宜密度，在 2009 年设置了 4 种密度水平的 2 因素裂区试验。结果表明，供试各品种所要求的最适密度不同，否则产量和出仁率降低，千粒重变小；油葵是喜光作物，但各品种之间对光能的利用率是不相同的。"新葵 4 号""新葵 6 号""新葵 7 号"分别以 69 450 株/hm²、61 200~72 450 株/hm² 和 49 500 株/hm² 光能利用率最高。韩亮等（2013）通过田间试验，分析了新疆油葵的适宜种植密度。认为在新疆向日葵主产区，油葵适宜的栽培密度为 4 100~4 900 株/亩，在此密度下，籽粒饱满，病虫害不重，产量高，种植收益高。栽培密度过高或过低，油葵籽粒不很饱满，千粒重低，产量较低，种植收益都下降。陈卫民等（2014）以向日葵油用型品种 S606 为试验材料，在自然发病条件下，2012—2013 年连续两年在新疆伊犁地区新源县种植不同播期和不同密度的向日葵，通过调查向日葵发病情况，研究不同播种时期和不同种植密度对检疫性新病害向日葵黑茎病、白锈病发生的影响。结果表明，新疆伊犁地区向日葵最佳种植时间为 5 月中旬，此期间播种的向日葵产量较高，黑茎病病情指数较低；播期与白锈病的发生程度未见相关性。伊犁地区向日葵最佳种植密度为株距 30cm，行距 50cm（4 500 株/亩），此密度下种植的向日葵产量较高，白锈病病情指数较低。余娟娟等（2014）通过田间试验，认为在新疆复播油葵的密度为 6 000 株/亩的宽窄行种植是复播油葵的适宜种植密度，产量较高。吐尔逊别克·热合买提汗（2017）报道了定植密度对不同生育期油葵产量的影响。2015 年选取早熟、中早熟、中熟和晚熟 4 个杂交油葵品种进行田间试验，每个品种分别设计 4 个不同的定植密度，对比每一个油葵品种最适合定植密度。通过对数据进行分析发现，4 个不同生育期的油葵品种，最合适定植密度分别是早熟品种每亩定植 4 466 株，中早熟品种每亩定植 3 706 株，中熟品种每亩定植密度 3 173 株，晚熟品种每亩密度为 2 780 株。栽植密度应根据所繁品种或亲本的特性，土质和肥力条件而定。新疆油葵在中等肥水条件下，株高 1.0m 左右的品种，亩保苗应在 5500 株以上。株高 1.5m 左右的品种，亩保苗应在 4 500 株以上。株高 2.0m 左右，亩保苗应在 4 000 株以上。新疆食葵在中等肥水条件下，株高 1.5m 左右的品种，亩保苗应在 2 500 株以内。株高 2.0m 左右的品种，亩保苗应在 2 000 株以内。株高 2.5m 左右，亩保苗应在 1 500 株以内。新疆食葵密度比油葵小的原因是食葵收购时籽粒大、饱满收购价高。

（四）播种方式和方法

新疆地多人少，像向日葵这类中耕作物，种子又很贵，因此多采用机械精量点播，在春季干旱少雨的地区采用宽（70cm）窄（50cm）行机械精量覆膜加滴灌带播种一次完成的方式。在个别地方或出苗不好时也采用人工育苗移栽，如郝水源等（2010）在选用适宜品种的基础上，采用育苗移栽的方式。结果表明，适当的育苗期和移栽时期，可比直播显著增产。在乌伊公路沿线麦收后复播采用干播湿出的办法抢墒抢时播种，如张瑞喜等（2015）通过田间试验，采用干播湿出的方法可促进向日葵根系生长，增加地下部生物量。张立军等（2017）试验研究了播种方式对食用向日葵产量的影响。结果是覆膜直播比露地直播增产40.37%。下面介绍几种适合新疆向日葵种植的方法。

1. 向日葵机械化沟种垄植精量播种栽培技术

（1）技术要点　该项技术的核心是利用机械化沟种精量播种机前部的可调式开沟犁，根据土壤墒情拨去土壤表层过厚的干土层，从而形成两条深浅和宽度适宜的播种沟，再利用后部的气吸式精量播种机把种子播在沟内湿土层中，保证了种子出苗所需水分和科学合理的播种深度，解决了由于干土层过厚难以出苗和出苗弱的问题。该技术的原理是播干种湿或称之为深播种浅覆土。

（2）操作程序　在播前用旋耕机旋耕一次（底墒不足时补充灌溉后进行），破除板结和破碎土坷垃，在地表形成约10cm的疏松土层，具有提高地温、保持地墒和抑制杂草种子发芽的效果，减少田间出苗前和幼苗期杂草的生长。开沟播种，此项作业由牵引式向日葵精量沟播机在地平面上开一条深约10～12cm的播种沟，同时在播种沟内实施播种、施肥、覆土、镇压、收糖等项作业，一次性完成。葵花出苗后包括整个幼苗期都生长在这个播种沟内。向日葵精量沟播机牵引动力为18～20型小四轮拖拉机，一次2行，行距75～80cm。播种沟为倒梯形，上口宽20～25cm，底宽为8～10cm，开沟深12～15cm，播种深度3～4cm。旱作农业区可在播种机上加一个贮水罐进行坐水播种，每亩用水大约200kg。采用吸气式精量播种机精量播种，种子在播种沟内呈穴形分布，每穴1～2粒，每亩用种量仅为0.5kg左右。起垄追肥：在幼苗长到30cm左右时，用垄植机进行中耕、追肥和垄植，由小四轮拖拉机牵引，一次1行，先由垄植机的施肥装置将肥料均匀地撒在播种沟内，同时垄植机的起垄装置将播种沟两侧的土回填到沟内，并且在播种沟的位置上形成一条高约15cm的土垄。此时形成沟垄转换，有利于提高作物生长后期的抗倒伏能力。结合培土进行追肥，以N、P为主，适当提高N肥用量。其他管理措施与传统种植方法相同。

机械化沟种垄植精量播种技术优点：提高了工作效率，提高了播种质量，提高了苗期抗旱能力，提高了抗倒伏能力，提高了肥料利用率。减轻杂草为害，减轻了盐碱为害，减轻风沙为害，减轻了土壤板结程度。节约了灌溉用水，节约了种子用量。机械化沟种垄植技术与覆膜种植技术相比，减少了覆膜压膜工序，降低了地膜成本，保护了生态环境，实现了农民增收。

（3）适宜地区　播种期土壤干旱是新疆多数向日葵播种的难题之一。该项技术有效地解决了土壤播种层种子发芽出苗所需水分的关键问题，保证了苗全苗壮，为确保丰收奠定了基础。

2. 前茬覆膜田地膜再利用免耕种植技术

前茬覆膜田地膜二次利用免耕种植向日葵技术，是指在前茬（或上年）经地膜覆盖种植的地块，不进行耕、翻、耙、磨等作业，留板茬地秋浇，后茬（或下年）再次在前茬保存较好的残膜上免耕种植向日葵的技术。该技术具有节水保墒、节肥省膜、省工省时、根茬还田、增地温促生长、增产增效、降低地膜污染、保护生态环境的特点。

（1）技术要点　选择前茬为覆膜玉米、瓜菜等非菊科作物田块，残膜保存较好，土壤基础肥力中等以上，灌溉便利，播种期土壤墒情好的地块种植。不得清除根茬，尽可能保护好前茬膜，防止车轮碾压和牲畜践踏，深灌、浇足秋水确保秋浇质量。若土壤基础墒情较差，可在5月上中旬浅灌一水。播前清理前茬地膜上残留秸秆，播种前5d喷施一遍草甘膦等灭生性除草剂，封杀杂草。播种采用在前茬作物两株之间，利用人工点播器破膜点播，播深2.5~3cm，随打孔随播种，每穴播一粒种子，种子最好平放穴内，播后细土封孔。若为灌水后的田块播种，最好用细沙封孔。为了错开前作根茬，可采取调三角播种。其他管理措施与传统种植方法相同。

（2）适宜地区　前茬覆膜田地膜二次利用免耕种植向日葵技术适宜于北方旱作玉米和向日葵混作区。该项技术有效地减少了地膜、农机具在田间的作业量。显著提高向日葵种植的经济效益。

3. 向日葵地膜覆盖栽培技术

地膜覆盖栽培具有增温、保水、保肥、改善土壤理化性质，提高土壤肥力，抑制杂草生长，减轻病害的作用，在连续降雨的情况下还有降低湿度的功能，从而促进植株生长发育，提早开花结果，增加产量、减少劳动力成本等作用。

（1）技术要点　地膜种植向日葵，西部绿洲旱地适宜推广覆膜+施肥+精量播种技术，120cm为一种植带；亦可120cm划行，按行开沟，起垄（15cm）覆膜（80cm幅宽），两边压土15cm，采用大小行种植，大行行距80cm，小行行距40cm，株距20~30cm，起垄覆膜膜侧种植最好（较膜上点种倒伏轻），在机械化好的地区可以按照与此类似的配置实现机械铺膜播种1次完成。播种以穴播为好。推广深种浅覆土抗旱播种技术，以利于旱地捉苗；缺墒不要急于播种，因向日葵对播期要求不严，理想的播种时间是在下透雨之后播种。铺膜质量要达到地膜与地面结合紧密，有破损地方用土盖严，且每隔5~10m横向打一条土带，防止刮风揭膜。其他管理措施与传统种植方法相同。

（2）适宜地区　适宜于北方春季干旱，不易出苗、保苗的地区。

（3）注意事项　及时捡拾残膜，减少土壤污染；对于早衰问题，应该通过补充灌溉和增加有机肥、P、K肥解决。

五、种植方式

各地根据生产和经济的需要，而采取多种多样的向日葵种植形式，例如，一季单种，两季复种，与其他作物间、套种，以及利用房前屋后，宅旁园地零星种植等。随着栽培技术的发展、新技术的应用以及早熟油用品种的引入，向日葵的套、复种有很大发展前途。利用小麦、油菜等早熟作物的下茬复种向日葵，利用草木樨、田菁等绿肥压青复种向日葵；一年生绿肥或其他矮棵作物可与向日葵间作、套作。这些都应根据当地的气候、土壤、作物构成、栽培习惯及耕作特点，选择合适的种植形式。在一季有余：二季不足的春播地区，特别是盐碱瘠薄地块，比较适合间、套种。

（一）单作

单作是新疆向日葵的主要种植方式，是指在一块土地上只种向日葵一种作物。单作无论在春播地区或是在夏播复种地区，都是主要的栽培形式。清种的特点是作物单一，中耕、防治病虫、施肥、灌水、收获等田间管理方便，最主要的是适合机械化作业。新疆向日葵多采用春播一季单作。行距各地区不一，约为50～70cm。机播多用70cm大行距。实践证明，大小行种植有利于向日葵的生长发育。例如，2016年新疆昌吉州阜康市九运街镇农业开发区进行了机播大小行和机播等行距对比试验，结果见表2-15。

表2-15　向日葵大小行栽培对比（梁一刚等，1990）

处理	行距（cm）	株距（cm）	亩保苗（株）	亩产（kg）	增产（%）
机播大小行	60×40	45	2 070	140.5	100.7
机播等行距	48	69	1 904	40.0	—

单作机播大小行比机播等行距增产100.7%，这并不是因为机播本身具有增产因素，其增产的原因是由于进行清种大行距作业，培成大垄，给向日葵的个体根系加厚了土层，有利于贮水保墒，大行距还改善了作物的群体布局，使田间通风透光良好，降低株间湿度，使植株生长健壮，减少发病，而促进了群体产量的提高。

（二）间、套作

间、套作属于多熟种植方式。有充分利用生长季节，充分利用光能，用地养地相结合、提高产值等作用。间作是在一个生长季内，在同一块田地上分行或分带间隔种植两种或两种以上作物的种植方式。其特点是群体结构复杂，个体之间既有种内关系，又有种间关系，种、管、收也不方便。套作也称套种、串种，是在前季作物生长后期在其行间播种或移栽后季作物的种植方式。套种选用生长季节不同的两种作物，一前一后结合在一起，两者互补，使田间始终保持一定的叶面积指数，以此充分利用光能、空间和时间，提高全年总产量。间套作的效益原理如下。

1. 间套作的互补性

（1）空间互补　合理的间套作，在空间上配置的共性是将空间生态位不同的作物进行组合，使其在形态上一高一矮，或兼有叶形上的一圆一尖，叶片夹角的一平一直，生理上的一阴一阳，最大叶面积出现时间的一早一晚等。利用作物这些生物学特性之间的差异，使其从各方面适应其空间分布的不匀一性，在苗期可扩大全田光合叶面积，减少漏光损失；在生长旺盛期，增加叶片层次，有利于通风透光，改善 CO_2 供应，降低光饱和浪费；生长后期，则可提高叶面积指数。

（2）时间互补　各种作物的时间生态位不同，各有其一定的生育期。通过不同作物在生育时间上的互补特性，正确处理前后茬作物之间的盛衰关系，充分利用生长季节，延长群体光合时间，增加群体光合势，最终取得增产增效的效果。

（3）养分、水分互补　作物的根系有深有浅，有疏有密，分布的范围有大有小；不同作物的根系从土壤中吸收养分的种类和数量也各不相同。运用作物的营养水分需求差异，正确组配作物，有利于缓和水肥竞争，提高水肥利用率，起到增产增收的作用。

（4）生物间互补　边行的相互影响、病虫害的相互影响、分泌物的相互影响，都可能有利的和不利的一面，趋利避害是共同的原则。

2. 间套作的技术要点

（1）选择适宜的作物和品种　首先，要求它们对大范围环境条件的适应性在共处期间要大体相同。如向日葵、田菁与茶、烟等对土壤酸碱度的要求不同，它们之间就不能实行间套作。其次，要求作物形态特征和生育特征要相互适应，以利于在利用环境方面互补。例如，植株高度要高低搭配，株型要紧凑与松散对应，叶子要大小尖圆互补，根系要深浅疏密结合，生育期要长短前后交错，喜光与耐阴结合。最后，要求作物搭配形成的组合必须高于单作的经济效益。

（2）建立合理的田间配置　合理的田间配置有利于解决作物之间及种内的各种矛盾。田间配置主要包括密度、行比、幅宽间距、行向等。①密度是田间配置的核心问题。②选择适宜的带宽。带宽是间、套作的各种作物顺序种植一遍所占地面的宽度，它包括各个作物的幅宽和间距。带宽是间、套作的基本单元，一方面各种作物的行数、行距、幅宽和间距决定带宽；另一方面作物数目、行数、行距和间距又都是在带宽以内进行调整，彼此互相制约。③安排好行比和幅宽，发挥边行优势，减少边行劣势。④间距是相邻作物边行之间的距离，各种组合的间距。在充分利用土地的前提下，主要应照顾矮位作物，以不过分影响其生长发育为原则。具体确定间距时，一般可根据两种作物行距一半之和进行调整，在肥水和光照条件好时，可适当窄些，反之则适当宽些。

（3）作物生长发育调控技术　适时播种，保证全苗，促苗早发；加强肥水管理，在共生期间要早间苗，早补苗，早追肥，早除草，早治虫；施用生长调节剂，控制高层作物生长，促进底层作物生长，协调各作物正常生长发育；及时综合防治病虫害；及时收获。

3. 向日葵与粮食作物间套作

（1）向日葵与马铃薯间作　在田间向日葵可与其他作物按一定的行数比例进行相间种植。中国向日葵与马铃薯间作已较普遍。这种葵薯间作的形式不仅可以提高向日葵的产量，还能起到用地和养边相结合的作用。在中国北方的半干旱、轻盐碱地区（新疆的一些冷凉地区），向日葵栽培面积日益扩大，迫切需要不断提高单位面积产量和土壤肥力，葵薯间作是一项比较成功的经验。

据吉林省白城地区农业科学研究所的试验，马铃薯和向日葵4∶2间作（4垄向日葵2垄草木樨），向日葵纯面积亩产278.2kg，清种向日葵亩产202.1kg，间作比清种增产37.65%。如果把马铃薯向日葵4∶2间作中两垄马铃薯面积算为向日葵占地面积

（混面积），这样向日葵间作的亩产为 186.0kg，比清种的产量减少 8.2%。而占地 1/3 的马铃薯，合计亩产 1 159.8 kg。可见，间作是更加合理的使用土地。试验中还进一步证明了向日葵具有明显的边际效应。在 4∶2 的间作中，两个边行向日葵平均亩产 313.1kg，两个中间行向日葵平均亩产 243.1kg，边行比中间行增产 28.68%，可见，边行增产效应是较大的。所以，向日葵采用间作形式栽培，是能有利于个体的发育和增加群体产量的。间作的边行向日葵比清种增产数量更大，为 54.92%。

新疆博尔塔拉蒙古自治州温泉县塔秀乡苏木浩特浩尔村，2008 年种 105 亩向日葵与马铃薯 4∶4 间作，60cm 行距，亩保苗 1 852 株，向日葵纯面积平均亩产 109kg，混面积亩产 54.5kg，间作比清种增产 172.5%。

葵薯间作效益分析：葵薯间作平均亩产马铃薯 1 500kg，马铃薯平均售价 0.35 元/kg，亩产值为 525 元；亩产葵花籽 100kg，葵花籽平均售价 3 元/kg，亩产值 300 元；两种作物合计，亩产值 825 元。此外，葵花"籽盘"还是良好饮料，可以再利用，每亩可产 100~200kg 饲料。

种子成本：马铃薯亩用种量 100kg 左右，种薯价格约 1.00 元/kg，亩成本约 100 元；葵花籽亩用种量约 0.5kg，所需成本 2 元。两者亩种子成本约 100 元。肥料成本：亩施优质农家肥 2t，价格约 10 元/t；亩施碳酸氢铵 50kg，需 25 元；亩施硝酸铵 30kg，需 11~17 元。肥料成本大约为 60 元/亩。农药、机耕、水电等费用，大约需要 15 元/亩。

葵薯间作亩净效益：每亩地总成本大约为 175 元。亩净收入为 650 元。

（2）向日葵与其他粮食作物间套作 向日葵与其他低秆作物间作有多种形式。有的与小麦间作种植 3 行或 6 行小麦，间作 2 行向日葵。有的与大豆间作，向日葵宽窄垄种植，宽垄间种 1~2 行大豆。小麦套葵花是新疆温泉县、奇台县的主要立体种植形式，近年当地对这一种植形式又进行了"五项"技术改进。一是改葵花常规种为杂交种，提高了葵花产量；二是改葵花早播为晚播，缩短了两作的共生期，小麦千粒重提高，产量增加；三是改窄带套种为宽带套种，改善了田间通风透光条件；四是改低密度为高密度，改过去一带两行（三行）向日葵为四行向日葵，增加了葵花密度；五是改套种葵花不施种肥、不覆膜为施种肥、盖地膜，为葵花苗全、苗壮，打下了基础。

向日葵和矮科作物，如菜豆、大豆、南瓜等间作种植或进行条状、带状种植，既能增强通透性，降低发病率，又有利于进行人工或机械喷药，增产防病。向日葵和菜豆、大豆等间作比例可以是 6∶6 或 8∶6 或 8∶8 或 6∶8 均可。向日葵和南瓜间作比较灵活，根据试验结果和农民总结的经验 2∶2、4∶2、6∶4 均可获得较好的间作效果，比单种增加效益 20%~30%。

条状、带状种植即向日葵两侧为矮秆作物，向日葵的垄数不超过 10 垄为好，最多超过 16 垄影响通透性。

4. 向日葵与经济作物间套作

（1）向日葵与棉花间作 新疆是全国棉花主产区。向日葵也是新疆重要的经济作物。向日葵与棉花间作有多种形式。向日葵与棉花间作种植 15 行或 20 行棉花，间作 2 行向日葵。例如新疆兵团农八师 143 团 14 连棉葵间作种植 380 亩，棉花收获产值

2 761.2元，葵花收获产值750元除去成本2 030元，亩净收入为1 481.2元。

（2）向日葵与瓜类间套作 由于中国向日葵产区各地的自然条件和栽培习惯不同，各地区总结出很多套种模式。比如蔓生作物有西瓜、籽瓜、甜瓜等。后作根据当地无霜期长短，可选择生育期较短的油用向日葵和生育期较长的食用向日葵。生产上应用最多的是西瓜套种向日葵。西瓜一般行距140cm，株距100cm。6月下旬在西瓜行间套种2行向日葵。两种作物共生期20~30d，向日葵尚在苗期，西瓜蔓很矮，互相影响轻微。可使向日葵播种期比麦茬复种的提早10d左右，能获得高产。如新疆兵团农六师103团油葵、西甜瓜套种使得田间呈现一高一矮、一早一晚，是充分提高光能利用率和土地产出率的有效增产技术措施。具体做法：选择2m带型，2m作畦；1.6m幅地膜，机械覆膜于带之间，4月下旬至5月上旬在膜上栽西瓜2行，行距1m、株距0.9m，密度740株/亩；6月上旬在地膜中间种植油葵2行（点种），行距40cm、株距30cm，密度2 200株/亩。可达亩产油葵200~250kg，西瓜产量3 000kg/亩，效益相当可观。

5. 林葵间作

在新疆，林下种植多种作物，已有出版物介绍。国内有关省份也有果树林下种植油葵的报道。

在新疆果树林下间作向日葵是指1~3年的果树幼林。在其林间2~3m的垄上种植向日葵或玉米等作物，具体做法是2行幼林果树间平播3~6行向日葵，如此到年底能多收一季向日葵。

（三）轮作

1. 轮作的必要性

一个地区或一个生产单位，除了在特殊情况下，比如在水田稻作区因条件的限制，只种水稻之外，一般都是种植几种作物，而且在同一田块上，总是按一定的顺序轮换种植不同的作物，这种种植方式便是轮作，俗称倒茬（变换茬口）。轮作的好处是多方面的，通过轮作可以协调利用土壤的养分，改善土壤的理化性状。向日葵是需钾非常多的作物，如果同一地块连续几年种植向日葵，或者与同样消耗钾较多的烟草、薯类轮作，土壤中钾素消耗过多，必然造成养分失调，而当它与需氮较多的粮食作物（小麦、玉米等），或者与需P、Ca较多的豆类作物轮换种植，就可以均衡地利用土壤中的各种养分。再者向日葵根系发达，在土壤中分布的深度和广度与其他作物有所不同，对改善耕层土壤的理化状况有一定的作用，对浅根性的后作也会产生良好的影响。

不同作物感染病害的种类不同。向日葵锈病、斑病、菌核病、霜霉病、黄萎病等，大部分侵染源是土壤病原。例如，向日葵褐斑病的发病率因连作而加重。据有关资料，3年以上轮作的发病率为10%~14%，迎茬（隔年种）为55%~60%，重茬2~3年则达到69%~90%（侯来宝，2005）。另据辽宁省农业科学院的试验结果，向日葵连作的叶斑病病情指数最高，而与玉米或大豆轮作，病情指数较低。

田间种植的各种作物都有与之相伴而生的杂草，通常称为"伴生杂草"。随着连作年限的增加，伴生杂草的数量也逐年大幅度增加，最后可能酿成无法收拾的后果。最为典型的是向日葵恶性寄生杂草——列当（Orobanche cumana Wallr）。列当俗名叫兔子拐棒，它寄生在向日葵的根部，其根状茎肥厚，叶鳞片状，无叶绿素，不能自行营养，只能靠从向日葵体内吸收养分生活。列当繁殖力和传染能力极强，每株约有花数千朵，种子极小（长度约 0.2~0.5mm），终年可以萌发。这种杂草几乎遍及中国所有向日葵产区，它除了寄生向日葵之外，也寄生于烟草、番茄、红花等作物。防除向日葵列当最简便且有效的方法是实行轮作，比如，与玉米、小麦、谷子、大豆等作物实行 3 年以上的轮作。

2. 轮作方式

王德身于 1992 年曾报道，旱农地区采用的轮作有如下几种。

（1）四年轮作 玉米→高粱→谷子→大豆；玉米→高粱→向日葵→大豆；玉米→向日葵→谷子→大豆。

（2）五年轮作 玉米→高粱→向日葵→谷子→大豆；玉米→高粱→玉米→向日葵→大豆；玉米→玉米→高粱→向日葵→大豆。

（3）六年轮作 玉米→高粱→谷子→大豆→玉米→草木樨；玉米→高粱→大豆→玉米→向日葵→草木樨；玉米→高粱→玉米→向日葵→谷子→大豆。

据侯来宝所著《世界四大油料作物—向日葵》（2005）介绍，目前生产上采用的轮作方式有如下几种。

盐碱瘠薄地：向日葵→禾本科牧草→玉米→小麦→高粱。

新开垦荒地：禾本科牧草→向日葵→玉米→籽瓜→高粱。

粮油糖草轮作：向日葵→牧草→甜菜→玉米。向日葵→玉米→甜菜→豆类→牧草。

（四）复种

复种是指在同一块地上一年内接连种植两季或两季以上作物的种植方式。是一种提高土地利用率，节本增效的措施。丁海峰等（2013）介绍了新疆八十四团免耕复种油葵高产栽培技术。以冬小麦为前茬。7 月 10 日前免耕抢时播种油葵。可减少施肥、耕地、平地、耙地等工序，节本增效效果明显。其他省份有地膜西瓜后茬免耕直播向日葵（杨艳艳，2016），马铃薯与向日葵复种高效栽培（唐国琨等，2017）等报道，可资参考。耕地复种程度的高低通常用复种指数表示。复种指数是全年总播种面积占耕地面积的百分比，公式为：

$$复种指数=（\%）\frac{全年作物播种总面积}{耕地面积}\times100$$

公式中的"全年作物播种总面积"也包括绿肥、青饲料作物的播种面积。复种指数的高低实际上是耕地利用程度的高低，含义与国际上的种植指数相近。一年一熟的复种指数为 100%，一年二熟的复种指数为 200%，一年三熟的复种指数为 300%，两年三熟的复种指数为 150%。

1. 复种的条件

向日葵移栽能否正常成熟与产量高低是决定该种植模式能否大面积推广的关键。一个地区能否复种或复种程度的高低是有条件的，超越条件的复种既不能增产又不能增收。影响复种的自然条件主要是热量和水分，生产条件如水利、肥料、人畜机具等对复种也产生影响。

（1）热量　热量是决定一个地区能否复种的首要条件，只有满足各茬作物对热量的需求，才能实行复种。复种程度常常需按以下条件加以确定：一是年均气温。一般8℃以下为一年一熟区，8～12℃为两年三熟或套作二熟区，12～16℃可以一年两熟，16～18℃以上可一年三熟；二是积温。≥10℃积温低于3 600℃为一年一熟，3 600～5 000℃可以一年两熟，5 000℃以上可以一年三熟；三是无霜期。150d以下只能一年一熟，150～250d可以一年两熟，250d以上可以一年三熟。

（2）水分　一个地区具备了复种的热量条件，能否复种就要看水分条件了。水分包括灌溉水、地下水和降水。中国降水量与复种的关系是：小于600mm为一熟区，600～800mm为一熟至两熟区，800～1 000mm为两熟区，大于1 000mm可以实现多种作物的一年两熟甚至三熟。若有灌溉条件，则不受此限制。

（3）地力和肥料　土壤肥力高有利于复种。复种指数提高后，还要多施肥料，才能保证土壤养分平衡和高产多收。

（4）劳畜力和机械化　复种种植次数增多，用工量增大，前作收获后作播种，时间紧迫，农活集中，对劳力畜力和机械化条件要求高。在当前农村劳动力向城市转移的条件下，劳动力不足成为限制复种的一个因素。

（5）技术保证和经济效益　包括品种、耕作栽培技术、复种间套技术等必须满足复种的要求。此外，复种还必须考虑经济效益。

需要提出的是，上述五个条件必须综合考虑和运筹，其中任何一个条件得不到满足，都可能招致复种失败。

2. 复种的技术

复种是一种时间、空间、投入、技术高度集约经营型农业，只有因地制宜地运用栽培技术，才能达到复种高效的目的。从技术角度，应注意以下几个方面。

作物组合：适宜的作物组合，有利于充分利用当地光热资源。利用休闲季节增种一季作物。

品种搭配：生长季节富裕地区应选用生育期较长的品种，如长江流域两熟区，各季可选生育期较长的品种，达到全年高产；生长季节紧张的地方，则应选用早熟高产品种。除调剂作物品种的熟期外，还应注意避灾保收。

充分利用生长季节：改直播为育苗移栽，缩短本田期；促进快发早熟技术、作物晚播技术；运用地膜覆盖等设施农业技术。

3. 复种的实例

麦后复种是中国主要春麦产区和部分冬麦产区一种成熟的复种方式。这种种植结构，不但可以提高自然资源的利用率，而且能够变一年一熟为二熟，从而提高单位面积年产量，增加农民收入。新疆北疆是油葵的重要产区。当地光照充足，热量资源丰富，加之采用滴灌技术，对发展油葵生产十分有利。北疆属于"一熟有余，两熟不足"地区，近年来科技工作者开展了麦后复种油葵的研究工作，对麦后两熟进行了探索。据赖先齐等（1998）报道，北疆沿天山一带采用早熟冬小麦"奎冬5号"在6月下旬成熟，

7月上旬将新葵杂等早熟油葵品种播下，10月上旬早霜到来之前可正常成熟。石河子大学作物高产研究中心张凤华等（2002）在该校农学院试验场，以新葵杂5号、6号和8号为材料，于小麦收获后（7月7日）复种油葵，种植密度为75 000株/hm²。"新葵杂5号"为早熟品种，全生育期95d，所需积温为2 080.5℃；"新葵杂6号"属中熟型，全生育期105d，所需积温为2 220℃；"新葵杂8号"是晚熟品种，全生育期113d，所需积温为2 259.2℃。全生育期（出苗至成熟），若以开花为界划分为花前和花后两个生育阶段，上述早熟品种前后二阶段所经历的天数分别为53d和42d，中熟品种为57d和48d，晚熟品种为59d和54d。北疆历年的气温在10月下旬已降至5℃以下，此时早熟油葵可正常成熟，中熟品种尚处于灌浆期，晚熟品种则刚刚开始灌浆，故不能成熟。测定统计结果表明，在石河子条件下，7月上旬复播的早、中、晚熟油葵品种自播种至出苗需6d，积温159.9℃。现将熟期不同的油葵品种的生育进程列于表2-16。

表2-16 复播油葵不同类型品种的生育进程（梁一刚等，1990年）

品种熟期	出苗-现蕾		现蕾-开花		开花-成熟		出苗-成熟	
	天数	积温	天数	积温	天数	积温	天数	积温
早熟型	28	719.3	20	477.5	41	723.8	89	1 920.6
中熟型	29	743.8	22	548.1	48	768.2	99	2 060.1
晚熟型	30	770.0	23	545.4	54	783.9	107	2 099.3

注：表中积温以≥5℃的温度计。

从表2-16可知，复播油葵自出苗至成熟所需积温在2 000℃左右，以此推知，为了保证小麦收获后复播的油葵正常成熟，≥5℃的积温必须在2 300℃以上（其中包括麦茬整地以及播种至出苗所占时间）。在品种选择上，则应采用高产、稳产的早、中熟者为好，晚熟品种的风险较大，不宜选用。张凤华等（2000）的另一项试验表明，向日葵春播和夏播的产量构成是有差异的（表2-17）。

表2-17 春播与复播油葵产量构成因素（张凤华，2000年）

	产量 （kg/hm²）	含油率 （%）	籽仁率 （%）	百粒重 （g）	盘粒数 （个）	不实直径 （cm）
春播	5 200	50.4	75.4	5.6	1 488	0.3
复播	4 560	48.8	71.4	5.0	1 511	1.4

从表2-17可以看出，与春播向日葵相比，复播的产量相当于春播的87.7%（4 560 kg：5 200kg），籽实含油率下降1.6个百分点（50.4%：48.8%），籽仁率下降4.0%（75.4%：71.4%），百粒重较少0.6g（5.6g：5.0g），不实直径增加1.1cm（1.4cm：0.3cm）；但盘粒数却稍增加，春播为1 488粒，而复播为1 511粒。尽管在许多指标上向日葵复播不如春播，但是毕竟复播有效地利用了夏秋季节，多收一茬，从有效利用当地生长期和土地，增产并增收上评价，这种复种方式仍是值得推广的。据新疆的经验，

麦葵复种成功的关键是选择适宜的油用向日葵品种。以1999年的气温为例，10月上旬气温尚在14~15℃，下旬便下降为5℃以下，此时，早熟油葵品种已基本成熟，中熟品种正值籽实灌浆期，而晚熟品种尚未进入灌浆期，只能作青贮饲料了。麦后复种成功的必要条件是：复种的麦类要选择生育期短（75d以内）、适应性强、产量高的品种。在内蒙古河套地区前茬小麦、大麦或黑麦在7月5日前必须成熟，而在辽宁西部地区于7月15日前必须收获。复种的油葵则要选择生育期短（80~90d），抗寒性强，产量高的品种。复种的前、后作都要提早抢种。复播的油葵播种越早，产量越高。为了缩短油葵播种至出苗时间，播前可以浸种催芽。复种油葵要加大密度，密度应在60 000~75 000株/hm²，靠加大群体提高产量。

油菜复种油葵：冬油菜或春油菜（白菜型小油菜）比小麦早熟10余天，更有利于复种油葵。山西冬油菜5月下旬或6月上旬收获，可复种芝麻、玉米、油葵。辽宁省中部、南部春油菜6月中旬收获，能复种油葵。

草木樨复种油葵：二年生绿肥草木樨，于6月上中旬翻压后，随即整地复种油葵。一年生黄花草木樨生长快，当年也可翻压复种。压青复种的地力肥，产量高。在土地资源丰富的地方，这是一种用地养地培肥地力的耕作方式。

六、田间管理

（一）中耕

播种向日葵大多采用穴播或开沟点播，每穴播种3~4粒，出土3~4苗。如不及早间苗，幼苗间争光争水争养分，使幼茎细长瘦弱，影响正常生长发育，必定会造成减产。如果间苗定苗迟了，幼苗拥挤生长不旺不壮时，花盘原基发育不良，分化的小花数大大减少。之后即使加强肥水供应也难再增加。黑龙江省农科院比较了1对真叶到5对真叶期间定苗对产量的影响。结果表明，间苗定苗越晚花盘上的粒数越少，籽实越小，产量越低。若以1对真叶期间定苗产量为100计算，2对为84，3对为81，4对为77，5对叶片时定苗，产量只有63。可见早间苗、早定苗是促进壮苗、获得高产的重要措施。

在虫害较重的地块，定苗时间应适当晚些，一般在2~3对真叶时定苗。耕翻时间一般在上茬作物收获后进行，耕翻深度20cm左右。耕翻要深浅一致，不留生格子，做到地面平整。耕翻后还要进行耙压。一般沙性大的或易风剥沙压的地块不宜进行秋翻，可于翌年早春土壤解冻至7~10cm时顶浆起垄，以蓄水保墒中耕除草，即铲趟，有疏松触土壤、防止水分蒸发、铲除杂草等作用，在盐碱地上轻犁沟压碱，还可以防止盐分上升。

（二）科学施肥

向日葵施肥，从时间和方法上说，可分作基肥、种肥和追肥三种。如何科学施肥，向理军等（2010）通过田间试验，结合新疆实际，认为油葵的整个生育期需肥量较大，但整个生育期需N量极少，需P较少，而需K量较大。结合生育进程相对而言，一般在开花前吸收N肥较多，花盘形成到终花期是吸P最多的时期，吸K高峰期在孕蕾和开花期。但新疆土壤含 K 丰富，N、P 较缺，可作施肥参考。胡小龙等（2013）通过在河套灌区盐碱地上施用 P 肥，提高了向日葵现蕾期叶片最大净光合速率，也提高了灌浆期叶片全天的净光合速率。闫丽华（2016）在宁夏引黄灌区试验表明，施用控释肥对油葵增产效果明显。赵小霞等（2016）在盐碱土上种植油葵。试验表明，在油葵灌浆初期，在增施 N 肥的基础上合理施用 P、K 肥和有机肥，可在改善光合特征的基础上提升经济产量。徐苗等（2017）在宁夏干旱区试验，化肥与有机肥配施有利于油葵产量的提高和品质的改善。

1. 基肥

播种前施用的肥料称为基肥。基肥以农家肥为主，由以腐熟的厩肥为好。基肥能够提供向日葵整个生育周期对养分的需求。农家肥中有机质含量高、成分齐全，不但能提高土壤肥力，而且还可改良土壤结构，增强土壤保水保肥能力，为向日葵的生长发育创造良好的土壤环境。农家肥一般以秋施为好，结合秋翻灌水将农家肥充分混合熟化；如果春施，一定要早，肥料必须腐熟，并用圆盘耙将肥料与表层土壤混合。农家肥不宜与向日葵种子一起施入，因为这样可提高局部土壤溶液浓度，"烧伤"根系，降低种子出苗率，使植株发育不正常，甚至使相当数量的植株死亡。一般田块每公顷施 22 500~37 500kg，高产田每公顷施 45 000~60 000kg。另外，每公顷配合施用磷酸二铵 150~300kg，氯化钾 225~375kg 或草木灰 750~1 125kg（但在盐碱地不宜施用草木灰），可起到高产稳产的作用。

由于 P 元素移动性小，应将 P 肥作为种肥和基肥。正确的施用方法是，将 P 肥掺和在厩肥中沤熟后使用，这样 P 肥不会与土壤直接接触，不致被土壤吸附固定，可提高肥效。基肥施用量取决于土壤中活性 P 含量。其含量在 20mg/100g 土的条件下（按奇科科夫法），向日葵每公顷施肥量应为 N 40kg，P 60kg，含量在 20.1~24mg/100g 土施用 N 20kg、P 30kg。活性 P 含量大于 24mg/100g 土时，施肥是无效的。

2. 种肥

种肥是指在播种的同时施入的肥料。它是在底肥不足的情况下，采用的一种辅助方法。最好选用磷酸二铵、多元复合肥、氯化钾等肥料，可穴施或条施。种肥的施用量应根据土壤肥力水平、基肥用量多少、种植密度大小而定。在施基肥少或不施基肥的较瘠薄的耕地上，种肥一般每公顷施纯 N 30kg、P_2O_5 60kg、K_2O 75kg（相当于磷酸二铵 150kg，氯化钾或硫酸钾 150~225kg）。施用种肥时，必须将化肥与种子用土隔开，并保持一定的距离，否则会灼伤种子或灼坏幼根。

K 肥一般同基肥一起施入，开花灌浆期可叶面喷施 0.5% 磷酸二氢钾溶液。向日葵是需 K 肥较多的作物之一，每生产 100kg 葵花籽吸收 K_2O 4.68kg。施用 K 肥可增产 12.3%~63.1%，平均为 27.8%，每千克 K_2O 增产向日葵籽实 2.12~18.29kg，平均为 8.5kg。施用 K 肥还能降低向日葵的空壳率，增加百粒重，提高抗病能力。

有证据表明，尽管向日葵植株吸收大量的 K，但其对 K 肥的反应并不特别敏感。Overdahl（1982）报道，美国北达科他州和明尼苏达州的研究者发现，当土壤可交换性 K 测试值高时，施 K 肥无效。加拿大曼尼托巴省进行的数年研究表明，在粉砂性结构、

可交换性 K^+ 值>105μg/g 土（或二者皆有的）的土壤上向日葵施 K 肥无效（Bonnefoy，1965）。然而，Overdahl（1982）在 3 种可交换性 K 很低（24~40μg/g 土）的土壤上施用 K 肥却获得了向日葵籽实的增产（平均增加 621kg/hm²）。这种增加是在每公顷施 K 肥 67~135kg 条件下实现的。他们确信，通过灌溉持续供水，可使向日葵有效地利用肥料中的 K，也有可能利用土壤本身的 K。北美洲北部中可交换性 K 临界水平可能在 40~105μg/g 土之间。然而，根据北达科他州的推荐，新的高产杂交种要获得较好的产量，K 的临界水平应高于 105μg/g 土。Dahnke 等（1981），Overdahl（1982）认为，在成熟植株叶片中含 K 30g/kg 以上是高产的适宜值。Robinson（1978）在其关于向日葵生产和栽培的综述中指出，N 肥降低向日葵籽实含油量。K 的作用通常被认为或是对含油量无影响，或是增加含油量。Overdahl（1982）发现，在有效 K 低的 3 个试验点，施 K 肥（66kg/hm²）首先增加了油含量。Kalra 和 Tripathi（1980）发现，在缺钾土壤上，施钾肥增加了向日葵籽实的含油量。Samlui 等（1980）也研究了缺 K 土壤，并报道向日葵含油量和油产量均随施 K 肥量增加而增加。他们还发现 Mo 和 K 之间有趣的交互作用，当 Mo、K 同时施入土壤时，可使向日葵的油产量增加，Overdahl（1982）的研究结果表明，随着叶片中 K 的增加，Ca 和 Mg 的浓度降低，而 Mg 的降低更明显。Gonzalez 等（1979）报道，K 肥使向日葵地上部分 Mg 的总量降低。这些结果对有效 Mg 含量低的土壤可能是重要的。业已证明，K 对向日葵利用水分很重要。在水分胁迫的条件下，向日葵生产中 K 比 N 更重要（Uziak，1974）。Uziak（1973）发现在相对湿度低的情况下，施 K 肥可降低向日葵的蒸腾系数。在有效性 K 量高或施 K 肥充足的土壤上种植的向日葵，比在 K 不足条件下种植的向日葵更抗旱。

3. 追肥

向日葵追肥一般分苗期追肥和蕾期追肥。

（1）苗期追肥 一年一熟的春播向日葵在基肥或种肥比较充足时一般不追施。而夏、秋播种的向日葵则需追施苗肥。

（2）蕾期追肥 向日葵追肥的关键时期是在现蕾以前。N、K 肥一般是在 7~8 对叶时追施，未施种肥的地块应适当提早追肥。

追肥主要用速效 N、速效 K 化肥。现蕾前 7d 左右，在深培土封垄前，一般追施尿素 112.5~150kg/hm²，氯化钾 150~300kg/hm² 或硫酸钾 150~225kg/hm²。条施或穴施，施后立即灌水，效果尤佳。

4. 叶面喷施

叶面施肥是向日葵生长的中后期经常采用的一种施肥方法，具有施肥量少、针对性强、不受土壤环境因素影响、吸收速度快、养分利用率高、增产效果显著等优点。尿素分子可以直接被作物叶片吸收，在向日葵严重缺 N 或生长后期脱肥时可采用叶面喷施尿素的方法。由于叶面追肥是直接喷施于向日葵植株表面，不能像土壤施肥那样利用土壤的缓冲作用来缓解高浓度肥料带来的为害，因此叶面追肥要掌握好施用浓度。浓度过高不仅会增加成本，还会灼伤叶片，造成肥害，引起不必要的损失；浓度过低，向日葵接触的营养元素量小，施肥效果不明显。总的原则是，苗期浓度稍低一点，中后期浓度稍高一点。叶面追肥浓度以 0.5%～1%的尿素溶液为宜，用量 7.5～15kg/hm²。喷施尿素的同时，如果配合浓度为 0.2%～0.3%磷酸二氢钾（KH_2PO_4）溶液喷施，则效果更好。一般是在花期或灌浆期，发现向日葵植株缺乏某种元素，根际追肥已来不及的时候，采用这种方法。喷施微量元素 Mn、Mo、Zn 等，可提高产量和含油率。微量元素溶液浓度要控制在 50 mg/kg 左右。

5. 微肥的施用

（1）硼肥　B 对开花结实有促进作用，且有利于种子的形成。常用的 B 肥主要是硼砂，硼砂又称四硼酸钠，含 B 量 11%，硼砂为白色半透明的梭形结晶或玻璃状晶体，无臭，味咸。放于干燥空气中会渐渐风化，溶于水，其饱和水溶液呈碱性。

B 肥的施用方法：作基肥施用量一般以 7.5kg～10kg/hm²为宜，与细土混合后施入地内；浸种一般浓度为 0.02%～0.05%，浸泡 4～6h，捞出晾干，即可播种；叶面喷施用 0.1%～0.2%的硼砂溶液，一般在苗期和现蕾期喷施 2～3 次。

（2）锌肥　化学 Zn 肥有硫酸锌、氯化锌、氧化锌、螯合态锌，均易溶于水。

Zn 肥的施用方法：若作基肥施用，施用量为 15～22.5kg/hm²，与碳铵、硫酸钾混合做基肥，因为 Zn 与 P 相互颉颃，所以锌 Zn 肥不能与过磷酸钙混合施用。作追肥时，向日葵苗期对 Zn 最敏感，追肥越早越好。作喷肥时，当向日葵出现缺 Zn 症状时，可进行叶面喷施，出苗后 7～10d 喷 1 次；现蕾期再喷 1 次，浓度为 0.2%～0.5%。

Zn 肥使用时，无论采取哪种方式施用，千万不可过量，基肥、追肥只能选用一种，并隔年施用。

6. 向日葵的缺素症状

缺氮：苗期生长不快，植株纤细瘦弱，叶片小且薄，呈黄绿色或浅绿色；生育中期缺 N，下部叶片早期变黄，花盘小，营养器官生长明显变差，造成植株早衰。

缺磷：植株和花发育不良。

缺钾：植株生长缓慢，叶片变黄，叶上现褐色的斑点，这些斑点最后干枯成薄片破碎脱落，含油量下降。

缺硼：子叶张开后生长点受损或死亡，腋芽萌发形成植株，生育不正常，植株矮小，茎秆具褐钩纵带状痕。花盘形成后，支撑花盘的茎失去跟着太阳转的能力，有的总低垂着头，有的头总朝天，下部老叶肥厚，暗绿色，上部叶小且卷曲，叶肉失绿，叶脉突出。

缺锌：生长受阻，上位叶黄化坏死。

缺钙：在开花前后均出现茎弯曲现象。

缺硫：叶和花序色淡，节间较短，植株矮小。

缺镁：脉间失绿。

缺锰：叶片呈网状失绿。

缺铁：上位叶片全变黄，叶脉仍为绿色。

缺铜：上位叶与花冠畸形。

（三）合理灌溉

关于向日葵合理灌溉有很多报道。例如，卢雨霞（2011）介绍了新疆石河子垦区麦地免耕复播滴灌油葵高产栽培技术。在麦茬地抢墒免耕播种向日葵。以滴灌的方式适时灌好油葵的出苗水，现蕾期浇好第二水。配以综合配套栽培措施，麦茬复播油葵使石河子垦区一年一熟有余两熟不足变为一年二熟，提高了复种指数和土地利用率。麦、葵皆用早熟品种。卢雨霞（2017）报道了石河子垦区膜下滴灌油葵高产栽培技术。膜下滴灌油葵与大水漫灌相比，产量增加20%以上，节水40%～50%，化肥与农药利用率提高20%以上，土地利用率提高10%～15%，也显著节约了生产成本。张会梅等（2016）在对不同灌水方式对油葵生长及水分利用效率的影响试验中，经分析，结果是膜下滴灌群体水分利用效率比露地滴灌、覆膜微喷和管道+覆膜沟灌增加47.48%、11.18%、31.26%。田德龙等（2016）在河套灌区的试验中看到，微润灌溉促进了向日葵生长，显著提高了向日葵产量和水分利用效率。要做到向日葵科学灌溉必须了解向日葵的需水规律。

1. 向日葵生育与水分

水分是向日葵生长发育不可缺少的，也是植株内含量最多的成分。向日葵是需水较多的作物，每生产1kg干物质，需要234.5～284.5kg水。但是，由于它的根系发达，入土较深，能吸收土壤深层水，而且茎叶上密生白色茸毛，可以降低其表面温度，减少水分蒸发，茎秆中充满海绵状的髓，能贮存很多水分，调解体内水分代谢，同时叶表面有一层蜡质，能减少水分的消耗。所以，尽管向日葵一生需水量比小麦多1.5倍，仍为抗旱作物。然而，这并不是说水分对向日葵无关紧要，相反，国内外大量研究资料证明，充足的水分，不仅能提高向日葵籽实产量，而且能降低其皮壳率，促进油分形成，提高含油率。有条件进行灌溉，增产效果十分显著。向日葵生长发育的水分来源主要靠根系从土壤中吸取，根系吸水量与地上部生长量有密切关系。吸水量随着叶片数目的增加而急剧增加。苗期吸水较平缓，现蕾到葵盘形成期为吸水高峰期。

向日葵根系吸水与叶子蒸腾，经常维持动态平衡，这种平衡有利于向日葵整个生理过程的进行。当土壤水分不足或大气过于干旱时，蒸腾大于吸水，体内正常水分平衡受到破坏，细胞膨压降低，茎、叶失去紧张状态，则出现萎蔫现象。萎蔫可分为暂时萎蔫和永久性萎蔫两种。

（1）暂时萎蔫　是植株水分平衡暂时受到破坏而产生的，不久便可恢复。这种萎蔫多出现在天气晴朗的中午，又加气温较高，蒸腾量大于吸收量，使水分平衡暂时遭到破坏。气孔关闭，防止过度脱水，却也使CO_2不能进入体内，光合作用和生长陷入停止状态。暂时萎蔫虽然为害不大，但也能延缓生长和降低产量。

（2）永久性萎蔫　是土壤中没有可供植株根系吸收的水时而产生的萎蔫。这种萎蔫直到夜间也不易恢复。它使营养物质吸收中断，生长停止，代谢过程受到破坏，出现一些不可逆性的生理生化变化，严重影响产量。从农业生产角度讲，一般以出现永久性萎蔫作为应该灌水的形态指标。但从水分生理来说，这时灌溉已为时过晚。向日葵科学合理的灌水时期，应在土壤缺水初期，植株呈现暂时萎蔫进行灌溉，此时灌溉称为"丰产水"，后期灌溉称为"救命水"。

2. 向日葵的需水规律

向日葵是比较耐旱的，但又是需水较多的作物。它的需水高峰期集中在花盘形成到终花期的 30d 时间内。这段时间需水量占整个生育期需水量的 50%~75%。在中国一季作地区正值雨季，除了遇到伏旱一般很少进行灌溉。据此，尽管向日葵一生的需水量比小麦多，仍将它列为抗旱作物。然而，这并不能说明向日葵生育期间不需要灌溉。

向日葵整个生育期间需水规律大致分为以下几个阶段。

（1）播种到发芽　此时需要土壤中有足够的水分，以满足种子发芽对水分的需要。种子发芽约需相当于种子本身重量 56% 的水分。如果此时土壤含水量不足，就会影响种子发芽。因此，在干旱、半干旱以及盐碱地区要提倡顶凌播种或抢墒早播。另外播前浸种也有良好的抗旱作用。

（2）出苗到现蕾　这一时期向日葵抗旱力最强。此时向日葵幼苗的地上部生长迟缓，蒸腾水分少，而此时根系生长超过地上部，很快形成强大的根系群，增强了吸水能力。另一方面，这一时期对水分需要也少，只占整个生育期需水量的 20% 左右。此时遇有一般干旱，采取加强田间管理，适时铲蹚、追肥等农业措施，提高土壤温度和增强土壤通透性，使幼苗的根系扎得深，长得粗壮，即所谓"蹲苗"一般不必进行灌溉。

（3）现蕾到开花结束　向日葵需水最多，约占一生中需水总量的 50% 以上。此时向日葵生长要求土壤含水量为不同类型土壤最大持水量的 65% 以上。因为这时温度较高，植株生长很快，水分蒸腾量大。从生理上讲，这时正处于花盘发育，籽实形成的重要时期，要求土壤有足够的水分。如果水分不足，则花盘小，结实率低，千粒重降低，子仁不饱满，皮壳率相对增加。所以在干旱区或半干旱地区在干旱年份需要进行灌溉。

（4）开花结束到成熟　这段时间虽然时间很长，但需水量仅占其一生中总需水量的 20% 左右。晴朗的天气对成熟是有利的，如果水分过多，形成高温多湿的环境，容易引起黑斑病大发生或出现烂头（葵盘发霉）现象会造成严重减产。但遇有严重秋旱年份，植株已达到永久性萎蔫程度仍不进行灌溉，必然造成减产。

3. 灌溉方法

向日葵和其他作物一样，在灌溉方法上可分为播前贮水灌溉和生育期灌溉两种。

（1）贮水灌溉　一般分为秋灌、冬灌和春灌三种。北方从 11 月上旬开始，到地表结冻前灌水为秋灌；结冻后灌水为冬灌；3 月下旬至播种前灌水为春灌。贮水灌溉时期不同，对土壤的保水性，物理结构和水热状况等都有不同影响和作用。因此，对向日葵保苗增产效果有着直接的影响。一般冬灌的比春灌的可增产 20% 左右，春灌不如冬、秋灌溉效果好。秋灌的水分入渗较深，保水性能好。冬灌后通过冻融交替作用，可以改善土壤结构状况，表层土壤疏松，不产生板结层。春灌的水分多集中在表层，蒸发损失较大，土壤易板结。不同时期灌溉，0~10cm 土壤物理性状变化见表 2-18。

表 2-18　不同灌溉时期对土壤物理性状的影响（梁一刚等，1990）

项目 处理	容重 （g/cm²）	孔隙度 （%）	田间最大持 水量（%）	土壤团粒 （直径 0.25~0.5cm）
秋灌	1.24	49.30	26.22	27.62
冬灌	1.32	46.30	26.60	29.64

（续表）

项目 处理	容重 （g/cm²）	孔隙度 （%）	田间最大持 水量（%）	土壤团粒 （直径0.25~0.5cm）
春灌	1.48	41.00	22.60	27.00
对照	1.27	49.43	30.22	34.35

目前，生产上贮水灌溉方法有两种，即原垄灌和翻耙后畦灌。其中，畦灌比沟灌效果好，一般可增产7.85%~13.45%。其原因是畦灌比沟灌水量大，灌水均匀，抗旱时间长。不同贮水灌溉时期的适宜灌水量不同。据吉林白城子地区经验，秋灌要灌饱，冬灌要灌匀，春灌要适时。秋灌一般53.3~66.7m³/亩，冬灌为40d 53.3m³/亩；春灌为26.67~40m³/亩。在盐碱地区实行秋冬贮水灌溉的，灌水量不能太大。灌水量过大，特别是积水时间过长容易引起盐渍化。对于盐碱类型的土壤，灌后应采取拖、耙措施，去掉表层盐碱以避免盐碱为害。

（2）生育期灌溉 据试验资料，向日葵从现蕾到花期是其水分临界期。这个阶段遇到干旱，必须进行灌溉。如辽宁省金州区友谊乡农业科技站，1979年试验。现蕾期灌1次水，亩产105.5kg，现蕾、开花灌2次水，亩产130kg；现蕾、开花、灌浆灌3次水，亩产159.0kg，一次没灌的亩产只有76.0kg。可见灌与不灌其产量差异很大。

灌溉时期应根据向日葵需水规律和气候条件决定。据试验，在1970年7月自然降水量比往年平均减少一半，月平均温度提高到25.6℃的情况下，花盘形成阶段灌1次水，每亩灌水量33.3m³，亩产190.5kg，籽实含油率为51.8%；花盘形成阶段和灌浆期2次灌水，每次灌水数量为33.3m³，亩产187.4kg，含油率为53.2%；花盘形成阶段、花期和灌浆期3次灌水，每亩灌50 m³，亩产206kg，含油率为53.2%。保墒不灌溉的，亩产只有162.7kg，含油率为51.3%。由此可见，在花盘形成阶段、开花、灌浆期共灌3次水的增产幅度最大，而且含油率也明显提高。沟灌时，灌水深度应控制在垄台三分之二处，使剩余的三分之一逐渐浸透。因为灌水过深或水流过急容易将根际土壤冲走，使次生根露在地表。控制灌水深度还可以保证垄台顶部的疏松程度。在盐碱较重的地块灌水时必须采取大水灌溉的办法。因为一是解决干旱问题，二是解决大水淋盐洗盐，减少盐碱为害问题。不过要达到洗盐碱的目的，田间必须有灌有排，将地表盐碱随水排走。否则不可能收到良好效果。内蒙古自治区杭棉后旗的经验：一是灌小灌早，即5月上中旬小麦灌水时，向日葵也灌小水。这时苗小，地温低，盐碱溶解度也低。向日葵侧根尚未下扎，不易受盐碱为害。二是开始现蕾，株高1m以上再灌大水，这时向日葵苗大，增强了抵抗力，而且这个时期需水量也大，用大水灌溉又可以压碱。在向日葵苗高15~30cm时灌水要特别注意方法。因为这时侧根已下扎，地温和盐碱溶解度都已增高，如灌水不当，正好把表层盐碱淋在根层，就容易造成盐害，严重时达到死苗程度。各地经验证明，凡是灌后的地块，都应该及时松土或中耕，消除板结层，这样既可以防止水分蒸发，又可避免由于水分蒸发而将盐分带到地表造成为害。另外，对不易灌溉的坡耕地块，如有条件采用喷灌方法进行生育期灌溉为最好。

（3）播前灌溉 根据向日葵生物学特性和试验研究资料，向日葵进行播前灌溉增产效果显著。苏联彼得洛夫 1953 年试验结果表明，向日葵的产量取决于播前灌溉与施肥。播前灌溉并施肥，虽然要晚一点播种，早期杂草大量出现，便于将杂草除净，有利于苗期生育。播前灌溉加生育期灌溉，一般可增产 1 倍以上，向日葵种植在灌溉的禾谷类茬口上，虽然向日葵生育期间没有进行灌溉，其产量效果也是较好的。在灌溉条件下增加施肥量增产效果更显著。

（四）辅助授粉

人工辅助授粉也是提高向日葵产量的一项有效措施。何云中等（2015）介绍，向日葵是典型的异花授粉作物，其自花授粉率仅为 1%，必须借助昆虫或人工辅助授粉才能结实。一般情况下借助蜜蜂传粉，可使油葵产量提高 30% 以上。

1. 放养蜜蜂可提高

向日葵产量向日葵是虫媒花作物，主要靠昆虫（蜜蜂为主）授粉，开花期在向日葵田周围放养蜜蜂可大幅度提高产量。蜜蜂授粉试验证明，有蜜蜂和其他昆虫授粉的植株空壳率为 14.8%，无蜜蜂、只有少量昆虫授粉的植株空壳率为 59.8%，在无蜜蜂无昆虫自然授粉情况下，空壳率为 85.8%。因此发展养蜂业，用蜜蜂授粉对提高向日葵产量，减少空壳率有极大好处。生产实践表明，一般按每公顷地放 3~5 箱蜜蜂，结实率在 95% 以上，增产 10%~20%。向日葵花期如遇高温、多雨、寡照等天气，会影响正常结实，造成减产，故有条件的地块在开花期可浅浇 1 次水，以降低田间温度，提高湿度，增加结实。

2. 人工辅助授粉

向日葵是异花授粉作物，自花结实率极低，在无蜂源的情况下，人工辅助授粉可以提高结实率，显著增加产量。

（1）授粉时间　应在向日葵进入开花期（全田 70% 植株开花）后 2~3d，进行第一次人工辅助授粉，以后每隔 3d 授粉 1 次，共授粉 2~3 次，授粉时间最好在上午露水落下去之后进行。

（2）授粉方法　一是粉扑授粉。用一只手握住向日葵的花盘颈，另一只手用粉扑（软布和棉花制成的授粉工具）的正面轻轻接触花盘，使花粉粒粘在粉扑上，授粉时不要用力过大，以免损伤雌蕊柱头。然后将粉扑用同样的方法轻轻接触另一花盘，依次进行。因向日葵开花顺序是从花盘边缘向中心，授粉时，要把新鲜的花粉授在正在开花的小花上，这样授粉的株数越多，粉扑子沾的混合花粉粒越多，授粉选择的机会越多，授粉效果越好。二是花盘接触授粉，即在相邻的两行，在开花期间用手逐对相互轻按几下也可起到授粉作用。使用这种方法时动作要轻，以免扭伤折断花盘颈。

七、适期收获

（一）收获

收获是田间的最后一项工作，也是能否获得丰产丰收的重要环节。向日葵在开花后 40~50d 即可成熟，气温高可能早熟几天，反之，可能晚熟几天。当茎秆变黄，下部叶片枯死，上部叶片黄绿，花盘背面变黄，苞叶变黄，花冠枯萎一触即落，整个花盘发软，果皮呈现本品种固有颜色，果实坚硬的时候，应及时收获。收获过早，由于种子成熟度差，籽粒不饱满，千粒重低，皮壳率高，水分大，含油量降低，对产量和质量均有影响。收获过晚，花盘上的籽粒失水过多，使籽粒之间排列疏松，容易落粒，后期可能遭受鸟鼠为害，还会遇到雨雹等自然灾害的影响，致使产量得而复失。

刚收割下来的花盘含水量较高，极易发热霉烂，最好随割随脱粒，清除残盘、碎叶、花萼等杂质后晾晒种子，如不能及时脱粒，则可将葵盘摊开晾晒，切不可大垛堆放，当种子晾晒至含水量达到10%以下时方可装袋入库。

(二) 贮藏

贮藏向日葵籽实特别是种子的基本条件是低温、通风、干燥。

向日葵种籽的生命力要求保持1~2年，有些备荒的种子要求保持3~4年，因此在贮藏向日葵种子时，对水分和温度要严加控制。据资料介绍，向日葵种子的安全含水量，前苏联规定不超过13%，以色列8%~9%，中国一般为12%，即晒到用手一按能裂开的程度，方可贮藏。对于贮藏期间的温度，在一般条件下不易控制。不过，干燥低温可以延长种子寿命，而高温、空气湿度大则会促使种子衰老，丧失发芽能力。因此，在建设库房时既要考虑密闭隔绝，防止大气湿度对干燥后种子的影响，又要考虑避开阳光直射，保持库房温度适当。在农村，一般把库房建在高燥有树蔽阴的地方。库房装有门窗，既可密闭又可通风。即使在炎热的夏季也能保持较低的室温，有利于向日葵种籽的贮存。在普通库房堆放向日葵的要求是：麻袋堆放的层次，冬季不超过6层，其他三季不超过4层；散堆堆放的高度，冬季不超过2.5m，春、夏、秋各季不超过1.5cm。

（雷中华、马雪梅、夏昀、曹彦）

第五节　环境胁迫及其应对

一、病害

(一) 种类

1. 向日葵叶枯病

分布与为害　此病于1943年首先在乌干达发现，当时定名为 *Helminthosporium helianthi* Hansford，即称为叶枯病。1969年Tubaki和Nishihara发现分生孢子除产生横隔外，也能产生纵隔，而改名为 *Alternaria helianthi*（Hansf.）Fubaki et Nishi，并认定前者是后者的同种异名。该病目前在世界上许多国家都有发生，如美国、南斯拉夫、澳大利亚、伊朗、乌干达、印度、日本等，在中国的黑龙江、吉林、辽宁、内蒙古等省（区）的向日葵主要产区，近年来几乎每年都有发生，为害十分严重，轻者减产10%~20%，重者达50%甚至完全绝收。

症状　苗期先侵染子叶使其产生黄色圆形凹陷的病斑，逐渐使子叶变黑枯死；也可侵染幼茎使幼苗枯萎。叶部先从植株下部叶片发病，开花前病斑只散生于老叶上，至开花及籽实形成期则病斑迅速增加，并且逐步向上部叶片扩展，也侵染叶柄和茎部，进而花部也产生病斑。病斑黑褐色，初呈 0.2~0.3cm 小点，后扩大呈椭圆形至圆形或不规则形。中央灰白，边缘褐色，有时生出不鲜明的同心轮纹，上生一层灰褐色霉状物，即病原菌的籽实体。病斑大小 0.5~2.0cm，相邻汇合。老病斑多破裂穿孔，茎、叶柄及大的叶脉上的病斑纺锤形至线形，中央稍凹陷呈裂伤状的黑褐色病斑。花瓣上病斑呈梭形褐色；花萼上黑褐色，初为小斑点，后扩大为 0.5cm×0.3cm 的椭圆形至不定形病斑，在花萼上的病斑常生浓淡不同的同心轮纹。

病原　分生孢子梗突破表皮抽出，散生或两面生，基部稍膨大，上端直形或稍弯曲，单一或分枝，淡灰黄色，顶端略膨大，色淡，上下色泽均匀，（25~120）μm×（8~11）μm，隔膜 0~3 个，分生孢子顶生，未成熟时单孢或有 1~2 个横隔膜，隔膜处不缢细，椭圆形，近无色，当成熟时为圆筒形，有时为长椭圆形或长纺锤形，一般直形或稍弯曲，稀有强弯的，多数生横膜，有时生纵的或斜的隔膜，隔膜处缢细较深，孢子膜薄或中度厚，淡黄色或淡灰色，或淡褐色，有时一部分细胞着色浓，孢内呈颗粒状，（40~110）μm×（13~28）μm（平均 74μm×19μm），脐点在基部细胞内，不明显。孢子从两端或侧面，或中间细胞的侧面萌发长出芽管。病菌在 25℃里生长最好，其次顺序是 20℃、30℃、35℃、15℃及 10℃。孢子形成在 20℃和 15℃里最好，25℃次之，10℃稍有形成，30℃和 35℃则不形成孢子。菌落在马铃薯蔗糖琼脂培养基上呈灰黄褐色，培养中产生的孢子与自然菌比较形态不均一，隔膜处缢细显著，纵的或斜的隔膜出现的多。最适的侵染温度是 20~30℃，发病重，150℃明显下降，10℃里未见侵染。

传播流行　散落在田间的病茎和病叶等残体和种壳是第二年发病的初次侵染来源。开花前向日葵植株抗病性较强，在这个时期只在老叶上零星散生少量病斑，开花后植株抗病性显著降低。特别是籽实形成期，如遇上阴雨连绵，气温又在 250℃左右，则病菌孢子可以借风、雨迅速由底叶传播到全田整个植株上造成严重为害。一般油用型向日葵比食用型品种更容易感染此病。春播向日葵比夏播的发病重。在东北三省及内蒙古自治区等地一般 6 月末 7 月初可以在向日葵的老叶上找到散生的病斑，7 月中旬至 8 月上旬雨季到来后病情急剧加重。重茬地发病重而早，轮作田发病轻。

2. 向日葵黑茎病

该病主要侵染向日葵地上部，引起茎斑、叶斑、叶枯、花盘腐烂、茎秆倒折等症状。病斑最初发生于叶柄基部，褐色至黑色，迅速向茎秆扩展，形成黑色椭圆形病斑，引起叶片萎蔫干枯。茎上常形成黑色大型病斑，有光泽，病斑边缘清晰。严重时茎上病斑可绕茎一周，并且茎秆全部变黑，甚至全茎变黑腐烂，茎在病斑处易折断倒伏。田间发病早的植株枯死，发病较晚的瘦弱、倒伏，后期在茎秆表面生黑色小粒点，在花盘背面盘颈基部可形成大小不等的褐色病斑。患病花盘瘦小或干枯，发病严重的田块常成片大面积枯死。

安娜等（2012）介绍，从新疆采集的向日葵黑茎病染病植株的茎秆、叶片和花盘共分离获得 20 个真菌分离物。经致病性测定，证明分离物 XJ011 和 XJ111 是引起该病害的病原物。采用 ITS 通用引物 ITS1/ITS4 对 XJ011 和 XJ111 菌株的 rDNA-ITS 区进行 PCR 扩增和测序，并结合形态学特征，将该菌鉴定为麦氏茎点霉 *Phoma macdonaldii*。同时，在 rDNA-ITS 的多态性丰富区域设计了一对特异性引物 320FOR/320REV，建立

了 *P. macdonaldii* 病菌的快速分子检测体系，能特异性检测出向日葵黑茎病菌，灵敏度可达到 1fg。

3. 向日葵黄萎病

分布与为害　本病分布范围很广，前苏联、美国、阿根廷、加拿大、南斯拉夫等许多国家都有发生。在吉林、辽宁等省的向日葵产地也有发生。黄萎病的寄主范围广，也能侵染大田作物，饲料作物、观赏植物，树木、蔬菜和杂草等，至 1957 年已报告它能侵染 160 多种植物属的 350 多个植物种。该病为害性大，早期感病时，植株死亡，绝产；晚期感病时葵盘变小，产量降低，皮壳率提高，籽仁含油量下降。损失的大小不仅取决于感病时期和发病程度，也取决于气象条件，在土壤和空气中水分不足及炎热的年份，为害尤重。

症状　向日葵的葵盘形成期至成熟前易表现症状，多发生在开花期。植株感病初期的症状是叶片由浅绿色变成黄色。叶片变黄部位焦枯，呈深棕色。多数情况下，病斑边缘稍透明。焦枯的病斑逐渐连成一片，布满整个叶片的大部分。该病症状先在下部叶片上发生，逐渐蔓延到上部叶片。感病植株往往一侧叶片表现症状，即茎秆的一侧叶片表现症状，而另一侧叶片是健康的。在自然条件下，病原菌很少形成孢子，只有在空气高湿时，病斑的边缘或茎基部才有形成分生孢子梗的白色薄层。在潮湿的室内，易形成白色的籽实体，是该病较明显的诊断症状。

病原　向日葵黄萎病菌的菌丝体发育良好，有隔膜，深褐色，菌丝体上形成呈轮枝状分枝的或有少量侧生分枝的分生孢子梗，其上着生无色的分生孢子，椭圆形，大小为（3~12）$\mu m \times$（1.5~5.1）μm。孢子通常处于黏液中。在水中这些孢子经一昼夜就能萌发。无论是通过培养获得的孢子大小，还是在感病植株上分生孢子梗分枝或病菌发育特性都有显著不同。

黄萎病菌在马铃薯琼脂培养基上生长很慢，先生成白色菌丝体，后变成黑褐色由许多厚膜细胞结合而成的小菌核，长 20~180μm，宽 15~60μm，小菌核和真菌的休眠体一样，在土壤中的植株残体上生活力可保持数年。

传播和流行　黄萎病是通过种子进行远距离传播的。有病的植株和土壤又成为病害蔓延病区扩大的菌源。一般认为，黄萎病菌的小菌核是土壤内潜伏的器官，在其存活期内种植寄主作物，便可侵染发病。而在寄主根系未烂完以前，菌丝仍可在组织内存活。黄萎病菌主要通过根系的机械伤口，表皮和根毛侵入植株体内，侵入根系组织以后，沿着维管束向上蔓延，一直蔓延到整个植株的葵盘和籽实里去。黄萎病的发生和发展与植株的生育阶段以及当年的气象条件关系极大。一般 7—8 月向日葵正处于开花成熟期间，平均气温 23℃左右，又处于雨季，喇病株率显著增加。

付剑桦等（2012）采用形态分类方法对向日葵黄萎病病原菌进行种的鉴定，采用一般生物学方法对病原菌重要生物学特性及致病性进行研究。病原菌种的鉴定结果表明，新疆向日葵黄萎病主要致病菌为大丽轮枝菌（*Verticillum dahliae*）和硫色轮枝菌（*Verticillum sulphurellum*）；病原菌生物学特性研究表明，两种病原菌的生长周期及温度适应性基本一致，生长周期约为 10d，病菌生长温度范围为 10~30℃，最适生长温度为25℃，致死温度为 52℃；大丽轮枝菌较适宜的酸碱范围为 pH 值为 5.1~11.1；硫色轮枝菌在pH值为4.1~11.1均可生长；在多种常用培养基中，燕麦培养基是大丽轮枝菌的最适培养基，而玉米片培养基是硫色轮枝菌的最适培养基。致病性研究表明，自然条件下，病菌自苗期开始整个生育期均可侵染；人工接种条件下，高湿及有伤接种有利于侵染和发病。结论是，新疆向日葵黄萎病的主要病原菌为大丽轮枝菌和硫色轮枝菌，两种病原菌对向日葵均有较强的致病性。曹雄等（2014）在内蒙古巴彦淖尔市五原县、宁夏固原市以及黑龙江省农业科学院农场的田间自然病圃进行了不同向日葵品种抗黄萎病鉴定试验。结果表明，同一供试地点不同向日葵品种之间以及同一品种在不同供试地点间均存在着一定的抗性差异。内蒙古巴彦淖尔市五原市供试的48份向日葵品种中鉴定出高抗品种10份，中抗品种10份，感病品种28份；宁夏固原市供试的30份向日葵品种中鉴定出5份高抗黄萎病的向日葵品种，中抗黄萎病品种12份，13份感病品种；黑龙江省农业科学院供试的52份向日葵品种中鉴定出1份免疫品种PR2302，高抗品种8份，中抗品种14份，感病品种30份。同时，不同供试地点的试验结果表明，同一向日葵品种在不同供试地点对黄萎病抗性表现出一定差异，预示着向日葵黄萎病菌存在着致病力分化现象。

4．向日葵菌核病

分布与为害 此病分布世界各地。在前苏联中央黑土带的北部地区菌核病发生严重，在大发生年，花盘侵染率高达60%~70%，匈牙利、罗马尼亚、法国的向日葵菌核病在高湿条件下发病率也高达80%。在南、北美及澳大利亚，这种病害也是危险性病害。菌核病传播为害与向日葵面积扩大有密切联系。例如美国，1970年向日葵总播种面积为90khm^2，1979年为2.3Mhm^2。在南达科他州，北达科他州和明尼苏达州等向日葵主栽区对99个地块的考察结果，其中32个地块（占33%）的植株发病率为5%~25%。加拿大向日葵集中在曼尼托巴省，每年发病率为10%~25%。而在病害流行年份，植株发病率高情况下，在始花以后发病。

症状 根系（根际型）感病时茎基部变褐，在潮湿条件下，病部形成白色菌丝薄层，包裹着根颈，这时叶片凋萎，植株干秆，以后病茎朽烂，形成菌核，这是该病的主要特征。茎部（茎生型）感病较少，茎感病部位变褐，腐烂，感病部位以上的叶片凋萎，干枯，茎内形成菌核。

烂盘型：花盘背面局部或全部出现水浸状病斑，渐变褐软化，此时如遇天气多雨，病斑即迅速扩大，整个花盘即行腐烂，长出白色菌丝。尤其在籽实之间密生菌丝，缠绕籽实，黑色菌核也间隔着生其间，或是籽实间夹杂在成块的菌之间，形成了大型、网状的菌核。有的病斑扩大伸延到花托和连接花托的茎部，最后呈灰白色纤维状，由于花盘发病腐败，自行脱落，或是籽实不能成熟而严重影响产量。籽实被害，大多是内部腐烂，皮壳变成灰白色纤维状。子仁的子叶及胚呈褐色，往往形成菌核。受害籽实有苦味，含油率以及发芽率都比健粒显著降低。

病原 菌核病的病原菌其发育周期分为营养菌丝体，菌核和子囊阶段。菌丝体在植物组织内发育导致其腐烂。在发育期病菌主要由鸟类和昆虫把鲜菌丝体传播到健康株上，该菌发育需要一定温度和湿度条件，从1~31℃的温度下都可以发育（最适温度为18~25℃），最适湿度为60%~80%。在湿度不低于55%情况下，侵染植株的菌丝体上形成全黑色的菌核，其大小为 0.5cm×0.5cm 到 4cm×0.3cm。而在某些情况下，菌核要大些和呈不规则，这取决于植株各部分之间形成菌核的孔腔和间隔的大小。温度和湿度对菌核的形成强度和特性有一定影响。在夏季潮湿和凉爽时期形成的菌核较多、较大，而在干旱和炎热时形成的菌核则少而小。菌核是真菌的休眠体。菌核比菌丝体存活的时间长。散落在土壤中的菌丝体很快就被土壤微生物分解消失。菌核在土壤中则能存活1~8年或更长的时间。在菌核的分解过程中，土壤中的拮抗真菌起着主要作用。存活的菌核多数生成菌丝体，有时萌发形成了子囊盘，菌核生长最适温度为 18~24℃。湿度在 40%~50%时，对菌丝体发育最有利。在适温（12~22℃）和高湿（60%~80%）条件出现之后，平均在37d后在菌核上形成子囊盘。在湿度20%或高温（25~28℃）条件下，不能形成子囊盘。光照对菌核的生长不起作用，但对子囊盘的发育则是必需的。在黑暗条件下，菌核只产生长柄，在这些长柄上不产生子囊盘。子囊盘有明显的向地性和向光性，因此，它们经常直向强光方向。处于土壤内9cm深度的菌核不能形成子囊盘。子囊盘为淡黄褐色，直径4~8mm，盘状。子囊为上部较粗的圆柱形，大小为（132~135）μm×（8~10）μm，内含有8个椭圆形或长椭圆形，无色，大小为（9~13）μm×（4~6）μm 的子囊孢子。子囊侧丝交互排列。在空气高湿的情况下，成熟的子囊盘产生大量的子囊孢子（3100万个），每产生一批子囊孢子，约需要 40d。短时间的干燥对子囊盘活动延续的时间没有影响。在 3~22℃和空气湿度完全饱和（经常在雨后）的条件下产生子囊孢子。在气温 19~22℃时，子囊孢子弹出的强度最大。子囊孢子能够迅速发芽并易保持生活力。在干燥状态下，气温 19~24℃时，其生活力能保持40d以上，而在 5~7℃时，生活力能保持数月。在空气湿度100%（或水滴中）条件下，子囊孢子发芽最适温度为 18~26℃。在最适条件下，子囊孢子发芽4h后，就能侵染植物。

传播流行　依靠菌丝和子囊孢子通过风雨、鸟类和昆虫传播到健康的植株上。在向日葵的整个生长季节里都可以不断受到侵害。但当年形成的菌核不能当年再次萌发侵染，必须经过低温休眠期。菌核病的发生与发展取决于土壤和空气的温度和湿度，在高湿地区和多雨年份向日葵大量发病。根腐病的发病强度取决于前期的降水量，而盘腐则取决于花期和成熟期的降水量。单施N肥（或以N肥为主）能加重该病发生，播种过密时根腐加剧。

孟庆林等（2014）为建立有效的向日葵菌核病田间接种鉴定方法，以菌核病菌菌丝体悬浮液和高粱粒菌丝体作为接种物，分别对不同抗感向日葵品种在始花期和盛花期进行人工接种，从而筛选出最佳接菌物类型、浓度及接种时期，并用此方法对 52 个品种进行抗性评价。试验结果表明，两种接种物均可使向日葵感病品种产生盘腐症状。用菌丝体悬浮液接种时，7.5~15.0g/L 浓度即可区分出向日葵品种间抗感性差异。始花期接种较盛花期可获得更高的发病率及病情指数。同时筛选出 5 个对盘腐型菌核病表现抗病的向日葵品种。本研究所建立的田间接种方法能够有效地对向日葵进行抗菌核病筛选和鉴定。

5．向日葵霜霉病

分布与为害　此病分布于世界各国，为害严重。前苏联1955年有 134 000hm^2 的向日葵发病株率达 75%，病株在生育前期就已枯死，这样发病株率即等于产量损失率。中国东北三省均有分布，黑龙江省主要分布在牡丹江市、合江农垦区，吉林省白城、通化、长春等地，辽宁省沈阳、铁岭等地，此外新疆的乌鲁木齐市亦有发生。不过目前我国向日葵霜霉病的发生还都属于零星发生，但有潜在的发展趋势。

症状　向日葵霜霉病在田间表现的症状由于初侵染的时间和气候条件的不同其症状可分为以下六种类型。①第一种症状：以延迟植物生长为其特征。这些植株高 12cm 左右，茎弱而叶片形成淡绿色斑点，表现为镶嵌状花斑。病斑从叶基部沿叶片的主脉和支脉分布，叶片背面布满一层白霉，植株最后形成 1~3cm 直径的花盘。这些症状是初次和再次系统混合侵染的结果。②第二种症状：植株硬化，节间短，茎上的叶片密集，有时病株花盘朝天，茎粗、叶片皱缩，株高 30cm 左右，形成小而无籽的花盘，叶片上表面褪绿，背面在褪绿斑上覆盖一层白色霉层，其中含有无性和有性器官，此症是由于初次和再次混合侵染的结果。③第三种症状：叶片表面在靠近主脉附近出现大型褪绿斑点，在病叶褪绿斑背面覆盖一层白色霉层，此病症是由于局部再侵染的结果。④第四种症状。病害侵染根部，无清晰可见的明显症状，故叫做隐蔽型症状。病菌可从侵染处扩展到 10~25cm，达到茎基部，这种症状是由于病土侵染种子发生的。⑤第五种症状：发生在植株生育后期的开花阶段。花盘中有病部分的花干枯而呈暗色。病株无论是株高和花盘大小均与健株无区别。成熟时花盘的健全部分变为柠檬色。成熟时，健全部位种子是正常的，而患病部位的种子则小而呈白色。⑥第六种症状：病症在母株上不明显，但病菌能传带给子代。这种病害类型是由再侵染引起的，从紧挨着病株生长的无任何症状的健株上取得的种子经再侵染使子代种子里带有 14%的病株。

病原　向日葵霜霉菌已知有两个生理小种，一是北美小种，致病力强，仅流行北美大陆，但 1976 年 Zimmer 访问东欧时，罗马尼亚科学家证实北美小种已传入罗马尼亚，从而严重威胁着欧洲杂交种。二是欧洲小种，致病力弱，发生于欧洲大部分向日葵产区。

霜霉病菌生活史中形成菌丝体，孢子囊及卵孢子。菌丝体无横膈，无色，疏松地生长于植株的细胞间隙。在湿度近 100%时，孢囊梗经植株的气孔伸出，其上着生孢子囊。孢子囊梗有两种类型：在叶片上形成的孢囊梗，单轴近直角分枝；在根上及子叶下部茎上形成的孢子囊梗，单轴不呈直角分枝，孢子囊通常在叶背面形成，当遇上阴雨连绵，在叶片正面和背面都能形成孢子囊，单胞，无色，有时呈浅黄色。未成熟的孢子囊通常球形，直径为 9~12μm，随着成熟逐渐变成卵圆形或椭圆形，大小为（17~30）μm×（15~21）μm。成熟的孢子囊在温度 10~22℃及有水滴的条件下萌发产生游动孢子，游动孢子单胞，肾脏形，双鞭毛，大小为（7~12）μm×（7~9）μm。卵孢子圆形，黄褐色，外壁有皱褶，直径为 15~45μm，在寄主植物被感染器官里的菌丝体上形成。卵孢子在种子上和土壤中的病株残毒上越冬。

传播与流行　在种子和土壤中病株残体上越冬的卵孢子经休眠后（主要在春天）在适宜的温湿度条件下萌发，产生孢子囊，释放游动孢子。游动孢子再萌发产生芽管，经根系侵入植株内引起初次侵染，或经叶片的气孔侵入植株引起再次侵染。存留在收获后残株上的卵孢子乃是该病每年潜伏及扩散的来源，它在土壤中能存活 7~8 年，并且数量相当大，在病株根际的每克土壤中含有 15 000~30 000 个卵孢子。在病株上大量形成的孢子囊所释放的游动孢子，借气流和雨水进行传播，早春的温湿度是霜霉病发展的决定因素，从种子萌芽到长出 3~4 对真叶时，是最容易受该病侵染为害的时期。

6. 向日葵枯萎病

为明确向日葵枯萎病的病原菌种类，高婧等（2016）调查来自不同地区 2014—2015 年田间向日葵枯萎病株（50 份），经过柯赫氏法则鉴定，将分离获得的 31 株分离物鉴定为镰刀属下的 7 个不同的种，即尖孢镰刀菌（*F.oxysporum*）、轮枝镰刀菌（*F. verticilloides*）、砖红镰刀菌（*F.lateritium*）、锐顶镰刀菌（*F.acuminatum*）、芬芳镰刀菌（*F.redolens*）、木贼镰刀菌（*F.equiseti*）和层出镰刀菌（*F.proliferum*）。以每个种随机选取的菌株为研究对象，对其生物学特性进行了比较研究。结果表明，轮枝镰刀菌BC012 的生长速度最快，而砖红镰刀菌 BC03 生长速度最慢；产孢量以轮枝镰刀菌BC012 最多，而木贼镰刀菌 NMG1 的产孢量最少。在不同的培养温度下，除锐顶镰刀菌 TBB212 可在 5℃低温下生长外，其余菌株的最适生长温度均为 25~30℃。所有供试的菌株在 pH 值 4~11 的培养条件下均可生长。不同种的镰刀菌株产毒能力的比较结果表明，尖孢镰刀菌 BC102 的产毒能力最强，粗毒素含量为 0.651 mg /ml；砖红镰刀菌BC03 的产毒能力最弱，粗毒素含量仅为 0.075 6mg /ml。不同种的镰刀菌的致病力测定结果表明，接种 21d 后，轮枝镰刀菌 BC012、芬芳镰刀菌 WLJ1 和锐顶镰刀菌 TBB212的病情指数分别为 65.0、55.0、55.0，症状表现为侵染快、发病早、病叶边缘变黄变褐且叶面上出现斑驳状病斑；木贼镰刀菌 NMG1、层出镰刀菌 T5、尖孢镰刀菌 BC102 和砖红镰刀菌 BC03 病情指数在 30~40；症状表现为发病较晚，病叶少且症状轻。而对照菌株向日葵黄萎病菌株大丽轮枝菌的病情指数仅为 25.0。

7. 向日葵锈病

分布与为害　锈病在新疆已成为向日葵的普遍病害。在向日葵现蕾期受害植株的叶片上散生一些褐色粉状的夏孢子堆，有时花盘的苞叶上也有发生，然后代之以黑褐色的冬孢子堆。严重感病株的叶片萎蔫，干枯，生长迟缓，直接影响产量和种子的含油量。一般年份食用品种感病程度高于油用品种；中熟品种重于早熟品种；生育前期发病轻，后期发病重；为害最重的时间是雨水较多的 7—8 月。

症状　病菌能侵染植株的所有地上部分，特别是叶片。6 月间可在田间向日葵叶片两面出现黄褐色斑点，内有褐色小点微露，这是病菌的性孢子器，随后于叶背面病斑处，长出许多黄色小粒点即锈菌的锈孢子器。7 月叶背面发生褐色小疱，开裂散出褐色粉末，这是锈病的夏孢子堆和夏孢子。在夏末秋初夏孢子堆变黑色，形成黑色小疱，小疱中含有大量黑色粉末，这是锈病的冬孢子堆和冬孢子。

病原　向日葵锈病属专性寄生菌，有 5 种孢子型都生长在向日葵上，并在向日葵上完成全部生活史，属同主寄生。①性孢子器：春天，在植株残体上越冬的冬孢子萌发生担孢子，担孢子落在向日葵幼苗上侵染子叶及真叶，约一周后在叶正面形成不规则的圆形黄斑上生性孢子器，性孢子器群生或散生，直径 96~112μm。②锈孢子器：在叶背面（通常与性孢子器相对应）形成锈孢子器，鲜黄色，杯形。在叶子正面和背面都能形成，也能在幼苗的下胚轴上形成。锈孢子器边缘微微裂开，其中形成单胞的锈孢子，锈孢子圆形，棕黄色，大小为（12～28）μm×（18～21）μm，易被气流传播。锈孢子在17～20℃温度、空气相对湿度为85%～100%条件下，很容易萌发侵染叶片。③夏孢子：锈孢子在叶背下表皮萌发侵染一周后即形成夏孢子堆，其后在叶柄及花盘的苞叶上也形成夏孢子堆。直径1～1.5mm，圆形或椭圆形，后突破下表皮从中散出黄褐色的粉状物即夏孢子。夏孢子单胞，短椭圆形，卵形或近球形，淡褐色，大小（23～30）μm×（21～27）μm，有刺，淡黄色，孢壁厚1.5～2μm。成熟的夏孢子可借气流传到相当远的地方。夏孢子在相对湿度高（将近100%）温度为18～20℃的条件下萌发。夏孢子在一年中可以形成几代，尤其在7月繁殖数量极大，使该病菌大规模传播蔓延。夏孢子阶段是锈病菌进行侵染发病的主要阶段，最适发育温度是20～22℃。④冬孢子：8月下旬在植株枯黄，光合作用减弱，夏孢子堆处开始出现冬孢子堆，直径0.5～1.5mm。冬孢子双胞，黑褐色，椭圆形或长圆形，它的上部钝圆，隔膜处稍缢缩，大小（35～63）μm×（20～28）μm。冬孢子牢固地着生在无色的柄上，柄长110μm，不脱落，在被寄生的部位上越冬。⑤担子及担孢子：第二年春天遇适宜的温湿度冬孢子萌发，形成担子及担孢子，向日葵植株再重新被担孢子所侵染。上述所有向日葵锈病菌的孢子阶段，在其生活史中是缺一不可的。如果在锈病菌的生活史中缺少其中一个阶段，就不能再寄生繁殖。向日葵锈病的寄生范围很窄，在自然界中只有几个生理小种。现已查明，向日葵对锈病的抗病性表现为显性，由两个显性基因控制。

　　传播与流行　残留在田间的向日葵残体上的冬孢子，在第二年春天萌发生成担孢子，成为初侵染来源。向日葵锈病大流行必须具备三个基本条件；一是大量种植易感病的向日葵品种，例如食用型大喀一般易感锈病，而油用型向日葵则不易感染锈病；二是致病力强的锈病菌生理小种的大量积累，提供了充足的菌源；三是有适合锈病菌感染的气候条件，一般向日葵开花以后的籽实形成期气温在20～22℃，相对湿度100%，夏孢子就开始大量传播蔓延，造成向日葵迅速枯死，籽粒严重减产。

（二）防治措施

1. 向日葵菌核病的防治

（1）物理防治　播前用10%盐水进行选种，汰除种子中混杂的菌核。种子用58～60℃热水浸种10～20s，杀死混杂其中的菌核。

（2）土壤处理　50%速克灵可湿性粉剂5.25kg/hm²；40%五氯硝基苯每公顷37.5kg拌土750kg与种子同时施入穴内，防治效果可达60%。

（3）化学防治　①种子处理：播种前用40%菌核净WP或50%腐霉利WP或25%咪酰胺EC，按种子重量0.3%的用药量拌种，或用50%苯菌灵WP按种子重量0.2%的用药量拌种。或播前用50%速克灵粉剂或2.5%适乐适悬浮种衣剂、40%菌核净可湿性粉剂按种子量的0.2%～0.5%拌种。②生育期间喷施：用万霉改1 000～1 500倍液、50%速克灵可湿性粉剂1 500～2 000倍液或40%菌灵净可湿性粉剂1 000～1 500倍液，50%多菌灵可湿性粉剂500倍液、40%菌核净可湿性粉剂800倍液均匀喷撒。于发病初期喷于植株茎基部。开花期发病可用甲基托布津和多菌灵500倍液、菌核净800倍液，在开花初期喷洒在花盘上，每公顷喷药液 1 500~1 875 kg，每隔 7d 喷一次，喷药 2~3 次。可用 40%菌核净 WP 或 50%多菌灵 WP，或 50%乙烯菌核利 WP 或 70%甲基硫菌灵 WP，均按 1 000 倍液，或 50%腐霉利 WP 1 500 倍液，在始花期和盛花期各喷施一次。亦可用 6%低聚糖素 AS 600g/hm^2 或 5%氨基寡糖素 AS 300g/hm^2 或 5%壳寡糖 AS 600g/hm^2，药液用量为 600kg/hm^2，于向日葵始花期一次用药，防效可达 60%~70%。

2. 黄萎病的防治

（1）种子处理 50%多菌灵可湿性粉剂、50%甲基硫菌灵可湿性粉剂按种子量的 0.5%拌种，或 80%福美双可湿性粉剂按种子重的 0.2%拌种。用 80%抗菌剂 402 乳油 1 000 倍液浸泡种子 30 分钟，晾干后播种。

（2）灌根 20%萎锈灵乳油 400 倍液，12.5%治萎灵液剂 200~250 倍液（防效 80%~90%），3%广枯灵 500 水剂倍液（苗床消毒），50%多菌灵可湿性粉剂 500 倍液，70%甲基托布津可湿性粉剂 800~1 000 倍液，75%百菌清可湿性粉剂 800 倍液灌根，每株灌兑好的药液 500ml。

（3）叶面喷施 发病初期，用 50%退菌特可湿性粉剂 500 倍液、50%多菌灵可湿性粉剂 500 倍液、70%甲基硫菌灵可湿性粉剂 800~1 000 倍液、64%杀毒矾可湿性粉剂 1 000 倍液、77%可杀得 101 可湿性粉剂 400 倍液、14%络氨铜可湿性粉剂 250 倍液、75%百菌清可湿性粉剂 800 倍液等进行叶面喷施。

（4）处理土壤 可用农抗 120 水剂 50 倍液，于播种前处理土壤，每公顷用兑好的药液 4 500L。

3. 锈病的防治

（1）选用抗病品种 防治向日葵锈病的根本措施是种植抗锈病的品种和杂交种。一般食用型感病重，例如"辽"系统的食葵发病严重，而油用型的"白葵杂 1 号""辽葵杂 1 号""沈葵杂 1 号""派列多维克"等均较抗锈病。因此可利用抗病品系和它们的系选品种杂交来获得抗病品系。抗锈性是由单一的显性基因所控制，这些基因来源于美洲的野生向日葵的一年生群体。

（2）农艺措施 清除田间的病株残体，秋收后应及时进行深翻土壤，因为种过向日葵的地块是锈病的初侵染来源。病原菌在收获后的残体上以冬孢子形态越冬，第二年春天冬孢子产生担孢子使锈病迅速繁殖和蔓延，所以将病株残体通过深翻埋于土内，杜绝初侵染来源，可以减轻发病。实行合理轮作，在轮作中必须与前茬向日葵相隔远一些，一般 6~7 年为宜。

4. 霜霉病的防治

（1）选用抗病品种 培育抗病品种是防治该病的基本措施。在生产中要选用抗病品种及杂交种。抗霜霉病是 4 个抗性基因 Pl$_1$、Pl$_2$、Pl$_3$、Pl$_4$控制的，4 个抗性基因均抗欧洲小种，对毒力强的北美小种只有 Pl$_2$和 Pl$_4$基因能控制它，这 4 个抗性基因均是显性单基因。

野生种的向日葵是抗霜霉病的，尤以多年生的向日葵类型里普遍存在抗性，因此现在广泛地使用它作为抗原，来培育出抗病品系或栽培品种。如罗马尼亚的 AD66、美国的 HA61、法国的 HIR34 以及来自前苏联的 *Helianthus tuberosus* X VNIMK 8931 群体从这些种质的谱系里表明 AD66 和 HA6l 的抗性来源于 Texs 州的野生向日葵，而 HIR34 和 VNIIMK893l杂交的抗性则来自 *H. tuberosus* Pustovoit 培育的"群体免疫"（Groupimmunity）栽培，和欧洲 *H. annuus* 与 *H. tuberosus* 种间杂交的都是高抗霜霉的。但其抗性基因是不清楚的。据 Zimmer 报告，一些育种品系查其亲源是种间杂交种，并在欧洲表现为抗霜霉病的，但对北美小种是感病的，因此这种栽培种不能作为培育抗北美小种的抗源材料。

（2）农艺措施 实行大面积多年轮作是防治霜霉病的有效措施。在同一块地上先后两次种植向日葵的时间间隔不少于 8~9 年，因为在此期间内，霜霉病的卵孢子已失去生命力，土壤中不再有这种病菌。①精选种子：在播种前一定要进行精选无病种子，因为不饱满的种子经常是被感染霜霉病的病种子。②拔除病株：在种子田里当向日葵长至 3~4 对真叶时，要及时拔除病株，以减少再次侵染和晚期潜藏型病害的传播发病，收获前应再仔细检查并剔除有晚期染病的花盘，以杜绝霜霉病随种子传播。

（3）药剂防治 采用 25%瑞毒霉（Metalaxyl）进行种子处理、土壤浇施、叶面喷洒，均可收到减轻病害的良好效果。

5. 黑茎病的防治

（1）种子处理 用种子重量 0.3%的多菌灵可湿性粉剂拌种，2.5%适乐时种衣剂包衣处理，药与种子的比例为 1：50。

（2）药剂喷施 发病初期用 70%甲基托布津可湿性粉剂 1 000 倍液或 50%多菌灵可湿性粉剂 800 倍液。在向日葵苗期和现蕾前泼 2 次药，有一定的防治效果。

6. 褐斑病的防治

（1）种子处理 50%福美双可湿性粉剂按种子量的 0.5%拌种。

（2）药剂防治 发病初期，可用 50%多菌灵可湿性粉剂 500 倍液、70%甲基硫菌灵可湿性粉剂 1 000 倍液喷洒，黑斑病还可喷施 75%百菌清可湿性粉剂 800 倍液、50%异菌脲可湿性粉剂 1 000 倍液；褐斑病可喷施 30%碱式硫酸铜（绿得保）胶悬剂 400~500 倍液、50%苯菌灵可湿性粉剂 1 500 倍液。均为 7~10d 1 次，喷 2~3 次。发病初期用 50%多菌灵或托布津可湿性粉剂 1 500 倍液喷雾，每公顷用量 1 500kg。

二、虫害

1. 向日葵螟虫 *Homoeosoma nebuleuaum*（Denisand Schiffermuller）

分布与为害 向日葵螟又名葵螟。属鳞翅目螟蛾科。在前苏联、美国、加拿大以及中国的黑龙江、吉林、辽宁、内蒙古、新疆北部地区均有发生，对产量影响很大。局部地区由于葵螟的为害而停种。1896—1897 年苏联伏尔加河下游，向日葵螟虫为害特别严重，造成颗粒无收，使向日葵种植面积大大缩小。据黑龙江省农业科学院 1980 年报道，向日葵螟为害葵盘率一般为 26%~50%，最低为 2%~8.3%，最高达 66%~100%，一般每盘有幼虫 1~2 头，最多 17~37 头，平均 0.04~16.1 头；为害籽实率轻者 2.69%~8.3%，重者达 15.5%~19.8%。1~2 龄幼虫为害较轻，只取食花及花冠，从 3

龄开始取食籽粒，食害种仁全部或局部，常把花盘咬成很多隧道，使受害部位残留污秽的虫粪和渣子，严重时易引起花盘腐烂。吉林省农安县 1981 年报道，该县 45 万亩向日葵，受葵螟为害率重者为 90%，虫食率为 85.3%，轻者为害葵盘率 25%~47%，虫食率为21%~29%，按国家收购标准均为等外，有少数地方造成绝收，向日葵种植面积逐渐缩减，有的地方甚至停种。

形态特征　①成虫：灰褐色，雌蛾体长 12~15mm，雄蛾体长 10~13mm。体宽 2mm左右。翅展 23~27mm。前翅长形灰色，靠近前、外缘暗灰色。近中央处有 4 个黑褐色斑。后翅较前翅宽，深灰色，具明显暗色脉纹和暗色的边缘。复眼褐色。触角灰褐色丝状，基部环节较其他环节长 3~4 倍。刚羽化的成虫鳞片非常新鲜，前翅暗灰，后翅灰，虫体有闪光。②卵：乳白色，长椭圆形，有光泽，并具有不规则的浅网状纹。卵粒长 0.8mm，宽 0.4mm。有个别的卵粒在一端还具有褐色的胶膜圈。第二代的卵粒较第一代的卵粒大。③幼虫：老熟幼虫体长 16~18mm，头部褐色，前胸背板淡黄色，体色背面观是黄褐色，腹面观淡黄色。背部有 3 条褐色或棕色的纵带。气门黑色，体躯被有刚毛，腹足趾勾双序整环。④蛹：褐色，长 10~13mm，体节两侧有 8 对明显的气门，气门处稍突出于体表。腹端有刺钩 8 根，均着生在黑色的突起物上。1~10 节有洼点，1节和 8 节洼点较少；而 2~7 节洼点较多。如若 6~7 节腹面有洼点的，则 9~10 节背面仅有 3~5 个洼点。羽化前，蛹的体色逐渐由褐色变黄褐色或暗褐色。⑤茧：长 11~15mm 或 13~17mm，中间宽 4~5mm，两端尖呈纺锤形，是由老熟幼虫吐丝织成的米黄色或白色坚实丝茧，在土中茧体周围贴附土粒，和土色一样，一般情况下不易找到。

生活习性与消长规律　向日葵螟虫在中国东北、内蒙古一带一年发生 1~2 代，以第一代为害最重，二代发生期偏晚，对向日葵为害较轻。越冬幼虫在 7 月上中旬化蛹，7 月中下旬出现成虫，盛期 7 月下旬至 8 月上旬。成虫白天喜欢在草丛中和葵头及叶子背面隐避处栖息，黄昏后开始活动并交尾产卵，在晚上 19~20 时前后活动量最多，有弱趋光性。产卵盛期是 8 月上旬，向日葵开花期卵产在花药的内壁下方，多数产一粒卵，少数有二粒或三粒的。特别喜欢在花盘上的开花区内产卵，卵经 3~4 日孵化为幼虫，刚孵化的初龄幼虫活动在花药的底部，以后逐渐上移取食花药或爬出取食花盘其他部位。约三龄时开始钻蛀为害籽仁，8 月中下旬是钻蛀的高峰期。幼虫有转粒为害习性，一头幼虫至少可为害 7~12 粒，多者达 20 粒以上，经 20~23d 老熟。从 8 月下旬开始脱盘入土，9 月初是脱盘盛期。老熟幼虫潜土深度集中在 5~10cm 的土层内作茧越冬，蛹期经 12~16d 羽化为成虫。第一代成虫在 9 月中旬出现并开始产卵，第二代老熟幼虫脱盘时间约在 10 月上旬。有的来不及脱盘，便混入葵花籽内作茧越冬。从卵至成虫羽化的整个发育历期为 36~40d。向日葵螟虫的越冬幼虫自然死亡率与越冬地点有着极密切的关系。在柳条囤子盛装的葵花籽内的越冬幼虫，因籽实干燥致使幼虫在丝茧内死亡，死亡率达 67.6%~100%，而在田间土下越冬，死亡率仅为 5.3%，说明向日葵螟的虫源主要来自向日葵茬地内的越冬幼虫。越冬幼虫的垂直分布与不同深度土层的含水量，紧密度及地表有无杂草覆盖有一定关系。根据吉林省农安县植保站调查，越冬幼虫垂直分布各层内的相对数量有显著变化，上层数量较多，下层数量相对减少。不同深度各层内幼虫丝茧所占比例是：坎地 5~9.9cm 为 61.9%，10~14.9cm 为 27.2%，15cm 以下为 10.9%；平岗地依次为 64.8%，25.6%，9.6%。坟地有杂草覆盖，土壤质地疏松多腐殖质，6~9.9cm 土层含水量为 23.4%，10~14.9cm 土层为 22.9%。总越冬虫量分别是 560 头和 184 头。而虫量密度是 56 头/m² 和 58.4 头/m²，平岗地无杂草覆盖湿度较低，其含水量是 5~9.9cm 层为 16.5%，10~14.9cm 土层 17.0%，五个点的总数量是 21 头，虫量密度是 2.1 头/m²。

土壤含水量的高低对化蛹羽化的早晚及羽化率有一定的影响。羽化适宜湿度初步认为在 21.6%~26.1% 范围内，土壤干燥可抑制化蛹和羽化，推迟蛹羽化期，使成虫发生延后。向日葵虫害的发生与葵花生长发育各阶段相吻合，当葵螟蛹大量出现时，正值大田向日葵的现蕾期。化蛹盛期正是向日葵蕾末期及开花始期，成虫开始出现。当有 30%~40% 葵盘开花时是成虫的高峰期。开花盛期恰是产卵高峰。籽实处于乳熟期时，幼虫大量钻蛀。在向日葵皮壳硬化前，即 8 月末至 9 月初，老熟幼虫则陆续脱盘入土，做茧越冬。

防治措施 利用抗虫品种是防治向日葵螟虫的一项根本途径。据吉林省白城子地区农业科学研究所抗虫鉴定结果，"白葵杂 1 号""派列多维克"品种为抗螟品种，其虫食减退率与对照的长岭大喀对比分别为 93.7% 与 98.8%。又据黑龙江省农业科学院植物保护研究所调查，种粒硬壳层形成较慢的大粒食用品种受害较重，而硬壳层形成较快的小粒油用品种受害很轻或不受为害。在向日葵开花盛期，趁幼虫尚未钻入葵花籽实内，药液容易接触虫体和幼虫龄期小抗药力低等特点，喷雾 90% 晶体敌百虫 500~1 000 倍液，防效可达 90%~100%，但对蜜蜂有杀伤作用，所以不宜大面积推广应用。①生物防治：白僵菌对葵螟幼虫有一定寄生能力，且田间常有自然寄生。可试用白僵菌开展生物防治。②秋翻冬灌：可将大批越冬茧翻压入土，减少越冬虫量。为了减少化学农药对环境和有益昆虫的影响，探索应用性诱剂监测及防控向日葵螟技术，2008—2009 年在内蒙古巴彦淖尔市、鄂尔多斯市测试向日葵螟性信息素性诱与灯诱的诱集活性，性诱剂不同剂量、诱芯常温条件下存放对诱蛾效果的影响；以及按棋盘式等距离放置诱捕器 25 个/hm²、11 个/hm² 和 6 个/hm²，3 次重复，调查不同密度诱捕器对向日葵螟为害的防控效果。结果表明，性诱剂对向日葵螟具有良好的诱集活性，并与灯诱成虫动态趋势基本一致，蛾峰谷明显；诱芯在常温条件下存放 1 年，对诱蛾有显著影响，而且诱捕向日葵螟效果与性诱剂的含量呈正相关；田间放置诱捕器 25 个/hm²，对向日葵螟为害控制效果最佳，防效达 81.9%。

2. 地老虎

分布与为害 地老虎属鳞翅目夜蛾科，俗称地蚕、切根虫等。地老虎的种类很多，主要有小地老虎 Agrotis ypsilon（Rottemberg）、黄地老虎 Euxoa segetum（Schiffermuller）、白边地老虎 Euxoa oberthri（Leech）等。主要以幼虫咬食向日葵幼苗茎部的近地面处，根茎部被咬断后植株枯死，造成缺苗断垄。以小地老虎为代表介绍如下。

形态特征 小地老虎成虫体长 16~23mm，翅展 42~54mm。触角雌蛾丝状；雄蛾双栉状，分枝渐短，仅达触角之半。体翅暗褐色，前翅前缘及外横线至中横线部分（有的可达内横线）呈黑褐色。肾形斑，环形斑，棒形斑位于其中，各斑均环以黑边。在肾形斑外面有一明显的尖端向外的楔形黑斑，在亚缘线上有 2 个尖端向里的楔形黑斑，三斑相对，易于识别。后翅颜色很淡，为灰白色，翅脉及边缘呈黑褐色。①卵：扁圆形，高约 0.38~0.5mm，宽约 0.58~0.61mm，纵棱显著，比横道粗，纵棱有二叉及三叉，初产淡黄色，孵化前呈灰褐色。②幼虫：老熟幼虫体长 37~50mm，头宽 3~3.5mm。头部黄褐至暗褐色，颅侧区有不规则的黑色网纹。唇基为等边三角形，颅中沟很短，额区直达颅顶，顶呈单峰。体色较深，由黄褐至暗褐色，但背面有淡色纵带。表面极粗糙，在扩大镜下可看到布满大小间杂的颗粒，尤以深色处最明显。气门棱形，气门片黑色，腹足趾钩 15~25 个不等，除第一对腹足有时不到 20 个外，其余均在 20 个以上。臀板黄褐色，有 2 条深褐色纵带。如此带不明显，也可用其他特征加以区别，如臀板基部接连的表皮具有明显的大颗粒，臀板上的小黑点列除近基部有 1 列外，在刚毛之间有 10 余个小黑点。③蛹：体长 18~24mm，红褐或暗褐色，第一至第三腹节无明显横沟，第四腹节背面有 3~4 排刻点，第五至第七腹节刻点背面较侧面大，尾端黑色，有刺 2 根。

生活习性与消长规律　小地老虎在内蒙古、辽宁、宁夏等地一年发生 2~3 代，目前在北方的越冬尚不清楚。成虫白天躲在阴暗的地方，晚间活动，取食，交尾，以晚间 10 时前活动最盛。成虫有追踪幼苗的地块产卵的习性，主要产在刺菜、灰菜、小旋花等杂草上。每头雌虫产卵平均 800~1 000 余粒，卵期 7~13 天。1~2 龄幼虫躲在植物心叶处取食为害，将心叶处咬成针孔状，3 龄后开始扩散。白天潜伏在作物根部附近，夜晚出来为害，咬断嫩茎，或将被害苗拖入土洞中食用。

防治方法　排除田间积水，精耕细作，消除杂草。

用糖、酒、醋、水（2∶1∶4∶10）加少量的敌百虫，诱蛾捕杀。①药剂防治：1~3 龄幼虫应用 2.5%敌百虫粉，每亩 2~2.5kg，或 90%敌百虫 800~1 000 倍液喷撒防治。②药液灌根：如果防治失时，可用 80%敌敌畏、50%地亚农、50%辛硫磷等，每亩用药 0.2~0.25kg，加水 400~500kg 顺垄灌根。③毒饵：用 90%敌百虫 0.5kg，加水 2.5~5kg，与铡碎的鲜草 50kg 拌和，配成青饵。傍晚撒在苗田附近进行诱杀。

3. 黑绒金龟甲 *Maladera orientalis* Motschulsky

分布与为害　黑绒金龟甲属鞘翅目金龟甲科，又名东方金龟子，俗名缎子马挂、瞎撞、黑盖虫等。黑绒金龟甲分布于东北、内蒙古、河北、山西、山东、河南、陕西、江西、江苏、浙江等地，其中以东北、华北发生较重。

黑绒金龟甲除为害向日葵外，还为害大豆、甜菜、棉花等作物以及十字花科，葫芦科蔬菜，果树、榆、杨树及杂草等，是一种杂食性害虫。以成虫取食向日葵叶片，造成缺刻，重者将叶片吃光，咬掉生长点或咬断幼茎，造成缺苗断垄。幼虫一般不为害。

形态特征　①成虫：体卵圆形，黑褐色，或黑紫色，体被绒毛，有光泽。体长 8~9mm，宽 5~6mm。每一鞘翅上密布刻点，有 10 列纵起线，上具有细点，触角褐色，鳃叶状。②卵：椭圆形，长 1mm，白色，有光泽，孵化前色泽变暗。③幼虫：体长 16~20mm，头淡褐色，有光泽，体呈弯曲的弓形，乳白色，多皱褶。体被生有黄褐色细毛，肛门前方有一排整齐，垦弧形的刚毛 14~21 根，中间略断开。④蛹：离蛹，长 6~9mm，黄色，头部褐色。

生活习性与消长规律　在东北以成虫越冬，在华北以成虫或幼虫越冬；在苏北等地主要以幼虫越冬，5月上旬出现成虫，6月中旬为盛发期，9月初仍可见成虫活动，发生期长达4个月。东北一年发生一代，以成虫在土中20~40cm深处越冬。以豆茬为最多。第二年4月下旬至5月上旬开始出现，早期多集中蒲英、黄蒿等杂草上取食，向日葵出苗后迁移到幼苗上为害。尤其靠近沙坨子，草甸子的田块受害较重。成虫夜间和上午多在表土下栖息，午后出土为害，大量活动时间为17—20时。但因季节不同，出现最多的时间也不同，在东北4月下旬多在14时左右，5月中旬则为4时左右，6月中旬为16—18时。温暖无风天气活动量最大，阴天或5级风以上天气活动量小。成虫喜群集为害，一株小苗上多者聚集十几头，将小苗吃成光秆，或因生长点被害而停止生长。

成虫为害盛期在5月上、中旬至6月中旬，6月下旬至7月初便停止为害。雌虫产卵于作物根际附近的土中，深约5~10cm，每堆有卵10~30粒，卵期约10d左右，幼虫共4龄，在土中生活50~60d即老熟，在20~40cm深处做土室化蛹。蛹期约10d，羽化成虫当年不出土，在土室内越冬。

防治方法　①拌种：用药量为种子量的1%灵丹粉拌种。②田间喷药防治成虫：可喷撒1.5%甲基—六〇五粉剂，或2%杀螟松或2%百治屠粉剂，每亩用药量1~1.5kg，或35%甲基硫环磷600~800倍喷雾。

此外，在虫源密度过大的地方，应首先防治田块周围的荒格子，草甸子上的成虫，以防迁入农田为害。

4. 蒙古灰象甲　*Xylinophorus mongolicus* Faust

分布与为害　蒙古灰象甲又名蒙古象甲，象鼻虫，属鞘翅目，象甲科。在中国东北、华北、内蒙古等地区发生普遍。食性较杂，寄主植物有36科74属89种。蒙古灰象甲除为害向日葵外，还为害大豆、甜菜、玉米、高粱、谷子、棉花、花生、亚麻、瓜类等多种作物；在苗圃里为害果树，杨树等新萌发的嫩芽以及刺槐、紫穗槐、核桃、落叶松等幼苗。将幼苗吃光，造成大面积缺苗断垄，甚至毁种。在向日葵地里，蒙古灰象甲主要以成虫为害向日葵幼苗的子叶、嫩芽、生长点，结果叶片被吃光，甚至咬断幼茎，造成缺苗断垄。

形态特征　①成虫：体长7mm左右，体色暗黑，密被黄褐色茸毛。复眼黑色，圆形，微凸出。头部较短，长度稍大于宽度，表面具1纵沟，先端稍凹入，边缘生有刚毛。前胸背板长宽几乎相等，前缘较后缘微窄，两侧呈球面状隆起。鞘翅呈卵形，末端稍尖，表面密被黄褐色茸毛，其间杂以褐色毛块，形成不整齐的斑纹，并有10条刻点列。前胫节有1钝齿。雄虫外生殖器先端不延长，尖圆形，先端边缘背面有1纵缝。雄虫前胸背板窄长，鞘翅末端钝圆锥形；雌虫前胸背板宽短，鞘翅末端圆锥形。②卵：长椭圆形，长0.9mm，宽0.5mm。初产时乳白色，1d后变成黑褐色。③幼虫：老熟幼虫乳白色，体长6~9mm。上颚褐色，有2尖齿，内唇前缘有4对齿状长突起，中央有3对齿状小突起（先端的一对极小），其侧后方的2个三角形褐色纹于基部连于一起，并延长呈舌形。第九腹节末端与大灰象虫近似，唯颜色较浅，肛门孔不明显。④蛹：椭圆形，乳黄色，体长5.5mm。复眼灰色。头管下垂，先端达于前足跗节基部。触角斜向伸至前足腿节基部右侧。前足跗节尖端达于中足跗节基部，头部及腹部背面生褐色刺毛。

生活习性及消长规律 蒙古灰象甲在辽宁省二年发生1代，以幼虫和成虫在深土层中越冬，越冬深度多在10~50cm。4月中旬越冬成虫出土活动，最盛期为6月中旬，终见于8月下旬。在吉林省白城地区于5月初越冬成虫出土活动，为害盛期在5月中旬至6月上旬。雄虫较雌虫出现稍早，出现末期雌雄比例则几乎相等，但在全年出现总虫数中，雄虫所占比例仍较雌虫为多（65%以上）。

当早春平均气温接近10℃时，成虫开始活动。成虫后翅退化，不能飞翔，依靠爬行移动。初期藏在土块下面或苗眼（幼苗拱土时周围的裂缝）周围的土块缝隙中食害初萌发的幼苗。隧温度升高日趋活跃，但早晨和阴天出来活动的较少，多在晴天上午10时以后大量出现在地面寻找食物或求配偶。在炎热的盛夏又怕高温。因此，6月间地表晒热以后，常由土缝隙中爬出，潜藏在枝叶茂密的植物下面。成虫有群聚性，常常数头聚集于苗眼中为害。有假死性，如遇惊扰便收缩体肢似死。成虫生活期间每日在苗眼中取食幼苗，直到将幼苗食尽以后转移。成虫经过补充营养后开始交配，早春温度较低时交配的较少，待气温升高后终日都能交配。当晚秋雄虫死去以后雌虫产下的卵有很多是干瘪的，孵化率极低。雌虫约在交尾后10日左右产卵，产卵时多半在上午和傍晚。当找到适当场所时，先用足将产卵的地踩实，然后将产卵管插入土中，粒粒散产。产卵期较长，平均41d，最短16d，最长71d，产卵数平均为281粒，最少80粒，最多908粒。成虫寿命较长，由羽化到出土有近10个月的时间是在原化蛹时所做的土窝中度过的，出土后的生活期间尚不封3个月。雌虫寿命较雄虫长，雌虫平均379d，雄虫平均362d。越冬成虫出土后的寿命，雌虫平均89d，最短57d，最长157d；雄虫平均73d，最短46d，最长90d。卵孵化时间多半在上午10时以前及下午4时以后。由于产卵期间的温度不同，所以卵期的长短不等。6月上旬卵期为14d，最短11d，最长18d，7月上旬卵期则为13d，最短11d，最长16d。温湿度对卵孵化的影响较大，6月上旬温湿度偏低，孵化率为89.4%；而7月上旬温湿度较高，孵化率则较低，为78%。幼虫孵化后潜于土中，以腐殖质及植物根系等为食。温度和食物对幼虫生长发育影响较大。9月上旬以后随着气温的下降，幼虫逐渐向土层深处转移，固定周围泥土做成土窝越冬。越冬深度都在30cm以下，以30~60cm深处最多。第二年3月下旬幼虫再向上移至30~40cm深处化蛹，化蛹多在上午。6月中旬蛹的，蛹期平均为18d，最短17d，最长20d；温度较高的7月中旬，蛹期只需12~13d。或虫都集中在上午羽化，新羽化的成虫不出土，仍在原土窝中越冬，直至第三年4月才出土交尾产卵。

防治方法 采用35%甲基硫环磷1份加水30份、沙土300份使用前4h配制成毒土闷好后撒施，或采用35%甲基硫环磷配成600~800倍水溶液喷撒于苗眼。当春季成虫大发生时，对被害地块或苗床进行灌水，也可收到一定的防治效果。积极保护蟾蜍（癞蛤蟆），以利其大量捕食成虫。在地边或苗圃地周围挖宽30cm，深50cm的防虫沟，沟内铺干草，捕杀成虫。

5. 拟地甲

分布与为害 拟地甲属鞘翅目拟步甲科，在东北、华北、内蒙古等地为害向日葵等作物。主要有网目拟地甲 *Opatrum subaratum* Faldermann 又名网目沙潜和蒙古拟地甲 *Gonocephalum reticularum* Motschulsky（*G. mongolicum* Reitter）又名蒙古沙潜两种。以网目拟地甲发生较多。

两种拟地甲除为害向日葵外,还为害大豆、甜菜、玉米、高粱、谷子、麻类、甘薯及果树幼苗等,是杂食性害虫。

成虫和幼虫均可为害向日葵,幼虫在土壤内为害种子以及将要出土的嫩芽或咬断生长点和根茎部分,成虫主要为害幼苗,常造成缺苗断垄。

形态特征 网目拟地甲成虫体长约10mm,羽化初期为乳白色,逐渐加深,最后全体呈黑色。头部黑褐色,较扁;触角黑色,11节,棍棒状。复眼黑色。前胸发达,前缘呈半月形,其上密生刻点如细砂状。由于鞘翅上附有泥土,看起来呈灰色,鞘翅甚长将腹节完全遮盖,其上刻点也多,并有几条隆起的纵线。前足腿、胫节发达,跗节较短,后足胫节较长,足上生有黄色细毛。腹面可见5节,末端第二节甚小。①卵:椭圆形,乳白色,有光泽;长约1.5mm、宽1mm。②幼虫:体细长,老熟幼虫体长17~20mm,体深灰黄色,背板深褐色。腹部末节小,纺锤形,背板前部稍突起成1横沟,前部有褐色钩状纹1对,末端共有刚毛12根,中央4根,两侧各4根。③蛹:裸蛹,黄白色,体长8~10mm。蒙古拟地甲成虫体长6~8mm,暗黑褐色,头部向前突出,触角棍棒状,11节,复眼白色。前胸背外缘近圆形,前缘凹进,前缘角较锐,向前突出,其上有小刻点。鞘翅黑褐色,密布刻点及纵纹,并有黄色细毛。刻点不如网目,拟地甲的明显。腹节5节,密布刻点,末节腹板有黄色短毛。前足胫节发达,跗节甚小,共5节,末端爪极发达,后足胫节较长。④卵:椭圆形,乳白色,有光泽,长0.9mm,宽约0.6mm。⑤幼虫:老熟幼虫体长12~15mm,灰黄色,共12节。前胸发达,腹部末节很小,纺锤形,背板中央有陷下纵走暗沟,边缘上各有褐色刚毛4根。⑥蛹:乳白色有时略带灰白色,长度和成虫差不多,腹部末端有2刺状突起。拟地甲的幼虫与金针虫相似,其主要区别是足的形状不同。拟地甲幼虫的前足发达,其中足及后足大小相等。金针虫3对胸足等长。

生活习性及消长规律 网目拟地甲和蒙古拟地甲生活习性大体相同,在东北、华北一年发生1代,以成虫在土中或枯草、落叶下越冬。在华北越冬成虫于第二年早春2—3月间,平均气温5℃以下时即开始活动,4月上中旬是活动盛期,4月下旬以后成虫逐渐减少,5月下旬在地面上便难以发现成虫。在辽宁成虫于3月中、下旬,吉林省3月下旬至4月上旬,黑龙江4月上旬开始活动,交尾产卵,盛期在4月下旬至5月上旬,卵多产在杂草根际的表土层里,幼虫4月下旬开始孵化,5月间是幼虫为害盛期,6—7月间老熟幼虫在土里9~15cm深处作土室化蛹,蛹期10d左右。6月下旬至7月上旬为成虫羽化盛期,成虫羽化后即在杂草和谷子等根部越夏,9月间又开始活动,10月下旬后开始越冬。成虫不能飞翔,只能在地面爬行,有假死性。

防治方法 清除田间和田边杂草,可以减少田间虫量。用种子重量1%的灵丹粉拌种,并可兼治部分其他地下害虫和苗期害虫。

6. 向日葵潜叶蝇

分布与为害 向日葵潜叶蝇属双翅目潜蝇科。是向日葵苗期的重要害虫。在吉林省分布很广,辽宁也有分布,一般被害率达64%~100%。成虫、幼虫均可为害,主要为害为向日葵子叶;其次为害第一对真叶。成虫用尾部刺破表面,舐吸汁液。幼虫在叶片组织中潜食叶肉，使叶片上形成弯曲的灰白色潜道，影响叶片的生育，造成子叶枯萎。

形态特征 ①成虫：为小型蝇类。雌虫体长 2.5mm，雄虫 2.3mm，翅展 5.5～6mm。体暗灰色。背中鬃 4 根，背侧鬃 2 根。复眼椭圆形，红褐色，触角黑色，3 节，有芒 1 根。翅很长，超过体长的二分之一。翅半透明有紫色反光。平衡棒黄白色。足黑色，各足腿节末端黄色。雌虫腹部肥大，雄虫腹部瘦小。②卵：长椭圆形，乳白色，有光泽，长 0.3mm，宽 0.15mm。③幼虫：蛆状，体长 3 mm。体表光滑，柔软，被孵化时乳白色。口咽器黑色，在第一胸节上有气门 1 对，呈冠状突起。后气门 1 对，着生在第 8 节腹节上，腹部末端有柱状突起。④蛹：长卵圆形略扁，体长 2～2.6mm，宽 0.9～1mm。初化蛹时淡黄白色，后渐变黄褐色。

生活习性及消长规律 一年发生多代，具体代数不详。在吉林省白城地区至少 5 代以上，春季 4 月下旬出现成虫，5 月上旬可见幼虫为害。成虫白天活动有 2 个高峰，早5—7 时和午后 5—7 时。成虫多在上午交配。气温低，风大（5 级以上），活动少，栖息在叶子背面。成虫寿命，雄虫 4～6d，雌虫 10～18d。成虫羽化后 1～2d 交尾，2～4d产卵，每头雌虫约产卵 40～60 粒。卵产在叶片组织内，先用产卵器刺破叶的表皮，然后将卵产在叶肉组织内，每处只产 1 卵。卵期 4d，幼虫期 8～10d。成虫在叶正面取食，先用尾器刺破表皮，然后将表皮与叶肉分离，当尾器收回后，口器触于刺破的孔内舐吸叶液，被害部分形成褐色圆斑点。幼虫孵化后潜入叶片组织中，取食叶肉，留下表皮，形成弯曲潜道。随着虫体长大，潜道也随之加宽，内有黑色细粒虫粪。幼虫老熟后，于潜道末端化蛹，在叶面清晰可见。

此外，小蜂等寄生性天敌对潜叶蝇幼虫、蛹的寄生率均很高，常达 80% 以上，有时几乎全被寄生造成绝迹。可见天敌对潜叶蝇的数量控制，起着十分重要的作用。

防治方法 在成虫发生期间喷洒 90% 敌百虫 1 000 倍液，对防治成虫有较好的效果。随播种时施入 3% 呋喃丹颗粒剂，每亩用量 7.5kg，对成虫、幼虫均有良好的防治效果。

三、杂草防除

以向日葵列当（*Orobanche cumana* Wallr.）为例。这是向日葵田的主要杂草。

（一）地区分布

列当属有 100 种，分布于温带地区，国外多分布于埃及、希腊及苏联南部的高加索一带，还有保加利亚，匈牙利和南斯拉夫等国。在我国分布于新疆、山西、甘肃、河北、内蒙古、辽宁、吉林、黑龙江等省（区）。

（二）形态特征

向日葵列当是一年生草本植物，茎直立、单生、肉质，被有细毛，浅黄色至紫褐色，高度不等，最高约 40cm。叶退化成鳞片状，小而无柄，螺旋状排列在茎秆上。花两性，左右对称，排列成紧密的穗状花序。花小，长 10～20mm，每一株约有花 20～40朵，最多有 80 朵。每一朵花的基部均有一苞片，苞片狭长，披针形。花萼五裂，贴茎的一枚裂片退化不显著或缺，基部合生，尖端锐。花冠合瓣，呈二唇形，上唇二裂，下唇三裂，蓝紫色，也有米黄、粉红、褐色等，随种类及开放日期而不同。雄蕊四枚，二强，插生在花冠管内，在雄蕊着生下部花冠膨大，而在雄蕊着生上部花冠变窄。花丝白色，基部黄色，上窄下宽。花药二室，下尖黄色，具有白色细长的绒毛，着生于花丝顶端，纵裂。雌蕊一枚，卵形，柱头膨大如头状，左右分开如蝶形，花柱下弯，成蓝紫色。上位子房，由四个心皮合成一室，侧膜胎座，胚珠多数。果为蒴果，花柱宿存，蒴果通常二纵裂，内含大量细小尘末般的种子。种子形状不规则，略呈近卵形，幼嫩种子为黄色，黍软，成熟种子为黑褐色，坚硬，表面有较规则的网纹。种子长度为 0.2~0.5mm，宽厚各约 0.2~0.3mm。

向日葵列当是典型的根寄生杂草。主要的特征是没有根的器官，而有所谓寄生根，叫作须吸盘。叶退化，整个植株不含叶绿体，不能进行光合作用，依靠寄生生活，生殖器官发达，花茎上生有花朵，产生大量种子，这种特性是对环境和生存的最有效地适应。

（三）为害情况

向日葵列当除寄生在向日葵上，也能感染番茄、烟草、红花。苍耳以及其他植物。向日葵被列当寄生后，植株体内的水分和养分被列当夺取，造成植株生长缓慢，变矮，茎秆变细，花盘变小，籽实秕粒增多，从而降低向日葵产量和质量。寄生严重时，花盘枯萎凋落，以致全株枯死。其减产程度决定于受列当为害的程度而定，其强度用平均每株向日葵有多少列当寄生的数目来表示。这个数字可以达到 10~300 个，受害轻时约减产 5%~20%，侵染如果发生在开花前或开花阶段，或每株的向日葵上寄生的列当超过 100 株以上时，则向日葵严重减产达 20%~50%，甚至绝产。

（四）传播途径与侵染

每株列当能结种子 10 万粒以上，与向日葵种子混杂传播，也能被风和水流传播或随着牲畜和农具等传播，落入土壤中的列当种子，在没有寄主植物的情况下，可保持生活力 5~10 年之久。条件适宜时列当种子可以随时发芽。一般情况下，列当种子接触到向日葵根和其他寄主植物的根时，由于寄主植物根部有分泌物能促使列当种子萌芽，芽管像一根细线与胚根差不多，此时芽管如果接触不到寄主植物根部，它就死亡，如果能接触到根上，其尖端膨大成为吸器，紧贴寄主植物，吸器发育像钉子一样的突出，穿入寄主植物根部达到其分生组织层，以后寄主植物根部的导管和筛管连接起来吸收寄主的水分和养分。芽管的另一端形成了被鳞片覆盖着的芽，茎从芽长出，灰黄色或绿褐色，茎顶部开花结实。列当自幼苗出土至开花约需 14d，开花至结实约需 5~7d，结实至种子成熟约需 13~15d，全生育期约需 28~30d。列当幼苗地下部分，深入土内 5~10cm 处最多，其次为 1~5cm 处，再次为 10~12cm，而在 12cm 处以下则仅有个别出土。出土最多株率占总数 50% 左右，而且在向日葵 5~10cm 处的侧根上寄生为最多，受害最重。

列当发生的日期不一致，例如，在辽宁省阜新县和彰武县从 7 月上旬至 9 月上旬每天都有列当出土。同时每株列当现蕾、开花、结实期也参差不齐，种子一般自下而上顺序先后成熟。

(五) 防治方法

1. 严格执行检疫制度，防止向日葵列当传播蔓延

向日葵列当目前还只是在少数地区，少量发生。因此，必须严格执行检疫制度，采取检验措施，进行调查，澄清有无和发生程度。不向发生向日葵列当的地区调种，进行检验调运的向日葵种子。发现有向日葵列当种子时，坚决不做播种用，集中加工，并将空壳杂屑销毁。

2. 中耕锄草

向日葵现蕾期也是向日葵列当出土的盛期，此时锄草 1~2 次，可以将浅土层列当幼苗连根除去，深土层列当被削断。列当削断后，吸盘虽然继续寄生吸收营养，但不再形成花茎，及时收集销毁，因为列当植株没有晒干，其上所生花朵仍能结实，以至成熟。

3. 轮作

轮作是防治列当的重要手段之一。由于列当离开寄主植物就不能独立生存。已知列当不能感染禾本科植物、甜菜、大豆、葱等，因此混杂列当的田块，应与上述作物轮作，而寄主植物间隔时间应不少于 6~7 年。这样，发生列当的向日葵及其他寄主植物的地块，种植不被列当寄生的作物，经过 6~7 年后再种向日葵作物。在严重混杂的田块上，可以先播下感病作物或品种，以促进列当种子萌芽，当其还未抽花茎时，即实行铲除并立即深翻。挖除列当花茎时，应该连同周围的寄主植物根一起挖去，防止残留部分再生。

4. 培育和推广种植抗列当的向日葵品种

如"匈牙利二号"和"先进工作者"等，均对列当有一定的抗性，应推广应用。

四、非生物胁迫及其应对

(一) 水分胁迫

1. 水分胁迫对植株生理的影响

(1) 膜的变化　植物缺水时，正常的膜双层结构被破坏，出现孔隙，原生质膜的透性增加，大量的无机离子和氨基酸、可溶性糖等小分子被动向组织外渗漏。脂质双分子层缺水时也会替换膜蛋白，与溶质一起渗漏，会丧失选择透过性，破坏细胞区室化，膜上酶的活性也会丧失。缺水时，胞质溶胶和细胞器蛋白也会丧失活性，严重时甚至完全变形。

(2) 水分重新分配　水分不足时，会引起植物细胞脱水，不同器官、组织间的水分，按照水势重新分配。水势高的部位水分流向水势低的部位。例如，干旱时，老叶水势高，水分流向幼叶，促使老叶的死亡和脱落；胚胎组织把水分分配到成熟部位的细胞中去，造成小穗数和小花数减少。

(3) 光合作用减弱　光合作用对缺水特别敏感，干旱情况下植物光合速率急剧降低。在轻度干旱时，由于膨压降低引起气孔开度减少甚至完全关闭，CO_2 扩散阻力增加，同时固定 CO_2 的酶活性降低。影响 CO_2 的吸收，光合效率就下降；严重干旱时，上部叶片叶绿素分解，光合面积减少，光合势降低。植物缺水还导致同化物输出受阻，进一步抑制光合作用的正常进行。

(4) 内源激素组分变化 干旱引起植物内源激素组分变化的总趋势是：促进生长的植物激素减少，抑制生长、诱导睡眠的激素含量增加。干旱引起脱落酸的积累，脱落酸能促使气孔关闭，蒸腾减弱；抑制细胞分裂素的合成，而细胞分裂素具有降低 RNA 酶活性的功能因而减少蛋白质合成；干旱也会促进乙烯含量的增加，引起落叶落果、落铃。

(5) 代谢失调 干旱引起水解酶活性增强，合成过程减弱。例如，酸性磷酸酯酶活性增加，核酸酶活性增强，蛋白质水解加速，脯氨酸含量增多。干旱引起氮代谢异常，细胞内多胺类物质积累。水分亏缺时，核酸酶活性提高，多聚核体解聚及 ATP 合成减少，使蛋白质合成受阻，蛋白质水解加速，同时一些特定的基因被诱导，合成新的多肽或蛋白质。干旱促使核酸代谢破坏，促使 RNA 分解加快，RNA 和 DNA 合成减弱。

2. 水分胁迫（干旱）对向日葵生长发育的影响

(1) 干旱症状 抑制生长发育。水分亏缺抑制向日葵茎叶细胞的伸长，根系有效吸水面积减少，细胞分裂速度减慢，导致植株细弱矮小，叶片数量减少，叶片失绿变黄，表皮细胞木质化，角质层增厚。严重干旱情况下，向日葵花盘直径缩小，着花数和结实率降低，花朵分泌的花蜜量减少，会影响蜜蜂采蜜，降低蜜蜂授粉率，空壳秕粒增多，籽实干缩，籽仁。向日葵水分亏缺的早期反应是叶面积减小。当干旱导致向日葵茎叶水分含量下降时，细胞收缩，细胞中的溶质变浓，细胞质膜变厚和压缩，导致膨压降低，细胞的伸长及细胞分裂速度受到抑制。Jordan（1970）试验证实，当叶水势降至比永久萎蔫系数值低 0.1MPa 时，茎和叶就会停止生长，当叶水势降至 0.4MPa 时，叶子伸长减少到正常的 25%；当叶水势降至 −0.8MPa 时，生长就会停止。干旱对向日葵不同生育期叶面积与根系生长的影响也不尽相同。Sadras（1993）对不同品种向日葵进行水分胁迫处理，使其水分含量降至充足的 20%，试验证实了不同生育期土壤干旱均造成叶面积明显减小。从现蕾到初花，叶面积减少 11%~18%；从现蕾到生理成熟，叶面积减少 20%~29%；初花到生理成熟，减少 5%。干旱抑制向日葵根系发育，减少根系有效吸水面积。胡守忠（2006）试验发现，油用向日葵在受水分胁迫时，侧根密度在不同时期均受到明显抑制，其中苗期的增长幅度为对照的 64.53%，现蕾期为 55.55%，开花期为 56.82%，说明苗期的干旱影响会延续到其后几个生育阶段，而且影响程度随生育阶段的增加而逐渐增大。

光合作用与同化量降低。当土壤含水量逐渐减少时，向日葵光合速率也发生变化，即使外观上未表现萎蔫的轻度缺水，也会引起光合速率的降低。水分亏缺影响下，向日葵叶面积减小，光合面积下降，叶绿体的合成与其光合活性降低气孔被迫关闭，CO_2 吸收量减少，直接影响光合效率。干旱胁迫下，当叶片水势降至 −MPa 以下时，离体向日葵叶绿体类囊体膜结构受损，光系统 II 活力下降，电子传递和磷酸化作用减弱，光合速率下降。当缺水程度加重时，光合速率的下降就更明显。据试验，向日葵幼苗缺水时，当叶片水势降至 0.MPa 时，光合作用受到初级抑制；当水势降至 −1.4MPa 时，光合作用受 50%抑制；当水势降至 −2.2MPa 时，光合作用完全被抑制。向日葵在花期遭遇干旱胁迫，由于光合速率的降低，有机物质合成受阻，也会引起其同化量的降低。Sadras

（1999）试验证实，开花期土壤水分降低20%植株净同化量减少27%~48%。由于不同时期水分胁迫对向日葵同化产物及生长发育的抑制，导致其最终产量的减少。据Velkov观察，1985年因缺水严重，0~100m土层中的土壤含水量为最大持水量的60%，并持续到现蕾期，植株下部的叶片迅速枯萎，并导致中部至顶部叶片膨压降低，致使产量明显下降仅为天气条件较好的1982年和1984年平均产量的56.4%。

水分重新分配。向日葵植株高大，叶多而密，是耗水较多的作物，缺水将造成体内水分的快速减少。据试验快速风干处理的向日葵根系部分含水量在4h内降低20%，8h后降低30%。缺水将引起向日葵体内水分平衡失调，各组织和器官的水分被迫重新分配，幼叶向老叶夺水，促使植物下部老叶衰老、死亡造成植物萎蔫；胚胎组织的水分被分配到成熟部位中去，引起花器官退化，造成空秕粒增多。若干旱程度较重，即使外界补充水分后体内水分亏缺仍无法恢复常态，长时间萎蔫必将导致植株死亡

合成与分解代谢失调。水分亏缺引起向日葵酶分子水合作用降低，酶类活性改变。水解酶类活性增强，合成酶类活性降低，合成与分解代谢失调。酶促反应受到干旱影响，导致蛋白质和淀粉的分解加速，氨基酸与糖类积累增加。据试验，用人工干旱的方法诱使向日葵渗透脱水时，细胞内的RNA和DNA含量减少。这是由于干旱促使核酸酶活性增强和RNA、DNA的合成减弱，使RNA分解加快，而DNA和RNA合成代谢则减弱。水分亏缺还将引起向日葵叶片的脱落酸含量增加，根系的细胞分裂素水平降低。

（2）不同生育期干旱的影响　种子发芽阶段需要吸收大量的水分，相当于本身风干重量的56%左右，水分不足就不能发芽，引起缺苗、出苗不齐，所以播种前要有充足的底墒。从出苗到现蕾历时40~60d，需水量仅占生育期总体需水量的19%左右，苗期需水较少，水分不足对其生长影响不大。从现蕾到开花是向日葵的快速生长期，定形株高的55%左右是在这段时间长成的，这时植株的生长快，枝叶繁茂，蒸腾量大。此阶段向日葵需水量最大，约占全生育期总需水量的60%以上，要求土壤含水量为最大持水量的65%以上。同时，此时正是花盘发育及籽实形成的关键时期，对水十分敏感，如果水分不足，就会导致花盘小、小花发育不良、结实数量少、灌浆速率降低、干物质积累减少、千粒重低，最终导致减产。从开花结束到成熟之前，向日葵需水量不大，一般占全生育期需水量的20%左右。灌浆期叶片里的养分向种子里运输是靠水分的作用完成的，仍然需水量较大，以利于籽实中油分形成和蛋白质的积累。

3. 向日葵的耐旱机理

向日葵植株高大，茎秆粗壮，叶片宽大，而且蒸腾量大，蒸腾系数为469~569，每生产1kg干物质要消耗水469~569kg，是需水较多的作物。生育期间需水量较多，严格来说它并不具备真正的抗旱性，但实际却十分抗旱，广泛种植于干旱或半干旱地区。这是由于其特殊的形态结构，使其具有吸水力强和水分散失少的本领，生理上能够忍耐短时缺水，各生育期需水有明显的避旱特点。

（1）形态结构的耐旱特征　向日葵具有强大的根系，根系深、范围广，为其抗旱提供了保证。主根能垂直钻入土壤，深达地下1.5~2m，围绕主根生长着许多侧根，侧根基本为水平方向生长，其分布的范围可达1m左右，其中60%的根系分布在0~40cm的土层中。主根和侧根上有许多微小的须根，侧根和须根都着生稠密的根毛，向日葵吸

收水分是通过根毛来进行的，根毛与含有水分的土壤微粒广泛接触，可充分吸收土壤中的水分。可见向日葵既能从浅层土壤中吸取较多的水分，又能从深层土壤吸取较多的水分。茎秆圆形、直立，表面粗糙并被有刚毛。茎秆内充满了海绵状的髓，可贮存较多的水分，有利于体内水分的调节。生育期后，表皮细胞和茎秆的木质化程度较高，而茎内的髓部则形成空心，可减少水分的散失。叶片表面具有角质层，其上覆有蜡质，对光的反射率高，可降低叶片水分的蒸腾；叶面和叶柄上密生短而硬的刚毛，表皮细胞和机械组织的木质化、硅质化程度高，不但能起到覆盖作用，而且能对强烈的阳光起到反射作用，有利于降低植株表面温度，减少损失；叶部疏导组织发达，叶脉较密，有利于水分的运输；单位叶面积气孔密度大，可加强蒸腾效率，从而有利于根系吸水，提高植株抗旱能力。

（2）生理上的耐旱特性　生理活动受水分影响。小向日葵在受到干旱胁迫后，植株的生理活动影响较小，复水后正常生理活动能力恢复较快，对植株伤害较小。向日葵遭遇短期干旱胁迫或体内严重缺水的情况下，其光合作用降低幅度小，能维持一定的生理活动。牛岛忠广（1967）试验证实，当向日葵叶部缺水20%的情况下，光合作用强度仅降低20%。干旱后复水，向日葵光合作用又恢复较快。据村田（1968）试验，当向日葵光合强度降低到0时供水，复水后其光合作用恢复到原来强度的90%仅需100min。

致死饱和差大。向日葵的致死饱和差较大，即向日葵叶片吸饱水分时的含水量和叶片丧失生命时的含水量之间的差异较大，因此抗旱能力强。

原生质抗脱水能力强。细胞原生质的抗脱水能力是影响植物抗旱的重要因素。向日葵的细胞原生质在干旱的情况下仍能保持相当量的结合水，而结合水是细胞结构的重要组成成分。因此，向日葵能在较低的水分条件下维持正常的生理活动，使干旱对细胞结构的伤害较轻。

渗透调节能力强。一般旱田作物渗透调节的范围在$0.5 \sim -1MPa$之间，而Boyer（1969）对向日葵进行干旱试验，其叶水势降低达$-5MPa$而不死；Jorolon（1970）也证实，向日葵叶水势升至$-0.8MPa$时，生长才停止。向日葵干旱条件下渗透调节还包括利用外界进入体内的无机离子和细胞合成有机溶质。Nei（1980）通过试验证明，当向日葵叶水势升至$-1.4MPa$时无机离子K^+、Mg^{2+}、Ca^{2+}及NO和游离氨基酸浓度增加；当叶水势为$0.23MPa$，植物严重缺水时，渗透调剂的主要溶质为C及NO_3，有机酸中乌头酸、游离氨基酸的贡献也显著。Beardsell（1975）研究发现，向日葵叶片水分亏缺后，ABA含量增加，而ABA被广泛认为，在逆境下能调节植物生理生化变化，从而降低伤害，提高抗旱性。

（3）需水规律的避旱特点　向日葵的需水规律与黑龙江省降水分布较为吻合，在一定程度上降低了干旱对其影响。在生产上，可通过调整播期，使其需水高峰期与降雨较多的时重叠，以减轻干旱的影响。

从出苗到现蕾之前，是向日葵抗旱能力最强的阶段。在向日葵出苗后，根系的生长就会超过其他地上部分的生长速度，迅速形成强大的根系，增强吸水能力。苗期根系生长快，据观察，茎高5cm时，根入土已达14cm；4~5对真叶时，主根已达50~70cm，根系分布直径达 50~60cm，此时向日葵根系已具备较强的吸水能力。从出苗到现蕾所需的生长时间是全生育期的 57%，但所消耗的水分仅占全生育期的 19%，可见向日葵苗期不是需水关键期。现蕾期到终花期的 25~30d，是向日葵需水的关键时期，耗水量是总需水量的 50%~75%。

张丽等（2015）通过对向日葵现蕾期和开花期不同程度的水分胁迫盆栽试验，研究了水分胁迫对向日葵的形态特征及产量的影响。初步明确了随着水分胁迫的加重，向日葵的株高、绿叶面积、地上生物产量等均有不同程度的降低。

刘金刚等（2017）以抗旱型向日葵恢复系（TR5）和干旱敏感型向日葵恢复系（SR2）为材料，在开花期干旱胁迫条件下对其干物质积累与产量进行比较分析，探讨不同抗旱型向日葵恢复系对开花期干旱胁迫响应的差异。试验结果表明，开花期干旱胁迫，使不同抗旱型向日葵恢复系单株籽粒产量、生物量和收获指数降低，籽粒灌浆不充实，有效的结实粒数减少。抗旱型恢复系材料 TR5 的产量及其相关性状受开花期干旱影响的程度相对较小。开花期干旱胁迫没有缩短或延长干物质积累持续时间和到达最大积累速率时间。但开花期干旱胁迫严重的影响了干物质积累的平均积累速率和最大积累速率，并且不同抗旱型向日葵材料对开花期的反应不同，SR2 在干物质积累速率上受开花期干旱影响大于 TR5。开花期干旱胁迫缩短了灌浆持续时间，降低了灌浆平均速率，使达到最大灌浆速率时间提前，降低了最大灌浆速率。不同抗旱型向日葵恢复系籽粒积累过程对开花期干旱胁迫响应存在差异，总体来说抗旱型恢复系 TR5 受影响小于干旱敏感型恢复系 SR2。TR5 在灌浆前期就能达到较高的灌浆速率，并且在干旱条件下仍能保持相对较长的灌浆时间。

宋殿秀等（2017）以抗旱型向日葵恢复系（TR5）和干旱敏感型向日葵恢复系（SR2）为材料，在开花期干旱胁迫条件下对其叶片的光合作用、叶绿素荧光参数进行比较分析，探讨不同抗旱型向日葵恢复系叶片的光合特性对开花期干旱胁迫响应的差异。试验结果表明，开花期干旱胁迫使 TR5 和 SR2 叶片的净光合速率、气孔导度和蒸腾速率呈降低的趋势，随着干旱时间的延长，降低的幅度逐渐增加，SR2 降幅大于 TR5。开花期干旱胁迫对 TR5 和 SR2 叶片的胞间 CO_2 浓度影响较小。受到开花期干旱胁迫的影响，TR5 和 SR2 的 Fv/Fm 呈下降的趋势，并且随着干旱时间增加，降低的幅度逐渐增加，SR2 的 Fv/Fm 受干旱影响大于 TR5。TR5 和 SR2 的 ΦPSII 受开花期干旱胁迫影响均极显著降低。不同向日葵材料的 ETR 受开花期干旱胁迫的影响与对照相比均呈降低的趋势。TR5 和 SR2 的 NPQ 在开花期干旱胁迫条件下，均呈增加的趋势，随着干旱胁迫的持续两向日葵材料叶片的 NPQ 增幅不断增加，但 TR5 的增幅小于 SR2。

4. 应对措施

（1）合理灌溉　合理灌溉对播种、保苗、全苗、壮苗、增产都有重要意义。向日葵是双子叶植物，种子带皮拱土，相比之下比单子叶植物出苗困难。它在发芽出苗时需要较多水分，所以凡是有灌溉条件的地方，若土壤墒情不好时，一定要在播前灌水造墒，无灌溉条件的山旱地如果墒情不好时，则可"坐水"播种，或雨后抢墒播种。苗期不宜灌水，以促进根系下扎，增强抗旱能力。现蕾到开花是向日葵需水的关键时期，研究表明，向日葵现蕾期浇水 1 次每亩产量 105.5kg；现蕾、开花各浇 1 次，每亩产量为 130kg；现蕾、开花、灌浆各浇 1 次，每亩产量为 159kg；无浇水的亩产量为 70kg。灌 3 次水比不灌水的增产 127%，比灌 1 次水的增产 50.7%，比灌 2 次水的增产 22.3%。因此，灌好现蕾、开花灌浆 3 次水是保证高产的关键。

（2）播前浸种　干燥的种子含水率通常在 15% 以下，生理活动非常微弱，处于休眠状态种子吸收水分后，种皮膨胀软化，溶解在水中的氧气随着水分进入细胞种子中的酶也开始活化。由于酶的作用，胚的呼吸作用增强，胚乳贮藏的不溶性物质也逐渐转变为可溶性物质，并随着水分输送到胚部。种胚获得了水分、能量和营养物质，在适宜的温度和氧气条件下，细胞才开始分裂、伸长，突破种皮发芽。可见，要使种子萌发，首先必须使它吸足水分。播种前用清水或各种溶液浸泡种子的方法，目的是促进种子较早发芽，还可以杀死一些虫卵和病毒。向日葵播种前用冷水或 20℃ 左右的温水，在 18～20℃ 的室温下浸种 8～12h，可有效改善或缓解底墒不足的环境，提高出苗率。

（3）适时施肥　N 肥促进地上部分生长，增加叶面积和蒸腾面积，不利于抗旱。但是 N 肥过少，植株生长受抑，抗旱性也不强，故应适当控制 N 肥，增施 P、K 肥，促进植物根系生长，提高植物保水能力，从而提高植物的抗旱性。P 能促进 DNA 和 RNA 的合成，进而促进蛋白质的合成，增加原生质的水合能力。K 能促进同化物的运输，使细胞的渗透浓度提高，同时 K 还能调节气孔的开张，有利于光合作用的顺利进行。施用微量元素也能有效促进植物抗旱。硼促进糖类合成，增强细胞保水能力促进糖类运输。Cu 能改善蛋白质、糖类代谢，在土壤缺水时效果更为明显。合理施肥是提高作物抗旱性简单易行的有效措施。

（4）合理耕作，蓄水保墒　由于受季风气候的影响新疆农田土壤水分循环具有明显的年周期性和不稳定性。合理耕作蓄水保墒，是农业抗旱增产的重要措施之一。耕作保墒的重点是要适时耕作优化耕作方法和质量，注意耕、耙、压、锄等环节的配合。底墒不足的时候，播种后踩墒使种子与湿土紧密相接利于种子吸水，也有提墒作用穴播的覆土。

（5）化学措施　施用保水剂和抗蒸腾剂也能提高植物的抗旱性。保水剂是具有较强吸水功能的高分子化合物，它能迅速吸收比自身重数百倍甚至上千倍的去离子水吸水后膨胀为水凝胶，然后缓慢释放水分供种子发芽和作物生长利用，从而增强土壤保水性能减少水的深层渗漏和土壤养分流失、提高水分利用率，减轻干旱对植物的伤害。植物受到干旱胁迫时喷洒醋酸苯汞、羟基磺酸、脱落酸等，能有效促进气孔关闭，减缓气孔蒸腾，有利于减少水分损失。长链醇类、硅酮，喷洒在叶片上能形成单分子层薄膜，阻止叶片的水分散失。

（6）培育抗旱品种　这是应对干旱最根本有效的办法。

（二）温度胁迫

1. 低温和高温胁迫发生时期和为害

向日葵对温度的适应性较强，既耐高温又耐低温，这是它能广泛地分布在世界各地的原因之一。向日葵种子在一定温度条件下即 -2～4℃ 时开始膨胀萌动，4℃ 即能发芽，5℃ 时可以出苗，8～10℃ 即能满足正常发芽出苗的需要。幼苗耐寒力较强，可经受几小时-4℃的低温，低温过后仍恢复正常生长。1980 年 5 月中旬寒潮侵袭山西汾阳地区，地表气温下降到-4.4℃，历时数小时，棉苗冻死 70%～80%，向日葵仅冻死 2.8%～12%。新疆西部 1977 车 5 月中旬霜冻，地表温度下降为-9℃，向日葵幼苗受冻后仍能发出新的枝权。资料报道，向日葵幼苗在-6℃时仅叶片边缘受冻，而不至破坏生长点，-7℃时还能活 10 分钟。但在 2 对真叶期如果气温降低到 5～6℃则停止生长。向日葵苗期抗冻的特性使它能适应早播而借以提高产量。向日葵结实时期能抗御早霜侵袭，据在新疆塔额盆地观察，当 9 月下旬早霜降临，高粱、玉米、谷子等作物已受严重冻害，夏播的向日葵仍能维持生育。所以在无霜期 140d 以上的地区，麦收后夏播向日葵可以成熟。

向日葵正常开花授粉需要适宜的温度，日均气温 20～25℃时开花授粉良好。高于25℃则花粉发芽率降低，授粉受阻碍，空秕率增高。日均气温下降到 16℃以下时，花器的生长发育受到抑制，表现为花冠开裂时间推迟、花药管上升缓慢、散粉和柱头伸出时间相应推后、开花量减少、花期延长。据河北省沧州地区农业科学研究所观察，花期日均气温为 20～22℃时，空秕率仅为 18%左右，日均气温升高到 26℃时，空壳率增高到 55%左右，气温下降到 16℃时，开花时间推迟 3～4h，盛花期每日开花量减少 1～2圈，单株花期延长 12d 左右。

2. 应对措施

以冷害防御为例。

（1）选择抗寒品种　各地区冷害出现日期和频率的年际变化较大，可根据低温气候规律，考虑回避低温冷害的影响，选择适合当地积温条件的耐寒品种，避免出现盲目、过度的越区种植现象。黑龙江积温偏差在±300℃左右，属于积温不稳定型。在选择种植品种上，适宜选择所需有效积温较当地积温少 100～200℃，在低温早霜年份也能正常成熟的耐低温高产优质品种。大面积种植时要选用耐寒性强的品种，以降低低温冷害造成的为害。重视对作物生长期温度条件天气预报的关注，及时调整冷、暖年间品种安排和栽培措施。

（2）加强田间管理　根据作物品种的特性，调整播期避过低温冷害的为害。适时夏播，以促进播种后迅速出苗，提高抗逆性，从而达到防御冷害的目的。提倡多铲多耥、深铲深耥、放秋垄、冻前浇水等措施，这些管理措施能有效提高地温、促进早熟，又能蓄水保墒，促进土壤养分的转化，有利于作物的生育加强播种到开花阶段水、肥管理，可使生长发育加速，提前花期。种子成熟期加强水、肥管理，可以提高光合速率，加快灌浆速度、提高油分含量，使种子在秋霜来前成熟，对减轻低温冷害的影响有很大作用。

（3）改善小气候和生态环境　搞好农田基本建设改良土壤改造低产田，兴修水利，扩大农田灌溉面积健全排灌系统，排除积水，改善通气状况，提高地温，建成稳产高产农田。营造防护林、设置防风纱网，可以降低风速，减少农田水分蒸发，提高地温，改善生态环境，是建设稳产高产农田、防御作物冷害的重要措施。

（三）盐碱胁迫

陈炳东等（2013）在不同浓度 NaCl 和 NaHCO3 混合盐胁迫下，研究了油葵根系活力、根系生长情况以及根系与地上部分的关系，以探索油葵的抗盐性。实验结果表明，随着盐浓度的升高，根系和地上部分的生长显著降低；根系体积均低于对照，根系活跃吸收面积/总吸收面积比值的变化比较小，根系活力呈现先增后降的趋势。崔云玲等（2011）通过盆栽试验，研究了盐胁迫对不同品种油葵出苗、生长、产量及植株 Na^+ 和 K^+ 吸收的影响。结果表明，随土壤盐浓度的升高，油葵的出苗率、株高、产量和生物量均有所下降，"新葵杂 6 号"受到的抑制作用更加明显；与全生育期的相比，各品种在出苗阶段的耐盐性远高于成苗至成熟期阶段，低盐胁迫对油葵的出苗和后期生长均有一定的促进作用。研究发现，当盐胁迫对油葵苗期生长的相对抑制率超过 40% 时不能完成其生活史，超过 50% 时则不能生长至成熟期，在显蕾或花期枯死。随着盐胁迫程度的加剧植株中 Na^+ 的含量成倍增加，K^+/Na^+ 显著降低，而 K^+ 含量变化较小，适宜的盐浓度可促进植株对 K 的吸收，但品种间存在较大的差异，在同一盐浓度下油葵植株中 Na^+ 含量"陇葵杂 1 号"＜"法 A15"＜"新葵杂 6 号"，而 K^+ 含量与 K^+/Na^+ 则刚好相反，各品种对盐胁迫的敏感性均为花期、显蕾期＞苗期＞成熟期；减少植株对 Na^+ 的吸收，维持 K^+ 的稳定性，保持较高 K^+/Na^+ 是品种耐盐的重要机制之一，三个油葵品种中，"陇葵杂 1 号"耐盐性最强，其次为"法 A15"，"新葵杂 6 号"耐盐性较差。王伟等（2013）采用盆栽试验模拟 0.35%，0.50% 土壤含盐量水平，研究了盐分胁迫对 5 个自育向日葵不育系出苗率、苗期株高、叶面积、地上和地下部生物学产量、丙二醛含量、氧自由基产生速率和 SOD 活性、POD 活性、CAT 活性等幼苗生长和生理特性的影响。结果表明，轻度盐分胁迫（0.35%）对幼苗萌发有促进作用；中度盐分胁迫（0.50%）下，幼苗萌发及生长均受到抑制，叶片相对电导率增加，SOD、POD、CAT 活性显著增加，O^{-2} 产生速率、MDA 含量与对照差异不大。较强的活性氧清除能力是向日葵耐盐碱特性的生理机制之一。5 个自选不育系间耐盐性存在差异。于志贤等（2013）在不同盐浓度（0、25、50、60、80、120、160、200、240 mmol /L）处理下，通过培养皿发芽试验法研究了盐胁迫对不同向日葵种子萌发的影响。结果表明，盐胁迫对不同向日葵种子萌发均有抑制作用，表现为发芽率、发芽势、发芽指数、胚根长、胚芽长降低，平均发芽日数升高，随着盐浓度的升高，抑制作用增大。向日葵萌发期耐盐性鉴定的适宜盐浓度为 120mmol /L，在进行向日葵萌发期耐盐性鉴定时可以将相对发芽率、相对发芽势、相对发芽指数、相对平均发芽日数、相对胚根长、相对胚芽长作为评价指标，其中相对胚根长是对盐胁迫最敏感的指标。张庆昕等（2015）采用 NaCl∶NaHCO₃∶Na₂CO₃∶Na₂SO₄ 质量比为 1∶9∶9∶1 的混合盐碱溶液，于种子萌发期，对油用向日葵进行 150mmol/L 盐碱胁迫处理，检测发芽指标，通过隶属值函数和聚类分析，对 33 个油用向日葵品种进行抗盐碱性综合评价。结果表明，不同油用向日葵品种的抗盐碱能力差异较大；聚类分析将 33 个油用向日葵品种在种子萌发期的抗盐碱能力可分为 5 个类群，耐盐碱性最强的品种（系）占 6.1%，抗盐碱能力较强的品种（系）占 27.3%，抗盐碱中等品种（系）的占 39.4%，抗盐碱性较弱的品种（系）占 18.2%，抗盐碱最弱的品种（系）占 9.1%；隶属函数分析表明，YK9 和 YK31 油用向日葵品种抗盐碱能力最强，YK14、YK28 和 YK30 油用向日葵品种抗盐碱能力最弱。郭园等（2016）对种子萌发期筛选的 2 个抗盐碱油用向日葵品种 YK09、YK31 和 2 个敏盐碱油用向日葵品种 YK14、YK28，于苗期进行 75 mmol/L、150 mmol/L、225 mmol/L 的混合盐碱胁迫处理，以不加盐碱的品种为对照，检测生长和水分含量指标，分析盐碱胁迫对不同抗性油用向日葵品种生长及含水量的影响。结果表明，抗盐碱油用向日葵品种 YK09 和 YK31 在 150mmol/L 盐碱处理下生长最好，敏盐碱油用向日葵品种 YK14 和 YK28 则在 75 mmol/L 盐碱处理下生长最旺盛，对地下部分的作用效果强于地上部分；4 个油用向日葵品种的含水量均以 75 mmol/L 盐碱处理最高；4 个油用向日葵品种在 225mmol/L 盐碱胁迫下抑制作用明显，表现为生长量和含水量降低、根冠比变小。郭园等（2016）采用无土培养方式，对 24 个油葵品种进行盐碱和非盐碱处理，测定株高、茎粗、根长、根鲜重、地上鲜重等农艺性状进行隶属函数、聚类分析以及秩的相关性分析，对 24 个油用向日葵品种进行抗盐碱性能的综合评价。结果表明，聚类分析将 24 个油葵品种在苗期的抗盐碱性分为三大类，抗盐碱品种 7 个，敏盐碱品种 6 个，介于中间的 11 个；隶属函数分析表明，YK08 的耐盐碱能力最强，其次是 YK11；YK01 和 YK02 的耐盐碱性最弱；秩的相关性分析表明，株高、茎粗、根长、根鲜重、地上鲜重与抗盐碱性呈极显著正相关，可以作为评价油葵苗期抗盐碱能力大小的指标。马韬等（2016）利用土柱试验和微区试验，研究了不同盐分条件下向日葵的根系分布，建立了基于根系总吸收面积和根长密度的两种根系分布函数（RAA 函数和 PLD 函数），并利用 HYDRUS-1D 软件对微区试验土壤含水率进行动态模拟，以评价分别应用 RAA 函数、RLD 函数、Zuo 函数和 Ning 函数这 4 种不同根系分布函数计算根系吸水速率的准确性。结果表明，应用 RAA 函数的土壤含水率模拟准确性在不同的盐分条件下均最优。尤其在受轻度盐分胁迫时，RAA 函数较其他 3 种根系分布函数具有明显的优势。此外，还通过 HYDRUS-1D 软件计算得到向日葵逐日根系吸水量，表明在向日葵全生育期内盐分胁迫对根系吸水始终具有抑制作用，但是向日葵根系的耐盐性随生育期的推进而提升，盐分的抑制作用逐渐减弱。马荣等（2017）研究了向日葵耐盐的离子响应机制，可为快速筛选耐盐向日葵品种提供科学依据。试验以油用向日葵盐敏感品种"YK18"、中度耐盐品种"YK06"和耐盐品种"GF01"为试验材料，研究 0mmol/L、50mmol/L、100mmol/L、150mmol/L、200mmol/L 和 250mmol/L 复合盐（NaCl 和 Na_2SO_4 按 9∶1 摩尔比混合）浓度下的种子萌发和离子在萌发幼苗中积累分布情况，并利用离子流检测技术，动态监测了复合盐胁迫 24 h 后植株根系的 K^+、Na^+、Ca^{2+} 等离子的流速流向。结果表明，复合盐胁迫抑制向日葵种子萌发，导致发芽率下降，平均发芽时间延长。盐胁迫后向日葵根系 K^+ 大量外排，流速为"YK18"＞"YK06"＞"GF01"；随着盐胁迫浓度升高，根系 Na^+ 流速由内吸转为外排，内吸时"YK18"速度最大，"YK06"次之，"GF01"最小，外排时"GF01"流速最大，其"排盐"现象明显。复合盐胁迫后，整株的 Na^+ 积累量增加，K^+ 减少，K^+/Na^+ 随着盐浓度升高而下降；低盐浓度（＜150mmol/L）下"GF01"和"YK06"茎秆中 K^+/Na^+ 低于"YK18"；高盐胁迫（≥150mmol/L）下，"GF01"整株 Na^+ 积累最少，叶片 K^+/Na^+ 最高。另外，盐胁迫下向日葵幼苗根系 Ca^{2+} 的吸收速率加快，"GF01"是"YK18"的 2 倍。由此可见，不同耐盐性的油用向日葵植株在盐胁迫下可通过调节 Na^+、K^+ 和 Ca^{2+} 的吸收与外排来适应盐胁迫环境，耐盐性强的品种具有更强的保 K^+ 能力，并通过区域化 Na^+（低盐胁迫）和拒盐机制（高盐胁迫）来提高其对盐胁迫的耐受性，维持植株叶片中合理的 K^+/Na^+ 值。研究结果可为盐碱地耐盐品种筛选和栽培提供理论依据。张旭龙等（2017）通过盆栽试验，研究了"新葵4号""新葵6号""新葵10号"和"美国矮大头"4个油葵品种对盐碱地土壤理化、酶活性和微生物群落功能多样性的影响，以期筛选出更适宜改善盐碱地土壤质量的油葵品种。结果表明，种植"新葵6号"对降低盐碱地根际土壤 pH 值、提高土壤全氮含量和蔗糖酶活性的效果最为显著，"新葵4号"对提高根际土壤碱解氮、速效磷、速效钾含量以及脲酶和磷酸酶活性的效果最为显著；种植这4个品种的油葵均能显著（72 h，P0.05）提高盐碱地根际土壤微生物对31种碳源的平均利用率（Average well colordevelopment，AWCD）。

1. 盐碱胁迫对向日葵生长的影响

向日葵是比较耐盐碱的作物，但是若土壤盐碱化超出其承受范围仍可产生不适反应甚至死亡。由于向日葵种子外部包裹一层坚硬的外壳，出苗需要大量的水分，但是在盐碱土壤中，盐分含量过高，土壤溶液水势降低，种子不能吸收足够水分，高盐碱地区易发生向日葵萌发明显延迟、出苗率降低。盐碱胁迫对向日葵光合作用有抑制作用，表现为净光合速率的下降，并且随着外界盐浓度的提高，受抑制的程度也越大。这是因为，盐碱胁迫使叶绿体中类囊体膜成分与超微结构发生改变，影响光能的吸收和转换；叶绿素和类胡萝卜素合成受到干扰，叶绿体降解，气孔关闭，光合作用相关酶活性受到抑制，植株光合系统功能损伤，光合速率降低。在高盐碱浓度下，向日葵的呼吸作用也受到损害，加上光合作用被抑制植株的生长受到严重阻碍，地上部分和根系生长受到抑制，根系总吸收面积和活跃吸水面积下降，干物质合成及产量均受到抑制，籽仁中含油量降低。

2. 向日葵的耐盐碱性

（1）形态结构的耐盐碱特征　向日葵的主根比较粗长，可深入土壤 $1.5 \sim 2m$，主根上生有侧根，侧根水平生长宽度达 $0.8 \sim 1.5m$，根系与土壤接触面积大，吸收水分的范围大，能从土壤深层盐分较淡的地方吸收水分。向日葵植株高大，叶片宽大浓密，覆盖地面上空，遮蔽阳光，大大减少了地面水分蒸发，有效地抑制了耕作层盐分的积累，减轻了盐碱对植株的胁迫作用。

（2）生理上的耐盐碱性　细胞液浓度。根细胞液浓度大，渗透势为 $-1.96MPa$，吸水能力强，能从一定浓度的盐碱土中吸收水分。吸盐能力强。向日葵植株各部位能积累较多的盐分，油葵茎秆中含盐量可达 0.5%，食葵苗期体内盐分含量可占干物质重的 16.7%，比一般作物受盐分干扰的程度轻。

向日葵具有较强的拒盐机制，是其具有较强耐盐性的主要原因。在盐胁迫下，向日葵对 Na 有截流作用，吸收的 Na^+ 主要集中在其茎秆和根部，叶片中较少，减少了叶片中离子毒害作用。向日葵对 K^+ 具有较强的吸收和向上运输的选择性，叶片和叶柄中 K 含量较多。Na^+、K^+ 是植物逆境下主要的渗透调节因素。向日葵处于盐碱胁迫时，体内的脯氨酸含量显著升高，脯氨酸是植物逆境下主要的渗透调节物质，不仅是大分子的保护剂和羟基清除剂，还为植株恢复正常提供有效的氮源碳源和还原剂。据以上形态、生理特点，向日葵在全盐含量为 0.4% 以下的土壤中均能正常生长，在全盐量 0.4%～0.7% 的土壤也能取得一定的产量。向日葵耐盐碱性在不同发育时期表现不同，幼苗期对盐胁迫耐受性表现更强，现蕾期对盐胁迫反应敏感。

3. 耐盐碱措施

（1）轮作倒茬　向日葵连作会使土壤养分特别是 K 素过度消耗。盐碱地种植向日葵，更应实行轮作，避免因连作苗弱导致病害严重发生，影响今后向日葵的生长。黑龙江省向日葵轮作周期是 3～5 年，盐碱地的轮作方式主要有以下两种：向日葵—谷子—玉米—大豆—高粱；向日葵—杂粮（或大豆）高粱—谷子—玉米。

（2）选用耐盐品种和播种技术　选用耐盐性较强的向日葵品种，如"三道眉""大马牙""派列多维克"等。播种期提早到返碱高峰期之前，此时耕作层盐分减少、水分较多，易于出苗。播种前采取助苗保苗措施，比如增施有机肥料和 P 肥，整平土地减少碱斑；开沟躲碱播种，增加播种量。播种前用盐水浸种，以提高种子的耐盐碱和抗盐能力，或者用 20℃ 左右的温水浸种，可提前出苗时间 1～2d，嫩芽受盐碱侵蚀的时间缩短，利于幼苗生长。盐碱地应浅播，发芽出苗快，播深在 2.5～3.3cm 较适宜；播种量适当加大，每穴 4～5 粒。

（3）耕作措施　秋季对盐碱地进行深耕，深度要达到 30cm，并结合浇水，以减少表层盐分利于向日葵的出苗。播种前应耙地、平整表层土壤，防止春季返盐。

平整土地、深耕深翻、适时耕耙等农业技术措施对改良盐碱土均有明显的效果。平整土地可以消除局部洼坡积盐的不利因素，减少地表径流，提高冲洗脱盐的效果，防止土壤斑状盐渍化。深耕深翻具有疏松耕作层，破除犁底层，降低毛管作用的效果，促进作物根系发育、提高产量，并能提高土壤透水保水性能。盐碱地经深耕后可以加速土壤淋盐，防止表土返盐。适宜耕耙可疏松耕作层，抑制土壤水和地下水蒸发，阻止底层盐分向上运行，防止表层积盐。

（4）加强田间管理　加强田间管理是盐碱地向日葵丰产的一个重要环节。由于盐碱地生长环境差，向日葵播种后易出现缺苗现象，应及时补苗。如播种量过大，应早间苗，避免幼苗密集争肥争水；晚定苗，待小雨过后或苗龄较大耐盐能力强后再定苗。盐碱地雨后易形成土壤板结，故在生产上要适时中耕除草，防止返盐，消灭杂草，利于形成壮苗。向日葵出苗后，2～3 对真叶期开始，要适时灌水把表层结晶盐溶解，下渗到土壤深层，冲洗淡化，促进幼苗生长。

4. 新疆盐碱地向日葵深开沟浅覆土栽培技术

播前整地，深秋耕、春早灌、精细整地。一般适宜耕深为 25cm，在春季返盐强烈的地块要在 3 月底春灌压盐，灌水量应控制在 750m³/hm²。早耕作精细整地切断土壤毛细管是防止耕作层积盐的有效措施。开沟播种：用犁开沟，把含盐量较多的表土耙开，播种沟为倒梯形上口宽 20cm，底宽为 10cm，开沟深 10～12cm。在沟底集中施肥开穴点播，播种深度 3cm。播前浸种，用硫酸锌进行药肥浸种可防治地下害虫，利于提高种子耐盐力。播后及时镇压。增施农家肥和 N、P 肥：结合整地施农家肥 30 m³/hm²，施尿素 100kg/hm²，过磷酸钙 450kg/hm²。其他技术措施与旱地食用向日葵晚播高产栽培技术相同。

适宜地区：新疆准格尔盆地盐碱地向日葵产区。

注意事项：春季（3—6月）为强烈积盐期，春季气温回升快，蒸发量大，易返碱，应抓紧顶凌耙地，以及雨后耙耱，减少地表盐分的积累。

（雷中华、黄启秀、吴伟）

第六节　向日葵品质与利用

一、向日葵品质

（一）向日葵籽实的成分

向日葵原产于北美的西南部，是世界第四大油料作物，也是中国的主要油料作物之一。世界葵花籽年产量约为2980万 t，葵花籽油产量为963万 t，葵花籽如今已成为俄罗斯和东欧各国的主要油脂来源。中国葵花籽主要产区以东北、内蒙古和新疆最多，在西北数省也有广泛种植，年产量约为450万 t。葵花籽含壳率为25%～28%，葵花籽壳含有5.17%的类脂，4%的蛋白质，50%的碳水化合物。葵花籽是一种营养丰富的油料资源和蛋白质资源。高油葵花籽仁含油脂40%～60%。葵花籽油是种高质量的食用油脂，具有较高的营养价值，其脂肪酸组成中亚油酸和油酸等不饱和脂肪酸含量高达90%左右。葵花籽仁含有20%～30%的蛋白质，根据蛋白性质分，葵花蛋白含有20%的清蛋白，55%的球蛋白，醇溶蛋白占1%～4%，谷蛋白占11%～17%n。根据沉降系数分，葵花蛋白主要含有2S，7S，11S三种蛋白成分。其中，11S蛋白占70%以上，为主体蛋白质。2S蛋白主要为清蛋白。葵花蛋白质中氨基酸分析发现，在9种必需氨基酸含量中，葵花籽蛋白质的赖氨酸含量与大豆蛋白比较稍低一些，而其他氨基酸的含量较高。从联合国粮农组织规定的食用蛋白质氨基酸含量FAD标准可见，葵花籽粕蛋白质氨基酸组成比较合理，营养价值较高。葵花蛋白具有良好的消化率（90%）和较高的生物价（60%），加拿大的 Sosul ski 教授在葵花蛋白中加入0.4%赖氨酸，经动物喂养实验证实其 PER 可达到3.06。总之，葵花籽粕氨基酸组成丰富，各种氨基酸比例比较协调，是含人体必需氨基酸较高的优质蛋白质。葵花籽仁是优质食用油和优质蛋白质的重要来源之一。葵花籽仁中还含有多酚类化合物–绿原酸，绿原酸又名3–咖啡奎宁酸，含量为1.3%～3.3%，绿原酸是咖啡酸和奎尼酸形成的酯，是一种缩酚酸。

（二）向日葵脂肪

向日葵油清亮微带酱黄色，香美适口，热能高，1g向日葵油脂可产生39729J热能，比花生油、玉米胚油、芝麻油都高；熔点低（17～27℃），易于被人体消化，胃肠的吸收率达94.5%；碘值大，向日葵油碘值为110～143，高于棉籽油、芝麻油、菜籽油，与大豆油相近，低于胡麻油，属于半干性油，品质优良，且容易精炼加工，具有广泛的用途。向日葵油占籽实的40%～50%，占籽仁的50%～65%。与其他植物油一样，向日葵油主要由脂肪酸组成，即98%～99%的甘油三酯和不同的非皂化物。向日葵油的主要特点是富含不饱和脂肪酸，其中亚油酸含量可达69%左右，是胡麻油的4倍，菜籽油的3倍，花生油的2倍，大豆油的1.8倍（表2-21）。亚油酸属于人体必需脂肪酸，参与人体胆固醇的代谢作用。近代医学证明，亚油酸是不饱和脂肪酸，有助于人体发育和生理调节，维持血压平衡，能将沉积在肠壁上过多的胆固醇脱离并排泄出去，经常食用可预防动脉硬化高血压、冠心病。向日葵中的亚麻酸含量较低（0.2%），具有良好的干性油特性，用作油漆的原料，不会因时间的延续而变质；用于制革，会使皮革坚韧、柔软且光亮。向日葵油中脂肪酸的详细组分及其含量列于表2-19、表2-20中。

表 2-19　主要油料作物含油率及精炼后油脂的脂肪酸组成（崔良基等，2012）

单位:%

植物油	含油率	棕榈酸	硬脂酸	油酸	亚油酸	亚麻酸	甘碳烯酸	芥酸
高芥酸菜籽	37	4	2	34	17	7	9	26
低芥酸菜籽	40	4	2	55	26	10	2	微量
大豆	20	9	5	45	37	3	微量	微量
胡麻	37~39	6.9	3.6	16	15	58.5	0	0
花生	40	13	3	42	34	微量	1	微量
油葵	40~50	6	4	19	69	微量	2	

表 2-20　向日葵杂交种（ASRO）脂肪酸组分的分析资料（崔良基等，2012）

脂肪	酸	脂肪酸含量
二十四烷酸	C24	0.21
山芋酸	C22	0.90
花生酸	C20	0.35
硬脂酸	C18	4.76
十七烷酸	C17	0.06
软脂酸	C16	6.18
饱和脂肪酸小计		12.50
二十碳-9-烯酸	C20∶1	0.14
油酸	C18∶1	19.81
亚油酸	C18∶2	66.98
亚麻酸	C18∶3	0.08
十七碳烯酸	C17∶1	0.02
棕榈油酸	C16∶1	0.08
不饱和脂肪酸小计		87.11

向日葵油含较少的非皂化物。在粗油中含 1.4% ~ 1.8%，在精炼油中含 0.55% ~ 0.75%。这类化合物种类较多，包括甾醇（固醇）、维生素 E（生育酚）、磷脂（1%）、植物蜡（<1%）及类胡萝卜素（胡萝卜素和叶黄素，Borudunila et al.，1974）。向日葵油中含有 0.4% 的甾醇，甾醇的种类变异较大（表 2-21），甾醇含量低于大豆油和玉米油（Popov et al.，1975）。向日葵油中含有 0.07% 的维生素 E，是一种强抗氧化剂，可防止油的"哈喇"作用，它在光下稳定，对高温敏感。向日葵油比花生油和橄榄油中的维生素 E 含量高，比玉米、大豆、油菜等油中的维生素 E 含量低。不过，在植物油中向日葵油含有最丰富的 α-生育酚（Muller-Mullot，1976）。在较高的温度条件下，生育酚的抗氧化作用降低，三种生育酚此时的抗氧化活性依次为 γ > β > α，所以向日葵油在煎炸食品时并非十分稳定。与此相反，向日葵油中的生育酚具有另一特性，即在温度较高时，维生素 E 的活性增强，这一特性使向日葵油具有较高的价值，因为维生素 E 对生物生殖细胞的发育是不可缺少的营养元素。

表 2-21　向日葵油中的甾醇组分（崔良基等，2012）

甾醇	100g 油中甾醇的量（mg）	变异范围
胆固醇	0.1	0 ~ 0.4
B-谷甾醇	61.9	57.7 ~ 63.4
菜油甾醇	8.9	7.8 ~ 10.6
豆甾醇	8.2	7.4 ~ 10.1
菜籽甾醇	0.0	
△7 菜油甾醇	0.7	
△7 豆甾醇	10.6	
△5 Avenasterc	3.1	
△7 Avenasterol	4.4	
异岩藻甾醇	1.2	
岩藻甾醇	0.9	

（三）向日葵蛋白质

蛋白质含量是嗑食型向日葵主要品质性状。向日葵蛋白质的化学和生物学品质是优良的。比如氯化钠，氯化钙和盐，是许多液状食品的主要成分，而向日葵蛋白质在低浓度或高浓度的上述溶液中可溶性较好，向日葵蛋白质产量是可观的，根据俄罗斯克拉斯诺达尔地区统计，每千克向日葵蛋白质收货量约 360kg，大豆为 340kg，十种必需氨基酸收货量向日葵为 182.5kg/hm²，大豆为 124.7kg/hm²。除了氨基酸低于大豆外，其余几种氨基酸含量均较高，向日葵被认为是高品质植物蛋白质来源。

"内葵杂 1 号"籽仁中含粗蛋白质为 24.69%，葵盘中含粗蛋白质为 13.92%，其饼粕中含粗蛋白质为 24.99%，食葵籽仁中含粗蛋白质为 27.07%，仅次于豆科植物，而高于禾本科作物。黑龙江省农业科学院经济作物研究所审定推广的"龙食葵2号"、"龙食葵3号"的籽仁蛋白质含量分别为33.66%和30.37%。油葵和食葵籽实中18种氨基酸总量均大大高于小麦、谷类禾本科作物。葵盘中氨基酸总量为6.85%，其含量也接近玉米，是牲畜可利用的好饲料。油分和蛋白质含量是负相关的，只进行向日葵高油分的选择，会导致蛋白质含量下降。同时，由于白蛋白和球蛋白含量的改变，赖氨酸和蛋白质含量之间也是负相关，牛粪和赖氨酸之间呈正相关，在脱脂过程中，或在碱性环境中，绿原酸，由于蛋白质的作用，会产生一些绿褐色的混合物，从而降低了脱脂向日葵粉的可消化性。研究证明，油分的生物合成过程约在开花后第35d完成。在此期间，不同成熟阶段的蛋白质总含量是不变的，而氨基酸含量却是变化的，特别是白蛋白减少，球蛋白增加。辽宁省农科院育种材料籽仁蛋白质含量为25%~39%，利用蛋白质含量高的亲本选育高蛋白的杂交种或品种是可能的。中国人喜食干果，每年供嗑食需要几亿千克葵花籽，其消耗数量是惊人的。可见改进蛋白质品质，提高蛋白质含量的向日葵育种是有利于国计民生的（张鉴等，1997）。王燕飞等人（1998）认为，气候条件是影响油葵籽仁蛋白质含量的重要因素，同一品种子仁蛋白质含量存在着显著的地区差异，其地域间的差异显著大于品种间差异。油葵开花期到成熟期的平均最高气温和相对湿度是影响蛋白质含量的重要气候因素。平均最高气温在2.7~32.8℃和相对湿度在4%~82%范围内偏高，有利于蛋白质含量的积累。蛋白质含量随着气候因素的适宜程度而变化，类似新疆阿勒泰地区的气候因素是种植油葵的最佳地区，此区能同时获得较高的蛋白质含量和含油量（王燕飞等，1998）。

（四）油用向日葵的品质特点

油脂的脂肪酸组成决定其利用价值。向日葵脂肪酸主要有硬脂酸、软脂酸，油酸、亚油酸、亚麻酸。其中不饱和脂肪酸含量占90%左右。近代医学研究证明，不饱和脂肪酸有助于人体发育的生理调节，维持血压平衡能使沉积在肠壁上的过多胆固醇脱离下来，排除出去，对预防动脉粥样硬化、高血压、冠心病有良好的作用；对人工合成某些前列腺素是必不可少的。就其食用价值来讲高亚油酸含量的葵花油，适于做烹调用油，调制生菜、冷盘和色拉（西餐用）。油酸含量高则在高温条件下具有较稳定的氧化和热解功能，更适用于煎、炒、烹、炸等多种食品加工方法。选育脂肪酸组成不同的品种，已为各国育种家所重视，而当前主要的任务是如何提高油酸含量，并通过育种途径获得遗传性稳定的高油酸品种（杂交种）（张鉴等，1997）。

（五）影响向日葵品质的因素

1. 自然因素的影响

（1）纬度和海拔的影响　王鹏冬等（2002）发现，油葵杂交种的含油率与海拔高度、纬度存在着一定的关系，其中与海拔高度呈正相关，即随着海拔高度的增加，油葵杂交种的含油率增加。而与纬度的关系则不同杂交种表现各异，这与葛春芳（1999）的研究结论有所不同。而对两种因素综合分析，海拔高度比纬度影响大，但对其进行直线回归与相关分析及多元线性回归分析中看出，其作用很小，仅有个别杂交种能达到显著或极显著水平。鉴于海拔高度及纬度对含油率的影响，因此油用向日葵杂交种的选育目标应因地制宜地确定，另一方面，在规划向日葵生产时，应把纬度和海拔高度作为一项依据。实际操作中，应以海拔高度为主，次而考虑纬度的影响。关于含油率受地理位置的影响，葛春芳等人（1999）在《向日葵油分的环境饰变》一文中论述了纬度与海拔高度对油分形成的影响，即纬度越高含油率越高，其组成中亚油酸含量也越高；在纬度相同的情况下，海拔高的地区向日葵含油率高；海拔相同则其含油率随纬度升高而增加。相比较，海拔高度的影响要比纬度影响大，也说明其主要影响因素是温度。张运达等（1993）试验研究表明，高纬度和高海拔有利于脂肪及亚油酸积累，但不利于蛋白质及氨基酸积累。而低海拔、温差小，蛋白质及氨基酸含量较高。王燕飞等（1998）以3个不同类型油葵品种为试材，对4个地区、9个气候因素与油葵蛋白质含量进行了相关和逐步回归分析。结果表明，开花—成熟期日平均最高气温和相对湿度是影响蛋白质含量的主要气候因素。在一定范围内，日平均最高气温和相对湿度偏高，有利于蛋白质含量的积累。王鹏冬等（2002）对2001年全国油用型向日葵杂交种联合区域试验中12个杂交种的籽实含油率和籽仁含油率与地理位置关系进行了分析。结果表明，油葵杂交种籽实和籽仁含油率与海拔高度存在着明显正相关，相关系数分别为0.7607和0.8228，个别杂交种的直接回归达显著水平；杂交种间与纬度相关不一致，有正相关、负相关，相关系数最大为-0.7177和-0.5767，最小为-0.0754和0.0019。对两因素综合分析比较，海拔高度对含油率的影响比纬度大，二者偏回归系数T检验值分别为2.0534（海拔）＞0.8222（纬度）、8.0523*（海拔）＞4.4233*（纬度）。

（2）温度的影响　葛春芳等人（1999）的试验证明，油酸与亚油酸间存在着极显著的负相关，二者的消长主要受环境条件影响，特别是籽实发育期间温度的影响更有重要作用。高温对黑龙江向日葵可增加油酸含量，相应降低亚油酸含量。中国向日葵产区在东北、西北和华北冷凉地区，生产的葵花籽油自然亚油酸含量高。脂肪酸的含量随栽培条件的变化而异，温凉地区种植的向日葵种子中含60%～70%的亚油酸，而亚热带地中海地区生产的向日葵种子只含30%的亚油酸，油酸的含量变化与此却正好相反（Kinman and earle, 1964; Knowles et al., 1970）。这是因为，油酸转化成亚油酸是由脱饱和酶催化的，而此酶在较低的温度下催化活性较高（张鉴等，1997）。葛春芳等人在1986年以稳定选系75-1（派选1号）为统一试材，在全国向日葵主要产区北纬37°18′至北纬46°12′设8个试验点种植。结果表明，向日葵肪酸组成，在不同地区表现不同，差异较大。一方面表现受纬度影响如哈尔滨市呼兰区康金镇和吉林白城市纬度（北纬46°12′和45°38′）较大，其亚油酸含量也高，分别为69.27%和64.96%；另一方面受海拔高度的影响，例如在呼和浩特（北纬40°49′）向日葵亚油酸含量为62.96%，比在沈阳市（北纬41°46′）的含量（56.17%）高得多，这主要是由于前者海拔高（1 063m）、气候冷凉所致。而油酸变化则与此相反（表2-22）。为了进一步确定温度的影响，1994年以"辽葵杂3号"和"辽食1号"（嗑食型）为试材，1995年以"辽葵杂3号"为试材，在沈阳市进行春播（4月25日播种）与夏播（7月10日播种）试验。试验结果，夏播亚油酸（C82-）含量高，分别为65.5%、66.7%和76.4%。春播油酸（C18-）含量高，分别为66.3%、48.4%和46.7%。说明在冷凉气候条件下生产的葵花油亚油酸含量高。1994年春播"辽葵杂3号"油酸含量高达663%，从气象资料分析可以得出一致的结。1994 年春播向日葵开花至收获期间（7 月 15 日至 8 月 9 日），平均气温 26.3℃，积温 1 080.5℃，值得注意的是 30℃以上最高气温达 20d，而夏播开花至收获期间（9 月至 10 月上旬）平均气温在 16℃，说明籽实发育期间的温度可以改变油脂中脂肪酸的组成比例。所以，通过调整播期可以改善向日葵油的质量。

表 2-22　派选 1 号在不同纬度和海拔高度条件下的脂肪酸含量（梁一刚等，1990）

试验地点	纬度	海拔（m）	软脂酸	C18（%）	$C_{18}^{1=}$（%）	$C_{18}^{2=}$（%）	$C_{18}^{3=}$（%）
山西汾阳	37°18′	500	5.70	5.11	34.71	54.48	微量
宁夏银川	33°29′	1 111.5	5.53	6.03	35.66	50.38	0.17
内蒙古呼和浩特	40°49′	1063	6.36	5.93	23.97	62.96	0.48
辽宁沈阳	41°46′	41.6	4.31	4.04	34.63	56.17	0.02
新疆石河子	44°12′	500	5.60	3.15	36.97	54.15	0.06
吉林白城	45°38′	155.4	5.34	4.43	24.50	64.95	0.15
黑龙江康金镇	46°12′	200	4.76	4.702	1.336	98.21	微量

2. 栽培措施的影响

（1）氮肥的影响　邓力群等人（2002）发现随着 N 肥施用量的增加，油葵子中的蛋白质含量持续增加，而脂肪含量先增加后减少。在低 N 水平下，脂肪与蛋白质表现为同步增长的趋势，当施 N 量超过 52.5kg/hm² 时，两者呈现出明显的负相关（相关系数 $R=-0.7529$）。众多的研究也证明了这一点，但在相关强度上，不同的研究者所得的结果也不尽相同。辽宁农科院的分析结果为 $r=-0.26$，而俄国专家的研究证明为 $r=-0.96$（刘公社等，1994），但都说明了脂肪和蛋白质在种子中的合成有一种互相消长的关系。N 肥尤其是尿素用量过多，促进了氨基酸的合成，使籽实内可塑性物质多转化为蛋白质，导致了脂肪含量的减少。

（2）播期的影响　播种期对油用型向日葵产量的影响，国内外已有较多报道，但对向日葵品质的影响，国内研究较少，国外的研究结果也不一致。Anderson 等认为播种期与籽实含油率无相关性；Johnson、Jellum 和 Unger 等则发现向日葵籽实含油率与播种期存在相关性，晚播的向日葵由于成熟期处于较冷凉的气候条件下，含油率有降低趋势；J·R 墨克威廉等报道，在向日葵籽实油脂形成期间高温，尤其是夜间高温，不利于油脂的形成（吴春胜等，1995）。Fayyaz-ul-Hassan 等在巴基斯坦 Arid 农业大学分别调查春、秋向日葵杂交种的油和脂肪酸含量，春向日葵在 3 月播种，6 月收获；秋向日葵在 8 月播种，11 月收获。调查结果表明，油和油酸的含量，春向日葵比秋向日葵高；软脂肪酸和亚油酸含量，秋向日葵比春向日葵高。因此，依据油和油酸的含量来推断，春向日葵比秋向日葵有优势；从亚油酸角度判断，秋向日葵比春向日葵更有优势。乔春贵等人（1993）认为播种期对含油率有明显影响。晚播促使植株过分高大繁茂，把光合作用生产的干物质过多地用于营养生长，生殖生长受到影响，导致含油率显著降低。据资料介绍，4 月 7 日播种的籽实含油率为 42.9%，6 月 22 日播种的籽实含油率为

32.7%，降低 10.2%。

（3）温度的影响　吴春胜等（1995）认为籽实含油差异似与生育日数无关，而与当时的温度（含昼夜温差）、太阳辐射、降水等环境因素有关。Canvin（1990）认为向日葵生长在 21℃的恒温下，含油量比较低。较高温度下有更高的含油量。温度的差异可能是导致早播与晚播向日葵含油率差异的主导原因。很多植物本身特性和环境因素都会对含油量产生影响。灌浆期对于种子中油的形成尤其重要，油分含量取决于灌浆阶段每天的平均温度和湿度，以及这个阶段的持续时间。如果在灌浆期日平均气温不超过 25℃，土壤水分充足，并且没有病害，那么种子中的油分会积累更多（Skoric，1988；1989）。

（4）植物生长调节剂的影响　谭桂茹等（1994）将油用品种黑引 88 和杂交种 JS1612 喷洒植物生长调节剂和营养元素，分析它们对向日葵品质的影响。供试植物生长调节剂有 GA3（赤霉酸）和 NAA（萘乙酸）；供试营养元素为 P（磷）、K（钾）和 B（硼）。将 GA_3、NAA、KH_2PO_4 和 H_3BO（硼酸）分别配成 0.01%0.01%、0.1%、0.1%的溶液；处理时将这 4 种溶液按照 1∶1∶2∶2 的比例混合。于向日葵花盘现蕾期选择生育期基本一致的植株（20 株）进行单株超低量喷雾，使花盘完全湿润即可；对照喷水。测定结果，在向日葵的现蕾期，用含有 GA_3、NAA、P、K、B 的溶液喷洒葵盘，显著提高种仁的含油率和蛋白质含量。在品种黑引 88，处理的含油率比对照提高 5.71%，蛋白质提高 12.62%；在杂交种 JS1612，这两项指标分别提高 6.50%和 7.59%。据分析，所用的植物生长调节剂 GA_3 和 NAA 均有促进蛋白质生物合成的功能；而 P、K、B 三元素也参与氮 N 素代谢，而且是蛋白质合成过程必不可少的物质。

（5）盐含量的影响　陈炳东等（2011）发现籽实和籽仁含油率随土壤盐含量的增加而减小，并且对籽仁含油率的影响大于籽实含油率。随着土壤含盐量的增加，作物的根量逐渐减少，根活力下降，作物从土壤中获取养分的渠道被根中累积的盐分所破坏，运输能力和光合能力同时下降，作物获得的养分减少，最终导致油葵的品质下降。同时，由于养分的减少，导致油葵的空壳率增大，秕粒增多，皮壳变厚，使土壤盐分变化对子仁含油率的影响大于籽实含油率的影响。

（6）其他因素的影响　王燕飞等（1997）发现油用向日葵的出仁率与含油率之间呈极显著正相关，皮壳率、蛋白质含量与含油率之间呈极显著负相关，它们是选择高含油率品种的重要性状。产量、单盘粒重、茎粗、株高、千粒重、花盘直径与含油率相关不显著。但株高、茎粗均与密度有关，密度与播期对含油率有显著影响。低密度种植的向日葵，籽实皮壳率较高，含油率随单位面积株数的降低而下降，种植密度因品种和地区不同而不同，新疆种植密度高，达到 6.75 万~7.5 万株/hm²；黑龙江省种植密度低，一般在 3.75 万~6.0 万株/hm²。季静等人（1997）发现籽仁重与籽仁含油量、百粒重与籽实含油量呈显著负相关，籽仁含油量与籽实含油量为极显著正相关，其他各性状间相关性未达显著水平。但是含油量高的品种籽粒小，百粒重低，这与育种要求含油量相背，要培育出高产高油品种除集中高产高油的多基因外，还要打破不利连锁。产油量是评价油葵杂交种品质优劣的重要指标，而籽实含油率与油葵产量呈极显著正相关；油葵籽实含油率除与其他综合农艺性状相关外，尤其与育种材料籽实经济性状，即与容重、籽仁率、百粒重相关较大，其中，容重对籽实含油率的贡献值>籽仁率>百粒重。容重高，说明籽实饱满、大小适中、均匀一致、皮壳率低、籽仁率高、品质优（魏延武等，2004）。百粒重和子仁率增加到一定程度，会引起单盘粒数和籽实含油率下降，故此值应适中，不宜过大（李素萍等，2010）。

对于育种者来说，了解 F_1 代亲本之间的油含量相关性非常重要，同样了解每公顷油产量与杂交种的其他性状之间的相关性也是非常重要的。Hladni 等（2010）总结出单株籽粒数对于杂交种的油含量至关重要，种子的油含量、单株产量与千粒重呈极显著的正相关关系。油葵杂交种含油率的高低受多种因素影响，自身的基因型是主要的决定因素，但同一杂交种在不同地区表现有很大的差异。已有研究表明，土壤、气候、栽培因素以及病害发生程度都影响油葵杂交种的含油率。在栽培因素中，种植密度、施肥也都影响含油率（葛春芳等，1987；梁一刚等，1992）。王燕飞等人（1997）报道，环境对油葵含油率的影响比遗传差异大 2 倍，地理间的差异大于品种间的差异，开花期积温在 631～1094℃ 范围内，积温越高、温差越大、日照时间多、太阳辐射强、湿度越小含油率越高。从育种的角度，谢宗铭等（2003）发现，母本自交系对含油率的影响大于父本。关于水肥互作，李为萍等（2015）为分析水氮交互对油葵粗脂肪及脂肪酸组分的影响，选取油葵杂交品种康地 T562，采用现蕾至开花阶段灌水与追氮肥 2 因素 3 水平（灌水 90mm、54mm、36mm；追 N 肥 0kg/hm²、52kg/hm²、104kg/hm²）随机区组试验设计，于 2011 年在河套灌区进行田间试验。结果表明，水、N 及交互对油葵籽仁粗脂肪及主要脂肪酸组分（油酸、亚油酸、亚麻酸、棕榈酸、硬脂酸）均影响显著。不追 N 肥时，充足的土壤水分有利于油葵籽仁粗脂肪的生成。水氮交互下，土壤中有效 N 的增加导致粗脂肪、亚油酸及不饱和脂肪酸的合成下降。土壤中水分的增加，促进油葵籽仁中亚油酸及不饱和脂肪酸的生成，但会抑制油葵籽仁中硬脂酸及饱和脂肪酸的生成。W90N0（灌水 90mm，不追氮肥）处理下油葵籽仁粗脂肪含量最高，为 60.37%；W90N52（灌水 90mm，追氮肥 52kg/hm²）处理下亚油酸及不饱和脂肪酸含量最高，分别为 69.06%、84.75%，而硬脂酸和饱和脂肪酸含量最低，分别为 7.23%、13.06%。综合考虑粗脂肪含量高及脂肪酸组分构成有利于人类饮食健康，在河套灌区推荐油葵水肥技术参数为现蕾后开花前灌水 90mm，追氮 52kg/hm²。

二、向日葵利用

（一）观赏向日葵

观赏向日葵主要用于园林布景和观赏用。观赏向日葵花盘形似太阳，花朵亮丽，颜色鲜艳，淳朴自然，具有较高的观赏价值。在国外，观赏向日葵深受人们的喜爱，广泛用于切花、盆花、染色花、庭院美化及花境营造等领域。中国观赏向日葵市场刚刚起步，具有一定的开发潜力。

观赏向日葵在 19 世纪 80 年代初，在欧洲被用于观赏以来，仅有 100 多年的栽培历史，但发展很快。如今，经人工选育的向日葵，品种繁多、色调多样，舌状花有黄、橙、乳白、红褐等色，管状花有黄、橙、褐、绿和黑等色，还有单瓣和重瓣之分，成为名副其实的观赏花卉。观赏向日葵喜温暖、稍干燥和阳光充足环境，耐旱，可盆栽也可露地栽培，是布置花坛、花境及节日摆花的好材料。露地栽培，光照时间长，往往开花略早，温差在 8~10℃ 对茎叶生长最为有利。欧洲的育种家把观赏向日葵向矮生、重瓣和多色方向发展。常见品种有大笑，株高 30~35cm，早花种，舌状花黄色，管状花黄绿色，花径 12cm，分枝性强；太阳斑，株高 60cm；大花种，花径 25cm，舌状花黄色，花盘绿褐色，超级重瓣，矮生，株高 40~80cm，自然分枝，多花，全花呈球形、橙色；音乐盒，株高 70~85cm，花径 10~12cm，舌状花由米黄色向褐红色过渡，心盘黑色。较多的切花品种如阳光、巨秋、意大利白、橙阳、节日等，也可通过生长调节剂的处理作为盆花观赏。中国栽培观赏向日葵的时间不长，从 20 世纪 50 年代开始，各地植物园从欧洲引种，以作品种标本为主。自全国举办花卉博览会以后，观赏向日葵才开始引起重视，并开始小批量的栽培。至今，新品种不断引进，生产规模逐年扩大，观赏向日葵已广泛应用于景点和环境布置，并取得了较理想的景观效果。

（二）普通向日葵

普通向日葵籽实作为干果，主要供食用，也可榨油。识别葵花子的品质好坏，首先看粒形粒色。籽粒大、中心鼓起者则仁肉饱满；粒色以品种本色为好，变花的次之，变黄变白者为差（由于霉烂或病虫害引起的粒色改变）；用手摸葵花籽，手感松爽干燥，用牙齿嗑葵花籽，瘦果开裂声音清脆的为干；用手抓一把葵花籽，离地面约 50cm 高逐渐松手落下时实籽居中，空瘪粒会散向四周；用簸箕筛扬时，落下快而有声响的品质好；也可视仁色而定，仁白者为佳，仁黄者则为已受热，仁中心为褐色者已变质；嗅有哈油味的已严重变质。

葵花籽是人们喜爱的休闲食品，可生食，也可炒食。炒熟后的葵花籽香脆可口，令人生津。根据人们消费结构的变化及社会需求，可采用炒、煮等方法加工制作成各种大众产品，也可加工制作成各种饮品。葵花籽含有丰富的植物油脂，具有特殊的芳香风味。籽仁的蛋白质含量约为 25%，氨基酸的比例也很高，可与各种肉类相媲美，人体必需的 8 种氨基酸占氨基酸总量的 34.3%。另外，含糖量较高，约为 12%，并含有维生素 A、维生素 B_1、维生素 B_2、维生素 E、维生素 PP 等，其中维生素 E 含量最为丰富，每 100g 葵花子中含维生素 E 达 34.53mg。因此，以脂肪酸、蛋白质糖和维生素。

1. 榨油

向日葵油是冷榨的，生产的油颜色光亮、味美，适合多数烹饪需求。向日葵油生产涉及籽实的清选、研磨、压榨，并从中提取粗炼油，然后进一步精炼，并用具有挥发性的碳氢化合物如己烷进一步提取葵花油。油用型葵花子通常按照以下步骤进行。

（1）清选和研磨　脱壳前入选的油用种子经过磁体以消除微量金属元素。然后将脱壳的种子磨成粗磨粉，以进行压榨。机械化槽辊或锤式粉碎机将材料粉碎到适当的稠度。然后加热研磨粉末以促进油的提取。这个过程压榨出越多的油，更多的杂质也与油一起被释放，所以必须去除这些杂质。

（2）压榨　将加热的研磨粉末不断地送入螺旋压榨机，当粉末经过槽筒时逐步地增加压力，压力通常从 68kPa、950kPa 增加至 206kPa、850kPa，通过槽筒的插槽中压榨后便获得向日葵油。

（3）溶剂提取残留在饼粕中的油　当油从螺旋压榨机中获得后，剩下的饼粕可以用溶剂进一步提取，以获得最大的油产量。挥发性烃类（最常见的是己烷）在剩余的饼粕中溶解出油，然后蒸馏出油，并在容器底部收集油。一些规模较小的工厂，仅通过压榨得到向日葵油而不经己烷的提取这一步骤。这样在剩余饼粕中残留的油分较高。

（4）除去残留溶剂　通过简单蒸馏提取葵花油，所用的烃90%会残留在葵花油中。残留的烃利用气提塔回收可重新利用。油通过蒸汽煮沸，较轻的己烷向上漂浮，当它冷凝后便被收集起来。

（5）油的精炼和脱胶　油的精炼是进一步除去颜色、气味和苦味。精炼油的过程是将油加热至40~85℃，加入碱性物质（如氢氧化钠或碳酸钠），用加热到85~95℃的水或酸性水将油脱胶，胶的成分大多数是磷脂，沉淀析出，并通过离心去除渣滓。

（6）脱色和脱蜡　有加热烹饪使用的油需要通过过滤脱色，通过漂白土或活性炭，或活化的黏土从油中吸收有颜色的物质。而不需要加热使用的葵花油（例如用于沙拉调味的油）却需要迅速冷冻和过滤除去蜡状物。此过程确保油不会在冷藏库中部分凝固。

（7）脱味　在225~250℃温度间，蒸汽在真空中穿过热油，从而使具挥发性的味道和有气味的成分从油中蒸馏。但是通常情况下，在脱味后也会添加1%柠檬酸到油中以抑制微量元素活性，因为微量元素会促进油进行氧化反应，从而缩短其保质期。

（8）副产品和废弃物　加工油过程中产生最明显的副产品是剩下的饼粕，大多数饼粕用来作为动物饲料和低等的肥料。

（9）质量控制　油用种籽收获后进行检查和分级，测定脂肪的含量。为了获得质量最佳的油，不应该用储存过的种子，或用储存时间较短的种子，由于霉菌的侵染，储存会增加变质的机会，这样就会使营养物质流失和腐败。种籽质量在很大程度上取决于基础设施（贮仓）是否能提供适当的储存条件。应存放在通风良好的仓库，保持较低温度和湿度。应消除害虫并使霉菌的生长保持在最低限度。需要储存的种子必须具有较低的水分含量（约10%），否则应进行干燥处理达到这个水平（干燥种子是不太可能引发霉菌的生长）成品油应该在色泽、口味和黏稠度等各个方面都是一致的。此外，油应该是不含杂质的，并可用于烹饪食物。装油的瓶子应进行清洗和电子显微镜检查是否有异物。为了防止油的氧化（油变得有异味），用惰性气体氮气填充在瓶子顶。美国是公认的具有最高品质向日葵产品的国家。美国加工方法中，预榨浸出，最大日处理量为4 000t。除加工葵花子外，还可加工油菜籽、红花籽、大豆等其他油料。

2. 提取

（1）提取绿原酸　向日葵盘中含有较高的绿原酸。绿原酸是一种缩酚酸，属酚类化合物，是植物在有氧呼吸过程中，经莽草酸途径形成的一种苯丙素类化合物。绿原酸是一种重要的生理活性物质，具有抗菌、抗病毒、升高白细胞、保肝利胆、抗肿瘤、降血压、降血脂、清除自由基等作用，它是许多药材和中成药的主要有效成分之一。同时，绿原酸含量多少又是某些成药的质量指标，也是许多果汁饮料营养成分之一，因此从向日葵叶中提取绿原酸具有重大意义。王放银等（2005）研究了葵花籽壳绿原酸的抑菌效果。抑菌试验结果表明，葵瓜子壳绿原酸提取液对大肠杆菌、金黄色葡萄球菌、枯草杆菌均有明显的抑菌作用，抑菌效果相当于100～150 IU/ml青霉素，最低抑菌浓度分别为2.6%、2.0%和1.2%。从试验结果来看，葵瓜子壳绿原酸具有良好的抑菌作用，具有一定开发利用价值。邓本兴等（2011）介绍了葵花籽粕中绿原酸的提取工艺。绿原酸在水中的溶解度为4%（25℃），随温度升高逐渐增大。它易溶于热水、乙醇及丙酮等极性溶剂，微溶于乙酸乙酯等极性溶剂，难溶于氯仿、乙醚、苯等亲脂性溶剂。绿原酸的提取方法如乙醇回流法、水浸提取法、超声波提取法、微波提取法、酶提取法、大孔树脂吸附法等。朱浙辉等（2015）研究了油葵饼粕中绿原酸的乙醇浸提工艺。在试验条件限定范围内，对浸提率影响的主次顺序为温度>固液比>时间。根据各因素不同水平下的绿原酸提取率可知，浸提时间30分钟、温度60℃、固液比1:40最合适。

利用微波辅助提取向日葵花中绿原酸的提取率最大，微波穿透能力强，选择性高，加热效率快，细胞内的有效成分在微波的作用下可加快溶出，具有控制方便、升温速度快等优点，特别适合热敏性物质的提取。与超声辅助提取法相比，微波辅助提取法操作简单，节省能源，且提取率高。

绿原酸提取工艺流程：样品→清洗→烘箱中干燥→中草药粉碎机中粉碎→置于锥形瓶中→微波辅助处理→水浴锅内过滤两次→趁热抽滤→绿原酸溶液→测吸光度。

（2）提取果胶 向日葵盘果胶是一种低甲氧基果胶，因其具有良好的胶凝性、乳化性、增稠性和稳定性，而广泛应用于食品、医药及保健品等行业，食品添加剂联合委员会公认低甲氧基果胶是一种安全的食品添加剂。①向日葵盘前处理：除去向日葵盘上的梗和籽粒，清水漂洗后，在65℃烘箱中鼓风干燥24h，于高速药物粉碎机中粉碎，过80目筛，收集于密封容器中室温保存。②果胶提取：按照固液比1:28（g/ml），向向日葵盘粉中加入去离子水，16℃条件下搅拌25min，以除去水溶性色素和部分小分子碳水化合物。在该条件下果胶几乎不损失。用200目尼龙滤布过滤混合物，分离向日葵盘泥。再按照一定的固液比加入果胶提取剂，在一定温度下搅拌一定时间后，常温下8 000/min离心15min，上清液过3#砂芯漏斗。所得滤液即为果胶提取液，于4℃短期保存。③果胶沉淀与洗涤：将果胶提取液加入到2倍提取液体积的4℃酸化乙醇1（1 000m无水乙醇中加入2ml浓盐酸）中，充分搅拌30s后，4℃条件下静置1h，使果胶凝胶充分析出。用200目尼龙滤布将果胶凝胶与液体分离。将果胶凝胶转移至烧杯中，加入与提取液等体积的酸化乙醇Ⅱ（1 000ml 70%乙醇中加入50m浓盐酸），充分搅拌10min，用200目尼龙滤布过滤。重复酸化乙醇Ⅱ洗涤操作。再向果胶中加入提取液等体积的70%乙醇，充分搅拌10min，200目尼龙滤布过滤。重复70%乙醇洗涤操作，直至滤液中不含氯离子。固体于40℃烘箱中鼓风干燥8h。粉碎后即为最终果胶产品。

李亚锋（1994）试验研究了优化向日葵盘中果胶的提取工艺。采用酸提取、乙醇沉淀的方法对影响向日葵盘中果胶提取率的条件进行了分析研究。试验结果表明，向日葵盘中果胶提取的最优工艺条件为：提取时间2h、提取温度为85℃、浓缩温度为70℃、提取液 pH 为 1.5、乙醇用量为 65ml 时提取率最高，在此条件下果胶的提取率可达 16%，试验确定的果胶提取工艺条件可行，果胶质量符合相关要求。

3. 制备

葵花粕中蛋白质含量丰富，葵花蛋白粉具有良好乳化性，吸水吸脂性以及发泡性能，很适合做工艺助剂和肉类制品的增量剂，也可用于添加奶制品和仿奶制品。葵花组织蛋白的"可嚼性"和"可口性"均可以与肉食相比，所以也作肉类代用品或作为肉类添加剂使用，是一种优质蛋白质资源，葵花蛋白水解研究显示具有一定的抗氧化活性，ACE 抑制活性。

刘文静等（2017）以当地油脂厂工业副产物葵花籽粕为原料，分离含有少量多酚类物质的可溶性蛋白粉。经测定，提取后的葵花籽蛋白含量为 67.1%、白度为 78%、脂肪为 1‰、绿原酸为 1.12%。由于蛋白质没有经过纯化含有部分多酚类物质，所得的产品具有抗氧化活性。分离出来的蛋白具有很好的理化性质及功能性质，可作为活性物质应用于功能性食品研究与开发。

葵花蛋白分离步骤：葵花粕—进一步脱脂—醇洗（2 次）—浓缩蛋白—中性盐浸取—离心取浸液—酸沉—离心沉淀—水洗（2 次）—冷冻干燥—分离蛋白。

4. 综合利用

葵花籽壳中糠醛理论含量为 15%~17%，是生产糠醛的很好的原料。纤维素经水解，可做纤维板，经发酵处理壳培育食用菌。

据马燕（1994）介绍，向日葵的茎秆、叶、花盘和壳、花等用途很多。榨油后的油饼，营养丰富，蛋白质、脂肪、糖分、P、K 含量多，并可制作各类食品，而且是很好的家畜精饲料和改良土壤的优质肥料。茎秆和籽实皮壳可作燃料，燃后的灰分含 K、Ca 量高，是优质的 K 肥和 Ca 肥。茎秆还是造纸原料，也是良好的隔音板原料。向日葵花盘、叶子营养丰富，含粗脂肪、粗蛋白，几乎与大麦、燕麦相当，是喂养畜禽的好饲料。向日葵花期长，也是蜜源作物，可养蜂。高荣丽等（2006）介绍了葵花籽粕的综合利用。在一定条件下，可以分离蛋白质、提取绿原酸等。刘清等（2011）介绍了向日葵副产物的综合利用。主要包括秸秆、脱粒后的向日葵盘、压榨后的壳及饼粕 4 类副产物，不仅可以作为黄酮、多糖、绿原酸等功能成分的提取原料，还能够制成生物蛋白饲料、吸附剂、包装材料等多种产品。

（三）向日葵籽和向日葵油的保健功能

葵花籽含脂肪可达 38%~55%，其中主要为不饱和脂肪，而且不含胆固醇；亚油酸含量可达 70%，有助于降低人体的血液胆固醇水平，有益于保护心血管健康。丰富的 Fe、Zn、K、Mg 等微量元素使葵花籽具有预防贫血等疾病的作用。葵花籽是维生素 B1 和维生素 E 的良好来源。

据说每天吃一把葵花子就能满足人体一天所需的维生素 E。对安定情绪、防止细胞衰老、预防成人疾病都有好处。它还具有治疗失眠、增强记忆力的作用。对癌症、高血压和神经衰弱有一定的预防功效。除富含不饱和脂肪酸外，葵花子中还含有多种维生素、叶酸、Fe、K、Zn 等人体必需的营养成分。葵花子中有大量的食用纤维，每 7g 的葵花子中就含有 1g，比苹果的食用纤维含量比例高得多。

美国癌症研究所在有关实验中已经证明，食用纤维可以降低结肠癌的发病率。葵花子中 Fe 的含量是葡萄干和花生的 2 倍，所以也可以预防贫血的发生。

葵花籽的蛋白质中含有精氨酸。精氨酸是制造精液不可缺少的成分。因此，处在生育期的男人，每天食用一些葵花籽对身体是非常有好处的。据分析，葵花籽种仁的蛋白质含量为 30%，可与大豆、瘦肉、鸡蛋、牛奶相比。各类糖的含量为 12%；脂肪的含量优于动物脂肪和植物类油脂，因为它含有的不饱和脂肪酸中亚油酸占 55%；K、Ca、P、Fe、Mg 也十分丰富，尤其是 K 的含量较高，每 100g 含 K 量达 920mg；还含有维生素 A、B_1、B_2；每 15g 含维生素 E 31mg；最贵重的是葵花籽中的油，种仁含油率为 50%~65%。

（雷中华、任瑾、靳瑞欣）

参考文献

艾海舰，李志熙，边利军 . 2014. 春小麦与玉米、向日葵间作套种对土壤水分的影响 [J]. 水土保持学报，34（4）：91-98.

安娜，陈卫民，杨家荣，等 . 2012. 向日葵黑茎病菌的快速分子检测 [J]. 菌物学报，31（4）：630-638.

白宝璋，Dragan M. 1989. 向日葵种仁蛋白质与氨基酸的分析 [J]. 中国油料作物学报（1）：50-52.

白全江，云晓鹏，徐利敏，等 . 2013. 性诱剂监测和控制向日葵螟应用技术研究 [J]. 中国生物防治学报，29（2）：214-218.

白全江，云晓鹏，徐利敏，等 . 2013. 向日葵螟成虫种群消长动态和空间分布型 [J]. 应用昆虫学报，50（3）：777-783.

包海柱，高聚林，马庆，等 . 2013. 油用向日葵籽实品质性状的遗传研究 [J]. 中国粮油学报，28（7）：50-55.

曹倩，杨恒山，依兵，等 . 2017. 开花期干旱胁迫对向日葵叶片活性氧代谢的影响 [J]. 辽宁农业科学（2）：1-8.

曹雄，孟庆林，刘继霞，等 . 2014. 不同向日葵品种资源对黄萎病抗性的田间鉴定 [J]. 作物杂志（1）：67-72.

陈炳东，岳云，黄高宝，等 . 2007. 油葵含油率及脂肪酸组成与土壤盐含量的关系 [J]. 中国粮油作物学报，29（4）：483-486.

陈炳东，黄高宝，陈玉梁，等 . 2008. 盐胁迫对油葵根系活力和幼苗生长的影响 [J]. 中国粮油作物学报，30（3）：327-330.

陈嘉敏 . 2016. 合理轮作倒茬促进向日葵持续、健康种植 [J]. 现代农业（6）：48-49.

陈亮，魏慧，谢飞，等 . 2016. 灌溉制度对甜瓜/向日葵套作系统光能利用效率和繁殖分配的影响 [J]. 河南农业科学，45（4）：107-112.

陈松，王迎春，王丽，等 . 2017. 林下种植油葵试验报告 [J]. 山东林业科技，48（2）：93-98.

陈卫民，马福杰，荆珺，等 . 2014. 播期和种植密度对伊犁地区向日葵黑茎病及白锈病发生的影响 [J]. 植物检疫（5）：51-54.

程相国，郭耀武．2013．毛豆—油葵间作套种高效生产技术［J］．中国果菜（7）：27-28.

崔云玲，王生录，陈炳东．2011．不同品种油葵对盐胁迫响应研究［J］．土壤学报，48（5）：1 051-1 058.

戴耀良，邹纯清，谢锐星．2013．不同基肥配比对观赏向日葵生长发育的影响［J］．安徽农业科学，41（4）：1 504-1 505.

邓本兴，张维刚，陈敬欢，等．2011．葵花籽粕中绿原酸提取工艺的研究进展［J］．广东化工，38（1）：82-83.

丁海峰，李少强．2013．八十四团免耕复种油葵高产栽培措施［J］．新疆农垦科技，36（4）：4-5.

董贵俊，刘公社，潘卫东．2005．向日葵种质资源维生素E含量及相关变量的初步评价［J］．植物遗传资源学报，6（2）：178-181.

董宛麟，张立祯，于洋，等．2012．向日葵和马铃薯间作模式的生产力及水分利用［J］．农业工程学报，28（18）：127-133.

董宛麟，于洋，张立祯，等．2013．向日葵和马铃薯间作条件下氮素的吸收和利用［J］．农业工程学报，29（7）：98-108.

杜红，柳延涛，段波，等．2012．气象条件对油葵生长发育及产量关系的研究［J］．新疆农业科学，49（5）：820-825.

杜社妮，耿桂俊，张蕊，等．2014．向日葵光合作用能力最强叶片探讨及其光合作用日变化研究［J］．北方园艺（1）：11-15.

范丽娟．2014．向日葵产量及品质形成因素分析［J］．现代农业科技（19）：65，68.

范丽娟．2017．油用向日葵新品种区域试验［J］．现代农业科技（5）：55.

费永和，陈重，李笑然，等．2014．向日葵种子的化学成分研究［J］．中草药，45（5）：631-634.

冯福东．2016．油葵高产栽培技术［J］．现代农村科技（24）：17.

付福勤．1982．我国向日葵资源的分布和品种选育方向［J］．油脂科技（4）：16-19.

付剑桦，郭庆元，穆磊．2012．向日葵黄萎病菌生物学特性及致病性研究［J］．新疆农业科学，49（8）：1 440-1 448.

高婧，张园园，王凯，等．2016．向日葵枯萎病菌的分离鉴定及其生物学特性［J］．中国粮油作物学报，38（2）：214-222.

高荣丽，陶冠军，杨严俊．2006．葵花籽粕的综合利用［J］．食品工业科技，27（7）：138-140.

高银祥，祖元刚，杨逢建，等．2014．向日葵植株中次生代谢产物分布及积累规律研究［J］．植物研究，34（6）：782-786.

葛春芳．1990．向日葵品质性状的研究［J］．辽宁农业科学（2）：9-12.

郭树春，张艳芳，孙瑞芳，等．2017．向日葵核心种质资源基础类群划分研究［J］．华北农学报，32（4）：107-113.

郭园，张玉霞，杜晓艳，等．2016．盐碱胁迫对油用向日葵幼苗生长及含水量的影响［J］．东北农业学报（2）：20-24.

哈米达·亚哈甫江．2016．油葵杂交新品种（系）引进与比较试验［J］．农村科技（9）：15-16.

哈尼亚·黑拉西汗．2015．油葵霜霉病的发生与防治技术［J］．农村实用科技信息（7）：15.

韩亮，张勇，肖伟，等．2013．新疆地区油葵适宜栽培密度分析［J］．农业科技通讯（11）：97-99.

韩园，张玉霞，于华荣，等．2016．24个油葵品种苗期抗盐碱性的综合评价［J］．种子，35

（11）：35-37.

郝水源，田光华，刘剑，等.2010.向日葵直播与育苗移栽对生长发育及产量的影响［J］.北方农业学报（5）：41.

何云中，史秀丽，马建军，等.2016.新疆油葵授粉蜂群管理应把握的几个问题［J］.中国蜂业，67（2）：25-26.

胡超，杨陈，黄凤洪.2017.葵花籽活性成分及生理功能研究进展［J］.中国食物与营养，23（10）：58-62.

胡树平，高聚林，吕佳雯，等.2013.源库调节对向日葵产量及其构成的影响［J］.西北农业学报，22（8）：52-58.

胡小龙，逢焕成，赵永敢，等.2013.河套灌区盐碱地施用磷肥对向日葵生长及光合特性的影响［J］.中国土壤与肥料（6）：52-56.

贾春晓，毛多斌，孙晓丽，等.2008.葵花籽烘烤前后化学成分的分析及对比［J］.食品研究与开发，29（7）：111-115.

景涛，谢会成，孙居文，等.2017.向日葵对苯胺废水的光合生理响应及净化效果［J］.生态学报，37（18）：6 091-6 098.

李金凤.2015.油葵间作棉花栽培技术［J］.现代农村科技（7）：17.

李瑞，龚清世，贺丽瑜，等.2017.播期对不同向日葵品种的影响［J］.湖北农业科学，56（21）：4 021-4 022.

李瑞，刘冬梅，贺丽瑜，等.2017.向日葵品种适生性试验［J］.陕西农业科学，63（10）：43-44.

李为萍，史海滨，李仙岳，等.2015.水氮交互对油用向日葵粗脂肪及脂肪酸组分的影响［J］.中国粮油作物学报，37（6）：838-845.

李小牛.2015.盐碱地秸秆覆盖对向日葵生长发育及产量的影响［J］.山西水土保持科技（4）：13-14.

李亚锋，俞剑，王午海，等.2014.向日葵盘中果胶的提取工艺条件探究［J］.安徽农业科学（35）：12 667-12 669.

梁建财，史海滨，杨树春，等.2014.秸秆覆盖对盐渍土壤水盐状况及向日葵产量的影响［J］.土壤通报，45（5）：1 202-1 206.

刘斌，谢飞，凌一波，等.2015.不同间作播期和密度对甜瓜/向日葵间作系统氮素利用效率的影响［J］.中国生态农业学报，24（1）：36-46.

刘杰，夏结胜，刘公社，等.2001.向日葵分子生物学研究进展［J］.植物学通报，18（1）：31-39.

刘金刚，王妍，宋殿秀，等.2017.开花期干旱胁迫对向日葵干物质积累与产量的影响［J］.辽宁农业科学（3）：1-8.

刘鹏飞，罗术东，吴杰.2017.我国向日葵蜜蜂授粉的经济价值研究［J］.中国蜂业，68（12）：50-52.

刘清，师建芳，赵威，等.2011.向日葵副产物资源的综合利用［J］.农业工程学报，27（s2）：336-340.

刘森.2017.油葵机械化丰产高产栽培技术［J］.农业科技推广（1）：50-51.

刘胜利，段维，王鹏，等.2017.利用SSR标记对新疆部分向日葵自交系材料进行群体结构划分及聚类分析［J］.新疆农业科学，54（2）：223-233.

刘文杰，李汉华，魏良民，等.2015.不同播期对向日葵生长、产量及病虫害发生的影响［J］.

江苏农业学报，43（2）：110-112.

刘文静，张雪，李鋆一，等 . 2017. 葵花籽粕中热变性蛋白粉制备工艺的研究［J］. 粮食与油脂，30（11）：79-82.

柳延涛，陈寅初，李万云，等 . 2010. 新疆绿洲农田油用向日葵高产配套栽培技术［J］. 新疆农垦科技，33（6）：12-13.

卢雨霞 . 2011. 麦地免耕复播滴灌油葵高产栽培技术［J］. 新疆农垦科技，34（1）：13.

卢雨霞 . 2017. 石河子垦区膜下滴灌油葵高产栽培技术［J］. 新疆农垦科技，40（7）：21-22.

吕东虹 . 2012. 塔城地区油葵栽培技术［J］. 新疆农垦科技（5）：7-9.

吕雯，孙兆军，李茜，等 . 2017. 不同覆盖方式对盐碱原土土壤水分和油葵产量的影响［J］. 安徽农业科学，45（14）：26-28.

吕潇，王丰双，张晓倩，等 . 2016. 不同浓度铅胁迫对向日葵幼苗蛋白质结构和表达的影响［J］. 华北农学报，31（2）：60-64.

马惠绒 . 2014. 油用型向日葵种子耐高温测定［J］. 内蒙古水利（2）：14-15.

马丽萍 . 2012. 北方杂交油葵高产栽培技术［J］. 种子，31（12）：120-121.

马荣，王成，马庆，等 . 2017. 向日葵芽苗期离子对复合盐胁迫的响应［J］. 中国生态农业学报，25（5）：720-729.

马韬，李琦，杨丽清，等 . 2016. 基于不同根系分布形式的盐渍化农田向日葵根系吸水模拟［J］. 中国农村水利水电（9）：18-23.

马晓艳 . 2015. 向日葵的种植技术［J］. 农民致富之友（2）：190.

马燕 . 1994. 向日葵的综合利用［J］. 新疆农业科技（3）：35.

门果桃，安玉麟，郭富国，等 . 2001. 油用向日葵部分性状与籽实含油率的相关性研究［J］. 内蒙古农业科技（6）：10-12.

孟庆林，马立功，刘佳，等 . 2014. 向日葵菌核病田间接种方法及品种抗病性研究［J］. 中国油料作物学报，36（1）：113-116.

钱寅，何进学，何文寿 . 2015. 施肥对宁夏盐化土壤油用向日葵产量与品质的影响［J］. 农业资源与环境学报（6）：565-570.

乔广军 . 2014. 向日葵的种植方式与合理密植［J］. 现代农业科技（16）：54.

任然，何文寿，王蓉，等 . 2014. 施肥对盐碱地油用向日葵品质影响的研究进展［J］. 北方园艺（17）：193-196.

任然，何文寿，何进尚，等 . 2016. 碱化土壤施肥对油用向日葵养分与品质的影响［J］. 西北农业学报，25（1）：109-115.

宋殿秀，依兵，崔良基，等 . 2017. 开花期干旱胁迫对向日葵叶片光合特性的影响［J］. 辽宁农业科学（4）：1-6.

苏雅杰，杜磊，白全江，等 . 2016. 欧洲向日葵螟发育有效积温及其成虫发生预测模型研究［J］. 植物保护，42（6）172-176.

孙凯旭，林柏燕，李桂军，等 . 2016. 向日葵大垄单行全覆膜综合配套高产栽培技术［J］. 现代农业（2）：17-18.

孙向伟，高飞翔 . 2017. 内蒙古河套灌区油用向日葵高温胁迫的关键温度［J］. 中国农学通报，33（25）：110-115.

谭美莲，杨明坤，严明芳，等 . 2011. 向日葵种质的 SSR 分析［J］. 西北植物学报，31（12）：2 412-2 419.

谭万能，李秧秧 . 2005. 不同氮素形态对向日葵生长和光合功能的影响［J］. 西北植物学报，25

（6）：1 191.

唐国琨，解仁平，张伟伟，等 . 2017. 薯葵复种高效栽培技术 ［J］. 农民致富之友（2）：147.

田德龙，郑和祥，李熙婷 . 2016. 微润灌溉对向日葵生长的影响研究 ［J］. 节水灌溉（9）：94-97.

吐尔逊别克·热合买提汗 . 2017. 定植密度对不同生育期油葵产量的影响 ［J］. 农业工程技术，37（2）：23.

王勃 . 2018. 阿勒泰地区向日葵锈病发生原因及防治措施 ［J］. 农村科技（1）：39-40.

王丹，赵艳平，孟瑞霞，等 . 2014. 向日葵筒状小花和瘦果性状与欧洲葵螟寄主选择的关系 ［J］. 植物保护学报，41（3）：298-304.

王德兴，崔良基，宋殿秀 . 2015. 向日葵矮秆突变体的遗传分析 ［J］. 宁夏农林科技，56（7）：41-42.

王栋 . 2013. 不同耕作方式对向日葵叶片光合作用及产量的影响 ［J］. 农村科技（10）：12-14.

王放银，段林东，赵良忠 . 2005. 葵瓜子壳绿原酸的抑菌效果研究 ［J］. 黑龙江畜牧兽医（12）：66-68.

王怀博，唐瑞，鲍子云，等 . 2016. 膜下滴灌油葵光合作用及补充灌溉制度研究 ［J］. 黑龙江水利，2（10）：1-5.

王冀川，徐雅丽，段黄金 . 2002. 新疆不同密度下油葵干物质积累、分配及转移规律的研究 ［J］. 中国油料作物学报，24（2）：32-36.

王靖，崔超，李亚珍，等 . 2015. 全寄生杂草向日葵列当研究现状与展望 ［J］. 江苏农业科学，43（5）：144-147.

王鹏冬，杨新元，白冬梅，等 . 2002. 油葵杂交种含油率与地理位置的关系研究 ［J］. 中国油料作物学报，24（4）：38-42.

王维君 . 2012. 向日葵病虫害及营养失衡症的防治 ［J］. 现代畜牧科技（12）：232.

王伟，于海峰，张永虎，等 . 2013. 盐胁迫对向日葵幼苗生长和生理特性的影响 ［J］. 华北农学报，28（1）：176-180.

王秀云 . 2014. 西瓜与向日葵间作套种增产增效 ［J］. 长江蔬菜（10）：50.

王燕飞，于伯成，向理军，等 . 1998. 油用向日葵籽仁蛋白质含量与气候因素的关系 ［J］. 中国农业气象，19（4）：1-3.

王振华，权丽双，郑旭荣，等 . 2016. 水氮耦合对滴灌复播油葵氮素吸收与土壤硝态氮的影响 ［J］. 农业机械学报，47（10）：91-100.

王忠 . 2013. 不同秸秆还田方式对向日葵生长及产量的影响 ［J］. 农村科技（9）：10-11.

吴桂春，张燕，冯刚 . 2011. 新疆伊犁垦区复播油葵栽培技术 ［J］. 现代农业科技（4）：106-107.

项福星 . 2016. 向日葵沟种垄植栽培技术 ［J］. 农民致富之友（6）：166.

向理军，雷中华，石必显 . 2010. 油葵密度、施肥水平与产量相互关系的探讨 ［J］. 新疆农业科学，47（11）：2 156-2 161.

向理军，雷中华，石必显，等 . 2010. 油葵杂交种不同品种与密度试验研究 ［J］. 黑龙江农业科学（9）：42-45.

谢飞，魏慧，张凯，等 . 2016. 间作时期和种植密度对甜瓜/向日葵间作系列光能利用效率的影响 ［J］. 中国沙漠，35（3）：652-657.

邢泽南，张丹，李薇，等 . 2012. 光质对油葵芽苗菜生长和品质的影响 ［J］. 南京农业大学学报，35（3）：47-51.

徐安阳，段维，吴慧，等.2013.3种植物生长调节剂对向日葵产量与品质的影响［J］.江苏农业科学，45（5）：149-151.

徐安阳，段维，万素梅，等.2015.不同浓度多效唑对向日葵生长、产量及品质的影响［J］.广东农业科学（19）：63-68.

徐安阳，段维，万素梅，等.2016.不同浓度多效唑对食用向日葵生长及产量品质的影响［J］.新疆农业科学，53（2）：207-213.

徐惠风，徐克章，刘兴土.2004.向日葵光合特性及其对不同生态条件的响应［J］.农村生态环境，20（1）：20-23.

徐雪风，李朝周，张俊莲.2017.轮作油葵对马铃薯生长发育及抗性生理指标的影响［J］.土壤，49（1）：83-89.

徐苗，何文寿，马琨.2017.化肥有机肥配施对油葵产量及品质的影响［J］.作物杂志（5）：129-135.

薛穗花.2015.焉耆盆地春播油葵350kg/亩丰产栽培技术［J］.新疆农垦科技（5）：10-12.

闫丽华.2016.油葵控释肥施用量试验研究［J］.宁夏农林科技，57（10）：44-45.

杨宏羽，李欣，王波，等.2016.膜下滴灌油葵土壤水热高效利用及高产效应［J］.农业工程学报，32（8）：82-88.

杨松，刘俊林，淡建兵，等.2009.基于GIS的河套灌区向日葵气候适宜性区划［J］.中国农学通报，25（20）：262-266.

杨相昆，魏建军，张占琴，等.2012.保护性耕作对复播油葵干物质动态变化的影响［J］.西北农业学报，21（4）：71-76.

杨艳艳.2016.地膜西瓜后茬免耕直播向日葵栽培技术［J］.中国农业信息（2）：100-101.

于海峰，安玉麟，李素萍，等.2010.油用向日葵品质形成规律研究［J］.黑龙江农业科学（9）：14-18.

于欢.2017.不同种植密度对向日葵相关性状及产量的影响［J］.现代农业科技（14）：10，14.

于勇，秦宏，何峰，等.2010.向日葵间作套种的优点及方式［J］.现代农业科技（17）：95.

于志江.2017.向日葵栽培技术浅析［J］.农民致富之友（24）：145.

云文丽，李建军，后琼.2014.土壤水分对向日葵生长状况的影响［J］.干旱地区农业研究（2）：186-190.

曾琳，王更亮，王广东.2010.氮磷钾营养水平对观赏向日葵生长发育及光合特性的影响［J］.西北植物学报，30（6）：1 180-1 185.

张东铭，张进云.1991.向日葵适当早播或晚播防病避高温的研究［J］.新疆农垦科技（2）：43-44.

姚一萍，崔艳.1994.向日葵蛋白质与氨基酸含量分析［J］.内蒙古农业科技（3）：12-13.

叶秀娟，李玉峰，苗雨，等.2014.奇台县杂交油葵高产栽培技术［J］.新建农垦科技（6）：9-10.

于志贤，耿稞，侯建华，等.2013.盐胁迫对不同基因型向日葵种子萌发的影响［J］.种子，32（10）：29-33.

余娟娟，谈建鑫，王江丽，等.2014.种植密度与行距配置对复播油葵同化物运转和产量的影响［J］.新疆农业科学，51（12）：2 162-2 167.

云文丽，侯琼，王海梅，等.2013.河套灌区食用向日葵光合作用的光响应曲线分析［J］.中国粮油作物学报，35（4）：405-410.

云文丽，侯琼，王海梅，等.2014.不同土壤水分对向日葵光合光响应的影响［J］.应用气象学报，25（4）：476-482.

张会梅，田军仓，马波，等.2016. 不同灌水方式对油葵生长及水分利用效率的影响 [J]. 节水
　　灌溉（4）：15-17.

张欢，章丽丽，李薇，等.2012. 不同光周期红光对油葵芽苗菜生长和品质的影响 [J]. 园艺学
　　报，39（2）：297-304.

张会梅，田军仓，马波，等.2016. 膜下滴灌灌溉定额对油葵光合特性和水分生产效率的影响
　　[J]. 灌溉排水学报，35（3）：56-60.

张丽，许翠华，李开云，等.2015. 不同时期水分胁迫对向日葵的形态特征及产量的影响 [J].
　　北京农业（35）：30-31.

张立军，冉生斌.2017. 播种方式对食用向日葵产量的影响 [J]. 甘肃农业科技（11）：43-44.

张玲玲，汤依娜，唐思丽，等.2017. 向日葵花盘挥发油的 GC-MS 定位分析 [J]. 中国现代中
　　药，19（2）：188-191.

张曼，田娟，张雷，等.2015. 向日葵 DNA 指纹图谱构建及遗传多样性分析 [J]. 宁夏农林科技，
　　56（7）：26-30.

张庆昕，张玉霞，刘庆鹏，等.2015.33 个油用向日葵品种种子萌发期抗盐碱性的综合评价 [J].
　　种子，34（11）：23-25.

张瑞喜，史吉刚，宋日权，等.2015. 干播湿出对向日葵生长发育及苗期地温的影响 [J]. 灌溉
　　排水学报，34（12）：71-74.

张旭龙，马淼，吴振振.2017. 不同油葵品种对盐碱地根际土壤酶活性及微生物群落功能多样性
　　的影响 [J]. 生态学报，37（5）：1 659-1 666.

张亚茹.2018. 氮、磷、钾肥对向日葵产量及相关性状的影响 [J]. 现代农业（1）：28-29.

张永宏，田生昌，杨建国，等.2017. 油葵不同灌溉模式对土壤水盐含量的影响及经济效益分析
　　[J]. 节水灌溉（3）：45-47.

张余鹏.2013. 不同耕作方式对向日葵生长及产量的影响 [J]. 新疆农垦科技（7）：10-11.

张运达，王凤琴，姚一萍.1993. 海拔、纬度、温度对向日葵脂肪及脂肪酸、蛋白质及氨基酸含
　　量的影响 [J]. 中国油料（1）：63-64.

张运艳，陈凤香，顾斌，等.2015. 高油酸葵花籽油的理化性质及化学成分分析 [J]. 粮油加工
　　（电子版）（6）：34-36.

张运艳，顾斌，陈凤香，等.2015. 高油酸葵花籽油与普通葵花籽油的比较研究 [J]. 粮食与油
　　脂（7）：50-52.

张艳杰.2018. 北方地区向日葵高产栽培技术探索 [J]. 种子科技（2）：66.

赵小霞，何文寿，张峰举，等.2016. 施肥对盐碱土油用向日葵光合特性及产量的影响 [J]. 浙
　　江农业学报，28（10）：1 755-1 763.

赵雅鹭.2014. 新疆高油酸葵花籽油脂肪酸成分分析 [J]. 农产品加工（学刊）（22）：67.

曾琳，王更亮，王广东.2010. 氮磷钾营养水平对观赏向日葵生长发育及光合特性的影响 [J].
　　西北植物学报，30（6）：1 180-1 185.

邹纯清，戴耀良，雷江丽.2013. 追施复合肥对观赏向日葵生长发育的影响 [J]. 广东农林科技，
　　29（1）：31-35.

赵小霞，何文寿，张峰举，等.2016. 施肥对碱化土油用向日葵光合特性及产量的影响 [J]. 浙
　　江农业学报，28（10）：1 755-1 763.

朱东旭，关中波，徐桂真，等.2015. 油用向日葵品种主要农艺性状的主成分分析和聚类分析
　　[J]. 中国农学通报，31（12）：152-156.

朱浙辉，巩发永．2015．油葵饼粕中绿原酸的乙醇浸提研究［J］．科技资讯，13（19）：123-124.

朱统国，王佰众，李玉发，等．2015．向日葵二比空立体通透栽培模式的应用研究［J］．宁夏农林科技，56（7）：19-21.

邹璐，范秀华，孙兆军，等．2012．盐碱地施用脱硫石膏对土壤养分及油葵光合特性的影响［J］．应用与环境生物学报，18（4）：575-581.

Goyne，聂文权．1989．温度和光周期与向日葵物候发育的交互作用［J］．国外农学：向日葵（4）：9-14.

Goyne，汪景宽．1990．向日葵基因型对光周期和田间温度的反应［J］．国外农学：向日葵（2）：24-28.

Velk，李传新．1989．干旱和高温对向日葵产量的影响［J］．国外农学：向日葵（2）：27-29.

第三章 胡 麻

第一节 胡麻生产布局和生产形势

一、胡麻起源和在中国的传播

(一) 胡麻的起源

亚麻是古老的纺织纤维作物和油料作物,按其经济性状和用途可分为油用、纤维用和油纤兼用 3 种类型。人类栽培和利用亚麻的历史可以追溯到 8 000 多年前。中国对亚麻的利用有 2 000 多年的历史,史上被称为"胡麻""蝗麻""壁虱胡麻"等,个别地区还把油用亚麻称为黄麻、胡麻,胡麻的称谓则一直沿用至今。中国古代关于"胡麻"的记载,主要是指油用亚麻。

关于油用亚麻(*Linum usitatissium* L)的起源问题众说纷纭,有近东、地中海沿岸起源之说,中亚细亚起源之说,亚洲西部及欧洲东南部起源之说,也有亚洲起源之说。《德国经济植物志》则明确指出原产亚洲。中国学者则主张世界亚麻的多起源学说。国内亚麻的起源一直存在原产与引入两种观点。

关于世界亚麻多源说,《管见》引德·康多尔在对古代各类型的亚麻形成、分布进行分析、比较后,得出结论说:"作者深信、此数种亚麻,……系在异地各别栽培,并非互相传输仿效"。至今,在亚麻分类中,曾有"地中海类型",其特征是矮生、油用、大粒。与欧洲纤维型大不相同。中国农学前辈丁颖先生也提出:"亚麻变种很多,则我国种或为亚麻变种之一,而为我国原产亦未可知。惜未得实物以明之耳"。20 世纪 50 年代,国内学者对收集到的上百种各地农家种观察分析,有以"尚义大桃"为代表的大粒油用型,有以"崞县红"为代表的纤维型,而大部为中粒油纤兼用型,如"固原红"。部分还有河西类型即中粒偏油用型。这似乎能提供丁先生所论的"实物",确实变种很多。中国农业遗产研究室依据多方证据,在《我国油用亚麻原产地管用》中指出,中国栽培种系由野生种演化而来,不是传入的。中国著名农学家丁颖先生曾提到,"亚麻变种很多,则中国种或为亚麻变种之一,而为中国原产亦未可知,惜未得实物以资证明"。中国广泛分布的野生亚麻也许就是此处所需的物证了。早在《图经本草》(苏颂,1061)中就已提到,山西省"胡麻……稀复野生"《植物名实图考》(吴其濬,1848)之"山西胡麻"条说:"雁门山中有野生者,科小子瘦,盖本旅生,后莳为谷"。

关于中国亚麻系传入说,《漫话亚麻》及《油用亚麻史略》均持"张骞通西域时传入亚麻种子"之说。是否系"传入",还要看张骞从西域何地得亚麻种子,该地是否现在中国的疆域。这将希望历史考古学家共同探讨。古时，以中原为汉疆域，蒙新高原尚为塞外，即"化外之地"，都属"西域"。而今天，新疆及内蒙古均已是中国的自治区，相当一"省"，是中华人民共和国不可分割的一部分，如古时西域小国楼兰现在中国新疆境内。

野生亚麻与栽培种亲缘关系，是说明起源问题的重要依据。《管见》以中国野生亚麻和栽培种的植株形状、特性及花粉母细胞特征相比较，不仅二者都很相似，且有较强的亲和力，表明它们有较近的亲缘关系，并有实例论证，使人信服。

（二）野生种在中国的分布

新中国建立后，经资源收集考察发现，中国很多地方都有野生亚麻分布，但以华北、东北和西北地区较多。栽培种亚麻在全国各地均有种植或亦为野生。有些野生种分布区域也非常广阔，如野亚麻（*L. stelleroads* Planch.）几乎分布于中国从南到北、从东到西的不同省份（表3-1）。这些野生种，有多年生类型，一年生匍匐、半匍匐多茎型，主要生于海拔1 500~2 000m的坡地、荒地、湿润地带及草原地带，有些种如宿根亚麻的分布海拔可高达4 100m，其中野亚麻和宿根亚麻的主要性状与栽培亚麻很接近。

表3-1　栽培亚麻及其近缘种在中国的分布（帅瑞艳，2010）

学名	分布
长萼亚麻 *L. corymbulosum* Reichb.	新疆西部、西南部
野亚麻 *L. stelleroides* Planch.	吉林延边 黑龙江林甸县 陕西太白县 江苏、广东、湖北、河南、河北、山东、辽宁、山西、甘肃、贵州、四川、青海、内蒙古
异萼亚麻 *L. heterosepalum* Regel.	新疆
宿根亚麻 *L. perenne* L.	青海、新疆昭苏县 河北省张北县 中国西北、华北地区常见 云南丽江中甸等地 山西、内蒙古
黑水亚麻 *L. amurense* Alef.	陕西咸阳 东北、内蒙古、甘肃、宁夏、青海
垂果亚麻 *L. nutans* Maxim.	青海 内蒙古、宁夏、甘肃、陕西
短柱亚麻 *L. pallescens* Bunge.	新疆 内蒙古、宁夏、甘肃、陕西、新疆、西藏
阿尔泰亚麻 *L. altaicum* Ledep.	新疆
窄叶亚麻 *L. augustifolium* Huds.	河北坝上
栽培亚麻 *L. usitatissimum* L.	全国各地栽培

据文献报道，在1918年内蒙古察右后旗红格尔图十四顷湾荒凉的草原上就有蓝花绿叶的野胡麻点缀其间；王达等人（1983）曾比较栽培种和宿根亚麻、繁缕亚麻（野

亚麻）两个野生种的花粉母细胞，发现它们的特征基本相似，具有较强的杂交亲和力。李今兰和金硕柞（1986）观察发现野亚麻的花蕾、花、果实及茎表皮纤维基本接近于栽培亚麻。肖运峰等（1978）从种子的光感应性、好氧性、吸水性和生长发育特性等方面证明青海的野生宿根亚麻是一种具有栽培价值油纤兼用多年生资源植物。以上资料说明，中国野生亚麻和栽培亚麻具有很近的亲缘关系，有些地方的栽培品种是直接由野生种经人工栽培驯化而来。

（三）胡麻的栽培历史

敏凯维奇和博尔科夫斯基（1955）根据古代东方历史文献研究，发现约在五千年以前中国、印度已将亚麻作纤维与油料作物开展栽培，而且，德·康多尔（1882）在对古代各类型的亚麻形成、分布进行分析说："此数种亚麻……系在异地个别栽培，并非互相传输仿效"。油用亚麻在中国有两千多年的栽培历史。有文献认为中国最早的亚麻种植是在公元前119年，是西汉的张骞以特使身份出使西域时从西域带回的农作物种子之一，但很多学者对此说法表示怀疑。不过，可以确定的是油用亚麻在两汉之际确有种植。

公元2世纪崔寔编著的《四民月令》中有如下记载：

2.4 二月……阴冻毕泽，可苗美田，……可种植禾、大豆、直麻、胡麻。

3.5 清明节是月也……时雨降，可种稻，即植禾、直麻、胡豆、胡麻。

4.2 蚕入簇，时雨降，可种黍、禾—为之上时—及大、小豆，胡麻。

5.4 五月……时雨降，可种胡麻……。

崔寔冀州安平（今河北安平一带）人，做过五原太守（今内蒙古河套北部和达尔罕茂明安联合旗西部地区）和辽东太守。其活动范围当在河北、山西北部和内蒙古附近的黄河中游地区以及辽东边地。而现今这些地区大多栽培油用亚麻，且仍沿用胡麻这一名称，由此推知，崔寔所述"胡麻"即为油用亚麻。

1930年代在今内蒙古额济纳齐河流域的汉代烽隧遗址中发现的20 000余枚汉代木简（大多属于西汉末期和东汉初期的屯戍文书）中，有两枚记载了胡麻：

一二三·六二（乙玖伍版）胡麻因得堲视老母书。

三一二·二五（甲一六七二）儋胡麻会甲寅旦母留如律令/尉史寿昌。

这两枚汉简记载的"胡麻"字迹清晰，而这里位于中国西北，其自然条件很适宜油用亚麻生长，至今仍是当地的主要油料作物。由此推知，汉简所载"胡麻"为今油用亚麻。

南梁人陶宏景在考查芝麻（即巨胜）和亚麻的名实时曾明确指出："茎方者为巨胜，茎圆者为胡麻。"由"茎圆"可知其所说"胡麻"即为油用亚麻。

唐代河西走廊地区也盛产亚麻，唐代河西走廊以南穿越祁连山有数条道路可直通吐蕃。据《吐鲁番文书》（1981年12月）第三册，在今新疆吐鲁番火焰山镇阿斯塔那村北唐代墓葬中发掘的唐代文书中有多处关于"胡麻"和"绝胡麻索"的记载。

阿斯塔那三七七号墓文书（鞠氏高昌时期，即公元625—626年）：

一、高昌乙酉丙戌岁某寺条列日用斛斗账历

10…买胡麻子伍斛，以供佛。

阿斯塔那一七三号墓文书（鞠氏高昌时期，即公元633年）：

一四、高昌诸臣条列得破毡破褐囊绝便索绝胡麻索头数奏一4史善伯入。破被毡两恋绝胡麻索陆张。

新疆吐鲁番地区的自然条件适宜油用亚麻生长，而不宜种植芝麻，由此推知文书中所说的"胡麻"当指油用亚麻，而"绝胡麻索"当为油用亚麻茎皮制成的绳索之类的手工产品。

唐五代宋初敦煌地区广泛种植的一种油料作物被叫作"黄麻"。根据"黄"与"胡"音韵的相似，及文献记载的"黄麻"形态特征，推知当时敦煌地区种植的"黄麻"为"胡麻"，即现今的油用亚麻。

宋代之后，"胡麻"常见于相关农书之中。

《本草纲目》（李时珍，1578）中载："亚麻，今陕西人亦种之，即壁虱胡麻也"，说明陕西也是古代油用亚麻主要种植地之一。《植物名实图考》（吴其濬，1848）中有关山西胡麻（油用亚麻）的记载说"山西、云南种之……"，可见油用亚麻的分布不只限于北方，19世纪的南方就已有栽培。到了清朝中叶油用亚麻已在全国大面积栽培。

目前，中国油用亚麻主要集中在河北、山西、内蒙古、甘肃、宁夏和新疆。2001—2007年，全国油用亚麻年均种植面积和总产量分别为40.12万 hm^2 和36.24万 t，而上述六省区的年均种植面积和总产量分别占全国的97.31%和97.30%。

纤用亚麻和油纤兼用亚麻在中国的栽培历史很短。纤用亚麻1906年才从日本引进栽培，而油纤兼用亚麻的栽培历史比纤维亚麻还短。中国纤用亚麻主要分布在黑龙江、吉林以及新疆、内蒙古等地区。1995年，中国南方引种试种纤维亚麻获得成功，目前在云南和湖南两省有较大规模的冬季亚麻种植。

（四）胡麻在中国的传播

据古代东方历史文物的研究记载，油用亚麻在中国栽培的是在公元前200多年，也有文献认为中国最早的油用亚麻种植是在公元前119年，西汉的张骞以特使身份出使西域时从西域带回的一种农作物种子，因其将亚麻籽放在弧（古代竹弓）中带入中原，所以晋陕一带称之为"胡（弧）麻"。中国人民对亚麻的利用不仅仅局限于纤维和亚麻油，更多是利用其药用价值。据公元11世纪苏颂《图经草本》（1061）记载，亚麻仁有养血祛风、益肝补肾的功效，用来治疗病后虚弱、眩晕、便秘等症；据《滇南本草》记载，亚麻的根"大补元气，乌须黑发"，茎"治头风痛"，叶"治病邪入窍，口不能言"；16世纪，《方土记》评价亚麻的用途"亚麻籽可榨油，油色青绿，燃灯甚明，入蔬鲜美，皮可织布，秸可作薪，饼可肥田"，所以亚麻又被当作药物栽培。唐五代宋初时期及宋代之后的相关农书、李时珍的《本草纲目》（1578）、吴其濬《植物名实图考》（1846）对胡麻皆有记载。因此，油用亚麻在中国至少已有2000多年的栽培历史，但中国正式栽培生产亚麻的历史很短。1906年，清政府的奉天农事试验场（在今辽宁省沈阳市）从日本北海道引进俄罗斯栽培的亚麻贝尔诺等4个品种，先后在辽宁省的金州、熊岳、辽阳，吉林省的公主岭、长春、吉林、农安，黑龙江省的海林、一面坡、哈尔滨、双城、三岔河、海伦、齐齐哈尔等地进行试种。在东北三省各地30余年的试验证明，吉林省中部平原和东部部分山区、黑龙江省的松嫩平原和三江平原适于种植亚麻。1936年，开始在这里建厂进行原料生产，形成了一定的生产规模。

二、胡麻生产布局和生产形势

胡麻属喜凉爽、干燥气候的长日照作物。种子发芽的最低温度 1~3℃，当温度高于 5℃时即可出苗，8~10℃时能顺利出苗。苗期的适宜温度在 16℃上下，温度适当低些有利于延长营养生长期，增加分茎数和蒴果数，提高产量。蒴果发育和种子形成期间最适宜的温度是 17~22℃，超过 25℃时植株易枯死。胡麻是有限花序，没有明显的积温界限。抗旱能力强，全生育期耗水量约 375mm。生育后期若水分过多（连阴雨）和温度过高易造成贪青晚熟和病害严重发生。但种子萌发需要较多的水分，需吸收自身重量的 1~1.5 倍水分。苗期因生长缓慢，植株细小较为耐旱，需水量只占全生育期的 8.9%，现蕾至开花结实期需水量猛增，约占整个生育期的 62%。开花至成熟期需充足的光照，尤其是开花时光照不足则授粉不良；生育后期若天气晴朗、气候凉爽和光照充足，有利于脂肪积累。因此，从生育特点对生态环境的要求及适应性入手分析研究胡麻种植区域布局规划，对因地制宜调整生产布局，提出合理利用气候资源、建立基地及促进产业化有深远意义。蒲金涌等（2004）根据气候生态条件曾把甘肃省胡麻种植分为 5 个生态气候区，即最适宜种植生态气候区、适宜种植生态气候区、次适宜种植生态气候区、可种植生态气候区、不能种植区。许新清（2011）介绍了山西省阳曲县胡麻生态区划，即适宜种植区、次适宜种植区、可种植区、不能种植区。

（一）胡麻生产布局

1. 世界胡麻生产布局

胡麻是一种古老、重要的油料作物，有数千年的栽培历史，在世界各地有广泛种植。据统计，世界上种植胡麻的国家有 40 多个，随着历史的发展，主产国家不断变化。目前，主要生产国有加拿大、中国、俄罗斯、印度、哈萨克斯坦、美国、埃塞俄比亚、法国、英国等。2014 年，中国胡麻收获面积 3.10×10^{5}hm²，位列世界第五，总产量次于加拿大和俄罗斯，位列世界第三。2008—2014 年，全世界胡麻年均收获面积 224.96×10⁴hm²，年均总产量是 215.91×10⁴t，年均单产是 963.20kg/hm²。中国年均收获面积是 32.31×10⁴hm²，仅次于加拿大和印度，居世界第三，占同期世界面积的 14.36%；年均总产量是 35.98×10⁴t，仅次于加拿大，为世界第二，占同期世界年均总产量的 16.66%；年均单产是 1 116.07kg/hm²，低于英国、加拿大、法国、美国和俄罗斯，居第六位，分别是其年均单产的 58.82%、79.53%、84.22%、92.98% 和 93.31%，高出世界平均水平 15.87%。

2. 中国胡麻生产布局

在中国，胡麻是第五大油料作物，主要分布在西北地区的甘肃、宁夏回族自治区、新疆维吾尔自治区和华北地区的内蒙古自治区、山西、河北等省（区），青海、陕西两省次之，西藏自治区、云南、贵州、广西壮族自治区（以下简称广西）、广东等地区也有零星种植。据联合国粮食及农业组织（FAO）数据统计，2008—2014 年，中国胡麻年平均收获面积 32.31×10⁴hm²，年均总产量 35.98×10⁴t，年均单产 1116.07kg/hm²。国家统计局数据表明，甘肃、山西、内蒙古、宁夏、河北和新疆年均收获面积占全国的 97.53%。新疆年均收获面积 0.91×10⁴hm²，占同期全国年均收获面积的 2.81%；年均

总产量 $1.42×10^4$t，占同期全国总产量的 3.89%；年均单产 1576.67kg/hm²，高出全国平均水平 41.27%。可见，新疆是中国胡麻种植单产最高的省份。

3. 新疆胡麻生产布局

新疆栽培亚麻历史悠久，今沙雅县汉唐古城遗址、吐鲁番县唐墓和焉耆县唐王城中，都曾出土过亚麻种子。目前，在新疆胡麻是第三大油料作物，其种植区域主要分布在南北疆的冷凉干旱地区。根据新疆胡麻分布区的气候等生态条件及胡麻对生态条件的要求，可将新疆胡麻栽培区域分为 2 大种植区。

（1）旱作区　包括伊犁地区、克州地区。该区年降水量为 300~550mm，≥10℃ 的活动积温多在 1 800℃ 以上，胡麻既是该区的主要油料作物，也是主要的经济作物。

（2）灌溉区　包括喀什地区、哈密地区、昌吉地区、阿克苏地区、喀什地区、和田地区。该区年降水量低于 200mm，≥10℃ 的活动积温 1 800~3 200℃，日照充足，胡麻基本无贪青现象，病害也少，加之水肥条件，是胡麻的生态适宜区。

据新疆统计年鉴数据（表 3-6），2007—2017 年新疆油料常年平均播种面积 $241.06×10^3$hm²，胡麻常年平均播种面积 $8.99×10^3$hm²，胡麻占新疆油料播种面积的 3.73%。2007—2017 年哈密、昌吉、伊犁、阿克苏、克州、喀什、和田等 7 个地区年均总播种面积 $8.28×10^3$hm²，占新疆年平均总播种面积的 92.1%；其中伊犁地区年均种植面积最大，占新疆胡麻年均播种面积的 43.48%；和田地区年均播种面积第二，占新疆胡麻年均播种面积的 14.47%；阿克苏地区年均播种面积第三，占新疆胡麻年均播种面积的 13.83%；喀什地区年均播种面积第四，占新疆胡麻年均播种面积的 10.65%；昌吉地区年均播种面积第五，占新疆胡麻年均播种面积的 5.74%；克州地区年均播种面积第六，占新疆胡麻年均播种面积的 3.68%；哈密地区年均播种面积第七，占新疆胡麻年均播种面积的 0.29%。

在总产量方面，2007—2017 年胡麻年均总产 14 411 t，哈密、昌吉、伊犁、阿克苏、克州、喀什、和田等 7 个地区年均总产 12 891t，占新疆年均总产量的 89.45%；其中伊犁地区年均总产量最高，占新疆胡麻年均总产量的 37.9%；阿克苏地区年均总产量第二，占新疆胡麻年均总产量的 15.86%；和田地区年均总产量第三，占新疆胡麻年均总产量的 15.33%；喀什地区年均总产量第四，占新疆胡麻年均总产量的 11.89%；昌吉地区年均总产量第五，占新疆胡麻年均总产量的 5.78%；克州地区年均总产量第六，占新疆胡麻年均总产量的 2.25%；哈密地区年均总产量第七，占新疆胡麻年均总产量的 0.45%。

在单位面积产量方面，2007—2017 年胡麻年均单产 1 634.94 kg/hm²，哈密、昌吉、伊犁、阿克苏、克州、喀什、和田等 7 个地区年均单产 1 729.5kg/hm²；其中哈密地区年均单产最高，均产 2 346.71kg/hm²；喀什地区年均单产第二，产量 2 159.89 kg/hm²；阿克苏地区年均单产第三，产量 1 864.07 kg/hm²；和田地区年均单产第四，产量 1 650.2kg/hm²；昌吉地区年均单产第五，产量 1 633.49kg/hm²；伊犁地区年均单产第六，产量 1 463.03kg/hm²；克州地区年均单产第七，产量 989.29kg/hm²（表 3-7）。

（二）新疆胡麻生产形势

新疆具有胡麻生产的适宜气候条件和丰富的土地资源，在长期生产中积累了成功的栽培经验。解放前胡麻是新疆油料的主栽作物之一，改革开放为新疆胡麻生产的发展提供了良好的机遇。1978—1985 年是新疆胡麻生产飞速发展的阶段，这一阶段由于高产、抗病新品种的选育和应用及栽培技术由单一向综合技术的转变，胡麻面积从 65.49 千 hm^2 发展到 81.85 千 hm^2，面积增幅 19%，总产量从 3.14 万 t 增加到了 8.1 万 t，产量增幅 61%；1986—2006 年是新疆胡麻生产回落的阶段，这一阶段由于种植业结构调整、效益降低等因素的影响，新疆胡麻种植面积呈现下降趋势，面积从 81.12 千 hm^2 下降到 13.74 千 hm^2 左右；2007 年至今是新疆胡麻生产稳定发展的阶段，常年胡麻面积稳定在 9 万亩左右，最大面积为 2009 年的 12.43 千 hm^2。

近年来，由于种植业结构的调整和农业生产多元化，与其他经济价值较高的农作物相比，胡麻生产不具有竞争优势，种植面积持续萎缩。加之胡麻新品种及高产栽培新技术的生产应用还较缺乏，胡麻籽相关加工产业滞后，生产效益偏低，很大程度上制约了胡麻生产的发展。据统计，2007 年新疆胡麻种植面积 12.32 千 hm^2，2017 年减少到 7.19 千 hm^2，下降了 41.6%。

胡麻全身是宝，产业化利用程度高，是宝贵的农业资源，有巨大的潜在市场和很好的开发利用前景。为了把新疆胡麻产业做大做强，建议采取如下措施。

1. 充分认识胡麻产业在食用油中的地位

目前我国人群膳食普遍缺乏 α-亚麻酸，日摄入量不足世界卫生组织的推荐量（每人每日 1g）的一半。而富含 α-亚麻酸的胡麻油可直接满足人体的需求，因此胡麻对我国饮食的脂肪酸平衡具有重要作用，在我国食用油中具有重要的地位。新疆应紧紧抓住胡麻对保障人体健康具有其他油料作物不可替代的地位的重要作用，广泛宣传，做大做强品牌，从而推动胡麻产业的发展。

2. 加快胡麻新品种选育和新技术的推广

加快高产、优质、多抗胡麻新品种引进选育和示范推广的步伐，建立良种繁育基地，实行统一供种，实现良种化，改变目前生产中品种混杂退化问题。同时，注重选育适合加工的专用品种，使胡麻品种的含油率、蛋白质含量、亚麻酸含量、纤维品质接近或达到国际标准，发挥优良品种的独特优势。在栽培技术方面，旱作区主要推广以地膜覆盖为主的抗旱栽培综合集成技术来提高单产，灌溉区以推广立体种植和节水栽培来提高效益。

3. 大力发展胡麻精深加工，提高产业带动能力

为了加快新疆胡麻产业化发展，采取政府部门积极引导、合理布局，鼓励发展一批规模大、技术设备先进、产业带动能力强的加工企业，进行胡麻功能和应用等方面的基础研究，从而延长胡麻产业链，并逐步形成自主有竞争力的品牌来增加附加值，提高企业对生产的带动能力。

4. 提高机械化水平

今后要针对胡麻播种、耕作、收获等各个环节开展机械化设备和作业研究，提高胡麻生产的机械化水平，降低劳动强度，提高种植效益。

（顾元国、邓晓娟）

表 3-2 2008—2014 年全世界胡麻生产情况（谢亚萍，2017）

项目	2008 年		2009 年		2010 年		2011 年		2012 年		2013 年		2014 年	
	收获面积	总产量	收获面积	总产量	收获面积	总产量	收获面积	总产量	收获面积	总产量	收获面积	总产量	收获面积	总产量
全世界	209.52	199.01	210.58	218.44	200.48	182.96	207.20	218.37	257.22	206.17	229.66	229.94	260.08	256.45
中国	33.78	34.97	33.69	31.81	32.44	35.28	32.21	35.86	31.79	39.05	31.29	39.88	31.00	35.00
加拿大	62.52	86.11	62.33	93.01	35.33	42.30	27.32	36.83	38.44	48.89	42.21	73.07	62.08	87.25
美国	13.76	14.52	12.71	18.86	16.92	23.00	14.00	14.18	13.60	14.73	7.33	8.23	12.59	16.18
俄罗斯	5.74	9.29	8.07	10.26	12.67	17.82	26.47	47.12	55.83	36.90	43.84	32.58	44.15	39.30
印度	46.80	16.30	40.79	16.92	34.20	15.37	33.88	14.70	43.10	15.20	33.80	14.70	36.00	14.10
埃塞俄比亚	15.21	16.99	14.08	15.06	7.37	6.54	11.65	11.28	12.79	12.21	9.56	8.80	8.23	8.31
法国	6.79	1.46	6.62	4.31	7.33	4.08	1.64	3.06	1.21	2.37	0.85	1.62	1.10	2.33
哈萨克斯坦	1.28	1.03	5.84	4.77	22.52	9.46	30.97	27.31	36.96	15.79	38.43	29.50	44.60	33.05
乌克兰	1.91	2.08	4.68	3.73	5.63	4.68	5.87	5.11	5.29	4.14	3.79	2.54	3.34	4.08
英国	1.61	2.93	2.80	5.40	4.40	7.20	3.60	7.10	2.80	4.20	3.40	6.20	1.50	3.90

注：收获面积单位为万公顷（$10^4 hm^2$）；总产量单位为万吨（$10^4 t$）。

表 3-3 2008—2014 年全世界胡麻单产情况（谢亚萍，2017）

项目	2008 年	2009 年	2010 年	2011 年	2012 年	2013 年	2014 年	平均值
全世界	949.80	1 037.30	912.60	1 053.90	801.50	1 001.20	986.10	963.20
中国	1 035.10	944.20	1 087.58	1 113.45	1 228.54	1 274.60	1 129.03	1 116.07
加拿大	1 377.30	1 492.20	1 197.28	1 348.10	1 271.85	1 731.11	1 405.44	1 403.33
美国	1 619.60	1 271.60	1 406.57	1 780.20	661.02	743.14	890.20	1 196.05
俄罗斯	348.30	414.80	449.42	433.87	352.67	434.91	391.67	403.66

（续表）

项目	2008年	2009年	2010年	2011年	2012年	2013年	2014年	平均值
印度	1 116.50	1 069.80	887.81	967.57	954.50	920.11	1 009.79	989.44
埃塞俄比亚	215.00	651.50	556.66	1 868.20	1 965.89	1 897.41	2 121.26	1 325.13
法国	804.70	815.90	420.12	881.76	427.16	767.68	741.03	694.05
哈萨克斯坦	1 089.00	797.00	831.26	870.53	782.61	670.01	1 222.16	894.65
乌克兰	1 822.20	1 928.60	1 636.36	1 972.22	1 500.00	1 823.53	2 600.00	1 897.56
英国	949.80	1 037.30	912.60	1 053.90	801.50	1 001.20	986.10	963.20

注：单产单位为 kg/hm²。

表 3-4　2008—2014 年全国胡麻生产情况（谢亚萍，2017）

项目	2008年		2009年		2010年		2011年		2012年		2013年		2014年	
	收获面积	总产量	收获面积	总产量	收获面积	总产量	收获面积	总产量	收获面积	总产量	收获面积	总产量	收获面积	总产量
全国	33.78	34.97	33.69	31.81	32.44	35.28	32.21	35.86	31.79	39.05	31.29	39.88	30.61	38.65
河北	4.81	3.86	4.93	1.58	4.10	2.71	3.54	2.85	3.71	3.08	3.63	3.75	3.55	2.80
山西	6.48	6.14	6.17	5.00	6.28	5.50	6.39	6.03	6.05	7.26	5.97	7.03	6.03	6.99
内蒙古	4.85	3.38	4.86	2.91	4.83	2.91	5.63	3.20	5.87	3.67	6.07	4.16	6.31	4.14
陕西	0.48	0.39	0.44	0.51	0.29	0.33	0.28	0.26	0.35	0.41	0.34	0.41	0.35	0.43
甘肃	11.90	15.13	11.27	14.38	10.55	15.15	10.09	13.83	9.70	15.12	9.53	15.55	8.82	15.28
青海	0.29	0.42	0.22	0.40	0.47	0.65	0.44	0.59	0.44	0.69	0.41	0.64	0.27	0.47
宁夏	3.83	4.29	4.57	5.14	5.04	6.69	4.77	7.84	4.79	7.40	4.51	6.96	4.47	7.06
新疆	0.95	1.23	1.24	1.89	0.88	1.33	0.78	1.23	0.87	1.40	0.81	1.37	0.81	1.49

注：收获面积单位为万公顷（$10^4 hm^2$）；总产量单位为万吨（$10^4 t$）。

表 3-5　2008—2014 年全国胡麻单产产情况（谢亚洋，2017）

项目	2008 年	2009 年	2010 年	2011 年	2012 年	2013 年	2014 年	平均值
全国	1 035.10	944.20	1 087.58	1 113.45	1 228.54	1 274.60	1 129.03	1 116.07
河北	802.08	321.03	661.32	806.07	831.37	1 031.85	788.79	748.93
山西	954.31	809.71	876.21	943.69	1 199.22	1 176.93	1 158.33	1 016.91
内蒙古	696.87	598.40	602.65	568.85	624.91	686.01	655.96	633.38
陕西	819.38	1 152.50	1 145.17	940.00	1 175.43	1 194.71	1 214.86	1 091.72
甘肃	1 271.11	1 275.98	1 435.94	1 370.26	1 558.85	1 632.17	1 731.97	1 468.04
青海	1 440.00	1 827.73	1 381.49	1 347.73	1 564.55	1 554.88	1 743.70	1 551.44
宁夏	1 118.90	1 124.88	1 327.60	1 568.24	1 545.41	1 543.41	1 578.59	1 401.00
新疆	1 293.16	1 522.58	1 511.36	1 571.28	1 604.37	1 693.33	1 840.62	1 576.67

注：单产单位为 kg/hm²。

表 3-6　2007—2017 年新疆胡麻生产情况（顾元国，2019）

项目	2007 年		2008 年		2009 年		2010 年		2011 年		2012 年	
	种植面积	总产量	种植面积	总产量	种植面积	总产量	种植面积	总产量	种植面积	总产量	种植面积	总产量
新疆	12.32	15 817	9.51	12 285	12.43	18 880	8.75	13 229	7.83	12 334	8.68	13 958
哈密市	0.02	24	0.01	16	0.01	36	0.03	69	0.01	22	0.03	90
昌吉回族自治州	0.23	219	0.21	242	0.69	1 018	0.57	789	0.53	738	1.04	1 352
伊犁哈萨克自治州	7.63	10 191	6.68	7 053	5.31	7 917	5.21	7 293	4.05	6 200	2.48	3 704
阿克苏市	0.94	1 512	1.24	2 048	3.15	5 068	0.84	1 210	0.81	1 522	1.08	1 979
克孜勒苏柯尔克孜自治州	0.32	293	0.50	472	0.39	365	0.59	583	0.29	293	0.24	250

（续表）

项目	2007年 种植面积	2007年 总产量	2008年 种植面积	2008年 总产量	2009年 种植面积	2009年 总产量	2010年 种植面积	2010年 总产量	2011年 种植面积	2011年 总产量	2012年 种植面积	2012年 总产量
喀什市	1.87	1 770	0.29	1 650	0.96	1 649	0.57	1 240	0.95	1 506	1.72	2 826
和田	0.14	206	0.31	397	1.65	2 280	0.90	1 982	1.09	1 754	1.64	2 922
兵团	1.17	1 601	0.27	397	0.25	525	0.01	19	0.11	299	0.41	803

项目	2013年 种植面积	2013年 总产量	2014年 种植面积	2014年 总产量	2015年 种植面积	2015年 总产量	2016年 种植面积	2016年 总产量	2017年 种植面积	2017年 总产量
新疆	8.08	13 716	8.13	14 909	6.57	13 407	9.41	16 706	7.19	13 282
哈密市	0.05	138	0.00	0	0.04	74	0.07	214	0.02	38
昌吉回族自治州	0.88	1 261	0.70	1 747	0.34	833	0.15	301	0.34	655
伊犁哈萨克自治州	2.33	3 974	3.21	4 746	1.47	2 857	2.12	2 893	2.51	3 249
阿克苏市	1.02	2 053	1.09	2 020	1.53	3 419	1.14	2 417	0.84	1 901
克孜勒苏柯尔克孜自治州	0.24	251	0.29	301	0.30	308	0.31	261	0.17	186
喀什市	1.43	2 596	0.24	535	0.22	389	1.40	2 690	0.88	1 995
和田	1.30	1 913	1.70	2 781	1.52	2 857	2.48	4 879	1.58	2 324
兵团	0.44	1 005	0.89	2 760	0.83	2 637	0.72	2 299	0.47	1 588

注：种植面积单位为千公顷（$10^3 hm^2$）；总产量单位为吨（t）。

表 3-7 2007—2017 年新疆胡麻单产情况（顾元国，2019）

项目	2007 年	2008 年	2009 年	2010 年	2011 年	2012 年
新疆	1 283.85	1 291.80	1 518.91	1 511.89	1 575.22	1 608.06
哈密市	1 200.00	1 600.00	3 600.00	2 300.00	2 200.00	3 000.00
昌吉回族自治州	952.17	1 152.38	1 475.36	1 384.21	1 392.45	1 300.00
伊犁哈萨克自治州	1 335.65	1 055.84	1 490.96	1 399.81	1 530.86	1 493.55
阿克苏市	1 608.51	1 651.61	1 608.89	1 440.48	1 879.01	1 832.41
克孜勒苏柯尔克孜自治州	915.63	944.00	935.90	988.14	1 010.34	1 041.67
喀什市	946.52	5 689.66	1 717.71	2 175.44	1 585.26	1 643.02
和田	1 471.43	1 280.65	1 381.82	2 202.22	1 609.17	1 781.71
兵团	1 368.38	1 470.37	2 100.00	1 900.00	2 718.18	1 958.54

项目	2013 年	2014 年	2015 年	2016 年	2017 年	平均
新疆	1 697.52	1 833.83	2 040.64	1 775.35	1 847.29	1 634.94
哈密市	2 760.00	—	1 850.00	3 057.14	1 900.00	2 346.71
昌吉回族自治州	1 432.95	2 495.71	2 450.00	2 006.67	1 926.47	1 633.49
伊犁哈萨克自治州	1 705.58	1 478.50	1 943.54	1 364.62	1 294.42	1 463.03
阿克苏市	2 012.75	1 853.21	2 234.64	2 120.18	2 263.10	1 864.07
克孜勒苏柯尔克孜自治州	1 045.83	1 037.93	1 026.67	841.94	1 094.12	989.29
喀什市	1 815.38	2 229.17	1 768.18	1 921.43	2 267.05	2 159.89
和田	1 471.54	1 635.88	1 879.61	1 967.34	1 470.89	1 650.20
兵团	2 284.09	3 101.12	3 177.11	3 193.06	3 378.72	2 422.69

注：单产单位为 kg/hm²。

第二节　胡麻种质资源

一、胡麻的植物分类地位

（一）分类地位

胡麻（*Linum usitatissimum* L.）别名亚麻、鸦麻、壁虱胡麻、山西胡麻等。亚麻科（Linaceae）亚麻属（*Linum*）一年生草本植物。据《中国植物志》记载，亚麻属植物约有 200 种，中国约有其中的 9 种。亚麻属的模式种即 *Linum usitatissimum* L.。

经过长期的栽培实践，目前，胡麻已有众多的品种。栽培种的学名也可写为 *Linum humile* Mill，即油用亚麻。

（二）形态特征

胡麻的整个植株可分为根、茎、叶、花、果实、籽粒六个部分。

1. 根

胡麻属双子叶植物，为直根系，由主根和侧根组成。主根细长略呈波状，入土较深，可达 100cm 以上。从主根上发生许多侧根，侧根短、多而细弱。侧根密集在耕层 5~30cm 深度内。根的入土深度和分布情况与土壤条件有密切关系。在深耕多肥的条件下，由于活土层深，养分分布比较均匀，扩大了根系的吸收范围，因此，根系的分布面积较大，生长也比较健壮。气候和种植密度等对根系的发育也有影响。总体来看，胡麻的根系发育较弱，与地上部比较，根系所占比例较小，全部根系干重占植株干重的 10%~15%。油用型品种根系要比纤维用型的发达，入土也比较深，能够充分利用土壤深层的水分和养分，所以胡麻的抗旱耐瘠能力较强，适于在高寒、干旱地区栽培。

2. 茎

胡麻的茎细软而柔韧，呈圆柱形，生长后期茎的下部呈木质化，比较粗硬，向上则渐渐细软，富有弹性，蒴果成熟前，茎呈浅绿色，表面光滑，表皮外附有角质层和白色蜡粉，减少了水分蒸发，对抗旱有一定的作用。生长中的茎枝为绿色，成熟茎秆变为土黄色。茎高一般 30~70cm，纤用型则一般在 70~125cm。茎的粗细因栽培条件、种植密度大小面不同，且变化较大，一般为 1~5mm。胡麻成熟的茎由主茎、分茎和茎上的分枝组成；主基与直根系形成植株的主干。早期分茎是从子叶叶腋处产生，最多 2 个。分茎也可以从主茎下部真叶叶腋处发生。在稀播情况下易发生多个分茎，多达 4~6 个。当前推广种植的油纤兼用型亚麻（胡麻）品种分茎数较少，在稀播情况下也只发生 2~3 个分茎，在田间正常密度下大多发生 1 个分茎。在胡麻主茎上部的叶腋处会发生级分枝 3~5 个，分枝与主茎延长线之间的夹角般为 30%~60%。在每个级分枝上的叶腋处又会发生 1 个第二级分枝，依次为三级、四级分枝。在优良栽培条件下，有的品种会发生第五级分枝。如果在胡麻生有后期，雨水充足，会产生返青现象，也会在茎的上部叶腋处发生多个一级分枝，能开花结果，但难以成熟。如果这种返青现象发生在分茎上，因为不能结出成熟的果实，称其为无效分茎。可以收获到成熟蒴果的分茎，是有效分茎。主茎上部的分枝，因品种、栽培条件不同而有所差异，油用型品种比纤用型多，但与种植密度有直接关系，密度大，则分枝少；反之密度小，则分枝多，一般情况下分枝 4~6 个。分枝多少对结果和产量直接相关，因此分枝的多少，在很大程度上决定着产量的高低。一般由子叶着生处至花序的顶端为茎的高度。由子叶痕迹处至第一分枝的茎高，称为工艺长度。工艺长度是衡量出麻率的标准。从茎的解剖特点看，胡麻茎是由表皮、韧皮部、形成层、木质部及髓等 5 部分组成。在韧皮部内有纤维束均匀分布，成环状纤维束层，所以胡麻也属于韧皮纤维植物。

3. 叶

胡麻种子萌发、幼苗出土时展开的是1对子叶，见到光后呈现绿色，形状为圆卵形或长卵形，是识别不同胡麻品种的特征之一。胡麻的真叶狭小细长，形似柳树叶。全缘、无叶柄和托叶，叶色呈绿色或深绿色。叶的形状因着生的部位不同而有差异，一般茎下部叶片较小呈匙形，中部的叶片较大，呈纺锤形，上部的叶片呈披针形。叶的大小不等，一般叶长2~4cm，宽为0.2~0.6cm。叶的排列方式不定，一般1~3对真叶为对生，下部叶为互生，往上随着茎秆的伸长，依螺旋状着生于茎的周围。叶片的多少因品种不同而有差异，一般1株为60~150片真叶，茎的上下部叶片生长密而多，中部的叶片稀而少。叶面覆有蜡质，叶面积较小，蒸腾系数为270~300。叶的生长速度，一般遵循前期少，中期多，后期又少的生长规律。进入成熟期，叶片从茎秆基部开始，依次向上先后变黄和脱落。

4. 花

胡麻的花为聚伞形花序，它着生于主枝和自叶腋生出的分枝顶端。花直径为15~25mm，花梗长1~3cm，直立。萼片5，卵形或卵状披针形，长5~8mm，先端凸尖或长尖，花瓣5片，倒卵形，长8~12mm，各花瓣下部连成一体，呈漏斗状。花的颜色多为蓝色、浅蓝、紫色和白色，也有红色、淡红色或黄色的。花内有雄蕊5枚，花丝基部合生，退化雄蕊5枚，钻状，花柱5枚，分离，柱头比花柱微粗，细线状或棒状，长于或几等于雄蕊。子房分割成5室，每室藏有胚珠2个，每个胚珠授粉后发育成1粒种子。

5. 果实

胡麻果实为球形蒴果，顶端稍尖，如桃形，有些地方称其为"麻桃""桃"，直径5~10mm。未成熟为绿色，成熟的果实是黄褐色或褐色。果实是授粉后成熟的子房，子房内有5室，室间又有隔膜，共分成10个小室。每个小室着生1粒种子，主茎顶果和级分枝果的每个蒴果内一般都结有10粒种子。但二级以上分枝蒴果内大多含有6~8粒种子。成熟的蒴果各室之间具有结合楞，蒴果不易裂缝，可以形成胡麻口紧而不落粒。但若收获过迟、天气干燥或遇多雨的天气则易裂开并落粒。每株胡麻结蒴果的多少随种类及栽培条件不同差别较大。油用型结果最多，纤用型结果最少，油纤兼用型介于二者之间。同一品种，在水肥条件好的土地上栽培，单株蒴果数较多；在干旱瘠薄的土地上种植，单株蒴果数就少得多，相差很大，可达1倍以上。

6. 籽粒

胡麻籽粒，即种子，呈扁平卵形，前端稍尖且有弯曲，似鸟嘴状，表面平滑而有光泽，流散性很好，上面沉积色素点，颜色有白、黄、棕、褐、暗褐、红褐、黄褐、浅红褐、深褐等色。每粒种子长4~6mm，宽2~3mm；厚1mm左右。千粒重因品种和栽培条件的不同而有一定差异，胡麻籽粒（种子）千粒重在4~12g，根据籽粒大小可分为大粒种、中粒种和小粒种。其划分的标准是：千粒重在8g以上为大粒种，5~8g为中粒种，5g以下的为小粒种。油用及油纤兼用亚麻（胡麻）种子千粒重一般为5~12g，纤用亚麻则为3.5~5.0g。同一植株的种子，因不同部位而粒重有所差异。据观察，主茎顶端果的千粒重高于分枝果，且随分枝次数的增多，千粒重规则地下降。这一规律与蒴果着粒数的高低是一致的。因此在生产上通过合理密植增加早期蒴果的比重，是增加籽粒产量的重要措施之一。胡麻籽粒由表皮、胚乳和子叶3个部分组成。胡麻籽粒表皮厚实，可分为4层，最外层含有黏质物的碳水化合物（果胶物质），吸水性强，占全籽重量的3%~10%，因此，种子贮藏时应防止受潮，以免黏结成团，降低品质，影响发芽，这也是胡麻种子不宜用药液消毒的主要原因。然后依次向内为周边细胞、纤维层和色素层，色素层使种子具有色泽。表皮下面为胚乳层，含有丰富的蛋白和油脂，胚乳的下面为子叶，胚生长时用胚乳作养料；种子中部为胚，由两片子叶及短的胚根组成。与其他很多油料种子不同，胡麻籽粒的胚乳层与表皮结合较为紧密，而非与子叶密切相连。这种结构使得其仁壳分离时，胚乳往往在富壳组分中，不利于其加工利用。

二、胡麻种质资源

（一）资源概况

农作物新品种选育的突破，主要取决于掌握和利用大量种质资源。植物种质资源是植物育种生物技术和一切生物科学发展的基础，是人类赖以生存的财富。种质资源的研究不仅要为当前农业生产、人类未来生存和发展服务，更应该以拯救和维护人类赖以生存的生物资源为核心，并与经济、社会、文化的发展协调起来，以达到资源持续利用的目的。

亚麻种质资源研究主要内容包括对种质的搜集、保存、分类、鉴定、评价和利用。亚麻种质资源是改良品种所必需的物质基础，所掌握的种质资源越丰富，选种和育种的预见性越强，越容易培育出高产、优质、多抗，适于机械化生产的亚麻新品种。深入开展亚麻种质资源研究，可充实亚麻资源库，丰富其多样性；为育种提供种质、为生物工程提供目的基因来源，为我国亚麻生产可持续发展奠定基础。

1. 数量众多

亚麻品种资源的收集、整理工作始于20世纪50年代。1976年由中国农业科学院甜菜研究所负责组织有关省（区）农业科学院及地区农业科学研究所开展了亚麻资源收集、考察、鉴定、编目、入库工作。1978年编写了第一本《中国亚麻品种资源目录》，收录地方品种及优良品系408份，日本、罗马尼亚、瑞士、瑞典等15个国家的引进资源162份，共计570份。此后于1990年编写了《中国主要麻类作物品种资源目录》，其中收录亚麻种质资源138份，这138份是《中国亚麻品种资源目录》中由黑龙江省保存的全部亚麻种质资源。1995年又编辑了《中国主要麻类作物品种资源目录》续编，收录了黑龙江、河北、内蒙古的3个单位保存的亚麻种质资源2 113份，其中1 587份为国外引进品种，526份为国内品种或品系。2000年又编辑了《中国主要麻类作物品种资源目录》续编二，收录亚麻种质资源240份，其中国内品种或品系170份，国外引进资源70份。到目前为止，中国约拥有亚麻种质资源4 000多份，共计编入目录的亚麻种质资源2 607份。截至2005年"十五"计划结束已经有3 048份亚麻种质资源保存于国家作物种质资源长期库及麻类种质资源中期库，其中有一部分是重复的，实际入国家种质资源保存库保存的亚麻资源为2 943份，并初步建立了这些资源的数据库。入库的 2 943 份是搜集、创新的栽培种亚麻资源。亚麻种质的搜集、鉴定、编目与入库有利于亚麻种质资源的相互交流和种质资源研究工作的不断发展。入库的 2 943 份亚麻种质资源有 1 822 份原产于 38 个国家，主要有美国 499 份、俄罗斯 156 份、阿根廷 150 份、瑞典 134 份、匈牙利 130、法国 104 份（表 3-8）。有 1121 份来源于中国的 9 个省（区），主要是内蒙古 598 份、黑龙江 234 份（表 3-9）。

表 3-8　入库的国外亚麻种质资源的原产国或地区及数量（关凤芝，2008 年）

原产国	份数	原产国	份数	原产国	份数	原产国	份数
美国	499	德国	42	罗马尼亚	11	南非	4
阿根廷	150	土耳其	40	瑞士	11	蒙古	3
瑞典	134	巴基斯坦	37	埃及	10	叙利亚	3
匈牙利	130	伊朗	31	保加利亚	10	芬兰	2
法国	104	澳大利亚	23	乌拉圭	10	南斯拉夫	2
波兰	68	希腊	21	比利时	9	意大利	2
加拿大	66	日本	18	阿富汗	6	丹麦	1
印度	64	埃塞俄比亚	14	西班牙	6	尼加拉瓜	1
前苏联	214	英国	12	捷克	5	危地马拉	1
荷兰	41	摩洛哥	11	以色列	4		

表 3-9　入库的国内亚麻种质资源的原产省及数量（关凤芝，2008 年）

原产国	份数	原产国	份数
内蒙古	598	新疆	44
甘肃	82	宁夏	15
山西	68	吉林	1
青海	56	不详	2

资源入库的 2 934 份资源分别来自中国的 8 个省 13 个单位（表 3-9）。其中河北省坝上地区农业科学研究所 1 396 份，黑龙江农业科学院 643 份，内蒙古农业科学院 609 份。

表 3-10　入库的 2 943 份资源提供单位（关凤芝，2008 年）

提供单位	份数	提供单位	份数
河北省坝上地区农业研究所	1 397	甘肃省定西农业科学研究所	17
黑龙江农业科学院	643	宁夏固原地区农业科学研究所	9
内蒙古自治区农业科学院	609	甘肃省张掖地区农业科学研究所	7

（续表）

提供单位	份数	提供单位	份数
山西省雁北农业科学研究所	80	宁夏回族自治区农业科学院	7
甘肃省农业科学院	65	宁夏永宁农业科学研究所	3
青海省农业科学院	56	山西省农业科学院	3
新疆维吾尔自治区农业科学院	47	共计	2 943

2. 种质资源研究

（1）种质资源分类

①依据生育期划分

早熟类型（生长日数）：早熟类型的种质资源其长日性弱，生育前期生长较快。对水及光敏感，植株较矮，抗旱性弱，出麻率高，纤维品质好，原基产量低。如"哈系385、呼兰 2 号"等。

中熟类型（65d<生长日数≤70d）：中熟类型长日性及春性居中。对水及光较敏感，出麻率及纤维品质较好，原基产量居中，不够稳定。如"早熟 1 号""克山 1 号"等。

中晚熟类型（70d<生长日数≤75d）：中晚熟类型春性及长日性较强。生育前期生长缓慢，蹲苗期较长，抗旱性较强。植株高大，抗倒伏，出麻率高、纤维品质好，产量稳定。如"华光 1 号""黑亚 3 号""黑亚 4 号"等。

晚熟类型（生长日数>76d）：春性及长日性均强的类型。蹲苗期长，耐旱抗倒，植株高大整齐、高产稳产，出麻率高，纤维品质较好。如"黑亚 6 号""黑亚 7 号""黑亚 8 号"等。

油用亚麻种质的生育类型依据每份纤维亚麻种质在原产地或接近原产地的地区的生育日数长短，按照下列标准，确定亚麻种质的生育类型。

早熟类型（生育日数≤90d）。

中熟类型（90d<生育日数≤105d）。

晚熟类型（生育日数>105d）。

油纤兼用类型亚麻种质，其形态特征偏向纤维用类型的按照纤维亚麻种质的生育类型分类标准进行分类，其形态特征偏向油用类型的按照油用亚床种质的生育类型分类标准进行分类。

②根据温感反应划分：根据温感，亚麻可划分为春性、半冬性、冬性 3 种类型。

③根据光反应划分：根据短光照处理下和自然光照条件下亚麻现蕾日数和差值，可将亚麻划分为钝感、中感、敏感 3 种类型。

另外，对种质资源还可以以出麻率高低分为高纤型、中纤型、低纤型；根据抗逆性强弱分为高抗型、中抗型、低抗型；根据产量的高低分为高产型、中产型及低产型等。

（2）种质资源特征特性鉴定

①植物学特征：亚麻不同品种的株高、工艺长度、分枝、蒴果、花颜色、种皮色、千粒重等明显不同。亚麻茎细长、绿色、呈圆柱形，表面光滑，覆有蜡质，茎上生长着

稀疏和稠密的叶片。一般国内品种的株高在80cm以上，国外品种较矮，在30~80cm。亚麻花序是总状伞形花序。花呈漏斗状或圆碟状不等。花颜色为蓝色、浅蓝、蓝紫、白色等，也有少数为粉色、红色和黄色。

②生育特性：亚麻的生育期主要分苗期、枞形期、快速生长期、开花期和成熟期。生育期长短因品种、环境和栽培条件而异。

③经济性状：亚麻的经济性状包括原茎产量、纤维产量、种子产量、出麻率等。植株脱粒后，摔净根土和茎上的叶及蒴果残体的麻茎为原茎，与株高、工艺长度、茎粗、单株重呈显著正相关。

④纤维品质：亚麻纤维品质主要指标是纤维强度、分裂度、可挠度、成条性。纤维强度与株高、工艺长度、茎粗、原茎产量、纤维含量、纤维产量等性状呈正相关，极显著。纤维强度般在15~30kg。亚麻纤维可挠度用来表示纤维的柔软度，一般在60~80mm，纤维可挠度越高，纤维品质越好。亚麻纤维的成条性指纤维束排列整齐性与可分离度，亚麻纤维成条性好，一般纤维外形成筒状、带状或扁平状，表面光滑。

⑤抗逆性：抗逆性一般指对旱、风、病、虫等灾害因素的抵抗和耐受能力。

（3）种质资源的评价　中国亚麻种质资源的研究工作主要集中在农艺性状的评价，并建立了亚麻种质资源的数据库、亚麻种质资源共性描述数据库及中期库管理数据库等，为种质资源的利用提供了依据。此外还进行了分类研究，根据熟期、感光性、抗性、株高等性状将资源分为不同类型。目前亚麻种质资源的研究工作不断深入，分子标记技术已经用于亚麻种质资源的多态性研究、分类研究、抗病、耐渍、不育等性状的基因标记等工作。种质创新手段也不断改进，目的基因的克隆与转化等新技术正在逐步得到应用，并创造了具有高产、高纤、抗病等优异新种质。

在2 943份的种质资源中油纤兼用的1 103份，油用的1 097份，纤用的367份，另外有376份没有表明其类型。花冠颜色以蓝色为主（2 453份），此外还有白、紫、红、粉等各种颜色。株高在14.0~126.3cm，平均株高为57.7cm，低于20cm的有10份，20~50m的860份，100cm以上的12份，绝大部分在50~100cm。油用的株高为14.0~91.4cm，平均为47.5cm；兼用的27.0~94.3cm，平均为60.3cm；纤用的48.6~126.3cm，平均为73.6cm。

油用的分枝数为0.4~10.5个，平均为4个；兼用的分枝为1.2~11.7个，平均为4个；纤用的分枝为1.6~7.0个，平均为3.7个。油用的蒴果数为4.2~56.1个，平均为19.1个；兼用的蒴果数为6.4~89.8个，平均为23.1个；纤用的蒴果数为3.0~42.0个，平均为10.8个。种皮色褐色的1 696份，浅褐色的646份，深褐色126份，其他少量的为黄色、乳白、红褐色等颜色。

生育期在23~135d之间，其中油用的生育期29~135d，平均为92.5d，兼用的生育期23~124d，平均为93.7d，纤维的生育期59~112d，平均为85.4d。极早熟材料有8份："LIRAL MONARCH" 23d，"RENEW×BISON" 24d，"SHEYENNE" 25d "MINN. Ⅱ-36P4" 26d，"BIRIO" 27d，"SIBE×914" 28d，"7167×40" 29d，"AR" 30d，这8份材料均为油用或兼用类型。生育期在120d以上的有23份，为油用或兼用类型，其中高胡麻生育期最长为135d，从而可以看出油用及兼用类型的种质资源生育期类型十分丰富。纤维亚麻中早熟材料只有 3 份, "BemburgerO11- Faserlein" 59d, "末永" 63d, "FCA×SEED II" 64d。

中国的亚麻种质资源中除了正常可育资源以外,还拥有内蒙古农业科学院在国内外首次发现的核不育亚麻资源。由于该资源材料具有花粉败育彻底、育性稳定、不育株标记性状明显等特点,因此该材料已成为亚麻育种最为珍贵的资源。另外甘肃农业科学院目前已获得了温光敏亚麻雄性核不育材料,应用前景广阔。

黑龙江省农业科学院经济作物研究所通过对其收集的亚麻种质资源鉴定,筛选出了一些具有特异性状的资源,主要有早熟、长势优良种质资源,大部分从俄罗斯、法国等国家引进,株高均在 80cm 以下,其优点是株型紧凑、分枝上举、工艺长度长,这些优良性状对资源创新和育种是非常有利的;高产优质种质资源;高纤维优质种质资源;抗性强种质资源(表 3-11)。

表 3-11 抗性强种质资源的主要农艺性状(关凤芝,2008 年)

统一编号	种质资源名称	原产地	生育期(d)	株高(cm)	千粒重(g)	抗性种类
755	Fany	法国	65	64.9	4.2	均强
756	Ariane	法国	67	66.9	4.4	均强
859	Argos	法国	66	61.4	4.3	均强
892	88016-18	黑龙江	73	119.3	4.5	均强
964	85-58-26-4	黑龙江	76	71.1	4.0	抗倒强、抗病中
1042	M8711-10	黑龙江	74	67.1	5.6	均强
1046	87019-44	黑龙江	87	101.7	4.3	抗倒强、抗病高抗

薄天岳等(2002)对 508 份国内外亚麻品种资源进行了抗枯萎病的鉴定和评价,筛选出了 45 份高抗枯萎病资源,有 17 份国外引进品种,如 "红木" "美国亚麻"(也叫 "美国高油")、"抗 38" "国外 A81" "国外 A321" "阿里安" "范妮" "瑞士 8 号" "德国 1 号" "匈牙利 5 号" 等;2 份国内地方种质资源 "庆阳胡麻" 和 "川沙胡麻";26 份国内育成品种,如 20 世纪 90 年代以来中国大面积推广应用的 "陇亚 7 号" "天亚 5 号" "定亚 17 号" "晋亚 6 号" "晋亚 7 号" "伊亚 2 号" "黑亚 6 号" 等。

赵利等(2008)对来自甘肃省种质资源库的 46 个胡麻品种资源按甘肃地方品种、国内育成品种和国外品种进行了分类,并研究了相关的品质性状。黄文功(2011)运用 RAPD 技术分析了 60 份亚麻种质资源的遗传多样性。结果表明,从供试材料中筛选到具有多态性的 RAPD 引物 11 条。RAPD 引物共扩增到 71 条清晰的多态性条带,多态性比率(PPB)为 88.8%。对标记结果进行类平均法(UPGMA)聚类分析,在 GD 为 0.41 时 60 份亚麻品种聚为 7 类。

李凤珍等(2012)对油用亚麻染色体做了核型分析。结果表明,两个油用亚麻都为二倍体,其中红胡麻有 16 对染色体,其核型公式为 $2n = 2x = 32 = 16m + 16T$,核型类型为 "2B",染色体臂指数 NF 值 = 48,核不对称系数 As·K 二 70.56%;张亚 2 号有

15 对染色体，其核型公式为 2n=2x=30=24m+6sm，核型类型为"2B"，染色体臂指数 NF 值=60，核不对称系数 As·K=56. 33%。

王占贤等（2012）对鄂尔多斯地区不同生态区的 13 个胡麻品种进行了抗旱丰产及适应性鉴定。初步筛选出"定亚 23 号""晋亚 11 号""晋亚 10 号""坝选三号""陇亚 10 号""陇亚杂 1 号" 6 个抗旱表现好、丰产性强的品种。

邱财生等（2015）基于 10 个表型性状，对 45 份亚麻种质资源进行了多样性分析。亚麻种质资源共被分为 5 类，其中发现了早熟资源、高长麻率资源。亚麻种质资源 10 个性状的平均变异系数为 10.12%，各性状变异幅度存在一定差异，变异系数最大的是长麻率，最小的是花期。10 个性状的平均遗传多样性指数为 3.7991，各性状多样性指数都比较高。这些表明，45 份亚麻种质资源具有丰富的变异程度和多样性。根据用途，把亚麻分为纤用亚麻、油用亚麻、油纤兼用亚麻 3 种。

宋军生等（2015）对国内外 73 份油用亚麻种质资源的 10 个农艺性状进行主成分分析和聚类分析。结果表明，主要农艺性状可归纳为株高、单株产量、每果粒数、千粒重、有效分茎数 5 个主成分，累计贡献率为 89.55%。通过聚类统计，在欧氏距离为 16.79 处可将 73 份参试品种分为 4 大类群，综合农艺性状较好的材料主要集中在第Ⅱ、Ⅲ类群，包括 18 份材料，这些材料株高适中，分枝、分茎能力强，单株果数多，千粒重大，单株产量高，可作为优良种质资源重点开发利用；第Ⅰ类群可作为矮源亲本利用，第Ⅳ类群可用于纤用亚麻。

杜刚等（2016）对 81 份外引亚麻种质资源主要农艺性状的变异度进行分析，表明存在较大遗传差异，多样性比较丰富。在此基础上，通过因子分析，把能代表 7 个性状的前 3 个因子归类为产量因子、单果种子数因子和株形因子，经相关性分析确定了各性状之间的关系。按系统聚类，把 81 份材料聚成为 3 大类，为不同育种目标提供依据。对 81 份外引亚麻种质资源主要品质性状的变异度分析，结果表明，其资源间遗传差异较大，多样性丰富。相关性分析表明，粗脂肪含量与 a-亚麻酸呈显著正相关，与棕榈酸呈正相关，与硬脂酸、油酸、亚油酸显著负相关，a-亚麻酸与油酸、硬脂酸呈极显著负相关，与亚油酸呈显著负相关，与棕榈酸呈负相关。通过系统聚类，把 81 份材料划分为 3 大类：品种群Ⅰ油酸平均含量较高，可作为高油酸育种材料或油纤两用类型加以利用，品种群Ⅱ亚油酸平均含量较高，可作为高亚油酸育种材料加以利用，品种群Ⅲ粗脂肪平均含量和 a-麻酸平均含量较高，可作为油用亚麻的育种资源加以利用。

伊六喜等（2017）利用 SRAP 分子标记对国内外 5 个不同地区的 161 份胡麻种质资源的遗传多样性及亲缘关系进行研究。结果表明，中国西北地区胡麻品种（系）的遗传多样性最丰富。

欧巧明（2017）对国内外 336 份油用亚麻（即胡麻）品种资源的 6 个主要农艺性状进行鉴定、变异分析及主成分和系统聚类分析与评价。

李秋芝（2017）对 300 份亚麻资源的鉴定，筛选出了一些具有特异性状的资源，主要有早熟、长势优良种质资源 5 份，其优点是株型好、整齐度好、工艺长度长，这些优良性状对资源创新育种是非常有利的；高产优质种质资源 5 份，其优点是原茎产量高；高纤优质种质资源 5 份，主要是全麻率高；抗性强种质资源 5 份，主要是抗倒伏性好，级别为 0 级。

（二）胡麻育种途径、手段和方法

亚麻种质创新工作始于 20 世纪 60 年代，在种质资源不断丰富的基础上中国育种家们运用杂交、回交、诱变、单倍体、外源 DNA 导入、转基因、远缘杂交、组织培养、分子育种、孤雌生殖、多胚种子利用等多项技术选育亚麻新品种。

中国在 20 世纪 50 年代初期开始应用杂交育种技术开展亚麻种质创新工作。目前在中国育成的亚麻品种中，90%以上的新品种利用杂交创新和选育而成。早期的亚麻新品种多采用单交的方式，"双亚 1 号""双亚 9 号""延亚 2 号""天亚六号""宁亚十号"等。由于复交可针对种质创新目标的多方面要求，同时综合多个亲本的优点，通过对多个亲本杂交来创造各种超亲类型。中国先后通过双交育成"双亚 6 号"，三交育成"黑亚 11 号"，四交育成"黑亚 9 号"，多复交育成黑亚 2，3，5，8，9，10，11 以及双亚 2-5 号。这些品种显著提高了原茎产量，并提升了纤维品质和种子产量，使纤维亚麻种子繁殖倍数低，制约品种推广等问题得以解决。利用回交技术可改进推广品种的个别缺点或转育某个性状时应用。我国以油用亚麻雄性核不育系为母本，综合性状优良的纤维亚麻为轮回亲本进行 4~5 次回交，创制获得了纤维亚麻雄性核不育系新种质。目前，利用国外亚麻优异种质资源杂交创新与育成的黑亚号及双亚号亚麻系列品种具有高纤维、优质、抗逆性强、适应性广、适合机械化收获等特点，一经审定推广后就迅速在生产上大面积推广应用，并成为适宜种植区域内的主栽品种，为亚麻生产提供了技术含量高、水平高的新品种，促进了亚麻科研和生产的迅速发展。因此，杂交育种技术对中国亚麻优异新种质的创制提供了优良的中间材料，并育成了一大批应用前景广阔的新品种，产生了极大的社会经济效益。

中国于 20 世纪 60 年代开始以诱变手段开展种质创新研究。诱变具有突变率高、突变谱广，能打破性状连锁，促进基因重组，突变后代性状稳定快，育种周期短和育种程序简便等特点。通过对不同类型的亚麻干种子、幼苗活体的诱变处理，结合杂交、离体组织培养等手段，中国的亚麻科技工作者对亚麻诱变育种技术进行了多种尝试。黑龙江农业科学院利用射线处理亚麻种子创造新种质，选育出具有突出特点的亚麻新种质可进一步提高单产。利用此法还选育出早熟、抗倒、耐盐碱的"黑亚 4 号""黑亚 6 号"，抗旱、抗倒的"黑亚 7"及高纤、优质的"内纤亚 1 号"等在株高、原茎、种子、长麻率、抗逆性等方面有突出特点的亚麻新种质。一些研究发现，甲烷磺酸二酯、亚硝基烷基胺、次乙亚胺、抗菌素、秋水仙碱、氮离子注射等对亚麻也具有诱变作用。其中，亚硝基烷基胺、次乙亚胺、氮离子注射等可诱导产生多种突变，秋水仙碱可以诱导产生多倍体，抗菌素可诱导产生不育性状。另外，中国农业科学院麻类研究所、兰州大学、浙江农业科学院等单位进行了亚麻航天诱变育种试验。初步研究发现，航天诱变对亚麻的诱变损伤比较小，植株形态变化不大。通过与生物技术相结合的方法筛选出抗盐、抗旱或优质的突变体。50 多年来，中国亚麻诱变育种与常规育种相结合的研究取得了长足进展，创造了大量具有高产、高纤、抗病、抗倒、耐旱等突出特点的优良突变系，为中国的亚麻种质创新工作的发展奠定了良好的基础。

亚麻的单倍体最早发现于 1933 年，而首次在实验室中获得亚麻单倍体再生植株则是在 1978 年由孙洪涛等人通过纤维用亚麻花药培养获得的。此后，国内外许多研究者对影响亚麻花药愈伤组织的诱导及再生植株形成的相关因素，如供体植株的基因型、种植环境、取材时期、诱导和分化培养基、培养条件、加倍等相关方面进行了研究，并相继开展了亚麻单倍体育种，用单倍体技术育成了亚麻新品系。2008 年，宋淑敏通过花药培养育成亚麻新品系双亚 13 号，并得以推广应用。目前，通过花药培养已培育出亚麻花培品系 27 个，其中优良品系 4 个。另外，一些研究者对产生单倍体植株的其他方法进行了探索。孙洪涛等（1995）研究了外源激素对花药及未受精子房脱分化的影响，表明未受精子房诱导愈伤组织的频率要高于亚麻花药。张举仁（1987）通过对亚麻未受精子房进行培养，成功诱导产生了单倍体植株，确定在适宜的条件下，愈伤组织诱导率可达到 61%，而由子房产生的愈伤组织包括有单倍体、二倍体和混倍体。康庆华（2006）对亚麻双胚实生苗进行观察，深化研究了亚麻染色体加倍技术，并获得了多份加倍材料。单倍体育种不仅可缩短育种周期，提高辐射诱变的方向性和准确性，还可建立突变筛选体系，进行抗病、耐盐碱等抗性育种的研究，大大加速了亚麻育种工作的发展。

1975 年内蒙古农业科学院从雁杂 10 号中稳定发现一株不育株，经研究认为是受显性单基因控制的核不育类型，利用显性核不育亚麻的育性、不育株标记性状明显等遗传特点，可进行杂交、回交、轮回选择等多种利用途径的育种研究。张辉（1996）等利用显性核不育亚麻选育出高产的优良亚麻品种"内亚四号"，并改良了"内亚二号"不抗枯萎病的缺点，还创建了 2 个轮选群体，选育出 20 个品系和一大批优异的单株材料。黑龙江省农业科学院经济作物研究所利用亚麻雄性核不育材料采用连续回交、杂交方法进行转育，综合不同类型的多个优良性状，实现优异基因的累加，获得大量变异材料。其中表现最突出品系比对照"黑亚七号"增产 25.6%；出麻率 22.4%，比对照提高 3 个百分点。高凤云（2007）利用 RAPD 分子标记技术成功标记了亚麻显性核不育基因片段，并成功回收、克隆、测序了该不育基因产生的特异带。这项成果为以后在利用亚麻雄性不育性的种质鉴定和种质资源利用方面打下了坚实的基础。还有一些研究对亚麻雄性不育材料的不育性表现杂种优势及温敏效应进行了探索，发现不育系亚麻具有杂种优势，是提高亚麻产量的有效途径，且温度对不育性有重要影响，一定温度范围内，高温能使育性提高，结果率和结实率增加，低温使育性下降，结果率和结实率下降，同时还发现不同材料对温度的敏感程度不同。这些发现和研究为亚麻杂种优势利用开辟了新的途径。

运用分子生物技术，将与目标性状密切相关的目的基因或 DNA 片段导入受体细胞，使遗传物质重新组合是植物种质创新的重要途径。目前外源 DNA 导入技术和转基因技术、分子标记辅助筛选技术在选育农作物新品种品系和提高抗逆性及抗除草剂方面已取得了一些成果，为亚麻品种的改良提供了新的思路。1993 年，王玉富等进行了亚麻植株总体 DNA 的提取研究，得到了符合分子育种所要求的 DNA 纯度、浓度及片段长度，并首次采用微注射法通过花粉管途径直接导入外源 DNA，发现供体的某些片段或基因已整合到受体的基因组中，DNA 导入后代具有广泛的变异，D4 代以后可以稳定遗传。同时对外源 DNA 导入后代进行了过氧化物酶同工酶分析和导入后代各世代的花色、熟期、种皮颜色、抗倒伏性观察及株高、工艺长、分枝数、蒴果数、单株茎重、单株纤维重、出麻率等7个性状的变异系数及遗传力分析，并且获得大量变异后代材料。外源DNA导入技术作为亚麻品种改良、新品种培育的一种有效手段，在亚麻育种工作中具有广阔应用前景。目前利用此项技术，黑龙江省农业科学院经济作物研究所已育成了一系列出麻率在30%以上、综合性状优良的新品种和品系。

转基因技术方面，中国自1998年开始进行亚麻转基因技术研究，现已报道建立起了农杆菌介导法亚麻转基因系统，并利用农杆菌介导法及花粉管通道法进行亚麻转基因并获得再生植株。目前已获得经检测具有除草剂Basta抗性的转基因植株及株系。分子标记技术应用与亚麻种质创新主要集中在亚麻抗病基因的定位研究。王世全等（2002）通过随机扩增多态性DNA对6个亚麻抗锈病近等基因系进行分析，获得了2条亚麻抗锈病近等基因系RAPD特异指纹带的DNA序列。薄天岳等（2002）分别利用RAPD和AFLP技术开展了亚麻抗锈病基因M4、抗枯萎病基因FuJ7（t）的分子标记的筛选和定位研究，目前已成功标记出M4和FuJ7（t），并获得了SCAR特异标记。张倩（2015）等利用203个RAPD引物筛选到1个与抗白粉病基因共分离的特异标记，并获得了特异片段的序列。这些工作利用为开展亚麻抗锈病、枯萎病及白粉病的分子检测及分子辅助选择育种工作奠定了良好基础。近年来中国开展了一些亚麻转基因育种相关研究，但大多是探索工作，至今仍未有转基因亚麻新品种的报道。因此，建立高效的亚麻再生技术体系和转基因育种技术体系，结合多种育种方法，充分挖掘亚麻基因资源是今后提高亚麻育种效率，快速培育亚麻优异新品种的重要发展方向。

（三）中国亚麻品种演替

亚麻在中国已有5000多年的栽培历史。近年来全国每年亚麻的播种面积约100万hm^2，居世界第一位。其中纤用亚麻约17万hm^2，主要分布在黑龙江，种植面积和产量在全国占有较大比重，其次是新疆、云南、内蒙古、吉林、湖南、辽宁等地；油用亚麻约83万hm^2，主要分布在甘肃、内蒙古、山西、河北、宁夏、新疆、陕西、青海等省（区）。日前随着人们生活水平的提高，亚麻纤维制品的需求量越来越大，所以纤用亚麻种植面积有扩大的趋势，同时由于市场经济的作用，麻农开始重视经济效益，所以一些降水量较充足的油用亚麻产区（新疆、内蒙古等）已逐步改种纤用亚麻或兼用亚麻。此外，南方利用冬闲田发展纤用亚麻生产也成为农民致富的一条门路。云南、湖南等省已试种成功，并且已经开始种植。所以目前亚麻生产发展的趋势是种植面积稳中有升，提高单产以增加总产，提高品质以增加经济效益。

中国亚麻育种工作开始于20世纪50年代，到目前为止经历了4个阶段。第一阶段即20世纪50~60年代，主要是农家品种的整理及种质资源的引进，既解决了品种短缺的燃眉之急又丰富了种质资源。山西从波兰品种"郭托威斯基"中选育出了"雁农1号""张亚1号"油用品种，黑龙江从日本品种"贝尔纳"中选育出了"华光1号""华光2号"纤用品种，在生产上推广应用，打破了中国单一使用地方品种的局面。20世纪60年代以引种鉴定为主，先后推广了"Л-1120""匈牙利3号""塞盖地"等，表现了较好的丰产性。产量较当地农家品种有了明显的提高，增产幅度达20%~45%。

第二阶段即20世纪70年代，在种质资源不断丰富的基础上，育种家们开始运用杂交育种、诱变育种、回交选育等方法选育丰产、抗旱品种，同时扩大了资源材料的收集利用工作，主要以单交为主。同时开展了杂交与诱变相结合育种，选育出"黑亚2号""黑亚3号""黑亚4号""雁杂10""宁亚1号""宁亚5号""甘亚4号""定亚1号""内亚1号""定亚10号""宁亚10号"等品种，使产量、纤维含量、含油率等有了明显提高，含油率达到了40%左右。

第三阶段即20世纪80年代，由于当时主栽品种不抗病，导致了亚麻枯萎病大发生，普遍发生率在30%以上，重病地基本绝收，使中国亚麻生产遭受了严重的损失。因此，80—90年代以来开展了亚麻高产、高纤、高油、抗病育种，并开辟了许多育种新途径，开展了单倍体育种、航天育种、诱变育种、外源DNA导入、转基因、远缘杂交、组织培养、分子育种、孤雌生殖、多胚种子利用等各项育种技术的研究，并获得突破性进展。国内的亚麻育种家开始对抗病育种给予了高度重视，通过引入国外抗病亲本，如"红木""德国1号""美国亚麻"等，建立病圃，进行抗病鉴定、筛选等一系列方法，最终选育出了高抗亚麻枯萎病的新品种，选育出了"黑亚6号""黑亚7号""黑亚10号""双亚1号""天亚5号""天亚6号""定17""陇亚7号""晋亚6号""晋亚7号""内亚5号"等高产、优质、抗病新品种，对控制中国亚麻枯萎病的为害起到了重要的作用。

第四阶段是优质专用新品种选育。进入20世纪90年代以后，特别是进入21世纪以来，随着亚麻籽油的营养保健作用及加工技术的不断研发，市场对亚麻优质专用品种的需求日益迫切。因此，这一阶段的目标是以优质专用为主，并兼顾抗病性。育种手段主要是常规技术、辐射育种及核不育亚麻的利用，同时也开展了花药培养，外源DNA导入和转基因技术的研究，选育出了"双亚8号""黑亚13号"高纤亚麻新品种及含油率在41%以上的丰产、抗病优质新品种"轮选1号""天亚7号""陇亚8号""伊亚3号"等油用亚麻新品种。目前各育种单位正在开展高纤、优质、高α亚麻酸，低α-亚麻酸、白色籽粒等纺织、油用、食用、药用等不同用途的专用品种的选育。

中国在过去的50多年育种工作中育出了一大批新品种，重点解决了以下几个关键性问题。第一，产量有了大幅度提高，纤用亚麻的原茎产量由20世纪50年代的1 200 kg/hm² 提高到了4500kg/hm²，全国油用亚麻平均籽实产量由370kg/hm²提高到520 kg/hm²；第二，亚麻的病害得到了控制，如育成的"黑亚号"系列新品种高抗锈病、立枯病，"天亚6号""79124""8628"等高抗枯萎病，使亚麻生产上的病害基本得到了控制；第三，品质明显提高，50%以上新育成的油用品种含油率达40%以上；新育成的纤用品种"黑亚11号""黑亚12号黑亚13号""黑亚14号""黑亚15号""黑亚16号""黑亚17号""双亚8号"等长麻率达到18%~20%以上，原茎产量皆在5 000~7 000kg/hm²，纤维产量600~900kg/hm²。这些品种的应用在生产上起到了显著的增产作用。亚麻新品种选育取得了辉煌的成就，创造了较好的经济效益及社会效益。

中国现有纤维亚麻育种单位主要有中国农业科学院麻类研究所、黑龙江省农业科学院经济作物研究所、黑龙江省亚麻原料工业研究所（现改名为黑龙江省科学院亚麻综合利用研究所）、内蒙古农业科学院甜菜研究所、吉林省农业科学院经济植物开发研究中心、吉林省延边地区农业科学研究所等单位。

中国从事油用亚麻研究的主要单位有：内蒙古农业科学院甜菜研究所、内蒙古农业大学农学院、山西省农业科学院高寒区作物研究所、甘肃省农业科学院经济作物研究所、甘肃省兰州农业学校、甘肃省定西油料站、宁夏固原地区农业科学研究所、河北省张家口市农业科学院、新疆伊犁地区农业科学研究所、新疆喀什地区农业科学研究所。

三、新疆胡麻种质资源

（一）资源概况

1976年以来，新疆伊犁州农科所共收集亚麻种质资源760份，其中油用亚麻资源730份，纤用资源30份。国内种质资源210份，来源于甘肃、内蒙古、宁夏、河北、山西等省区；国外种质资源550份，来源于美国、加拿大、法国、荷兰、德国等欧美国家。含油量42%以上的资源35份，千粒重4~6g的资源520份、6~7g的资源140份、7g以上的100份；高抗枯萎病的资源23份。

2005年在新疆昭苏县境内离昭苏县城6km的伊昭公路旁海拔2 200m左右山坡上发现了野生亚麻，野生亚麻分布在针叶林缘阳坡草场，与阔叶和禾本科牧草混生零星分布。2005年8月经查阅新疆植物检索表及所公开发表的论文，这是首次在新疆昭苏境内发现野生亚麻。

新疆昭苏发现的宿根亚麻（*Linum perenne* L.）属多年生草本植物，根部发达为肥大肉质直根系，直根靠近地表，肥大部分生出众多分茎，一株上的分茎由于生出的时期不同而表现为植株高低、发育阶段的不同，有的刚发芽，有的露出地表，有的在开花，有的已结果，有的果已成熟开裂。成株株高30~48cm，分茎10~15个，单茎分枝3~6个，茎斜弯直立型，茎粗1.0~1.5mm，茎秆呈圆柱形并木质化，茎色黄绿色。单茎有叶片140~330片，单叶互生，条形无叶柄，平行脉3条，叶色深绿，叶长1.8~2.5cm，叶宽2~3mm，叶尖渐尖，叶基楔形，叶缘全缘。单花、完全花二岐聚伞花序，花萼5枚离生，萼色黄绿色，萼片卵形，萼长5mm，萼缘全缘，萼尖锐尖。花冠离生辐状，花冠直径2.5~2.8cm，花瓣5枚，倒卵形蓝紫色。雄蕊5枚离生，长8mm，基着药纵裂。雌蕊5枚，花柱圆柱形长4mm，柱头头状。雄蕊长于雌蕊。蒴果球形或扁球形5室，直径5~6mm，每果种子数8~10粒，成熟时室背开裂。种子长卵型扁平黑褐色，长4mm、宽3mm，千粒重2.1克。花期7~8月，果期8~9月。

（二）新疆胡麻育种成就

新疆伊犁州农科所自1976开始胡麻新品种育种工作，先后育成亚麻品种7个，在胡麻生产中发挥了重要作用，育成品种介绍如下。

1. 伊亚2号

1994年由伊犁地区农科所育成。伊亚2号是新疆伊犁地区农科所于1979年用7450-12做母本，红木做父本进行杂交，经5年单株选择和集团选择相结合选育，1985年进入鉴定圃，1988—1989进行品种比较，1990年参加地区联试，1990年同时参加全国联试，1994年经伊犁地区农作物品种审定委员会审定命名为伊亚2号。

特征特性 在伊犁河谷生育期90~105d，属中熟品种。苗期生长健壮，根系发达，茎绿色，叶片绿色，花蓝色，花序较短呈伞形，株型紧凑，种皮褐色，千粒重 8.0g，单株粒重 1.06g。株高 67~72cm，工艺长度 48~52cm，含油率 40.1%，抗倒、抗旱、抗寒性强。1990—1992 年经河北省农业科学院植保所刘信义抗病鉴定，被定为高抗枯萎病品种。

产量表现　1988—1989 进行品种比较，平均亩产籽粒 205.5~216kg，比对照列洛特增产 10.8%~20.1%，1990 年参加地区联试，平均亩产籽粒 178.2kg，比对照你若特增产 20.4%，1990 年同时参加全国联试，平均亩产籽粒 168.2kg，比对照陇亚 7 号增产 10.3%，居参试种第一位。

1991—1992 年在本所（6.6 亩）和伊宁县青年农场（32 亩）进行生产示范，亩产籽粒分别达 168.4kg 和 212kg，分别比对照伊亚号增产 35.2% 和 28.5%。

2. 伊亚 3 号

伊亚 3 号是伊犁州农科所经 10 年精心研究，2003 年 3 月经自治区农作物品种审定委员会登记命名为伊亚 3 号。

特征特性　该品种株高 66.5cm，工艺长度 42.1cm，单株分枝 4.7 个，单株果数 14.1 个，千粒重 7.2g，含油率 42.2%，生育期 100~110d，花蓝色，籽粒褐色。该品种在伊犁河谷胡麻产区表现为耐肥水抗倒状，苗期可耐-3℃低温，有较强抗旱性，适应性强。

产量表现　该品种 1998—1999 年在伊犁州农业科所品种比较试验中每亩产籽粒 166~207.8kg，比对照伊亚二号增产 8.6%~11.5%，2000—2001 年在伊宁县生产示范，亩产籽粒 148~176kg，比对照伊亚二号增产 8.2%~10.1%，是一个综合性状好、产量高的新品种。

3. 伊亚 4 号

伊亚 4 号是新疆伊犁州农科所油料室于 1990 年用甘肃省胡麻新品系"78-28-1"做母本，本所选育的胡麻新品种"伊亚 2 号"做父本进行杂交，经系谱选择和混合选择于 2004 年育成。2010 年由新疆非主要农作物登记委员会登记命名。

特征特性　在伊犁河谷生育期 80~123d，平均 97d，属中熟品种。苗期生长健壮，根系发达，茎绿色，叶片绿色，花蓝色，花序较短呈伞形，株型紧凑，种皮褐色，千粒重 8.0g，单株粒重 1.06g。株高 69cm，分枝 5~6 个，蒴果 12~23 个，抗倒伏能力强，抗枯萎病、立枯病。

产量表现　2005—2006 年参加全国胡麻品种联合区试，平均亩产 136.4kg，丰产性和稳产性好，含油率 40.94%~41.74%，比对照陇亚 8 号高 0.74~1.00 个百分点，亚油酸含量为 16.98%~17.51%，超过对照 1.9~2.34 个百分点，生育期 90~107d，生长整齐，长势旺盛，抗倒伏，生育期 90~107d，抗病性强，表现为中抗枯萎病，综合表现第一。

2008—2009 年参加自治区胡麻多点试验，两年平均籽粒产量折合亩产 111.85kg，较对照伊亚 3 号增产 9.90%，适应性广，综合评价较好。

4. 伊 97042

"伊 97042"是伊犁州农科所经 10 多年研究选育出的新品种,2009 年 4 月由新疆自治区种子站农作物品种登记委员会命名推广。

特征特性 株高 92~110cm,工艺长度 70~90cm,花蓝色,籽粒褐色,出麻率平均 30%,比对照增加 15.6%。生育期 91~97d,平均 94d,属中熟品种。该品种产量高、稳产性好,抗倒伏能力强,田间枯萎病和立枯病发病率低。新疆亚麻产区均可种植。

产量表现 该品种在 2007—2008 年自治区亚麻多点试验中,原茎平均产量 540.59kg,比对照范尼增产 13.08%,高产可达 611.13kg;籽粒亩产 87.75kg,较对照增产 20.02%,高产可达 101.13kg。2008 年在伊宁县和新源县进行生产示范,原茎亩产 500kg,比对照范尼增产 12%,籽粒亩产 90kg,比对照增产 10%。

5. 伊亚 5 号

伊亚 5 号由伊犁州农科所经 10 多年选育而成。该品种于 1997 年以"黑亚 9 号"为母本,以 8738 为父本进行人工有性杂交,经系谱选择于 2008 年育成,2013 年 11 月经新疆自治区种子站农作物品种登记委员会命名。

特征特性 该品种生育期 89d,属中熟品种。株高 81.8cm,工艺长度 62.7cm,苗期生长健壮,茎绿色,叶片绿色,花蓝色,花序较短呈伞形,株型紧凑,种皮褐色,分枝 2~4 个,单株蒴果 7~8 个,千粒重 5.5g,茎粗 1.5mm,出麻率高 29.2%。茎秆直立,有弹性,抗倒伏能力强。

产量表现 2008—2009 年参加自治区亚麻试验,原茎平均产量 504.69kg,比对照增产 34.40%。2011—2012 年参加多点试验,平均亩产原茎 454.50kg,较 TX-3(CK$_1$)增产 12.41%,比中亚麻 2 号(CK$_2$)增产 13.63%,达极显著水平。亩产籽粒为 96.67kg,较 TX-3(CK$_1$)增产 22.63%,比中亚麻 2 号(CK$_2$)增产 14.63%。平均出麻率 29.2%,亩产麻 106.66kg,比 TX-3(CK$_1$)增产 11.79%,比中亚麻 2 号(CK$_2$)增产 13.36%。含油率 34.76%,亩产油量 33.60kg。

6. 伊亚 6 号

该品种以新亚 1 号为母本,红木 65 为父本,1999 年在新疆伊犁州农科所配制杂交组合,2000 年开始系谱选择,于 2010 年鉴定,2011—2012 年进行品种比较试验,产量表现优异,推荐参加 2013—2015 年国家区域试验及生产试验。

特征特性 花瓣蓝色,种子褐色,幼苗直立。株高 68.82cm,工艺长度 44.46cm,分茎数 1.23 个,分枝数 3.84 个,单株果数 14.33 个,果粒数 6.92 个,千粒重 6.74g,生育期 79~120d,含油率平均为 41.64%,亚麻酸含量平均为 45.73%。2014 年在呼和浩特市和大同市经枯萎病田间抗病性鉴定,平均枯死率分别为 15.31%和 12.09%,中抗枯萎病。生长整齐一致,中等强度抗旱,中等程度抗倒伏,综合性状较优。

产量表现 2013 年,参加国家区域试验,平均亩产 94.97kg,比对照增产 32.40%;2014 年,平均亩产 141.08kg,比对照增产 6.20%;两年平均亩产 118.03kg,比对照增产 15.48%。2015 年参加国家生产试验,平均亩产 125.84kg,比对照陇亚 10 号增产 15.82%。

（三）新疆胡麻品种演替

新疆亚麻育种工作开始于 20 世纪 70 年代中后期，品种的推广栽培经历了 2 个阶段。第一阶段即 70—80 年代，主要开展了农家品种的整理及种质资源的引进，从中筛选出适宜新疆种植的品种就地推广。第二阶段即 80 年代至今，这一阶段主要工作是基于不断丰富的种质资源，运用杂交、回交选育等方法选育丰产、抗旱品种，同步扩大资源材料的收集利用工作。胡麻品种在新疆的栽培演替主要经历了 6 个时期。1976—1984 年，以列若特为主栽品种，种植面积 80 万亩，平均单产 50kg；1985—1993 年，以新亚 1 号为主栽品种，种植面积 100 万亩，平均单产 70kg；1994—2002 年，以新亚 2 号为主栽品种，种植面积 150 万亩，平均单产 80kg；2003—2010 年，以伊亚 3 号为主栽品种，种植面积 100 万亩，平均单产 90kg。2011—2015 年，以伊亚 4 号为主栽品种，种植面积 20 万亩，平均单产 100kg；2016 至今，主推伊亚 6 号，目前种植面积 0.5 万亩，平均单产 110kg。

（四）新疆胡麻品种名录

伊亚 2 号，伊犁州农科所选育，累积种植面积 100 万亩。

伊亚 3 号，伊犁州农科所选育，累积种植面积 70 万亩。

伊亚 4 号，伊犁州农科所选育，累积种植面积 40 万亩。

伊 97042，伊犁州农科所选育，累积种植面积 10 万亩。

伊亚 5 号，伊犁州农科所选育，累积种植面积 5 万亩。

伊亚 6 号，伊犁州农科所选育，累积种植面积 0.5 万亩。

（李广阔、马辉）

第三节　胡麻生长发育

一、生育进程

胡麻从发芽、出苗到长出茎叶，体积和重量不断增加；从播种起，到新种子成熟止，在植株上发生着质的变化，由于这些质的变化，最后才能开花、结实。胡麻的生育期为 80~130d。

根据其一个生命周期的生长发育特性，一般可以分为 6 个生育时期，即种子萌发期、苗期、蕾期、花期、籽实期与成熟期。在大田种植上由于种子萌发期是在地下完成，不便直接观察，将其略去，分为苗期、蕾期、花期、籽实期与成熟期 5 个生育时期；从出苗到成熟根据器官生长特点可分为：子叶出土、生长点出现、第 1 对真叶展开、第 3 对真叶展开、茎秆伸长、花蕾出现、第 1 朵花出现、盛花期、终花期、（蒴果）青熟期、（蒴果）黄熟期、完熟期等 12 个时期。

（一）种子萌发期

种子萌发期即播种—出苗。

胡麻播种后，在水分、温度等栽培条件适宜的情况下，首先吸取土壤中的水分，种子开始萌发，先是子叶和胚根开始膨大，这时的营养依靠胚乳供给，经过短时期后，胚根突破种皮而伸入土中，胚芽也迅速向上伸长，将子叶带出地面，即为出苗。影响种子萌发和出苗的主要外部因素是水分、温度和氧气。当种子处于良好的发芽环境条件下，种子内部发生着一系列生理生化过程以及物质和能量的转化等变化，贮存的淀粉、蛋白质和脂肪等营养物质逐步被分解和利用，一方面在呼吸过程中转化为能量，用于自身的代谢活动以及合成生命物质；另一方面通过代谢活动转化为新细胞结构的组成部分。胡麻种子内含有大量蛋白质和脂肪，通过一系列生理生化过程，经直接或转化成为新细胞物质合成的原料，运输到生长部位。

胡麻发芽出苗最适宜的土壤含水量，因其土壤类型不同有所差异。一般为 10%~18%。胡麻种子发芽首先要吸收足够的水分，不同品种的胡麻种子萌发需吸收的水分不同，一般为种子自身重量的 1 倍多到 1.5 倍左右。胡麻种子表皮含有亲水性胶体，当其播种在土壤中后，可以将土壤水分吸附在种子周围，可使土粒包着种皮，在种子周围形成土壤团粒。据内蒙古农业大学测定，当种子吸水量达到本身干重的 45% 左右时，种子膨胀，当吸水量达到种子自身干重的 115%~122% 时，种子内部才开始进行营养物质转化，接着进行细胞分裂，种子胚在活动，并逐渐伸出胚根下扎土中。胚轴伸长，推动胚芽及子叶出土。

胡麻是早春播作物。种子发芽最低温度在 1~3℃，8~10℃ 可以正常发芽出苗，最适温度为 20~25℃。出苗快慢与温度、水分有密切的关系；在土壤水分充足的情况下，出苗速度决定于温度。据雁北地区农业科学研究所试验，4 月 4 日播种，气温平均 6.2℃，需 21d 出苗；4 月 12 日播种，气温 8.4℃，需 16d 出苗；4 月 20 日播种，气温 10.3℃，需 12d 出苗，4 月 28 日播种，气温 12.3℃，出苗需 8d；5 月 5 日播种，气温 16.9℃，6d 即可出苗。从播种到出苗一般需有效积温 110~120℃（因不同品种有所差异）。低温发芽能减少种子内脂肪的消耗，有助于幼苗营养改善，促进幼苗健壮，增加抗寒能力。据研究，胡麻在 5℃ 发芽时，种子内还保存 60% 的脂肪，在 18℃ 发芽时，脂肪只有 40%。发芽时种子的脂肪含量降低，有助于幼苗营养改善，促进幼苗健壮，增强抗寒能力。

（二）苗期

苗期即出苗—现蕾前。子叶出土、生长点出现、第 1 对真叶展开、第 3 对真叶展开、茎秆伸长。

胡麻苗期长达 20~40d。苗期地上部生长缓慢，每天只生长 0.1~0.2cm。可分为子叶期（包括子叶出土、生长点出现）、幼苗期（第 1 对真叶展开）、枞形期（第 3 对真叶展开）、快速生长期（茎秆伸长）4 个亚期。

子叶期胚轴伸长，推动胚芽及子叶出土，子叶展开，标志着胡麻完成萌发出苗，进入苗期。从子叶出土平展后进入苗期，但真叶还未出现前这一时期叫子叶期。出苗后子叶增大，子叶未接触到光照时为黄色，出土后子叶见光变为绿色，可以进行光合作用。幼根也开始从土壤中吸收营养物质，但子叶内的营养仍然起作用。植株进入独立的营养生长阶段。随后，绿色的子叶继续生长，2 片子叶中间出现生长点。

胡麻出苗后有较强的耐寒抗冻能力。据学者观察，2 片子叶刚出土，尚未完全变绿时抗冻性最差。在幼苗1对真叶，气温短时降至-4~2℃时，一般不受冻，短时降至-7~6℃受轻冻，受冻率5%~30%，短时降至-11℃后受冻率达90%左右。胡麻受冻害的关键时期，是胚芽（子叶）顶破土皮，子叶未平展时，如遇气温出现-4~2℃，有毁灭幼苗的危险。幼苗长出2对真叶后抗冻性较强。

幼苗期一般指从长出第1对真叶到第3对真叶展开的时期；2片子叶中间的生长点出现，继续生长，随后出现2片真叶，一般称为"拉十期"。根系迅速生长地上部真叶也不断长出，茎生长缓慢。

（三）枞形期

胡麻出苗后2~3周植株高度因品种不同已长到5~10cm，植株出现3对真叶以上，茎的生长很缓慢，但叶片生长较快，幼株顶端生长点密聚着许多幼嫩小叶片尚待展开，形成叶片聚生在植株顶部。整个植株像一株枞树苗，因而也叫枞形期。该时期的生育特性是，胡麻植株地上部生长缓慢，每昼夜只生长0.1~0.5cm。但地下部生长较快，据研究，当株高5cm时，土壤中的根系已下扎到10cm以下的深处（在土壤墒情较好的情况下，根系长度即可达25~30cm）。枞形末期主根可下扎到25~30cm的深处。所以在此时期有较强的抗旱性，对水分的要求不高。胡麻枞形期也是植株茎基部叶腋间的腋芽开始分化形成分茎的时期，从栽培管理上应促进分茎的发生，分茎的多少取决于品种、土壤、水肥条件和种植密度。有分茎多来自枞形期形成的分茎。这个时期也是地下部侧生根的发生期，侧生根发生多少也取决于土壤、水分和养分状况。

胡麻植株在经历枞形期缓慢生长后即进入营养体快速生长期。该时期的生育特点是，植株地上部茎生长迅速，每昼夜可长高3~5cm，叶片在茎上均匀拉开距离，明显呈螺旋上升排列在茎上；同时也是地下部快速生长期，侧根持续伸长并分生支根。该时期也是纤维在茎中大量形成期，更是茎顶端生长锥分化的重要时期。据研究，当胡麻植株长出10~14片真叶时，子叶节的腋芽开始形成分茎，胡麻的分茎对产量构成有一定的作用，分茎的多少取决于品种、土壤、水肥条件和种植密度。该期花芽也开始分化，胡麻的花芽分化可划分为未分化期、生长锥伸长期、花序分化期、花萼原基分化期、花瓣及雌雄蕊分化期、药隔分化期、四分体形成期等7个时期，其中1~6期主要都在此期内进行。一个植株上花芽分化按照先主茎、后分枝，先上部分枝后下部分枝的顺序进行。胡麻植株快速生长期一般需要20多天，然后进入现蕾时期，植株高度可以达到成熟期株高的60%左右。

由于该时期是胡麻营养生长旺盛时期，又是分枝腋芽发育、花芽分化的关键时期，对水分和养分要求最高，因此称为"水肥临界期"。在有灌溉条件的地区，应在枞形末期和快速生长初期进行浇水。视胡麻植株生长营养状况考虑是否追肥。在无灌溉条件地区，通过锄地松土、保墒，促进侧根生长。依据植株长势状况，考虑在雨前追施氮肥。

（四）蕾期

蕾期即现蕾—开花前。

胡麻从出苗到现蕾，一般历时40~50d。主茎顶端形成膨大的一束花蕾即进入现蕾初期。这一生育期需有效积温551~841.3℃。此时植株快速生长，茎秆迅速伸长，并长出许多分枝，花芽继续分化，形成了胡麻的花序。此时期正是胡麻植株从以营养生长为主转入营养生长与生殖生长并进的时期，可以直观看到生殖生长现象。现蕾期的植株生长速度很快。据测定，这个时期植株每昼夜增长 3～3.3cm。经观察，现蕾前，株高每天平均仅伸长 0.1～0.2cm，现蕾后每昼夜平均伸长 2.7cm，茎秆伸长达到最高峰。进入开花期间，生长开始减慢。除分枝能力强的品种在适宜条件下还能继续伸长外，一般到了盛花期后，茎秆基本停止伸长。在这之前，苗期后期，植株已在茎尖生长点开始花芽分化，被未展开的叶片包裹着。据研究，胡麻花蕾分化形成过程大体分为 5 个时期。①突起期：茎生长点变为半球状突起物，周围出现圆形小突起，即花蕾原始体。②雌雄蕊形成期：生长点在立体显微镜下可见中央部分有雌蕊原基突起，周边有 5 个微小的雄蕊原基；也可看到主茎上的分枝原基。③花瓣形成期：出现 5 个舌状花瓣原基；花药体积增加，花丝有伸长表现；子房膨大，柱头呈蒜头状。④花药胚珠形成期：明显出现花药纵沟，花药略带灰蓝色。柱头伸长，将子房横切开，可见 10 个小黑点呈辐射状排列，这就是胚珠。同时也会发现分枝的花器也在形成，只是比主茎顶端花器分化晚一步。⑤花粉粒形成期：由花丝支撑的花药与柱头高度基本相等，花药内的花粉已形成圆球状。

现蕾前快速生长时期的田间水肥等栽培管理措施已经为胡麻植株现蕾、开花期的生殖生长做好了前期准备。据测定，从现蕾至开花期（蕾期），是胡麻一生中生长最旺盛的时期，对水肥要求最高，植株需水量占全生育期的 50% 左右，养分特别是 N 素营养需求量占全生育期的 30%～50%；也是需要水肥的临界期，对水、肥是否充足非常敏感。如遭到干旱天气，胡麻植株主茎上会出现分枝少，并短缩在茎上；分茎生长速度也缓慢，延长了蕾期，致使以后胡麻各个植株间在开花、结果成熟等各个时期均会出现参差不齐的现象。所以，在此期及时浇水和追肥并进行中耕（旱地要锄草保墒），能促进花芽分化、多现蕾和茎生长，有利于有效分枝增加和形成较多的蒴果，获得较高的产量。

（五）花期

花期（始花—盛花—终花）对应第 1 朵花出现（即始花期）、盛花期、终花期 3 个生长过程。植株上第 1 朵花开放即进入花期，开花象征着花粉成熟和授粉过程的开始。通常胡麻出苗后的 45～60d 现蕾，其后 5～15d 开花，花期一般 10～25d（因品种、气象、栽培条件等因素不同有所差异）。据观察，开花顺序与花芽分化顺序，由上而下、由里向外交替开放。首先是植株主茎花开放，2～4d 后第 1 分枝花开放，相继第 2、第 3 分枝花开放。从全株看，开花顺序为从上（主茎花）向下（主茎花下第 1 分枝花），从里（主茎花）向外（各级分枝花）。在中国北方晴朗的夏季，一般凌晨 3～4 时花蕾明显增大，阳光初照的 5—6 时花冠逐渐张开，花药开裂散粉到柱头上完成自花授粉。8～10 时为盛花，12 时开始随着气温升高，花瓣开始凋落。从花朵开放到花瓣脱落一般需要 6h 左右。翌日早晨其他花再开放。上午是雨天时不开花，下午转为晴天时会有部分花朵开放。晴天上午从远处看胡麻田，可以看到一片蓝（白）色花的海洋，很美观，下午看到的却是一片绿色的波浪，变化很大。胡麻当日开花的多少，一般与前 2d 的温度、湿度关系密切。高温多湿，天气晴朗，花蕾形成多，开花也多；反之，减少。在高温干旱的情况下，花朵开放较早，凋萎也早；阴天开放较迟，保持时间也较久。雨天开放晚或半开放或难以开放。阴雨天较多,花粉容易受潮破裂,往往授粉不良,影响子房的发育,秕粒增多,形成缺粒,使得蒴果结实粒数较少,产量降低。因此开花时需有晴朗的天气,才能结实好,产量高,品质好。一些地方有"要吃胡麻油,伏里晒日头"的说法。开花后主茎伸长基本停止,只是花序的伸长。

据研究,胡麻授粉后一般在24h完成受精作用,受精后子房逐渐膨大发育成蒴果。授粉后,落在雌蕊柱头上的花粉粒,20~30min 开始萌发,并在短时内形成花粉管。经2.5~3h,花粉管已经达到花柱底部,以后进入子房,并同胚囊内卵细胞融合。花药的开裂和散粉与气候条件之间的关系很大。据甘肃省清水农校观察,气温越高散粉越早,气温17.8~21.1℃时,早晨7时30分至8时开始散粉,气温25,8℃时早晨6时30分就开始散粉;阴天或无日照时花不开或开放不完全,第2天重开,这种情况下,第1天开的花、花药能开裂但不散粉或散出少量花粉。其次日照长短、相对湿度高低对授粉也有影响,如果无日照,相对湿度为84%时,其着粒率仅43.8%;日照6.5h 相对湿度85%时,着粒率提高至73%。如遇阴雨连绵,隔天后部分花蕾、花药于傍晚开放开裂,如连阴雨2天,隔天后可能连续2天部分花蕾、花药于傍晚开放开裂,其结实率分别为60%和26%。在已开花而未授粉时遇雨,因花粉受潮失去生活力,胡麻单实率仅39.7%,晴天达63.2%。

胡麻单株花朵开放,因品种、栽培因素、分茎、分枝、花蕾数目不同,又受阴雨天(气象因素)影响,一般7d 左右完成,全田开花期需要20d 左右。

但密植时能显著缩短花期,可使盛花期提前,使整个大田开花和成熟比较一致。一般7月是中国北方胡麻的盛花期,此时刚刚进入雨季,空气湿度较适中,晴天多,利于全田整齐开花,也预示着蒴果成熟整齐。花期遭遇干旱或连续阴雨时,全天植株间开花不整齐,授粉质量差,会降低坐果率和蒴果内的着粒数,种子成熟度也会差异过大。这也是为什么在多雨的南方地区不适宜种植胡麻的原因之一。天津地区曾引种胡麻,采取品种选择和尽量早播种的措施使开花期和成熟期避开多雨季节,也获得了丰收。胡麻是自花授粉作物,中国北方胡麻的天然杂交率(异花授粉率)一般为1%~2%。在纬度低的南方地区,因空气湿度大,田间植株间开花时间不同步,天然杂交率高于北方地区(因品种、气象因素有所差异)。据河北坝上农科所观察,一般品种天然杂交率为1%~3%,某些品种因开花时间较长,天然杂交率更高。

花期植株对水分、养分的需要仍然迫切,在始花期应及时灌水、追肥,始花期追肥灌水可使胡麻果大粒饱。

(六) 籽实期

籽实期(终花后—成熟期以前)对应生长阶段为青果期(青熟期)、(蒴果)黄熟期2个生长阶段。

胡麻授粉后25~30d,种子基本发育完成,再经10d 左右,种子进入成熟期。据研究,籽实和蒴果的发育过程是,胡麻授粉后,落在雌蕊柱头上的花粉粒,经20~30min后开始萌发,形成花粉管,花粉管迅速生长,然后到达胚珠而授精,一般在24h内完成受精作用。受精后子房开始逐渐膨大,直径达0.5~0.8m,即发育成蒴果。这一过程一般需10~15d。当蒴果初具外形,内部种子种皮已经形成其后进行灌浆,灌浆速度增长最快的时期是在受精后的 25d 直至种子发育完成。当蒴果外皮显黄绿色时，籽粒内部已经变成蜡质样。

1. 青果期（青熟期）

即终花后到（蒴果）黄熟期以前，植株茎叶和蒴果呈青绿色，下部叶片开始枯萎脱落，种子还没有充分成熟，当压榨种子时，能压出绿色的小片或汁液。胡麻青熟期以后，如果遇到天气多雨，空气部分蒴果湿度大，会出现"返青"现象。胡麻植株可以产生新的分枝，茎上部叶片泛绿种子持续生长，继续开花，与幼果、成熟果并存于同一植株上。若遇大雨和强风，极易成片倒伏，造成减产，亦给收获带来困难。早熟蒴果内的籽粒吸水过多时，会失去光泽，甚至发芽。这也是不适宜在南方多雨地区种植胡麻的另外原因。所以，及时收获是保证胡麻籽粒品质和产量的关键措施之一。

2. 蒴果黄熟期

植株上部的分枝和叶片仍保持绿色，蒴果大部分呈黄色，一部分蒴果呈淡黄色。一小部分蒴果中的种子呈绿色，大多数种子已变成淡黄色，少数种子变成浅褐色，种子坚硬有光泽，但籽粒还未饱满。该时期茎纤维强度大，品质好，麻质量高。黄熟后，要求晴朗干燥的天气，阴雨天胡麻贪青晚熟。

3. 籽实形成时期（即籽粒灌浆时期）

正是油分和干物质积累的时期。据测定油分的积累以种子日龄 25~30d 速度最快。30d 以后亟剧下降。在施 P 肥的情况下，比未施 P 肥的含油量要高。碘价的增长在开花后的头三周颇为缓慢，此后增长速度较快，当油分含量达到最大值后，碘价继续增长。千粒重的增长，以种龄 20d 速度最快，25d 后迅速下降，到 35d 时基本上不再增加。实验证明，在胡麻生长期间，每形成 1 单位重的干物质，要消耗 400~430 单位重的水。内蒙古农业大学测定了 5 个胡麻品种，当同天开花结实的种子日龄为 9d 时，所形成的蒴果及蒴果内籽粒体积的增长已趋于稳定，其大小接近成熟时的蒴果和蒴果内籽粒的体积。此时种子内已有油分积累，含脂肪重量占种子完熟末期（种子日龄为 45d）所含脂肪重量的 8.19%~15.61%，脂肪重量比率因品种类型不同有差异。随着单果种子日龄增长，种子含油量增加，到 12~15d 时积累速度快，出现第 1 次高峰。25~30d 时出现第 2 次积累高峰，而后油分积累缓慢。单果种子最大重量和油分积累在种子发育日龄的 30~35d 完成，含油率达到 41.17%~47.70%（因品种不同有所差异）。胡麻单株油分积累速度比单个蒴果种子油分积累延迟 10d 左右，即在单株首花后的 40~45d。此段时期对土壤水分的要求仍然较高。在雨水较为充足、适宜年份，胡麻种子的含油率和碘价都较高。

（七）成熟期

在胡麻植株开花受精后的 35~40d 就进入了蒴果和籽粒的成熟期，完成了胡麻一生的周期变化（胡麻全田从开花末期到成熟一般需 40~50d，因品种、气象、栽培条件等因素不同有所差异）。达到成熟期的标志为植株枯黄，茎叶大部分变成褐色，上部叶片已枯萎，茎秆下部和中部叶片大多脱落。蒴果呈黄褐色或暗褐色，早开花受精的蒴果有裂纹出现。籽粒坚硬饱满，成熟变硬，有光泽，褐色（或其他成熟种子颜色），千粒重和油分含量达到品种本身固有标准。植株摇动时，籽粒在蒴果内"沙沙"作响。茎秆麻纤维已变粗硬，品质较差。此时段是收获胡麻籽粒的理想时期，应择机收获。

二、环境条件对胡麻生长发育的影响

（一）自然生态条件的影响

1. 温度

（1）种子萌发和出苗的三基点温度　所谓三基点温度即最低温度、适宜温度、最高温度。温度会影响种子的发芽能力，亚麻也不例外。Nykiforuk 等研究表明，温度是影响种子发芽的一个重要环境因子。亚麻种子在 1~3℃ 条件下就能够发芽，但是当温度低 10℃ 时，极显著降低了亚麻的出苗率，亚麻种子发芽的最适温度是 20~25℃。

（2）积温效应　气候变化将使中国未来农业生产的不稳定性增加、产量波动增大、种植熟制变化幅度增加。气温上升导致作物的气候生长期已明显延长。姚玉璧等（2011）提出由于气候变暖，除胡麻播种—出苗期和成熟期外，其余时段热量充足，气温对胡麻产量形成负效应，气温升高 1℃，胡麻产量降低 6~10g·m^2。现蕾期产量形成对气温变化十分敏感，旬平均气温每升高 1℃，胡麻产量降低 10~11g·m^2，敏感期将持续 30~40d。气温升高一方面加剧了土壤蒸发和作物蒸腾，使作物需水量增加，导致半干旱区农田作物缺水状况加重；另一方面高温影响现蕾开花，进而影响结实率。播种—出苗期热量不足，气温对该时期的胡麻产量形成正效应，且影响量较大，旬平均气温每升高 1℃，胡麻产量可增加 5~10g·m^2。胡麻一般在 3 月下旬播种，出苗期在 4 月中下旬，现蕾期在 6 月中旬，开花期在 6 月下旬，成熟期在 7 月下旬至 8 月上旬。播种到成熟期天数为 120~150d，≥0℃ 积温 1 700~2 100 ℃。

（3）温度对植株生长发育和产量的影响　温度是影响胡麻发育的最主要气象因子。研究温度变化对胡麻发育进程的影响将不仅揭示产量变化的原因，还可为作物种植布局的调整提供依据。

姚玉波等（2015）以 11 个亚麻品种为试验材料，比较温度对不同品种亚麻种子发芽势和发芽率的影响。结果表明，供试的 11 个亚麻品种的发芽势和发芽率均随着温度的升高呈单峰曲线变化，5℃ 处理种子的发芽势和发芽率最低，与其他处理差异达极显著水平，当温度为 20 和 25℃ 时，亚麻种子发芽势和发芽率最高。通过对 11 个品种的比较发现，黑亚 18 在低于 10℃ 的情况下，仍保持了较高的发芽势（85.67%）和发芽率（94%）。

2. 光照的影响

（1）光周期（日长）的影响　光周期是指一日之内光照时间长短的变化，也就是在白昼/黑夜循环中日照长短的变化。光周期反应就是生物体对日照长短季节性变化所作出的一种生物反应。许多生物体的生长发育和行为都受到这种日照长短季节性变化的影响。Gamer 和 Allard（1920）最早对植物开花的光周期反应进行研究，他们发现许多植物的开花受日照长短的控制，如一些植物只有当日照长度高于某一特定的阈值时才开花或开花早，而有些植物在日照长度低于某一阈值时才开花，另外有些植物的开花则不受日照长短的影响。这些植物分别称为长日植物、短日植物和日中性植物。

胡麻属于长日植物。光照时间的长短和强弱对亚麻植株高度、发育时期和分枝特性影响明显。日照缩短时，发育延迟；持续光照，发育加快。从出苗到成熟，亚麻日照时数 600~700h 为宜，在每天持续日照 13h 以上的条件下，亚麻可以顺利地通过光照阶段，促进发育和成熟，开花结果，但麻茎矮小，原茎和纤维产量降低。每天光照低于 8h，不能通过光照阶段，营养生长期延长，亚麻原茎产量提高，倒伏，难以完成开花结果。在短日（10~12h）条件下亚麻发育延迟。油用和兼用类型亚麻的光照阶段比纤维用类型亚麻要长些。

吴行芬（2005）以抗生素诱导获得的温敏型亚麻雄性不育系 S1、S5 及诱变母体陇亚 9 号为材料，在不同生态条件、人工气候箱条件下对不育系的生长发育、育性表现及与温度光照的关系进行了研究。试验结果表明，不育系在不同试验条件下育性表现不同，分析证实光照强度和光周期对不育系的育性无显著影响；而花期温度对育性有显著影响，相对低温条件下育性较低，自交不结实，相对高温条件下育性较高，自交结实率高。

（2）光照强度的影响　光是植物生长发育过程中最重要的环境因子之一，光照强度影响植物的生长、发育及形态结构的建成。通常随着光照强度的降低，光合速率和叶绿素含量呈现下降趋势，从而限制植物的生长。探讨光照强度对作物苗期生长发育特性的影响，对作物的生产具有十分重要的意义。

徐大鹏等（2013）通过田间遮光试验和实验室弱光试验，探讨光照强度对胡麻幼苗生长发育的影响。结果表明，光照强度为自然光的 5%~50% 时，胡麻出苗率高于对照，光照强度为自然光的 65% 时，胡麻的成苗率最高。随着光照强度的降低，胡麻的株高和节间距呈上升趋势，很弱的光照强度（450lx）使胡麻的幼茎变细，硬度降低，无法成苗。

3. 温光综合作用的影响

亚麻是长日性作物。温室内必须用人工光源增加光照时间与设计适合的光照强度，满足亚麻生长发育过程中对光的要求，只有这样亚麻才能顺利地通过光照阶段完成它的生活史。

孙洪涛等（1986）通过温室试验，结果表明，光照时间和光照强度对亚麻生长发育均有较大的影响。白炽灯与亚麻植株生长点的距离要始终保持在 25cm 左右。随亚麻植株的生长，白炽灯必须随生长点的增长而升高。温度对出苗，植株高度有较大的影响，其中池温为 22.5℃ 比池温为 15.5℃ 的要提前 9d 出苗。植株高度差为 31.1~35.5cm，但对亚麻的发育影响不大。

4. 水分的影响

胡麻播种的时候，要保持土壤的湿度在 65% 以上。萌发及出苗阶段，保持土壤湿度在 50% 以上。胡麻的生殖生长和营养生长同时进入旺盛期是在现蕾到开花期，在此期间胡麻的耗水量达到生育期的最大值。开花期应该保持土壤湿度在 70%~75%。盛花期以后，进入胡麻生长的后期，土壤湿度大概要保持在 50%~55%。

刘春英（2013）通过大田小区试验，研究了在胡麻的不同生育期灌水对其生长发育及水分利用的影响，得出两个结论：一是随着灌水量的增加，单株分茎数越高。播种的时候，要保持土壤的湿度在65%以上。萌发及出苗阶段，保持土壤湿度在50%以上。胡麻的生殖生长和营养生长同时进入旺盛期是在现蕾到开花期，在此期间胡麻的耗水量达到生育期的最大值。开花期应该保持土壤湿度在70%~75%。盛花期以后，进入胡麻生长的后期，土壤湿度大概要保持在50%~55%。二是灌水量对叶绿素、根鲜重影响差异显著，盛花期不灌水对胡麻株高的影响不显著，苗期不灌水和分茎期灌水对株高、叶绿素和根系鲜重的影响明显。青果期灌水对产量的影响极显著。胡麻年需水量大概220m³/亩左右，灌水次数3次（分茎期、现蕾期、盛花期各1次，相应产量在140kg/亩左右。

（二）气候变化的影响

20世纪以来全球变暖已是不争事实，而且气候变暖可能已对许多自然和生物系统产生了可辨别的影响。在中高纬度地区，局地温度增高1~3℃，粮食产量预计会有少量增加；若升温幅度超过这一范围，某些地区农作物产量则会降低。

姚玉璧等（2011）研究认为，影响黄土高原半干旱农区胡麻生长发育的主导气象因子是气温和降水量。气温升高、降水量减少导致生殖生长阶段延长，致使全生育期延长。5—7月的干燥度（蒸发量与降水量的比值）是影响胡麻水分利用率的关键因子。

李淑珍等（2014）基于观测数据分析了宁夏固原地区平均温度和降水的年际变化，探讨了气候变化对当地胡麻发育进程和产量的影响状况。结果表明，1957—2012年，固原地区年均气温呈上升趋势，年降水量呈下降趋势，气候倾向率分别为0.3℃/10a、−20mm/10a；胡麻生长季平均温度的上升趋势更明显，降水的下降趋势则与年趋势类似。气温升高和降水减少加快了胡麻的发育速度，导致其生育期天数呈显著减少趋势。胡麻播种至出苗期温度每上升1℃，出苗期提前0.7d；出苗至2对针叶期，温度每上升1℃，发育天数缩短0.8d，降水量每减少1mm，发育天数缩短0.1d；工艺成熟至成熟期温度每上升1℃，成熟期提前1.8d，降水量每减少1mm，成熟期提前0.1d。胡麻营养生长阶段平均温度升高、降水减少使发育加速是胡麻产量逐年降低的主要原因之一；生殖生长阶段温度升高会抑制花芽分化及正常授粉，对蒴果数和结实率产生影响而导致产量降低。调整胡麻品种种植布局、扩大中晚熟或晚熟品种比例是当地减少气候变化影响的重要措施。

（三）人为因素对生育期的影响

作物生存离不开环境。围绕着作物的环境包括自然环境和人工创造的栽培环境。环境中的各种因子都与作物发生直接或间接的关系。它们都是作物的生态因子。生态因子一般分为非生物和生物因子，非生物因子又可分作气候因子、土壤—地形因子。土壤—地形因子包括水分、养分等。所采用的栽培措施中，有一些是直接作用于作物的（如整枝、打杈、施用激素等），而更多的则是用于改善作物的生活因子（如合理密度、施肥、灌水等）或者通过改变某一生态因子进而促进作物生长发育的（如中耕、除草、防病、灭虫等）。胡麻生产是靠群体增产，群体结构和群体生态环境受人为栽培措施和气候条件的制约。

1. 播季和播期的影响

产量形成是一个综合的生理生态过程，不同播种期会导致生长期间不同的光温生态条件，从而影响产量构成因素、产量组分构成和物质生产与转化能力，随着播种期的推迟植物物质生产与转化能力降低。适期播种，不仅气温高，出苗快而齐，且相对延长分枝和花芽分化时间，从而奠定高产基础。提前播种能充分利用光温资源。即提早播种，苗期累积的光、热量就多，迟播则少。不同播种期对产量的影响，其实质是通过在生育期间形成不同的光、温条件而起作用，推迟播种，超过最佳播种期，会降低种子的产量和含油量，增加自由脂肪含量。众多研究表明，播种期愈迟，生长量愈小，干物质积累愈少，植株营养体愈小。

杨龙等（2005）试验研究表明，地处江淮的六安地区完全可以种植亚麻，原茎产量以"黑亚14号"在播种量 120kg/hm² 水平下最高，种子产量则以阿里安在播种量 60kg/hm² 水平下为宜。而播期只对亚麻各生育时期的生长速度有影响，对原茎和种子的产量影响不大。

乔海明等（2010）对胡麻品种不同播期产量及经济性状进行研究分析，结果表明，提早播种（27/4）能较大幅度地提高胡麻产量，特别对"坝选3号"和"坝亚12号"表现尤其显著。提早播种（27/4）能有效地利用春墒，提高胡麻出苗率和成株数，是一项行之有效的抗旱保苗技术。提早播种能显著提高胡麻千粒重和果粒数。

2. 栽培措施的影响

合理的栽培能相对统一个体与群体的矛盾，使个体得到适当的发展，群体得到最充分的发展，尤其是使产量各因素得到了充分的发展，充分利用了地力和光能，能相对统一几个产量构成因素之间的矛盾，以求单株产量最大，单位面积上获得的株数最多，而粒数和粒重则减少不多或基本不减少，从而取得高产。因此，胡麻在栽培上应采取培育壮苗、科学运用肥水，适当控制群体发展，改善通风透光条件，增加光合效率，充分应用合理的栽培措施确保胡麻生长发育的健壮。

基于新疆胡麻产区的气候特点，顾元国等（2010）通过两年的正交栽培试验得出，在新疆主产县新源，影响种子产量高低的因素为灌溉>留苗密度>施肥，以每亩留苗 80×10⁴ 株、施肥 20kg、灌水 80m³（开花期灌水 1 次）为获得理想种子产量的栽培措施。

（秦刚、葛青）

第四节 胡麻实用栽培技术

一、主要栽培技术环节

胡麻栽培技术体系的主要技术环节可概括为以下方面。

地块选择和整地时期、方法、标准和作用；选用良种和种子播前处理；施足基肥；适期播种和播种方法；合理密植；田间管理（定苗；中耕除草；科学追肥；合理灌溉；

防病、治虫、除草）；适时收获等。

整个栽培管理过程中，还要注意采用合理的种植方式、如、间、套、轮作。有的地区还采用带田种植。也广泛采用覆盖栽培等。

各地皆有成熟可行的栽培技术。也有大量的研究报道。

二、选地整地

（一）茬口选择

不同的前茬对胡麻产量有很大影响，茬口应选择上年施有机肥多、杂草少的玉米、高粱、谷子、小麦、大豆等，不应选用消耗水肥多、杂草多的甜菜、白菜、香瓜、向日葵、马铃薯等，更不能重茬、迎茬，一般应轮作 5~6 年，这样可以防止菟丝子、公胡麻等杂草及立枯病、炭疽病的为害。试验证明，玉米和大豆茬种胡麻产量高，其次是小麦茬。同时还要注意前作使用的除草剂，大豆如使用了含有"普施特"类的除草剂，后作两年内不能种植胡麻；玉米如使用了含"阿特拉津""塞克津"类的除草剂，后作不宜种植胡麻。

郭秀娟等（2016）通过 4 种不同前茬耕地上胡麻干物质积累规律及产量构成因子的变化，分析其对胡麻产量和品质的影响，为胡麻合理接茬复种提供理论依据。结果表明，不同前茬作物使胡麻不同生长期干物质积累量总体呈上升趋势，在生理成熟期达到最大值。与不倒茬（T_0）相比，4 种前茬作物对胡麻不同生长期干物质量积累都有增加作用，其中豆茬（T_3）处理胡麻干物质积累量最大。荞麦茬（T_2）、谷茬（T_1）对胡麻工艺长度和株高影响较大，豆茬（T_3）、荞麦茬（T_2）对单株有效蒴果数和千粒重影响大于其他几种茬口。与 T_0 相比，4 种茬口使胡麻籽粒中硬脂酸含量都有所提高，对胡麻含油率、胡麻酸、亚油酸、油酸和棕榈酸等品质性状的影响无明显差异。与 T_0 相比，豆茬是最优前茬，荞麦茬、谷茬次之，薯茬最差。

张素梅（2017）通过对本地 11 种不同茬口对后茬胡麻生长发育、产量、品质的影响进行分析，结果表明三点。一是不同茬口对胡麻出苗率有较大的影响，谷茬影响胡麻出苗，其余不同茬口对胡麻出苗影响差异不显著，玉米、萝卜（秋茬）、油菜和高粱茬较胡麻茬出苗率有显著提高作用。二是不同岔口对胡麻生长发育影响较大，特别是对胡麻株高、长势状况影响较为显著，荞茬（甜荞、苦荞）、芸介茬口影响后茬胡麻生长发育，植株长势迟缓，叶片发黄，茎秆细弱，生育期延迟，在实际生产中胡麻种植应注重避开这些茬口。三是不同茬口对胡麻产量的影响较为明显，芸介茬、荞茬和油菜茬产量最低，麦茬、豆茬、高粱茶和玉米茬都有助于胡麻产量的提高，不同茬口对胡麻生长影响差异较大，综合表现为麦茬最优，其次为高粱茬、玉米茬、谷茬、荞茬、胡麻茬，油菜茬最次，为不适宜种植茬口。

（二）地块选择

由于胡麻的根系发育弱，是需肥水较多的作物，因此，种植胡麻应选择土层深厚、土质疏松、肥沃、保水保肥力强、地势平坦的黑土地，排水良好的二洼地或黑油砂土地。因为平坦的黑土地、二洼地，地势较低，土质肥沃，保水保肥力强。在天气干旱的情况下，土壤含水量比岗地和山坡地高，也就是农民所说的这样的地块"抗旱"，既有利于出苗保苗，又能减轻干旱对胡麻前期生长的威胁。据测定，在春季干旱的条件下，10厘米土层内土壤含水量，洼地比岗地高2.0%~5.1%。土壤养分的分析结果表明，同一块地，平坦黑土地和缓坡黑土地N、P、K含量均高于岗地。由于其肥力高，保水保肥力强，种胡麻产量也高。

黄土岗地、山坡地、跑风地，土壤黏重，排水不良的涝洼地以及砂土地都不适宜种胡麻。据报道，平坦黑土地种胡麻比黄土岗地种胡麻增产30%左右；二洼地比平岗地增产20%~50%。因为黄土岗地、山坡地土壤含水量低，干旱、瘠薄，不利于胡麻全苗和生长发育，影响产量质量；跑风地种胡麻易遭风害，造成缺苗断条，甚至毁种；黏重和排水不良的涝洼地土壤含水量多，通透性差，春季地温回升慢，地温低，种胡麻出苗缓慢，易发生苗期病害。由于地温低，"冷浆"，土壤微生物活动弱，养分释放的慢。出苗后麻苗"发锈"，麻茎也长不起来。遇伏雨后又徒长，贪青倒伏，造成减产，影响质量；砂土地肥力低，不抗旱，保水保肥力差，所以也不宜种植胡麻。

（三）整地时期和标准

胡麻是平播密植作物，种粒小，覆土浅，种子发芽需水多，所以提高整地质量，保住土壤墒情，是胡麻次播种保全苗的关键措施。北方春季多风少雨，蒸发量大，十春九旱，加之整地质量不符合要求，给胡麻生产带来的为害很大，造成出苗不齐，实收株数减少，直接影响产量。在一定的抗旱措施范围内，胡麻田间出苗率和原茎产量，随着整地质量、土壤含水量的提高而增加。近年来，随着农业机械化水平的提高，采取翻、耙、耢、压连续作业的整地方法，创造了深厚的疏松耕层，提高了蓄水能力，给胡麻种子发芽创造了良好的土壤环境，减轻了春旱对胡麻生产的威胁。目前，种植胡麻主要采取伏秋整地和春整地两种形式，而春整地又分为顶浆整地和原垄耙茬两种方法。

采用小麦茬播胡麻，小麦收获后，要抓紧伏翻伏耙；采用玉米，大豆茬或谷茬播胡麻，应进行秋翻秋耙连续作业。伏秋翻整地有利于充分接纳伏雨和秋雨，使耕层贮存大量水分，做到"春旱秋防"。实践证明，秋翻秋耙地块，田间出苗率为74%~89%，而春翻春耙连续作业的地块出苗率为57%，春翻春耙不连续作业的地块仅为43%，秋翻秋耙比春翻春耙连续作业原茎可增产26.7%，每亩增产7.5kg。伏秋翻整地还可解决低洼易涝地区春季土壤"浆气大"，机车不能及时下地作业的矛盾，不违农时，适时播种。北方春季土壤解冻时间相差较大。当表土层化冻深度达到10cm左右时，进行顶浆整地，保墒效果良好，既满足了胡麻种子发芽时需要的水分，还可持续较长时间供给胡麻生育初期对水分的需要。

原垄耙茬是胡麻种植多年来总结出的一套经验。其做法是：如选用玉米茬种胡麻，春季要把茬子刨掉拣净，用犁破垄，然后用拖拉机尾带重耙加轻耙，一耙压半耙，耙耢压连续作业。不仅能创造平整、疏松的表土层，又能减少10cm以下耕层水分的散失，具有明显的保墒作用。

镇压是一项简单易行面又行之有效的抗旱保墒措施。它能使土壤返润接墒，有利全苗，提高田间保苗的作用。镇压应根据土壤墒情灵活掌握。一般土壤疏松、墒情不好的岗地或砂土地，可多压、重压；墒情好的地块，可少压，轻压；土壤湿度过大的地块则应不压。

无论是伏秋翻整地，还是春整地，都要求达到破碎土块，消灭明暗坷垃，地面平整，表土疏松，底土紧实，形成透气、保水、保温的土壤环境条件，以利于胡麻的播种作业，又能为种子发芽，出苗提供适宜的苗床，达到次播种一次全苗的目的。严防机械作业时漏翻、漏耙、漏压。因为漏耙、漏压地段坷垃多，压苗，影响全苗，同时也不利于保墒。注意耙匀、耙细、切勿留垄沟垄台，以免垄台土湿先出苗，垄沟有夹干土不易出苗，造成出苗不齐。地面平整，以便提高播种质量。如地面高低不平，则播种时种子入土深浅不一致，出苗不齐。所以，机械翻地后，土地平整是至关重要的。

（四）合理施肥

农家肥是一种营养价值全面的速效和迟效兼有的有机肥料，可在较长时间内持续供应胡麻生长发育所需要的养分。它不但能满足胡麻全生育期的吸肥需要，起到壮秆长麻，防止倒伏的效果，而后还有培肥地力的作用。由于有机肥料在土壤里分解的比较慢，所以胡麻施用有机肥料主要是用作基肥，而且要早施，最好是从前茬培肥地力入手。突出经验就是在上一年大量施入有机肥料，培肥地力，下年种植胡麻，使胡麻能够及时利用土壤里已被分解好的残肥，提高胡麻的产量，仅此一项措施，就可增产 10% 左右。增施有机肥料是一项用地、养地、全面培肥地力的有效措施。若前茬没有施肥基础或土壤肥力较低，可在秋整地之前施入，做到秋翻施基肥，也可以结合春季播种前耙茬整地施入土壤中。施有机肥料做基肥时，粪肥一定要充分发酵。可在整地前运到地里，均匀散开。春整地施肥时，要做到随扬随耙，浅耙 10~15cm，将粪肥耙入土中，既防旱保墒，又为胡麻生长发育创造一个肥多、土碎的土壤条件。

在施用有机肥料的基础上，合理施用化肥做种肥，有显著的增产效果。据试验，N、P、K 不同配比，在不同土壤类型上有不同的增产效果。N、P、K 不同配比的增产效果，还与土壤 N、P、K 含量高低有关。据调查，每 100g 土壤有效 N 含量低于 8.5~11.0mg 时，施 N 有增产效果，大于 14.0mg 时增产效果不明显；过量施 N 还会引起贪青倒伏，因此种胡麻不要单独施用 N 肥。有效 P 和有效 K 的含量低于 1.5~3.0mg/100g 土和 2.8~3.0mg/100g 土时，施 P 和 K 不但增产效果好，而且有提高纤维品质和防止倒伏的作用。黑龙江省中等肥力的地块亩施二铵 7.5~12.5kg，或亩施硝铵 4.1~6.8kg 加三料 P 肥 7.5~12.5kg 为宜。

微量元素 Cu、Mn、Zn、B 等在土壤中含量很少，但却是植物生长发育所必须又是不可代替的。20 世纪 40 年代以来在欧美发达国家已经开始生产 Cu 肥等微量元素肥料并在胡麻生产中应用，显著地提高了产量和品质。前苏联的研究结果表明，在施用常量化肥的基础上，施 Cu 肥，原茎产量可提高 5%~52%。Cu 肥处理种子，每亩种子增产 6kg。

胡麻深施肥有保持肥效、减少损失的良好作用。使胡麻根系密集层 10cm 左右形成一个营养丰富的土壤环境，大大提高了根系吸肥能力，促进了胡麻的增产。大面积示范深施化肥 8cm，比施种肥 4cm 增产；盆栽试验也收到了同样效果，增产 10.8%。根据上述结果，今后可把胡麻深施肥作为增产措施推广应用，结合播种一次完成。

三、选用良种

（一）良种标准

一个新品种推广后，必须加速繁殖出数量足、质量高的良种供生产用。胡麻是极易混杂的作物，品种混杂退化速度明显大于其他自花授粉作物。混杂退化的品种会严重影响其生产力和纤维品质，同时纤维用胡麻又是播量大、种子繁殖倍数低（生产田为3倍左右），品种从推广到普及所需时间长，增加了良种化的难度，所以胡麻良种繁育就显得更为重要。搞好良种繁育工作，实施胡麻种子工程战略，对中国胡麻产业的发展事关重大。胡麻良种繁育有两个主要任务。第一是迅速大量繁殖新品种的种子应用于生产，保证优良品种得以迅速推广，发挥其增产作用。第二是在繁育过程中采用先进的农业技术措施，保持品种的纯度和种性，延长使用年限，防止品种混杂退化，进行提纯选优，源源不断地为生产提供种性纯度好，数量足、质量高的优良新品种，使生产达到稳定均衡增产作用。

在胡麻生产中一般采用"五年更新"制，即原原种繁殖两代生产使用3年后就不再做生产用种。如果反复使用普通胡麻籽（良种三代以后的种子）会影响产量和质量。国标 GB 44071—1996，对纤维类作物种子的质量要求进行了规范（表3-12）。目前我国胡麻仍在执行此标准。

表3-12　胡麻种子质量标准（GB 4407.1—1996）

作物名称	级别	纯度不低于（%）	净度不低于（%）	发芽率不低于（%）	水分不高于（%）
胡麻	原种	99.0	96	85	9
	良种	97.0	96	85	9

（二）良种简介

1. 宁亚15号

宁夏固原市农业科学研究所育成。生育期为92～112d。株高65.4cm，工艺长度50.0cm，单分枝4～5个，蒴果10个，果粒数6.7粒，千粒重7.4～8.5g，耐旱。高抗亚麻枯萎病，丰产性好，适应性较广。半干旱区3月25日至4月10日抢墒播种，阴湿区在4月20日左右播种。旱地播量50kg/hm²，保苗300万～375万株/hm²；水地播量75kg/hm²，保苗450万～500万株/hm²。

2. 宁亚16号

宁夏固原市农业科学研究所育成。生育期为95～98d，株高55.1cm，工艺长度41.2cm，分枝7.0个，蒴果8～9个，果粒数7.9粒，千粒重8.0g，丰产性好，适应性广，抗枯萎病。与玉米、甜菜等套种具有较高的产量水平和经济效益。半干旱区3月25日至4月10日抢墒播种，阴湿区在4月20日左右。旱地播量50kg/hm²，保苗300万～375万株/hm²；水地播量75kg/hm²，保苗450万～500万株/hm²。在出苗30～40d

要及时灌好头水。

3. 轮选一号

内蒙古农业科学院育成。生育期95~110d，株高50~70cm，工艺长度38~47cm，分枝3~5个，蒴果15~21个，千粒重6.5g左右，含油率42.8%，抗旱、抗倒伏、活秆成熟、高抗枯萎病。旱地播量45~50kg/hm²，水地播量60~75kg/hm²。在水地种植第一水要早浇，一般要掌握在枞形期到快速生长期之间。

4. 内亚五号

内蒙古农业科学院有成。生育期103d以上。株高61cm，工艺长度4.3m，分枝3~5个，蒴果17.2个，千粒重7.5g，含油率43.57%。高抗枯萎病，抗旱性强。播期为4月中旬至5月，播量50~65kg/hm²。后期要控，防止贪青晚熟。

5. 坝亚六号

河北省张家口市坝上农业科学研究所1986年以"坝亚二号"为母本、"7669"为父本杂交育成。1998年经河北省农作物品种审定委员会审定推广。生育期95~117d，株高68~82.1cm，工艺长度43~62.5cm，分枝3~5个，蒴果10~18个，千称重6.8~7.9g。高抗亚麻枯萎病，适应性广、抗旱、耐瘠薄、抗倒伏。

6. 坝亚七号

河北省张家口市坝上农业科学研究所1986年以加拿大品种"红木65"为母本，以"78-10-河北省张家口市坝上农业116"为父本杂交育成。2000年经河北省农作物品种审定委员会审定推广。生育期92~100d，株高53.85~59.08cm，工艺长度34.47~39.39cm，分枝4~6个，单株果数13~19个，千粒重6.05~6.41g，含油量39.87%。高抗亚麻枯萎病。

7. 陇亚9号

甘肃省农业科学院经济作物研究所选育。生育期97~104d，株高60cm，工艺长度30cm，分枝3~5个，蒴果14~21个，千粒重6.0~8.0g，含油率41.39%。高抗亚麻枯萎病，兼抗白粉病，抗倒伏，耐肥水，适宜水肥条件较好的川水地种植，也适宜与玉米、大豆、甜菜、葵花等晚熟作物间作套种。

8. 天亚7号

甘肃省兰州农业学校育成。1986年以（"陇亚7号"×"南24"）F₁为母本，以"天亚5号"为父本，进行复交。1987年种植复交F₁并首次选择单株，后经1988—1989年连续两年的单株选择，选出了"86-124-1-1"品系。1997年经甘肃省农作物品种审定委员会审定推广。生有期104d。株高70.1em，工艺长度50.9cm，分枝6.7个，蒴果16个，千粒重6.5~7.5g，含油率41.9%。亚油酸含量达14.2%，高抗枯萎病，兼抗白粉病，抗旱耐瘠薄能力强。

9. 定亚22号

甘肃省定西地区油料试验站选有。生有期94~115d。株高52.6cm. 工艺长度29~

41.1cm，主茎分枝4~6个，蒴果13~20个，果粒数7.6~8.5粒，千粒重7.0~7.5g，含油率41.0%，抗旱性强，抗倒伏，高抗枯萎病，丰产，稳产。

10. 晋亚八号

山西省农业科学院高寒区作物研究所以"793-4-1"作母本，以加拿大品种"红木65"作父本杂交育成，原代号8796-7-6。1998年4月由山西省农作物品种审定委员会审定推广。

生育期100d左右，株高68cm左右，工艺长度50cm左右，分枝3~4个，蒴果15~20个，千粒重6.5g左右，含油率达40.8%，a-亚麻酸含量49.94%，高抗枯萎病，抗倒伏，抗白粉病，有较广泛的适应性。

11. 伊亚三号

新疆维吾尔自治区伊犁州农业科学研究所有成。生育期100~110d，株高66.5cm，工艺长度42.1cm，分枝4~5个，蒴果14~15个，千粒重7.2g，含油率42.2%。高抗亚麻枯萎病、立枯病和炭疽病，耐肥水抗倒伏，苗期可耐-3℃低温，有较强抗旱性，适应性很强。

四、播种

(一) 种子的播前处理

种衣剂（seed coating formulation）是一种用于作物或其他植物种子包衣的、具有成膜特性的物质。通常种衣剂是由农药原药（杀虫剂、杀菌剂等）、成膜剂、分散剂、防冻剂和其他加工制成的，可直接或经稀释后包覆于种子表面，形成具有一定强度和通透性的保护膜的制剂。它和用于浸种和拌种的农药乳油、粉剂、可湿性粉剂等不同，种衣剂是包在种子上能立即固化成膜为种衣，种衣在土中遇水吸胀透气而几乎不被溶解，从而使种子正常发芽，使农药和种肥等物质缓慢释放，具有杀灭地下害虫、防止种子带菌和苗期病害、促进种苗健康生长发育、改进作物品质、提高种子发芽率、减少种子和农药使用量、提高产量等功能，达到减少环境污染、防病治虫保苗的目的。此外，种衣剂的使用既保证了种子丸粒化、标准化，也杜绝了粮种不分，有效地防止种子经营中假冒伪劣种子的流通，从而加速了种子产业化的进程（郑学强等，2004）。

针对新疆胡麻栽培产区存在的苗期病害，李广阔等（2008）采用不同药剂处理种子。试验结果表明，选用的各处理药剂对亚麻发芽及出苗安全，无不良影响；对亚麻立枯病和枯萎病的防效调查结果表明，3.5%满时金悬浮剂防效最好，其次是15%多福种衣剂和3%敌萎丹悬浮剂。40%福星乳油对亚麻白粉病防效最好，且持效期最长，其次是40%信生可湿性粉和43%好力克悬浮剂两药剂。

除常规处理外，崔红艳等（2015）采用二因素裂区设计，以保水剂和活性炭、硅藻土、凹凸棒为填充剂的包衣材料制作丸粒化胡麻种子，研究了丸粒化处理对胡麻种子萌发和幼苗生长的影响。结果表明，与不加保水剂相比，保水剂质量与种子质量为1：1时，丸粒种子的活力指数和出苗率显著提高20.11%、18.62%；随着保水剂含量的增加，幼苗的根冠比显著减小3.25%。包衣剂中以活性炭：凹凸棒=1：1为填充剂的发芽率和出苗率比不加填充剂的明显提高 6.79%、22.41%，幼苗生长最健壮。与未丸粒化的种子相比，当保水剂质量与种子质量为 1：1 时，以活性炭：凹凸棒＝1：1 为填充剂的丸粒种子发芽指数、活力指数和出苗率显著提高，而且幼苗的茎粗、叶面积和根冠比分别显著增加 11.02%、27.35%、28.07%。可见，适量的保水剂（保水剂质量与种子质量为 1：1）和以活性炭、凹凸棒为填充剂的包衣剂能提高胡麻种子活力，增加出苗率，使幼苗的干物质重增大，根系发达，根冠比提高，为胡麻高产奠定了良好的基础。

（二）适期播种

根据各地的气候条件和生产水平以及实践经验，都有适宜的播种季节和日期范围。生产实践证明，适期播种，对提高亚麻的产量和纤维品质有重要的意义。如果说整好地，保住墒，是确保一次播种出全苗、保全苗的关键，那么适期播种则是在亚麻栽培技术中提高亚麻产量和纤维品质的决定性措施。

播种期的实质在于，了解亚麻各个生长发育阶段，特别是发芽、出苗期对环境条件的要求，并掌握气候、土壤等自然条件的变化规律，确定出一个既符合亚麻生长发育的要求，又能适应自然条件变化，最后获得亚麻优质高产的播期。确定播种适期的依据有以下几点。

1. 播种期与温度的关系

在了解亚麻播期与温度的关系时，不但要考虑亚麻种子发芽出苗对温度的要求，而且要考虑到亚麻生长发育的各个阶段，特别是纤维形成时期对温度的要求。亚麻性喜冷凉，各个生育阶段，要求的温度较低。亚麻在充分吸水后，则发芽出苗的快慢主要决定于温度的高低。亚麻种子发芽的最低温度为 1~3℃，低于 1℃时不能发芽，最适温度 20~25℃，亚麻在气温 7~8℃时即可播种。亚麻在生育初期能忍耐短期低温，二、三对真叶时，能忍耐几个小时的 0℃ 以下 1~2℃ 的低温，但亚麻幼苗刚出土，子叶将要展开时，遇到低温则容易受冻害而造成缺苗。亚麻从出苗到开花期适宜温度为 11~18℃，如果快速生长期平均气温超过 22℃，不利于纤维形成，从而导致出麻率和纤维品质的降低。

2. 播种期与水分的关系

在春旱而无灌溉的条件下，播种时土壤水分的多少，墒情的好坏成为亚麻出全苗的决定性因素。亚麻种子需要吸收超过其本身重量的水分才能发芽，因此播种时，土壤里必须积蓄有足够亚麻种子发芽出苗所需的水分，一般要求土壤含水量不低于 21%。在大田生产的条件下，只要温度适宜，土壤不过湿或存水，通气良好，土壤含水量为田间最大持水量的 70%~80%，播种后即可获得全苗。在确定播期时除考虑土壤水分外，还要考虑自然降水的分布，既要保证亚麻正常的发芽出苗，又要使亚麻快速生长期接近或赶上雨季。不然，播种过早，麻苗易受冻害，并在快速生长期遇到"掐脖旱"，麻茎长不起来，造成减产。播种过晚，虽然躲过"掐脖旱"，产量比较高，但出苗到开花正处于高温的环境条件，营养生长和生殖生长交替进行，不利于纤维形成和积累，降低出麻率。有的甚至贪青、倒伏，造成严重减产。群众形象地概括为"早播地八寸，晚播大青秆"。可见，适期播种对亚麻高产隐产具有重要意义。

3. 播种期与产量、质量的关系

播种期对亚麻产质量有很大影响。因为不同时期播种的亚麻，其各生育阶段处在不同的气候条件下，因此产量和质量也有差异。适期播种，亚麻产量高。

科学试验和生产实践证明，新疆胡麻产区，一般在当地气温稳定在7~8℃时开始播种，北疆以4月上、中旬，南疆以3月下旬至4月上旬为适宜播种期。

（三）合理密植

种植密度是获取理想产量的一项重要措施。这方面有很好的生产经验和试验研究数据。在不同地区、不同播种季节，不同品种，不同产量目标等前提下，应有一定的种植密度范围。

胡麻单位面积产量是由单位面积有效成麻株数，亦即收获时期的保苗株数与单株生产力所构成的，而单位面积的有效成麻株数，又来源于单位面积的适宜的播种量。如果播种量过多，密度过大，麻株高，麻茎细，毛麻多，胡麻产量不高。如播种量过小，密度过稀，又因保苗株数少，麻茎虽粗大，但分枝多，也会降低胡麻的产量和质量。因此必须因地制宜地掌握适宜的播种密度，采用适当的播量和播种方法，来协调胡麻个体之间的关系，做到合理密植，争取单位面积上有足够的苗数和高的单株生产力，以期达到高产。

1. 种植密度和播种量

胡麻的种植密度是由田间的苗数构成的，但它不能靠间苗来调节，而只能由播种量和播种方法来控制。胡麻的合理密度和适宜的播种量的确定，应考虑种胡麻地块的肥力基础，如土质、地势、前作、当年的施肥数量和质量；有无灌溉条件；当地胡麻苗期病害是否严重等条件。其次要考虑胡麻的种子质量，纯度和发芽率等。一般地说，地力较高、上质肥沃、地势较低洼（或有灌溉条件），当年又能施足基肥和种肥，苗期病害较重的，播种量可适当多些，密度大些；反之，播种量应少些，密度小些。在其他条件相同的情况下，胡麻种子质量好，纯度和发芽率高的，播种量可少些；否则多些。

2. 种植密度和播种方式

播种量和播种密度确定之后，采用哪种方式播种，才能做到合理密植，达到优质高产是很重要的。一般中等播种量，宜采用播种机7.5cm行距条播；如播种量较大，就应采取重复播的方法；在干旱或半山区种胡麻，播种量应适当小些，可采用10行播种机15cm行距条播。

3. 种植密度与产量的关系

种植密度与胡麻产量、质量有密切关系。根据当前生产水平和各地具体情况，新疆可采用以下三种密度、播种方式和播种量。有施肥基础，土壤肥力较高的平川、二洼地，亩保苗可在100万~120万株，亩播量7.0~7.5kg，采用重复播法；一般肥力的地块，亩保苗90万~100万株，亩播量6.5~7kg，采用7.5cm行距条播或重复播法；地力较差的岗平地，亩保苗80万~90万株，播种量6.0~6.5kg，采用7.5cm或15cm条播。

曹秀霞等（2012）通过田间试验认为，在宁夏南部山区，旱地胡麻播种量为每亩55万粒，施用磷酸二铵6kg/亩，种子产量可达74.5kg/亩。

张新学等（2015）在宁夏旱地垄膜集雨沟播试验中认为，胡麻的最适播种量为3.5kg/亩。

张正等（2015）在新疆伊犁河谷胡麻不同密度试验中认为，在较干旱或干旱区种植胡麻，种植密度以60万株/亩产量最佳。

郭秀娟等（2017）通过在山西省大同市田间试验，施用有机复合肥，播种密度为50万株/亩，胡麻籽粒最高产量为106.2kg/亩。

（四）播种方式和方法

机械重复播，是在没有亚麻专用播种机的情况下采用的播种方法，农民又叫"加行播""插行播"或两次播。重复播的优点是种子下地散落均匀，苗眼由单条播的2~3cm，增加到4~6cm，行间界限不明显，较好地解决了单条播植株个体营养面积小、麻苗相欺、个体与群体不能均衡增长的矛盾，增加了有效成麻株数，比单条播明显地提高产量和质量。具体做法是：按计划15亩播量计算，将种子分成相等的2份。应用7.5cm行距的48行播种机，分2次播种，每次播1份。第2次播种时，开沟器在第1次已播种的两行之间再重播1次，即同一播幅内播2次。如每公顷计划播量为110kg，将播种机的下种量调整为5kg，这样2次正好播110kg。这种播法的不足是比单条播要多1次往复，播种进度比单条播慢1倍。

这方面的实践经验和研究报道也不乏其例。杨万军等（2014）在张家口市张北县坝上试验基地的旱作条件下，田间试验表明，在密度、播幅一致的条件下，缩小行距能明显提高胡麻出苗率。

五、种植方式

（一）轮作

轮作是指在同一块田地上，有顺序地在季节间或年间轮换种植不同的作物或复种组合的一种种植方式。轮作是用地养地相结合的一种生物学措施。中国早在西汉时就实行休闲轮作。北魏《齐民要术》中有"谷田必须岁易""麻欲得良田，不用故墟""凡谷田，绿豆、小豆底为上，麻、黍、故麻次之，芜菁、大豆为下"等记载，已指出了作物轮作的必要性，并记述了当时的轮作顺序。作物的许多病害都通过土壤侵染，如将感病的寄主作物与非寄主作物实行轮作，便可消灭或减少这种病菌在土壤中的数量，减轻病害。合理的轮作也是综合防除杂草的重要途径，因不同作物栽培过程中所运用的不同农业措施，对田间杂草有不同的抑制和防除作用。一些伴生或寄生性杂草如小麦田间的燕麦草、豆科作物田间的菟丝子，轮作后由于失去了伴生作物或寄主，能被消灭或抑制为害。水旱轮作可在旱种的情况下抑制，并在淹水情况下使一些旱生型杂草丧失发芽能力。各种作物从土壤中吸收各种养分的数量和比例各不相同，两类作物轮换种植，可保证土壤养分的均衡利用，避免其片面消耗。轮种根系伸长深度不同的作物，深根作物可以利用由浅根作物溶脱而向下层移动的养分，并把深层土壤的养分吸收转移上来，残留在根系密集的耕作层。同时轮作可借根瘤菌的固氮作用，补充土壤 N 素，如花生和大豆每亩可固氮 6~8kg，多年生豆科牧草固氮的数量更多。水旱轮作还可改变土壤的生态环境，增加水田土壤的非毛管孔隙，提高氧化还原电位，有利土壤通气和有机质分解，消除土壤中的有毒物质，防止土壤次生潜育化过程，并可促进土壤有益微生物的繁殖。轮作因采用方式的不同，分为定区轮作与非定区轮作（即换茬轮作）。轮作是胡麻的主要种植方式。

姚虹等（2011）年研究不同种植方式对胡麻产量构成因素的影响，揭示连茬与轮茬种植产量构成因素存在较大差异，轮茬较连茬种植保苗率提高 11.6%（$P<0.01$）、平均株高增加 5.2%（$P<0.01$）、单株葫果数增加 6.1%（$P<0.01$）、生育期延长 6.6%（$P<0.01$）、千粒重提高 2.9%（$P<0.01$），产量增加 15.3%（$P<0.01$）、出油量提高 3.6%（$P<0.01$）。分析其原因在于胡麻连茬，存在营养给予的竞争，容易过多消耗土壤中同一种养分，引起养分失衡，出苗率低，死苗多，病虫草害严重而降低产量。胡麻轮作周期应在 4~5 年以上。最好的胡麻前茬是豆类、马铃薯，胡麻产量构成因素各方面有所提高，能够合理调整农业结构，发展农村多种经营的效果。

罗影等（2017）为了探究土壤酶活性和土壤养分平衡的作用对胡麻连作障碍的影响，以胡麻为主要试验材料，设置胡麻—小麦轮作（TR）、胡麻连作（TC）、胡麻//小麦间作（TI）、摞荒（TU）等 4 个处理，采用定位试验的方法，研究不同种植模式下土壤酶活性及其变化，以及土壤养分平衡状况。结果表明，胡麻连作显著降低 0~20cm 耕层土壤过氧化氢酶、脲酶、碱性磷酸酶和蔗糖酶活性，整个生育期 TC 分别比 TR 降低 8.73%、4.17%、1.22% 和 4.44%。在空间分布上，4 种土壤酶活性随着土层加深均显著下降，40cm 和 60cm 土层处理间差异不显著。土壤养分与酶活性的相关分析表明，连作对土壤养分与酶活性呈现显著的负相关，轮作与土壤养分及酶活性呈显著的正相关关系。轮作、间作等种植模式可在不同程度上缓解、消除连作障碍的影响。研究结果可为缓解和消除胡麻连作障碍提供理论依据和实践探索。

牛小霞等（2017）为探讨不同轮作制度对定西地区农田杂草群落的影响，采用倒置"W"九点取样法，调查了定西地区 7 种不同轮作制度下田间杂草的种类、数量、地上生物量等。在试验田发现 11 个科共 15 种杂草；从杂草发生密度、地上生物量上看，苦苣菜、黎是农田优势杂草，防除的目地杂草不同轮作田的杂草群落由优势杂草组成；从不同轮作田杂草群落的物种多样性来看，马铃薯胡麻轮作>马铃薯小麦轮作>胡麻小麦轮作>胡麻连作>小麦胡麻轮作>小麦马铃薯轮作>胡麻马铃薯轮作；对不同轮作田杂草群落进行聚类，可分为四类。通过对不同轮作田中杂草的密度、地上生物量和综合优势度比的综合分析，可以看出胡麻连作、小麦胡麻轮作、马铃薯胡麻轮作、小麦马铃薯轮作中杂草的为害性较大。马铃薯小麦轮作、胡麻小麦轮作和胡麻马铃薯轮作对杂草有一定的控制作用。

（二）间、套作

间、套作属于多熟种植方式。有充分利用生长季节，充分利用光能，用地养地相结合、提高产值等作用。间作可提高土地利用率，由间作形成的作物复合群体可增加对阳光的截取与吸收，减少光能的浪费；同时，两种作物间作还可产生互补作用，如宽窄行间作或带状间作中的高秆作物有一定的边行优势。但间作时不同作物之间也常存在着对阳光、水分、养分等的激烈竞争。因此对株型高矮不一、生育期长短稍有参差的作物进行合理搭配和在田间配置宽窄不等的种植行距，有助于提高间作效果。

套作指在前季作物生长后期的株行间播种或移栽后季作物的种植方式。套作的主要作用是争取时间以提高光能和土地的利用率。多应用于一年可种 2 季或 3 季作物，但总的生长季节又嫌不足的地区。实行套作后，2 种作物的总产量可比只种 1 种作物的单作产量有较大提高。套作有利于后作的适时播种和壮苗全苗；在一些地方采用套作可以躲避旱涝或低温灾害；还有缓和农忙期间用工矛盾的作用。不同的作物在其套作共生期间也存在着相互争夺日光、水分、养分等的矛盾，易导致后季作物缺苗断垄或幼苗生长发育不良。调整的措施包括：选配适当的作物组合，尽量使前后作物能各得其所地合理利用光、热、水资源；以及通过适当的田间配置，如调节预留套种行的宽窄、作物的行比、作物的株距行距和掌握好套种时间等。胡麻可以与多种作物进行间套作。各地生产实践证明，胡麻有多种间、套作种植方式。

1. 胡麻与粮食作物间套作

王霞等（2014）介绍了胡麻套种小麦的立体复合种植业，增产效益十分显著，为胡麻套种不同经济作物发展探索出了一条高产、优质、高效的新途径。因胡麻者套种的技术条件下，每公顷向日葵产量可达 3 000kg，胡麻产量可达 2 400kg，纯收益可达 2 万余元。具有耐寒、耐旱、适应性较强的特点，而向日葵也有抗旱、耐贫瘠的特性。

白斌等（2016）通过在甘肃中部地区进行的以带田的形式实行玉米套种胡麻的种植方式试验研究，认为 4∶2 带型（1.25m 带宽）是可选择的玉米与胡麻间套模式，此带型下胡麻玉米套作模式的产值、混合产量、土地当量比均高于其他带型，说明这种带型能够使玉米胡麻间套作的竞争互补效应得到有效发挥，是理想的玉米 \ 胡麻间套作带型；适宜在平川区沿黄灌区推广。

2. 胡麻与经济作物间套作

孙俊等（2009）以带田种植的形式试验研究了胡麻—向日葵间作高产栽培技术。增产原因是发挥了边行优势，增加了粒重。向日葵间作后改善了田间通风透光条件，比单种向日葵有利，花盘直径比大田增加了 1.2cm，千粒重比大田增加 22.2g；向日葵带起垄覆膜，堵截地表径流，起到了贮水保墒、提温的作用；胡麻早播种、早出苗，避免了霜冻为害；变一年一熟为一年二熟，提高了对光热水条件及土地资源利用率。

詹永莉（2013）根据在新疆所做的棉花间作胡麻试验资料，总结了具体栽培技术。棉花于 4 月 12—20 日播种，胡麻的播种时间为 4 月 15 日左右。增收效果显著。

张文军（2017）总结了甘肃河西地区甜菜套种胡麻高效丰产栽培技术。4 月 10 日左右播种甜菜，4 月 20 日左右播种胡麻。常规田间管理。效益显著。

3. 胡麻与蔬菜间套作

刘福华等（2006）介绍了宁夏平罗县胡麻套种地膜辣椒的栽培技术。辣椒于 4 月初播种，垄作栽培。辣椒播种后即于垄沟内开沟撒播胡麻种子。常规管理。经济效益显著。

王斌等（2016）在甘肃用胡麻套种不同密度的油菜。结果表明，胡麻套种油菜能够显著提高产量和经济效益。在胡麻种植密度为50万株/亩的前提下，套种油菜的密度为0.9万株/亩时，胡麻与油菜的混合产量达到最高；套种油菜密度为0.3万株/亩时经济效益最高。

王红梅等（2017）于甘肃白银市刘川灌区做了胡麻套种豌豆的栽培试验。从品种选择，整地施肥，适期早播、合理密植，田间管理，病虫害防治，及时收获等方面总结了胡麻豌豆同机播种的胡麻套种豌豆高产栽培技术。

4. 化感作用和边际效应

在间套作体系中，不同作物共栖一田。应注意"异株克生"也即"化感作用"。也要注意边际效应。以使作物合理组合和搭配。赵利等（2012）采用生物测定法，对地肤（*Kochia scoparia*）根系分泌对胡麻（*Linumus itatissimum*）的化感作用进行了研究。结果表明，不同浓度的地肤根系分泌物对胡麻的发芽势、发芽率、发芽指数和活力指数均有不同程度的抑制作用，且抑制率随着处理浓度的增大而增大；不同浓度的地肤根系分泌物对胡麻根长均表现促进作用，对苗高、根鲜质量和苗鲜质量均表现抑制作用，且无论是促进作用还是抑制作用，均随着处理浓度的升高而增大，但与对照间的差异均不显著。说明地肤根系能够释放化感物质，影响周围植物的生长，根系分泌是地肤释放化感物质的一个途径；地肤根系分泌物影响胡麻种子萌发主要是其抑制了胡麻种子的活力指数，对幼苗生长的影响主要是使胡麻的根变细变长。

陈军等（2017）采用浸提液生物测试法研究了不同种植模式土壤水浸提液对胡麻的化感效应。结果表明，不同处理土壤水浸提液对胡麻种子萌发有不同程度的抑制作用，高浓度处理比低浓度处理抑制作用更强，且抑制效应由大到小依次是胡麻连作、胡—麦间作、撂荒、小麦连作，说明胡麻连作更能产生连作障碍，自毒效应明显；不同处理土壤水浸提液对胡麻幼苗的苗鲜重、根鲜重、根长有不同程度的抑制作用，且高浓度主要抑制苗鲜重、根鲜重和根长，低浓度主要抑制根鲜重、根长，胡麻连作和撂荒处理对幼苗生长抑制要大于胡—麦间作和小麦连作处理；不同处理土壤水浸提液对胡麻影响的综合效应随浸提液浓度的升高而增大，而小麦连作高浓度处理比低浓度处理抑制作用变化不明显，且综合效应由大到小依次是胡麻连作、撂荒、胡—麦间作、小麦连作；不同种植模式处理土壤可以减轻胡麻连作产生的化感效应，处理顺序为小麦连作、胡—麦间作、胡麻连作。综上所述，胡麻连作障碍问题确实存在，合理的作物布局有利于改善由于胡麻自身化感物质积累所造成的连作障碍。

乔海明（2010）为了创新油用亚麻耕作制度及栽培模式，进一步研究油用亚麻带状种植、间作套种等一系列栽培技术。对不同品种不同播种期油用亚麻边际效应进行研究分析。结果表明，无论从产量结果、单株一般性状、单株主要经济性状看，所选用的3个油用亚麻品种均有明显的边际优势。就品种而言，"坝亚12号"边际产量优势最明显；就播种期而言，提早播种边际产量优势最明显。

六、田间管理

(一) 中耕

中耕是指对土壤进行浅层翻倒、疏松表层土壤。目的主要是松动表层土壤，一般结合除草，在降雨、灌溉后以及土壤板结时进行。田间栽培多采用中耕锄草，即起到松土结合除草的作用，又避免使用除草剂对环境的污染。可采用手锄、中耕犁、齿耙和各种耕耘器等工具。中耕可疏松表土、增加土壤通气性、提高地温，促进好气微生物活动和养分有效化、去除杂草、促使根系伸展、调节土壤水分状况。中耕的时间和次数因作物种类、苗情、杂草和土壤状况而异。一般旱地胡麻在苗期和封行前。一季作物约中耕1~2次。作物生育期长、封行迟、田间杂草多、土壤黏重，可增加中耕次数，以保持地面疏松、无杂草为度。在作物生育期间，中耕深度应掌握浅—深—浅的原则，即作物苗期宜浅，以免伤根；生育中期应加深，以促进根系发育；生育后期作物封行前则宜浅，以破板结为主。

(二) 科学施肥

1. 有机肥的施用

主要作底肥施用。重施底肥是主要施肥方式。有机肥的施用是主要增产手段。这方面的生产经验和研究资料甚多。

闫志利等（2012）为促进胡麻生产实现高产、优质，在甘肃省白银市、兰州市和内蒙古自治区鄂尔多斯市进行了田间试验。以不施肥（T_1）和施用化肥（T_2）为对照，比较了施用农家肥（T_3）、胡麻油渣（T_4）和"清调补"生物肥（T_5）、"窝里横"生物肥（T_6）对胡麻干物质积累、分配规律及产量的影响。结果表明，3个试验区不同施肥处理明显改变了胡麻干物质积累的进程，干物质积累量从多到少排序均为 T_4、T_2、T_3、T_6、T_5、T_1。生产上应大力推行胡麻油渣、农家肥施用技术，以促进胡麻有机生产的发展。

崔红艳等（2014）以不施肥（T_1）和施用化肥（T_2）为对照，比较了农家肥（T_3）、胡麻油渣（T_4）、肉蛋白生物有机肥（T_5）、绿能瑞奇精制有机肥（T_6）、金阜丰土壤调理剂（T_7）、优质豆粕生物有机肥（T_8）、黑珍珠生物有机肥（T_9）、爸爱我生物有机肥（T_{10}）、HA有机肥（T_{11}）和益撒803生物有机菌肥（T_{12}）等不同有机肥对胡麻产量和品质的影响。结果表明，化肥可明显加快胡麻前期的生长速度；有机肥促进胡麻植株中后期的生长发育，现蕾期以后干物质日积累量明显增加，盛花—青果期达到高峰值，日积累量达333.51mg/（株·d），比 T_1 显著增加20.80%。施用有机肥处理的产量均显著高于 T_1 处理，T_4、T_8 比 T_2 处理分别显著增产9.92%、10.38%。胡麻产量与有效分茎数和单株有效果数呈极显著正相关，相关系数为0.84和0.82。施用有机肥处理的胡麻籽粒粗脂肪含量显著高于 T_1 处理，T_8 处理的亚麻酸含量比 T_2 处理的显著增加了3.78%。

崔红艳等（2014）通过两年的田间试验，以施用化肥（T_1）为对照，比较了施用农家肥（T_2）、胡麻油渣（T_3）、"1号"生物肥（T_4）和"2号"生物肥（T_5）对土壤水分、胡麻干物质生产和产量的影响。结果表明，T_3 处理明显增加了青果期和成熟期 0~100cm 的土壤贮水量，促进胡麻植株中后期的生长发育，且现蕾期以后干物质日积累量明显增加，盛花期到青果期达高峰值。与对照（T_1）相比，T_3 处理的营养器官开花前贮藏同化物向籽粒的转运量和花后干物质积累量分别显著增加了 2.7%~2.9%、1.1%~1.7%，而且花后干物质同化量对籽粒的贡献率也最大。施有机肥对胡麻增产和提高土壤水分利用效率均有一定的影响，T_3 处理比 T_1 处理显著增产 9.6%~11.8%，而 T_2、T_4、T_5 处理分别比 T_1 处理减产 0.5%~2.2%、19.6~20.5%、18.0%~18.6%。T_3 处理明显提高水分利用效率，比 T_1 处理显著增加 11.4%~12.6%；T_4、T_5 处理的水分利用效率分别比 T_1 处理显著降低 14.0%~17.1%、10.5%~14.4%。研究表明，胡麻油渣对增加土壤贮水量和提高胡麻产量有较好的效果。

杨天庆等（2016）通过田间试验，以不施肥为对照（CK），研究了单施化肥、不同比例氨基酸配方有机肥与化肥配施和单施氨基酸配方有机肥对胡麻干物质积累分配规律、产量、品质及氮肥利用效率的影响。结果表明，氨基酸配方有机肥对胡麻出苗率具有明显促进作用，且随着氨基酸配方有机肥施用量的增加胡麻出苗率提高。氨基酸配方有机肥促进了胡麻干物质积累进程，增加了干物质积累总量，如在成熟期时，30%氨基酸配方有机肥与70%化肥配施处理的干物质积累总量最大，比不施肥、单施化肥和单施有机肥处理分别显著增加 60.52%、37.01%和 29.97%，且氨基酸配方有机肥与化肥配施处理的产量与不施肥、单施化肥、单施生物有机肥相比分别增加了 72.07%、16.47%、13.30%。不同比例氨基酸配方有机肥与化肥配施的处理下均可改善胡麻的品质，提高胡麻氮肥利用效率，其中在 30%氨基酸配方有机肥替代化肥（T_{30}）的情况下胡麻干物质积累、产量及亚麻酸含量最高，60%氨基酸配方有机肥替代化肥的情况下胡麻亚油酸含量较高。研究认为，30%氨基酸配方有机肥与70%化肥配施对当地胡麻生产的影响效果最佳。

崔红艳等（2010）为探索肥料运筹对胡麻产量的调控效应，在相同 N、P、K 条件下，以不施肥（CK_1）和施化肥（CK_2）为对照，比较了施用胡麻油渣（T_1）、农家肥（T_2）、化肥与胡麻油渣配施（T_3）、化肥与农家肥配施（T_4）对张亚 2 号胡麻籽粒产量的影响，并利用 Logistic 方程 $y = A/(1+Be-Cx)$ 比较了不同施肥处理胡麻籽粒灌浆过程。结果表明，不同施肥条件下，胡麻灌浆期的千粒重与开花后天数的关系均符合 Logistic 方程，且决定系数达到 099 以上。影响胡麻籽粒产量的主要因素是活跃灌浆天数，其次是千粒重。不同施肥处理对胡麻灌浆特征参数有较大的影响，其中有机肥与化肥配施的影响最明显。

高小丽等（2010）通过田间小区试验，研究了不同施肥对胡麻籽粒、茎叶、蒴果皮和根系养分的吸收状况及产量构成的影响。结果表明，与对照相比，科学合理施肥不但在一定程度上增加了胡麻 N、P、K 养分含量，而且大幅增加了胡麻的产量，以化肥 N、P、K 处理的效果最为显著，其 N、P、P 素的总吸收量分别增加了 56.67%、52.48%和146.20%，N、P、K 的养分收获指数最大分别是 0.661、0.755 和 0.341。

2. 氮肥的施用

氮是植物生活中具有特殊重要意义的一个营养元素。N 在植物体内的平均含量约占干重的 1.5%，含量范围在 0.3%~5.0%。N 肥在植物体内的分布，一般集中于生命活动最活跃的部分（新叶、分生组织、繁殖器官）。因此，N 素供应的充分与否和植物 N 素营养的好坏，在很大程度上影响着植物的生长发育状况。农作物生育的有些阶段，是 N 素需要多，N 营养特别重要的阶段。在这些阶段保证正常的 N 营养，就能促进生育，增加产量。进入作物体内的 N 素，也可能经由可溶性氮的分泌，氮的挥发等方式而损失，这种损失主要发生在作物的顶部，尤其在开花至成熟期。在实际生产中，经常会遇到农作物 N 营养不足或过量的情况，N 营养不足的一般表现是植株矮小、细弱，叶呈黄绿、黄橙等非正常绿色，基部叶片逐渐干燥枯萎；根系分枝少；禾谷类作物的分蘖显著减少，甚至不分蘖，幼穗分化差，分枝少，穗形小，作物显著早衰并早熟，产量降低。农作物 N 营养过量一般表现生长过于繁茂，腋芽不断出生，分蘖往往过多，妨碍生殖器官的正常发育，以至推迟成熟，叶呈浓绿色，茎叶柔嫩多汁，体内可溶性非蛋白态 N 含量过高，易遭病虫为害，容易倒伏，作物产量降低。

谢亚萍等（2014）通过田间试验，研究不同施 N 量对胡麻产量、N 素积累转运及 N 肥利用率的影响。结果表明，在试验地土壤肥力条件下，无论施 N 与否，胡麻各器官不同生育阶段 N 素养分吸收、累积和转运规律的基本趋势一致，但其变化量与施 N 量有极大关系。施 N 量为 55.2kg/hm² 时，叶和茎中的 N 素向籽粒的转移量、转移率及对籽粒 N 素的贡献率最大；叶中 N 素向籽粒的转移量、转移率及贡献率要比茎高出 89.18%、83.36% 和 86.36%。胡麻籽粒中 47.10%~57.66% 的 N 素来源于叶，22.46%~30.94% 的 N 素来源于茎，21.00%~30.48% 来自籽粒生长后期从土壤中吸收。施 N 量为 27.6、55.2、82.8kg/hm² 时，胡麻籽粒产量分别比不施 N 增加了 10.21%、16.92% 和 15.55%。施 N 量为 27.6~55.2kg/hm² 时，N 肥的表观利用率、偏生产力分别为 51.10%~68.63% 和 51.54~97.16kg/kg[1]。试验条件下，综合考虑产量、N 肥利用率及生态环境，施 N 量在 27.6~55.2kg/hm² 为宜。

崔红艳等（2015）以陇亚杂 1 号为研究对象，设置 4 个施 N 量（纯 N）水平：不施 N（N_0，0kg/hm²）、低 N（N_1，78.75kg/hm²）、中 N（N_2，105kg/hm²）、高 N（N_3，131.25kg/hm²），采用土柱栽培法研究了 N 肥运筹对胡麻根系形态和 N 素利用率的影响。结果表明：施 N 抑制了胡麻枞形期根系的生长，现蕾期后根长、根系直径、根表面积和根体积均随着施 N 量增加而增加，当超过一定施 N 量（N_2）时又呈下降趋势。中 N 处理增加了胡麻生育后期根系在 40cm 以下土层的分布，随着施 N 量的增加，根系分布呈现高 N（N_3）浅根化趋势。胡麻的根冠比随着生育进程的推进逐渐降低，但中 N 处理显著提高了生育后期的根冠比。胡麻成熟期各器官 N 素积累量和分配比例表现为：籽粒茎根叶非籽粒生殖器官，籽粒在 N 素的分配上占有绝对优势，而且在中 N 水平（N_2）时籽粒中 N 素分配比例最高，显著高于其他处理。与不施 N 相比，施 N 处理下籽粒产量增加，中 N 水平下的 N 素籽粒生产效率最高。综合籽粒产量和 N 素利用结果表明，在本试验条件下，施 N 量 105kg/hm² 为有利于实现胡麻高产和高效的最优 N 肥运筹模式。

3. 磷肥的施用

P 肥是以 P 为主要养分的肥料。全称 P 素肥料。P 肥肥效的大小（显著程度）和快慢决定于 K 肥中有效的 P_2O_5 的含量、土壤性质、施肥方法、作物种类等。P 在植物体内是细胞原生质的组分，对细胞的生长和增殖起重要作用；参与植物生命过程的光合作用，糖和淀粉的利用和能量的传递过程；促进植物苗期根系的生长，使植物提早成熟。植物在结果时，P 大量转移到籽粒中，使籽粒饱满。作物缺 P 时生长缓慢、矮小瘦弱、直立、分枝少，叶小易脱落；色泽一般呈暗绿或灰绿色，叶缘及叶柄常出现紫红色；根系发育不良，成熟延迟，产量和品质降低。缺 P 症状一般先从茎基部老叶开始，逐渐向上发展。

谢亚萍等（2013）通过田间试验，研究了不同施 P 量对胡麻干物质积累分配规律及 P 素利用效率的影响。结果表明，不同施 P 量均有效地促进了胡麻植株地上部干物质的积累。营养生长期，以促进茎秆和叶片干物质积累为主。进入生殖生长期后，以促进蒴果及籽粒干物质积累为主。不同施 P 量条件下胡麻干物质积累量、P 素积累量与出苗后天数的关系均符合 Logistic 方程。中 P 水平（99.36kg/hm²）下胡麻收获指数最大、P 肥施用效果最优、转化为经济产量的能力最强，可提高胡麻籽粒产量 50% 以上。

剡斌等（2015）为了探明不同 N、P 肥投入与胡麻非结构性碳水化合物（non-structurecarbohydrate，NSC）的生产和产量形成的关系，通过大田试验分析了 N、P 配施后胡麻植株 NSC 的生产、转运和分配规律以及其与产量形成的关系。结果表明，胡麻叶中 NSC 累积量随施 N 量的增加呈先增后减的变化趋势，随施 P 量的增加而增加。胡麻植株各器官 NSC 的含量与其 N 浓度呈负相关关系，与其 P 素浓度呈正相关关系。开花前储藏的 NSC 对产量的贡献率为 10.97% ~ 33.92%，施 N 可降低花前 NSC 对产量的贡献率，而施 P 可提高花前 NSC 对产量的贡献率。花前 NSC 的转移效率为 17.19% ~ 41.00%，施 N 后转移效率降低，但施 P 后转移效率提高。花后光合产物对产量的贡献率较高，为 39.26% ~ 73.68%，且高 N 高 P 处理能显著提高花后光合产物对胡麻产量的贡献率。花前胡麻叶片中 NSC 含量与产量和有效蒴果数呈显著的正相关，相关系数分别为 0.887、0.667；花后胡麻叶中 NSC 含量与胡麻植株有效蒴果数、蒴果大小、千粒重和产量均呈显著正相关，相关系数分别为 0.734、0.774、0.687 和 0.816。

吴兵等（2016）针对旱地胡麻施肥不合理的问题，以陇亚杂 1 号为材料，研究不同氮 N、P 配施水平对油用亚麻 P 素营养转运分配和 P 肥利用效率的影响。试验设 2 个施 N（纯 N）水平：75kg/hm²（N_1）、150kg/hm²（N_2）；2 个施 P（纯 P_2O_5）水平：75kg/hm²（P_1）、150kg/hm²（P_2），共 4 个施肥处理（N_1P_1、N_1P_2、N_2P_1 和 N_2P_2），以不施 N、P 肥为对照（N_0P_0）。结果表明，不同施肥水平条件下，胡麻不同生育时期各器官 P 素养分积累量的变化趋势基本一致，且在盛花至完熟期积累得最多。叶片是胡麻—素转移的主要器官，N_2P_1 处理比 N_1P_1、N_1P_2 和 N_2P_2 处理 P 素转移量增加 72.52%、43.52% 和 25.03%（$P<0.05$）；籽粒中 38.07% ~ 51.88% 的 P 素是由叶片转运而来，不同施肥水平下以 N_2P_1 处理的叶片中 P 素对籽粒 P 素的贡献率最大，比 N_0P_0 处理增加 36.28%（$P<0.05$）。胡麻各器官中 P 素的分配比例以籽粒最多，占 40.11% ~ 45.86%；茎秆次之，占 31.34% ~ 36.36%。与 N_0P_0 处理相比，N_1P_1、N_1P_2、N_2P_1 和 N_2P_2 处理的胡麻籽粒产量分别显著增加 18.95%、32.26%、50.41% 和 38.29%。在 N_2P_1 水平下，胡麻植株 P 素收获指数、P 肥农学利用效率和表观利用率均最高，分别

为 45.86%、6.54kg/kg[1] 和 21.51%。结合产量和 P 肥利用效率，试验条件下，N、P 分别为 150kg/hm² 和 75kg/hm² 的高 N 低 P 配施是实现旱地胡麻高产高效的最佳施肥处理。

4. 钾肥的施用

K 肥全称 K 素肥料。以 K 为主要养分的肥料。植物体内含 K 一般占干物质重的 0.2%~4.1%，仅次于 N。K 元素在植物体内以游离钾离子形式存在，在植物生长发育过程中，参与 60 种以上酶系统的活化，光合作用，同化产物的运输，碳水化合物的代谢和蛋白质的合成等过程。施用 K 肥能够促进作物的光合作用，促进作物结果和提高作物的抗寒、抗病能力，从而提高农业产量。它能促进碳水化合物和 N 的代谢；控制和调节各种矿物营养元素的活性；活化各种酶的活动；控制养分和水的输送；保持细胞的内压，从而防止植物枯萎。K 肥施用适量时，能使作物茎秆长得坚强，防止倒伏，促进开花结实，增强抗旱、抗寒、抗病虫害能力；作物缺少 K 肥，就会得"软骨病"，易伏倒。

孙小花等以胡麻"坝选 3 号"为材料，于 2011—2012 年在河北省张家口市开展田间试验。结果是与不施 K 处理相比低、中和高 K 水平下籽粒产量分别增产 14.9%~24.12%，29.93%~30.11% 和 15.65%~23.13%，且中 K 处理下增产幅度最大。综合胡麻 K 素积累、转运与分配规律以及籽粒产量，本试验区同等肥力土壤条件下，要实现胡麻高产高效以施 K 量 37.5kg/hm² 为宜。

5. 微量元素肥料的施用

微量元素肥料（简称微肥）是指含有微量元素养分的肥料，如 B 肥、Mn 肥、Cu 肥、Zn 肥、Mo 肥、Fe 肥等。微量元素是植物和动物正常生长和生活所必需的，称为"必需微量元素"。必需微量元素在植物和动物体内的作用有很强的专一性，是不可缺乏和不可替代的，当供给不足时，植物往往表现出特定的缺乏症状，农作物产量降低，质量下降，严重时可能绝产；而施加微量元素肥料，有利于产量的提高，这已经被科学试验和生产试验所证实。作物对微量元素的需要量很少，而且从适量到过量的范围很窄，因此要防止微肥用量过大。土壤施用时还必须施得均匀，浓度要保证适宜，否则会引起植物中毒，污染土壤与环境，甚至进入食物链，有碍人畜健康。微量元素的缺乏，往往不是因为土壤中微量元素含量低，而是其有效性低，通过调节土壤条件，如土壤酸碱度、氧化还原性、土壤质地、有机质含量、土壤含水量等，可以有效地改善土壤的微量元素营养条件。微量元素和 N、P、K 等营养元素都是同等重要不可代替的，只有在满足了植物对大量元素需要的前提下，施用微量元素肥料才能充分发挥肥效，才能表现出明显的增产效果。

李兴华等（2013）以"张亚 2 号"胡麻种子为试验材料，采用沙培盆栽的方法，以霍格兰全价营养液为对照，以全价营养液中分别缺少 N、P、K、Mg、S、Ca、Fe、B、Mn、Cl、Zn、Cu、Mo 元素为 13 个处理，进行了单因素试验，探讨大量及微量元素对胡麻幼苗生长发育的影响。结果表明，所有处理对胡麻幼苗子叶大小、真叶数目、株高、茎粗、干物质积累、侧根长度和条数均有一定程度的影响，B 元素对胡麻幼苗叶片的影响较显著，缺 B 处理的植株子叶大而浓绿，真叶数目大于 CK；S 元素对胡麻幼苗株高的影响显著，4 叶期时，缺 S 处理的株高为对照的 62%；各元素对胡麻幼苗茎粗的影响不显著；B、Cl、Zn 和 Mo 元素对胡麻幼苗侧根的影响显著，4 叶期时，缺 B、Cl 和 Mo 处理的植株侧根长度分别为对照侧根长度的 548.4%、267.7%、358.4%，6 叶期时，缺 Zn 处理的植株侧根长度仅为对照侧根长度的 12.1%；N 和 B 元素对胡麻幼苗鲜质量和干质量的影响显著，8 叶期时，缺 N 和 B 处理的干质量分别为对照干质量的 251.3%、319.7%。

钱爱萍等（2014）采用随机区组试验设计，研究磷酸氢二铵与尿素、磷酸氢二铵与磷酸二氢钾、磷酸氢二铵与微量元素配施对胡麻出苗、农艺性状和产量的影响。结果表明，在宁夏南部山区生态区域，微量元素与肥料配施对胡麻种子产量、农艺性状及出苗有一定影响，磷酸氢二铵与氧化锌混配种子产量最高，折合产量为 1126.20kg/hm²。

（三）合理灌溉

中国胡麻主要产区是北方半干旱地区。在新疆种植在绿洲农区。胡麻栽培过程中，科学合理灌溉也是重要的栽培技术环节。

1. 灌溉时期

根据生育进程的需水节律进行灌溉。吕彦彬等（2009）研究了水分对胡麻产量的影响。对胡麻播前和生长期进行不同的供水，分析不同供水时间和供水量对胡麻产量的影响。结果表明，胡麻播前供水比生长期供水更能有效地提高产量，以播前供水 80mm 最佳。在正常年份，天然降水基本可以满足胡麻对水分的生理需求。

2. 灌水量

刘春英等（2013）为研究不同生育期和不同灌水方式对胡麻生长发育和产量的影响，在甘肃省榆中县进行了小区试验。随着灌水定额的增加，对胡麻的各个农艺性状都有明显的影响。当灌水定额达到 220m³/亩时，产量不会再增加，并且不同的灌溉方式会导致产量的下降。崔红艳等（2015）为了探讨不同灌水条件下胡麻的需水规律，在 2012 年和 2013 年田间试验条件下，以陇亚杂 1 号为材料，研究了不同灌水处理对胡麻耗水特性、籽粒产量及其水分利用效率的影响。试验设置 5 个处理：不灌水（CK）、分茎水 80mm（T_1）、分茎水 60mm+盛花水 40mm（T_2）、分茎水 80mm+盛花水 40mm（T_3）、分茎水 60mm+现蕾水 40mm+盛花水 40mm（T_4）。结果表明，随着灌水量的增加，总耗水量逐渐增加，土壤贮水量和降水量占总耗水量的比例降低。土壤贮水量占总耗水量比例的变异系数显著大于降水量占总耗水量比例的变异系数，表明土壤贮水利用率的可调控幅度较大。灌溉的 T_2 处理，土壤贮水量占总耗水量的比例较灌水量多的 T_4 处理显著增加了 59.37%（2012 年）、52.85%（2013年），表明 T_2 处理明显增加了胡麻对土壤贮水的吸收利用。胡麻的阶段耗水量和耗水模系数表现为盛花至成熟>现蕾至盛花>分茎至现蕾，2012 年的生长季阶段耗水量明显大于 2013 年。籽粒产量随着灌水量的增加先升高后降低，其中 T_2 处理的籽粒产量和水分利用效率显著高于其他处理，与 CK 处理相比，分别显著增加了 45.90%、20.50%（2012 年），40.72%、11.71%（2013 年）。结果表明，T_2 处理为本试验条件下高产节水的最佳灌水处理。

孙银霞（2016）以陇亚杂1号为材料，研究了不同灌水处理对胡麻籽粒产量和水分利用效率的影响。结果表明，胡麻的总耗水量随着灌水量的增加而增加。与不灌水处理相比，现蕾期灌水180mm处理和盛花期灌水180mm处理的产量水分利用效率分别显著增加了17.14%和9.26%。胡麻籽粒折合产量随灌水量的增加，呈现先增加后降低的趋势，其中现蕾期灌水180mm处理的折合产量最高，达2 461.32kg/hm²，较不灌水处理显著增产952.29kg/hm²，增产率63.11%；盛花期灌水180mm处理的折合产量为2 354.55 kg/hm²，较不灌水处理增产56.03%。综上，现蕾期灌水180mm是胡麻兼顾高产和节水的最佳灌溉方式。

燕鹏等（2017）为探讨不同灌水条件下胡麻田土壤水分动态特征和增产效果，以"陇亚杂1号"为材料，研究了不同灌溉处理对胡麻田土壤水分、籽粒产量和水分利用效率的影响。试验设置5个处理：不灌水（T_0）、分茎水80mm（T_1）、分茎水60mm+盛花水40mm（T_2）、分茎水80mm+盛花水40mm（T_3）、分茎水60mm+现蕾水40mm+盛花水40mm（T_4）。结果表明，分茎期灌水而现蕾期不灌水有利于增加现蕾期80～140cm土层含水量。在盛花期，T_2处理120～140cm土层含水量分别比T_3，T_4处理增加了11.40%和11.08%，这表明T_2处理对此时期深层土壤水分的提高有明显的促进作用。胡麻成熟期表层土壤的含水量与盛花期相比有所下降，而100～200cm土层的水分随灌水量的增加而明显增加，导致土壤中的无效水增多。随着灌水量增加，农田耗水量增加，而土壤贮水消耗量、降水量和土壤贮水消耗量占农田总耗水量的比例均降低。可见，减少灌溉量可以提高胡麻对土壤贮水的吸收利用，降低了农田总耗水量，从而更有效地增加灌溉水分利用效率。与T_0处理相比，T_2处理的籽粒产量和产量水分利用效率分别显著增加36.50%和12.27%。因此，在本试验条件下，T_2处理具有明显的增产节水效益。试验结果可为节水灌溉措施提供参考。

3. 水肥互作

高珍妮等（2015）为明确灌水和施氮对油用亚麻抗倒伏能力和产量的影响，以"陇亚杂1号"为材料，于2012—2013年以灌溉量为主处理（W_1：2 700m³/hm²；W_2：3 300m³/hm²），施N量为副处理纯N量分别为N_0：0kg/hm²（CK）；N_1：37.5kg/hm²（低N）；N_2：112.5kg/hm²（中N）；N_3：225kg/hm²（高N），研究灌溉量和施N量对与油用亚麻抗倒性能相关的形态学特性、茎秆强度、抗倒伏指数及茎秆化学组分含量、产量构成因子及产量的影响。结果表明，随灌溉量的增加，茎秆强度和抗倒伏指数下降，株高增加，重心上移，茎粗、茎壁厚度降低，地上部干重增加，根干重减少，根冠比下降，同时茎秆中纤维素、木质素、可溶性糖和淀粉的含量下降；随施N量的增加，茎秆强度和抗倒伏指数先升高后降低，株高和重心高度增加，茎粗、茎壁厚度、根干重和根冠比先增后减，地上部干重增加，茎秆中各化学组分含量及产量也先增加后降低。进一步分析发现，抗倒伏指数与茎秆强度、茎粗、茎壁厚度、根干重、根冠比、纤维素含量、木质素含量、可溶性糖含量及淀粉含量均呈正相关关系，与株高、重心高度、地上部干重呈负相关关系。低灌水处理（W_1）的茎秆强度、抗倒伏指数和产量分别比高灌水处理（W_2）高 30.55％、41.06％和 0.53％，过多灌水不利于油用亚麻茎秆抗倒伏性能和产量的提高；中 N 处理（N_2）的茎秆强度分别比不施 N（CK）和高 N（N_3）处理高 36.8％和 3.95％，产量分别高 15.9％和 0.8％，可见油用亚麻的栽培中施 N 量不能过高或过低。因此，生产上采用适宜的灌溉量和施 N 量是防止油用亚麻倒伏、获得高产、提高生产效益的重要措施。在本试验区，同等肥力土壤条件下，以灌溉量 2 700 m^3/hm^2 和纯施 N 量 112.5kg/hm^2 为宜。

崔红艳等（2016）以"陇亚杂 1 号"胡麻为试验材料，设计田间水（主区）、氮（副区）两因子裂区试验，水分设置分茎水（60mm，W_1）、分茎水+开花水（W_2，60mm+40mm）、分茎水+现蕾水+开花水（W_3，60mm+40mm+40mm）3 个处理，施纯 N 量设置 0（N_1）、75.0（N_2）、112.5（N_3）、150.0（N_4）kg/hm^2 共 4 个水平，考察水氮互作对胡麻干物质积累与分配以及籽粒产量的影响，探讨不同水氮配合下胡麻的增产机制。结果显示：①灌溉量和施 N 量对胡麻主要生育时期的干物质积累与分配有显著影响，胡麻籽粒产量的水氮互作效应达到极显著水平，其中水分效应大于氮肥效应。②同一施 N 量水平下，W_2 处理明显增加了胡麻成熟期籽粒的干物质分配量和花后干物质同化量对籽粒的贡献率，且籽粒产量显著高于其他处理 10.51％～27.99％。③灌水量相同条件下，开花后干物质同化量对籽粒的贡献率以 N_3 水平的最高，显著高于其他施 N 水平 7.90％～42.43％；在 W_2、W_3 处理下，施 N 水平为 N_3 时胡麻籽粒产量最高，但施 N 量过多，籽粒产量反而显著下降 7.96％～9.62％。研究表明，水氮协调在胡麻干物质积累和分配中起着关键的作用，而干物质的积累和分配又与籽粒产量密切相关。在本试验条件下，施纯 N 量为 112.5kg/hm^2）、全生育期在分茎期和开花期灌 2 次水（60mm+40mm）处理为胡麻节水减 N 较为适宜的水氮组合。

高玉红等（2016）为了摸清目前胡麻生产现状下间作系统、水分和肥料对作物生长发育及其产量形成的综合效应，通过田间试验，研究了水肥互作对胡麻、大豆间作系统中胡麻 N 素的耦合效应及其对籽粒产量的影响。结果表明，施 N150kg/hm^2 处理下胡麻茎秆含 N 量较施 N75kg/hm^2 和 225kg/hm^2 处理极显著高出 10.05％～23.58％。水氮互作条件下，施 N150kg/hm^2、灌水 2 次或 3 次能够促进胡麻苗期、分茎期、青果期和成熟期根系和茎秆含 N 量，且该处理根系含 N 量较施 N75kg/hm^2、现蕾期灌 1 次水处理极显著高 4.13％。水、氮单因素及水氮互作对胡麻根、茎、叶片、籽粒中 N 素的耦合效应表现为：水氮互作条件下胡麻根、茎、果皮含 N 量与籽粒产量呈极显著正相关关系。亚麻酸含量为施氮 150kg/hm^2、灌水 2 次较施氮 75kg/hm^2、灌水 1 次处理显著高 9.22％。间作胡麻现蕾期和盛花期结合施 N150kg/hm^2 各灌 1 次水或现蕾期、盛花期和青果期各灌 1 次水是沿黄灌区胡麻生产比较适宜的水肥管理措施。

4. 节水灌溉

节水灌溉是以较少的灌溉水量取得较好的生产效益和经济效益。节水灌溉的基本要求就是要采取最有效的技术措施，使有限的灌溉水量创造最佳的生产效益和经济效益。科学灌溉可有效保持土壤中水、肥、气、热等各相的良好状态，具有省水、省工、节能、节肥、增产增收等诸多优点。

胡麻开花期是对水分敏感的阶段，开花期供水会显著提高产量。吕彦彬（2009年）试验表明，播前供水比开花期供水更能提高胡麻的产量。究其原因，可能是张北县处于内蒙古南缘，属于大陆性季风气候，冬、春2季漫长，干旱、风大和少雨是其主要特点，土壤水分大量丢失，墒情不好，在天然条件下，影响胡麻的出苗，只要能保证底墒，就能提高出苗率，出苗后6月、7月和8月3个月是降水比较集中的时期，天然降水基本能够满足胡麻生长发育的要求。

（四）防病治虫除草

1. 治病

胡麻苗期主要病害为炭疽病和立枯病，是造成胡麻田缺条断苗的主要原因。胡麻生长中后期的主要病害为白粉病，温湿度适宜，感病品种大面积全田发生，严重影响纤维、种子品质。主要综合防治措施是选用抗病品种，采用药剂（炭疽福美或多菌灵）拌种结合整地清理病残组织等农业措施以及喷洒杀菌剂等。

2. 灭虫

在胡麻生育过程中，在防除杂草的同时，还要时刻注意虫害，如发现草地螟或黏虫为害，应及时喷洒敌杀死、溴氰菊酯或敌敌畏1 000~1 500倍液进行药剂防治，要在2~3龄前及时消灭掉，做到治早、治小、治疗。

3. 除草

杂草对胡麻为害很大。胡麻从出苗到快速生长期要经过25~30d，这一时期为胡麻从蹲苗到扎根阶段，胡麻苗生长慢，而杂草生长快，容易出现杂草欺苗，与苗争肥、争水、争光等现象，直接影响胡麻正常生长，以致收获时草里挑麻、拔麻费工，造成减产。为提高胡麻的产品质量，增加种麻效益，必须彻底及时拔出各种杂草，给胡麻生长良好的环境。目前综合防除杂草的主要措施是人工除草发育创造与化学除草结合进行。

七、适期收获

胡麻田收获适期是种子成熟期，又称黄熟期，即完熟期之前进行，避免过早或过晚。此时期胡麻的特征是：蒴果有2/3成熟呈黄褐色，麻田全部落叶，茎秆整株变黄，摇晃蒴果有声响，此时收获，此期收获籽粒饱满、光滑、芽率高、种子产量高。机械收获是新疆胡麻收获的主要方式，收获时间应选择在清晨或傍晚。

八、特色栽培

（一）覆膜栽培

覆膜栽培在低温冷凉、热量不足的地区起到增温保墒、增产增收的效果。一般说，相当于为农作物延长生长季节20~30d。在冬春季节膜内0~5cm地温提高2~4℃，近地层气温提高4~8℃；炎热夏天又可以降低膜内地温。覆膜减少了土壤水分蒸发，还起到蓄水保墒的效果。在地膜的保护下施入土壤的肥料不会因风吹、日晒、雨淋而损失，也有效地控制杂草的生长。无色薄膜反射光的能力很强，可使距地面15cm高处的阳光增加 10%，改善近地面气层的光热条件。覆膜栽培还促进土壤微生物活动，加快有机物质的分解，改善土壤物理化学结构，为农作物生长创造了适宜的生态环境。

1. 垄膜覆盖沟播

胡麻田间试验和生产中有不同的规格和模式。

张蕾等（2011）研究了旱地微垄地膜覆盖沟播栽培对土壤水分和胡麻产量的影响。春夏干旱是甘肃省榆中县旱作区影响胡麻产量的主要限制因素。为了减少土壤水分的无效蒸发、提高土壤含水量、改善胡麻生长环境和高提胡麻产量，开展了旱地微垄地膜覆盖沟播栽培对土壤水分和胡麻产量的试验研究。

试验采取带田方式，带宽 55cm。垄高 15cm，宽 30cm，垄面覆膜，垄沟宽 25cm，垄沟条播种植胡麻 2 行，行距 18cm。试验结果表明，旱地胡麻微垄地膜覆盖沟播栽培减少了胡麻生长期间土壤水分的无效蒸发，胡麻生长期平均土壤含水量提高，胡麻的出苗率提高，胡麻有效分枝数、全株蒴果数、单蒴果粒数、千粒重等经济性状明显改善；旱地胡麻微垄地膜覆盖沟播栽培比露地栽培增产 634.2kg/hm^2，产值提高 4 439.4 元/hm^2，纯收入增加 3 149.4 元/hm^2。

袁世军（2015）介绍，胡麻新品种以含油率高，喜温耐旱，适应性强，生育期短，栽培管理简便、经济效益高等多个优点在甘肃省天水市得以大面积推广种植。种植复播胡麻在轮作倒茬、调整作物茬口、增加农民收入、丰富油料供应、优化人们膳食结构等方面具有重要作用。胡麻全膜双垄沟播一膜两年用栽培技术是旱作农业的一项突破性创新技术，该项技术是集覆盖抑蒸、膜面集雨、垄沟种植为一体实现抗旱增产增收的新技术。

张蕾等（2017）针对甘肃中部半干旱旱作区春季降水少、土壤墒情差、胡麻保全苗难等问题探讨旱地胡麻地膜栽培模式对胡麻产量的影响。试验结果表明，旱地胡麻全膜大小垄侧穴播栽培可防止胡麻出苗板结，有效提高胡麻出苗率，明显减少土壤水分的无效蒸发，增加土壤水分含量，胡麻生长的前期地温明显提高，胡麻的经济性状明显改善，增产效果明显，经济效益显著。旱地胡麻全膜大小垄侧穴播栽培水分生产率，比全膜平铺覆土穴播栽培、旱地胡麻半膜膜侧穴播和露地穴播栽培分别提高 28.28%、40.33% 和 116.17%；比全膜平铺覆土穴播栽培、旱地胡麻半膜膜侧穴播和露地穴播栽培分别增产 22.04%、28.74% 和 53.74%，是目前旱地胡麻增产稳产高产的最佳的栽培模式。具体介绍其技术要点。

王宗胜等（2017）为了解决旱作农业区因不利气候条件的影响，使得胡麻难以适时播种或播种后出苗不全、苗情差，缺苗断垄现象严重，分茎、分枝、蒴果数量少，产量低，全膜覆土穴播栽培技术易造成土壤污染这些生产技术难题，开展了胡麻膜侧沟播机械化栽培技术的试验研究和示范，总结出了胡麻膜侧沟播机械化栽培技术。该技术把起垄、覆膜、播种机械配套一次性完成，地膜回收简单易行。适宜在干旱、半干旱区灌溉条件较差的川旱地应用。

2. 其他模式

李小燕等（2015）认为春夏干旱是甘肃榆中县旱作区胡麻产量的主要限制因素。

进一步减少旱地冬春季土壤水分的无效蒸发、提高土壤含水量，为胡麻前期生长创造良好的土壤条件是实现该区胡麻高产稳产的必需步骤。2011—2012年连续两年在地处甘肃省中部半干旱雨养农业区的榆中县石头沟旱作农业示范点进行了组合型微垄全膜覆盖不同覆膜时期对旱地胡麻生长影响的试验。本试验设组合型微垄全膜秋覆盖垄侧栽培、组合型微垄全膜播种前覆盖垄侧栽培和露地穴播3个处理，分别对其土壤水分、经济性状、生育期、产量结果进行分析。结果表明，旱地胡麻组合型微垄全膜秋覆盖垄侧栽培可明显减少冬春季土壤水分的无效蒸发，增加土壤水分含量，0~60cm的土壤平均含水量，分别比旱地胡麻微垄全膜播种前覆盖垄侧栽培和旱地胡麻露地穴播栽培高31.9g/kg和45.3g/kg，胡麻的经济性状明显改善，株高分别比旱地胡麻微垄全膜播种前覆盖垄侧栽培和旱地胡麻露地穴播栽培高3.8cm和14.7cm、单株蒴果数分别增加8.5个和11.5个、蒴果粒数分别增加0.6个和1.65个、千粒重分别提高0.05g和0.31g。旱地胡麻组合型微垄全膜秋季覆盖垄侧栽培比胡麻露地栽培增产1471.2kg/hm²，增幅129.54%，比旱地胡麻微垄全膜播种前覆盖垄侧栽培增产378.22kg/hm²，增幅17.41%，增产效果十分明显。

程志立等（2016）对全膜覆土穴播栽培条件下旱地胡麻最佳种植密度进行了试验研究。结果表明，全膜覆土穴播胡麻在山旱地最佳播种量为60~75kg/hm²，适宜保苗密度375万~450万株/hm²。

3. 效益

汪磊等（2016）为评价不同地膜覆盖技术的适应性和节水增产效果，于2014—2015年，在中国典型的干旱、半干旱雨养农业区设置露地穴播（CK_1）、全膜覆土穴播（T_1）、旧膜重复利用穴播（T_2）、膜侧条播（T_3）、露地条播（CK_2）5种栽培模式对比试验，研究了不同种植模式对胡麻生育期、经济性状、产量、水分利用效率和经济效益的影响。结果表明，覆膜种植模式促进胡麻出苗提前并缩短其生育期0~7d，干旱年份（2015年）较正常年份（2014年）覆膜促熟效应减弱。T_1和T_2处理两年的产量均显著高于对照和T_3处理。T_1和T_2处理不同年份下水分利用效率显著高于其他处理。经济效益分析表明，T_1和T_2处理在两年的收益率中稳居第一和第二位，增收效果显著。因此认为全膜覆土穴播和旧膜重复利用穴播是干旱半干旱地区胡麻适宜的种植模式。

杨磊等（2017）为探讨不同覆膜栽培方式对干旱无灌溉胡麻田水分动态和胡麻产量的影响，以露地条播种植为对照（CK），对4种栽培方式（全膜穴播、残膜穴播、露地穴播、垄膜沟播）下胡麻田土壤水分、胡麻生长状况、水分利用效率和产量进行研究。结果表明，覆膜处理可缩短胡麻生育期约3d，提高出苗率7.3%~11.0%，生长前期增加生物干质量2.11~4.31倍，后期增加16.97~22.31倍。水分利用效率较CK高出19.73%~26.00%，籽粒产量提高23.60%~29.67%。综合考虑经济效益和生产可操作性，覆膜栽培优于露地栽培，穴播优于条播，残膜穴播优于揭膜后全膜穴播。残膜穴播是兼顾可操作性和经济效益的胡麻栽培方式，适宜在干旱无灌溉区推广。

（二）带田种植

在内蒙古河套地区，在甘肃省，带田种植是一种有特色的种植方式。

贾海斌等（2012）对乌兰察布地区胡麻/大豆、胡麻/玉米、胡麻/马铃薯、胡麻/甜菜及胡麻/燕麦 5 种不同胡麻带田种植模式下作物生育期、经济性状、产量及经济效益进行了研究。结果表明，5 种胡麻带田种植模式中，胡麻/马铃薯带田中两种作物株高高低搭配合理，共生期短，减小了光热水肥的竞争，胡麻和马铃薯亩产量分别达到相应单作的 69.1% 和 64.4%，土地当量值达 1.33，胡麻/马铃薯的亩总产值比单作胡麻高 649.8 元，是当地理想的胡麻带田种植模式。

何海军等（2016）通过对 9 种不同带型、密度胡麻/玉米带田的叶面积指数、干物质积累量、产量要素、产量、产值和土地当量值的系统研究表明，9 个处理的带田叶面积指数均表现出"抛物线"的变化动态，干物质积累均表现出"直线"上升的变化动态。同一密度下，不同带型的叶面积指数和干物质积累量随带幅的增大而增大；带型相同时，在胡麻收获前，不同密度带田的叶面积指数随胡麻密度的增大而增大，玉米各器官干物质积累量随胡麻密度的增大而减少。但从带田全生育期来看，各处理间总的叶面积指数差异不大。带田幅宽 150cm，其中 6 行胡麻带 100cm，2 行玉米带 50cm，胡麻每公顷为 600 万株这种带型中，玉米对胡麻的遮阴较小，共生期间竞争造成的影响最低，能够将两种组分的优势充分发挥出来。这种结构胡麻/玉米带田产量达到 108.3kg、814.9kg，亩产值达 2 279.5 元，居 9 个处理的第一位。

刘秦等（2017）根据试验示范提出了河西地区甜菜与胡麻全膜覆盖带田高效种植模式，并从选茬整地、品种选择与种子处理、适期覆膜、适期播种、科学施肥、合理浇水、病虫害防治、适时收获等方面介绍了其栽培技术，以期为该模式的推广应用提供参考。根据试验示范提出了河西地区甜菜与胡麻全膜覆盖带田高效种植模式，并从选茬整地、品种选择与种子处理、适期覆膜、适期播种、科学施肥、合理浇水、病虫害防治、适时收获等方面介绍了其栽培技术，以期为该模式的推广应用提供参考。

（三）集雨压砂种植

赵文举等（2015）采取大田试验，研究了普通、压砂和集雨 3 种种植模式下胡麻植株的发育情况及亩产值，实测植株、果实、根系和茎叶干重。压砂和集雨均能显著提高胡麻单产。研究结果可为北方干旱区胡麻产量提高提供理论依据。

（顾元国、李广阔）

第五节　环境胁迫及其应对

一、生物胁迫及其应对

（一）病害

胡麻病害有炭疽病、立枯病、枯萎病、锈病、白粉病、菌核病、斑枯病等。

王海平等（2004）通过酯酶同工酶技术将来自中国主要胡麻产区内蒙古、山西、河北、甘肃的 17 个枯萎病菌株划分 4 个酯酶型，同时对部分菌株采用人工室内接种同一胡麻材料后的病情进行分析，考察菌株间的致病性。结果表明，同一地区的菌株属于同一酯酶型，同一地区的菌株间的致病性差异不显著，不同地区菌株间的致病性差异显著。何太等（2009）对胡麻立枯病、胡麻炭疽病、胡麻枯萎病、锈病、白粉病的症状、传播途径与发病条件、防治方法做了具体介绍。郭景旭等（2011）为筛选拮抗胡麻枯萎病菌的生防微生物，对采自国内不同省份胡麻根围土壤进行了细菌分离和拮抗菌筛选。根据土样中 151 株病原菌尖孢镰刀菌［*Fusarium oxysporum* f. sp. lini（FOL）］对峙培养获得 21 株拮抗芽孢杆菌，其中 XJ2-20 拮抗效果最好，盆栽实验的胡麻枯萎病防效可达 56.3%，经鉴定为枯草芽孢杆菌。菌株 XJ2-20 对 151 株镰刀菌株的抑菌率最高可达 64.5%，其发酵滤液可抑制尖孢镰刀菌生长及抑制分生孢子萌发。菌株 XJ2-20 的抑菌活性物质的最佳硫酸铵沉淀浓度为 70%，活性物质对热和胰蛋白酶敏感，最适 pH 为 7。其最佳发酵条件为 LB 液体培养基（初始 pH7.2）、每 300ml 三角瓶装液量 50~100ml，29℃培养 5d。

李富恒等（2013）以 22 份对炭疽病有一定抗性的亚麻种质资源为试验材料，进行室内和田间抗炭疽病的鉴定与筛选，并优化筛选抗性鉴定方法。结果表明，最佳抗性鉴定方法处理组合为：接种方法为喷雾接种法，接种孢子液浓度为 3.5×106 个/ml。综合室内和田间鉴定结果，认为 γ0311、K6531 和 Viking 是 3 份亚麻高抗材料，86045-17-13-8 是感病材料，其他是抗病或中抗材料。该研究结果对培育亚麻抗炭疽病新品种、提高亚麻生产水平具有指导意义。

周宇等（2015）在 2011—2012 年对甘肃省胡麻白粉病田间发生规律进行了系统的观察，分析了温度和湿度对病害发生程度的影响。结果表明，白粉病在 6 月中下旬始发，7 月中上旬达到高峰，且在田间自然条件下零星发生至全田发生只需要 15~20d 左右，发生的最适温度为 20~25℃，低于 20℃或高于 25℃发生缓慢。最适温度下，降水量大、高湿条件利于白粉病的发生。

张梦君等（2017）为了从健康亚麻植株的根际土壤中筛选对亚麻立枯病菌具有较强抑菌作用的拮抗菌，优化其产生抑菌活性物质的发酵条件，为其生防利用奠定基础。采用稀释平板涂布法和对峙培养法进行拮抗菌的筛选；根据菌株形态学特征、生理生化特性以及 16SrRNA 基因序列分析对其进行鉴定；利用温室抗病实验确定其生防效果；通过单因素实验和均匀设计实验优化其发酵条件。结果是分离筛选到一株对亚麻立枯病菌具有显著拮抗作用的细菌 HXP-5，且其对另外 7 种植物病菌真菌均有拮抗作用；鉴定菌株 HXP-5 为枯草芽孢杆菌；温室抗病实验结果表明其生防效果可达 71.22%；其产生抑菌活性物质的最佳发酵条件为：葡萄糖为 2.3%，胰蛋白胨+酵母粉（3∶1）为 0.25%，NaCl 为 0.18%，发酵时间为 72h，发酵温度为 27℃，转速为 210r/min，250ml 摇瓶装液 100ml，接种量为 1.7%。经鉴定，对亚麻立枯病病菌具颉颃作用的菌株 HXP-5 为枯草芽孢杆菌，且对亚麻立枯病具有较强的防治效果，发酵条件进行优化后其对亚麻立枯病病原菌显示出更强的拮抗作用。

亚麻田常见病害一般包括亚麻枯萎病、炭疽病等。下面分别就各致病菌、发病症状及防治方法进行介绍。

1. 枯萎病

（1）致病菌及为害　亚麻枯萎病又名镰刀菌萎蔫病。病原菌是由多种镰刀菌［*Fu-*

sarium oxysporum Schl. f. sp. lini（Bolley）]属半知菌类。以镰刀菌属的亚麻镰孢菌为主。亚麻枯萎病的初浸染源主要是带土壤和种子。该病病原菌腐生性强,土壤中残株上病原菌可存活多年、病原菌可侵入蒴果和种子,分生孢子能附在种子表面越冬。该病是亚麻主要病害之一,在全国种麻区均有不同程度发生,一般发病率为20%~30%,严重时可达50%以上,甚至绝产,严重影响亚麻产量和纤维质量,枯萎病传染每个百分点,相当于原茎产量降低0.5%,纤维降低0.66%,种子降低0.75%。

（2）症状 枯萎病在生长各期均可为害,苗期发病最重,叶呈灰锡色或棕色,叶片枯黄,多成片或全田萎蔫,状似火烧,幼根缩缩,萎凋倒伏而死。成株发病时,茎顶端开始萎凋下垂,植株初呈黄绿色,后变褐色,全株干枯而死,茎仍直立不倒伏,局限于点、片发生。从孕蕾到成熟期间普遍组织坏死和茎变褐,顶端变硬和脆的现象,感病植株生长慢,蒴果内种子干瘪或根本不结实,茎一半感病变褐萎蔫,另一半处于绿色和黄色。潮湿天气,茎基部生白色或粉红色状物（分生孢子梗及分生孢子）。有时病株茎基部的根系腐烂,主茎枯死。

（3）综合防治技术 ①选育抗病优良品种:选用抗病品种是有效防治枯萎病的一种方法。无病地区应采取严格的检疫措施,防止带病种子传播。②合理轮作:枯萎病菌腐生于土壤中,连作地土壤中病菌会增加感染程度;因此,轮作、换茬十分必要,应采用5年以上轮作,严禁重茬、迎茬。③加强栽培管理:种植要选择土层深厚、土质疏松、保水保肥力强、排水良好,地势平坦的土地,深翻和精耕细作,N、P、K和微量元素合理搭配施用,清除田间杂草,培育壮苗,提高植株抗病力,收获后清除胡麻残体,减少菌源。④药剂防治:枯萎病的初次浸染源来自土壤和种子带菌,播前药剂处理种子十分必要;用适量多菌灵加少量甲基托布津和代森锰锌制成复配药剂,用种子重0.3%的药量拌种,也可用种子重0.3%的50%五氯硝基苯粉剂拌种,防病效果可达80%以上;药剂防治需注意用药时间选在病害发生初期,药液配制要均匀,喷药时保证植株的周身都喷到,注意药剂交替使用,以防产生抗药性。

2. 炭疽病

（1）致病菌及为害 炭疽病病原菌属（*Colletotrichum Linicolum* Pethybr et Laff）半知菌亚门,毛盘菌属,侵染植株和种子。炭疽病病原菌腐生性很强,土壤中残株上的病菌可存活3~4年,并能活跃的生长繁殖,病害病原体在营养生长期以分生孢子的方式繁殖,分生孢子可借昆虫、雨水、灌溉水、农具和耕作活动等在田间传播蔓延,重复侵染。还可以通过病株与健康株的根系在土壤中接触来传播,因此密植田比稀植田感病严重。引种时带菌的种子是本病传播主要途径。炭疽病是非常广泛的病害,一般发病率为20%~30%,死苗率为15%左右。幼苗感病后,植株生长缓慢或枯死,发病严重地块,常造成田间缺苗、断条。该病病情发展快,并有逐年加重趋势,常与立枯病混合发生给胡麻生产带来较大的损失。

（2）症状 胡麻自幼苗出土至蒴果成熟,植株各器官均可感染,一般苗期发病较重。当幼苗出土前后不久即开始发病,在胚轴上生有锈色或橙黄色的长条病斑,在根茎和下胚轴附近形成深横隔,引起大量的幼苗死亡。子叶上常形成边缘明显而下陷的半圆形病斑,子叶中央则形成圆形病斑,呈黄褐色,病斑中有轮纹,以后能逐渐扩大蔓延全叶面及幼茎部分，使叶片枯死或全株死亡，幼茎基部呈黄褐色或橙色长条形稍凹陷病斑，扩大形成绞缢。在开花后，病害的特征是叶和茎的小斑（点）病，在叶上出现亮褐色，有限的斑点，茎和叶片上产生暗褐色圆形或长椭圆形病斑，中央部有红褐色黏稠状孢子堆，在湿润的天气下，茎上斑点变得模糊并使受感染的组织具有大理石纹的特点，病害从下向上沿茎发展，病害严重时叶片枯死，茎上褐色稍凹的溃疡和斑。蒴果受感染形成褐色圆形病斑，菌丝侵入内部可侵入种皮，种子瘦小，暗淡无光泽，种皮呈黑褐色，使种子发芽率降低，受害较重的种子萌发后往往幼苗没出土即得病死掉，在炭疽病发展严重地块，产量、千粒重均显著降低。

（3）综合防治技术　①选用抗病优良品种：选用抗病品种是有效防治炭疽病的一种方法。无病地区应采取严格的检疫措施，防止带病种子传播。②合理轮作。同胡麻枯萎病。③加强栽培管理：同胡麻枯萎病。④药剂处理：在缺乏抗病品种地区，应及时药剂防治。胡麻炭疽病的初次浸染源来自土壤和种子带菌，播前种子用药剂处理是十分必要的，胡麻炭疽病病原菌敏感药剂多菌灵、退菌特最佳，其次是波尔多液、甲基托布津、代森锰锌。适量多菌灵加少量甲基托布津和代森锰锌制成复配药剂，用种子重0.3%的药量拌种，防病效果可达83.7%，其次用种子重量0.2%的退菌特防病效果也可达80%以上。根据病情和气候情况，在病害发生初期，及时进行喷药，可抑制病害的发生流行。苗高15cm和现蕾期各喷药1次，常用药剂以1 000倍液退菌特防病效果可达74.3%，其次500倍波尔多液防病果可达65%。

3. 立枯病

（1）致病菌及为害　立枯病病原菌（*Rhizoctonia solani* kuehn）属于半知菌亚门，丝核菌属。立枯病是苗期的一种常发病，在全国种麻区均有不同程度发生，一般发病率为10%~30%，严重时可达50%以上。胡麻幼苗感病后，植株生长缓慢或枯死，严重造成田间缺苗，影响胡麻产量。胡麻立枯病病原菌是典型的土壤真菌，能在土壤的植物残体及土壤中长期存活。病原菌菌丝在罹病的残株上和土壤中腐生，又可附着或潜伏于种子上越冬，成为第二年发病的初浸染来源。引种时带菌的种子是本病传播的主要途径，而播种带菌种子和施用混有病残体的堆肥、粪肥，则是病区逐渐加重的主要原因，在田间，本病还可借流水、灌溉水、农具和耕作活动而传播蔓延。该病病情发生发展快，并有逐年加重趋势。

（2）症状　胡麻幼苗出土前，造成烂芽，出土后得病植株幼茎基部呈黄褐色条状斑痕，病痕上下蔓延，形成明显的凹陷缢缩。病轻者可以恢复，重者顶梢萎蔫，逐渐全株枯死。此病常与炭疽病混合发生。

（3）综合防治技术　①选用高抗病优良品种：选用抗病品种是有效防治立枯病的一种方法，通过筛选抗病资源，进行抗病育种，培育出高产、高抗病材料。②合理轮作：同枯萎病。③加强栽培管理：同枯萎病。④药剂防治：立枯病的初次浸染源来自土壤和种子带菌，播前种子用药剂的处理是十分必要的。用适量多菌灵加少量甲基托布津和代森锰锌制成复配药剂、立枯净粉剂等，用种子重0.3%的药量拌种，防病效果可达80%以上。⑤生物防治：张梦君等（2017）为了从健康亚麻植株的根际土壤中筛选对亚麻立枯病菌具有较强抑菌作用的拮抗菌，优化其产生抑菌活性物质的发酵条件，为其生防利用奠定基础，采用稀释平板涂布法和对峙培养法进行拮抗菌的筛选；根据菌株形态学特征、生理生化特性以及16SrRNA基因序列分析对其进行鉴定；利用温室抗病实验确定其生防效果；通过单因素实验和均匀设计实验优化其发酵条件。结果分离筛选到一株对亚麻立枯病菌具有显著颉颃作用的细菌HXP-5，且其对另外7种植物病菌真菌均有拮抗作用；鉴定菌株HXP-5为枯草芽孢杆菌；温室抗病实验结果表明其生防效果可达71.22%；其产生抑菌活性物质的最佳发酵条件为：葡萄糖为2.3%，胰蛋白胨+酵母粉（3：1）为0.25%，NaCl为0.18%，发酵时间为72h，发酵温度为27℃，转速为210r/min，250ml摇瓶装液100ml，接种量为1.7%。经鉴定，对亚麻立枯病病菌具拮抗作用的菌株HXP-5为枯草芽孢杆菌，且对亚麻立枯病具有较强的防治效果，发酵条件进行优化后其对亚麻立枯病病原菌显示出更强的拮抗作用。

4. 白粉病

（1）致病菌及为害　白粉病病原菌（*Oidium Lini* Skoric）属半知菌亚门真菌；有性态为 Erysiphe cichoracearum DC（二孢白粉菌），属子囊菌亚门真菌。胡麻白粉病病原菌是一种表面寄生菌，以子囊壳在种子表面或病残体上越冬，第二年壳中的子囊孢子在适宜的温度、湿度条件下传播，引起初次侵染。发病后由白粉状霉上产生大量分生孢子，经风雨传播，引起再侵染。一个生长季节中再侵染可重复多次，造成白粉病的严重发生。白粉病是国内胡麻产区的一种常发病，近几年来在胡麻生长后期全田大发生，国外品种为害特别严重。胡麻白粉病病原菌侵染胡麻地上部器官茎、叶及花器，使其上面覆盖白粉状薄层。胡麻受害后，呼吸作用提高，蒸腾作用强度增加，光合效率降低，严重阻碍了胡麻的正常生长发育，造成落叶、早枯、结实率低、严重影响种子产量，给胡麻生产带来较大的损失。

（2）症状　白粉病发生在胡麻生长后期，主要为害叶片和茎秆，一般先严重发生在底层叶片，逐渐向上部感染，使茎、叶及花器表面上形成白色绢丝状光泽的斑点，病斑扩大，形成圆形或椭圆形，呈放射状排列。先在叶的正面出现白色粉状薄层（菌丝体和分生孢子），以后扩大到叶的背面和叶柄，最后播满全叶。此粉状物后变灰、淡褐色，上面散生黑色小粒（子囊壳），病叶提前变黄，卷曲枯死。

（3）综合防治技术　①选用抗病优良品种：胡麻白粉病原菌有较强的寄生专化性，品种不同抗病性不同，选用抗病良种是最经济有效的一种防治方法。②合理轮作：同枯萎病。③加强栽培管理：同枯萎病。④药剂处理：胡麻白粉病发生初期，及时进行喷药，可抑制病害的发生与流行，喷洒15%三唑酮可湿性粉剂500~1 000倍液、粉尽（12EC EENI）1 000~2 000倍液或50%甲基托布津可湿性粉剂1 000倍液。第一次用药后，根据病情发展情况，隔10d喷施1次，防治2~3次。

5. 褐斑病

（1）致病菌及为害　褐斑病病原菌（*Ascochyta Linicola* Naum et Vass）属半知菌亚门，双孢斑点菌属。胡麻褐斑病病原菌主要以菌丝体、分生孢子器靠种子和土壤病残体越冬，引起初侵染，田间生长期内的传病根源仍是借风、昆虫、雨滴等从病株向健康株转移的分生孢子，引起再侵染，在条件适宜时，引起病害的流行传播，还可以通过病株与健康株的根系在土壤中接触来传播，因此密植田比稀植田感病严重，引种时带菌的种子是本病传播的主要途径。胡麻褐斑病是非常广泛的病害，在我国种麻区均有不同程度的发生，一般发病率为10%~20%，严重可达50%以上，对胡麻生产损失很大。

（2）症状　幼苗被害部位褐色透明凝胶状斑块上形成黑色凸起的小点（分生孢子器），以后斑块干枯褪色，黑色分生孢子器更加明显，褐色病斑，病斑边缘界限清楚（区分于派斯膜病，其病斑边缘界限不清楚，而且病斑中心发亮），用肉眼可看见黑色小斑点，茎表皮破裂，韧皮纤维折断并开裂，严重时植株分枝、蒴果变成棕色凋萎死亡，种子丧失发芽力。

（3）综合防治技术　①选用抗病优良品种：适当控制播种密度。②合理轮作：同枯萎病。③加强栽培管理：同枯萎病。④药剂处理：根据病情和气候情况，在胡麻褐斑病发生初期，及时进行喷药，可抑制病害的发生流行。喷洒75%百菌清可湿性粉剂500~800倍液、50%多菌灵可湿性粉剂500~600倍液、50%苯菌灵可湿性粉剂1 000~1 500倍液等，隔7~10d一次，连续防治2~3次，防病效果可达85%以上。

6. 灰霉病

（1）致病菌及为害　灰霉病病原菌（*Botrytis Cinerea* Pers.）属半知菌亚门，葡萄状菌属。胡麻灰霉病病原菌在土壤中可存活3~4年，病原菌可以通过病株与健康株的根系在土壤中接触来传播，引种时带菌的种子是主要传播途径，播种带菌种子和施用混有病残体的堆肥、粪肥是病情加重的主要原因。灰霉病是胡麻生产中的病害之一，是一种世界性主要病害。在我国麻区均有不同程度发生，给胡麻生产带来较大的损失。

（2）症状　从种子发芽开始，整个生长过程都可侵染。幼苗出土后，茎基部可见棕色小点，病菌迅速传播，幼苗萎蔫而死。在植株成熟阶段，常浸染茎秆形成条状病斑，感病部位变成淡黄色溃烂。多雨年份茎上由分生孢子梗形成绒毛状霉层，破坏纤维。胡麻收获后不及时晾晒也会导致被灰霉病菌侵染。灰霉病菌是最具侵染力的菌种之一，感染灰霉病菌的植株纤维强度大幅度降低，引起倒伏，而病株上的白色物质就是病菌产生的过氧化物。

（3）综合防治技术　①选用抗病优良品种：无病地区应采取严格检疫措施，防止带病种子传播。播种忌重茬、迎茬，适当稀植。②合理轮作：同胡麻枯萎病。③加强栽培管理：同胡麻枯萎病。④药剂防治：根据病情和气候情况，在胡麻灰霉病发生初期，及时进行喷药，可抑制病害的发生流行。发病初期喷洒50%农利灵可湿性粉剂1 000~1 500倍液、50%多霉灵可湿性粉剂800~1 000倍液、50%扑海因可湿性粉剂1 000倍液，每隔7~10d喷1次，连喷2~3次，防治效果可达75%以上。

7. 白腐病

（1）致病菌及为害　白腐病病原菌［*Sclerotinia sclerotiorum*（Lib）de Bary］称核盘菌，属子囊菌亚门真菌。胡麻白腐病病原菌以菌核在土壤中及病残体组织上越冬，第二年借气流、昆虫等传播侵染，温度适宜时长出菌丝体，致寄主组织腐烂变色，病斑处产生白色菌丝，菌丝体也可通过风雨及昆虫传带引起再次侵染，生长后期又形成菌核越冬。胡麻白腐病菌核在土壤中可存活2~3年，通过病株与健康株的根系在土壤中接触来传播。引种时带菌的种子是主要传播途径，播种带菌种子和施用混有病残体的堆肥、粪肥是病情加重的主要原因。该病是胡麻生产中的病害之一，在中国麻区均有不同程度发生，给胡麻生产带来较大的损失。

（2）症状　从苗期到成熟期都可发病，以现蕾期后发病最盛。叶、茎、蒴果都可被侵染，以茎部损失最严重。病原菌最初侵染近土表的茎秆，湿度大时病部长出白色毛绒状菌丝，后在茎秆内外产生黑色鼠粪状菌核，植株倒伏枯死。倒伏胡麻茎覆盖和贯穿着白色毛毯状菌丝层，霉层上面和茎里面形成圆形坚硬的肿瘤（菌核），这不同于多球形和较大的 *Botrytis cinerea* 病菌，它很容易从茎上散落，感病茎变白，纤维被破坏。

（3）综合防治技术　①选用抗病优良品种。适当稀播。②合理轮作：多年种麻的连作地不仅土壤理化性状变劣，对麻株生长发育不利，而且土壤中的病菌日积月累，增加了土壤感染度。因此，轮作、选茬十分必要，应采用 4 年以上轮作，严禁重茬、迎茬。种植区多以玉米、小麦、谷子、高粱、大豆等作物轮作，这是防治白腐病的有效措施。③加强栽培管理：同枯萎病。④药剂防治：根据病情和气候情况，在胡麻白腐病发生初期，及时进行喷药，可抑制病害的发生流行。发病初期喷 50%扑海因可湿性粉剂 600~800 倍液、20%腐霉利悬浮剂 600~800 倍液，40%菌核净可湿性粉剂 700~1 000 倍液、50%翠贝干悬浮剂 2 000~2 500 倍液，50%速克灵可湿性粉剂 1 000 溶液，每隔 7d 加喷 1 次，防治效果可达 80%以上。

8. 锈病

（1）致病菌及为害　锈病病原菌（*Melampsora lini*（Ehren）Ler.）属担子菌纲，锈菌目、栅锈菌科、栅锈菌属。病株残体和种子是主要传播途径，发病最适空气温度 16~22℃。中国胡麻锈病很少发生，在俄罗斯等国家发生特别严重，常与枯萎病重复感染。胡麻感病后，病原孢子堆散布于胡麻植株的茎、叶、花器各部位，破坏叶绿素和皮层，使胡麻生长受到严重抑制，致使植株早枯，影响产量。由于病害能引起植株同化作用降低，可降低种子产量达 92%~94%，给胡麻生产带来较大的损失。

（2）症状　锈病在胡麻生育期间均可为害，开花前症状较为明显。先侵染上部叶片，后扩展到下部叶片、茎、枝及蒴果和花梗等部位。初始侵染幼叶和嫩茎，病部呈淡黄色或橙黄色小斑，即性孢子器和锈孢子器，以后在叶、茎和蒴果上产生鲜黄色至橙黄色的小斑点为夏孢子堆。到成熟期则在患部表皮下产生许多密集的褐色至黑色有光泽的不规则斑点为冬孢子堆。茎上特别多，叶及萼片上较少。感染植株叶片过早变黄脱落，胡麻同化作用降低，蒴果不能形成或者形成小病瘪，影响种子产量。

（3）综合防治技术　根据锈病的性质和发病规律，防治此病必须采取"以种植抗锈良种为主，药剂、栽培等防治为辅"的技术措施。①选用抗病优良品种：抗锈病最有效的方法是选用抗性品种，胡麻不同品种间对锈病有明显不同的抗性，故在引种和选种工作中结合本地情况，选育抗锈品种，这是切实可行的防治方法。②合理轮作：同枯萎病。③加强栽培管理：同枯萎病。④药剂处理：在缺乏抗病品种的地区，应根据测报，及时进行药剂防治。胡麻锈病的初次侵染源来自种子带菌，播前种子用药剂处理十分必要，用种子重量 0.3%的粉锈宁拌种，根据病情和气候情况，在病害发生初期，及时进行喷药，可抑制病害的发生流行。发病初期喷 800~1 000 倍液粉锈宁粉剂，也可用敌锈钠和 20%萎锈灵乳剂，浓度都是 500 倍液，隔 7~10d 再喷洒 1 次，防治效果可达 75%以上。

9. 细菌病

（1）致病菌及为害　细菌病病原菌为芽孢杆菌（*Clostridium/Bacillus/macerans Schar-dinger*），大小为（0.8~1.0）μm×（4.0~6.0）μm。芽孢生在杆菌末端或靠近末端，革兰氏阴性。可在好气条件和嫌气条件下发育，属于胡麻附生微生物。在一定条件下它也寄生于胡麻，侵害根部和地上部器官，带菌的种子和土壤是细菌传染的途径。胡麻细菌病十分有害，细菌病在胡麻发育的初期为害，导致大面积感染，种子产量可降低 30%~40%。

（2）症状　胡麻细菌病以幼苗期为害最重。细菌病的感染有两种类型：为害根尖和茎生长点。根尖死亡表现在出苗期，根尖出现浅黄到红褐色的斑点，侵染严重后根尖坏死。子叶带有褐色或红色边缘的溃疡。上述苗期病状既可在一株植株上同时遇到，也可分别出现在不同植株上。在胡麻发育前期，植株的主根和侧根生长停止，并变得像豆科植物的根瘤。茎生长点死亡从出苗到开花都有发生，但经常出现在苗期。表现为植株生长缓慢或完全停止，茎顶端颜色浅白，并比茎其余部分略粗，以后逐渐变黄、干枯，而死亡部位下部茎显著加粗，变得很粗糙。主根和侧根停止伸长，同时加粗。根系因此而呈缩短加粗的枝状凸起，紧密排列在疣状末端的主根周围。在快速生长期茎的上部稍微变暗，卷曲，然后变黄，具有铜红色并干枯。现蕾期病状同幼苗期一样，表现为茎停止生长，茎顶端卷缩，随着病情发展逐渐发黄并干枯，其下部虽然不失为绿色，但显得很粗糙。在开花和成熟期，病情发展导致落蕾和花序下垂。细菌病经常导致植株死亡，但也可痊愈，痊愈后呈畸形发展。茎生长点的死亡引起茎分枝并变得极为粗糙。现蕾期和成熟期花蕾及花序脱落导致减产，甚至使种子绝产。根尖死亡时，钻进根部的细菌不继续在植株上转移，而被局限在进入时的位置。但茎生长点死亡之后细菌却在植株内转移，引起包括疣状加粗的根在内的症状。

（3）综合防治技术　①选用抗病优良品种：品种对胡麻细菌病抗性有显著差别，选用抗病品种是有效防治细菌病的一种方法。②加强栽培管理：同枯萎病。③合理轮作：同枯萎病。④药剂处理：胡麻细菌病的初次侵染源来自土壤和种子带菌，播前要进行种子处理。用种子重量 0.3%的复合药剂（农用链霉素：多菌灵＝1:5）拌种（兼治真菌性病害），药剂拌种后至少密封 7d 后播种，效果最佳。在病害发生初期，及时进行喷药，可抑制病害的发生与流行，喷洒农用链霉素 500mg/L，隔 10d 喷洒 1 次，连喷 2~3 次。

（二）虫害

胡麻在生长发育过程中，经常受到多种害虫的侵害。根据为害时期不同，胡麻的害虫主要分为两类：一类是苗期害虫，主要有跳甲、蓟马、地老虎、金针虫、蛴螬等。苗期害虫是影响保苗株数的重要因素，在发生严重的年份及地块，幼苗成片死亡；二是生长期害虫，如草地螟、甘蓝夜蛾和黏虫等。这些害虫于 6 月下旬至 7 月上旬，即胡麻的快速生长末期至开花期开始为害，咬断茎尖、产生分枝，主要影响种子产量，严重时种子绝产，对产量、品质影响也很大。

1. 跳甲

（1）为害 跳甲喜寄生在胡麻上，在三叶草、谷物、甜菜及其他很多杂草也都有寄生。以花粉为食，尤其是在十字花科、菊科、伞形科。成虫在胡麻出苗 1~2d，从越冬地向胡麻田迁移，成虫取食胡麻时，首先吃掉子叶和生长点，使麻苗停止发育；交配后在 2cm 高的胡麻上直接产卵，幼虫可取食胡麻植株，幼虫为害严重时植株死亡。幼苗期每平方米有跳甲 100 个，种子产量降低 11.7%。

（2）形态特征及生活习性 跳甲成虫 1.8~2.0mm，颜色蓝黑有光泽，或黑色无光泽。幼虫白色，化蛹前长 2~4mm。运动形式主要是跳跃。胡麻褐跳甲与兰跳甲大小相同，呈浅褐色。黑跳甲成虫长 1.2~1.5mm。跳甲春季产 1 代，冬季选择生有大量杂草、灌木丛，有大量落叶的阔叶树林边缘越冬。冬眠结束，昼夜平均温度上升到 10℃ 以上时便爬出活动，并成群向胡麻地迁移。刚越冬后的成虫，因其主要食物胡麻尚未出苗，先在过渡地取食杂草，待胡麻出苗后成群结队迁向胡麻田，天气晴朗时成虫运动迅速，在 10~14d 期间迁移完成。成虫交配后在 2cm 高的胡麻上直接产卵，过 2~3 周后孵化的幼虫即可取食胡麻植株。幼虫发育 3~4 周后在土中化蛹，再过 2~3 周由蛹羽化为成虫。跳甲喜向阳干燥地块，向阳坡地和宽行播种的种子田较重，临近树林和草地的地块较轻。

（3）防治方法 向成虫的越冬地和集聚地喷药，在害虫尚未大量进入胡麻田地时，在地周边喷洒 30m 宽的药带作为隔离带。害虫已深入胡麻地，则全地块打药。用 90% 敌百虫 1 000 倍液、2.5% 敌百虫粉或 1.5% 甲基 1605 喷粉。

2. 蓟马

（1）为害 胡麻蓟马的成虫和幼虫都能对胡麻种植造成为害。蓟马主要以胡麻为食，也为害豌豆、甜菜、洋葱、小萝卜、小麦和大麦等许多作物。在胡麻上发现的 20 多种蓟马中，能在胡麻上繁殖的不超过 3~4 种。成虫多在胡麻茬地越冬，入土深达 40cm，春季随地温升高而向上迁移，20cm 深处地温达到 10℃ 时，开始钻出地面。在越冬地过一段时间后，6 月末向胡麻田迁移，爬到麻株上部为害叶腋、花蕾、托叶和子房，从麻茎最幼嫩的顶端吸取细胞液，同时在这些地方产卵，5d 左右卵发育成幼虫继续为害胡麻。被害的胡麻生长低矮，增加分枝，落蕾落果，导致产量降低。

（2）形态特征及生活习性 蓟马非常小，身体狭长，一般 0.5~2.0mm，有明显的腿和触角。夏季发生的所有成虫有 4 个长而窄的翅膀，翅膀有长的毛边，飞行能力很强，但越冬后，后代成虫的翅膀短、飞行力差。幼虫体型较小，除没有翅膀以外，和成虫很像。当受到干扰时，幼虫和成虫在寄主上的活动能力很强，天气晴朗时活动最强。蓟马大都分散在整个田地里，有时候聚集在地边缘。成虫有短翅和长翅之分，两种成虫在土壤 20m 以下越冬，当春季变暖，日温达到 8~10℃ 的时候出现，或者在土壤中休眠直到第二年。蓟马雄虫数量很少，经常寄生在杂草上越冬。雌虫在交配后移动到胡麻上，6—7 月在接近植物生长点位置或者花蕾里产卵。幼虫在变成长成虫之前在胡麻的嫩叶和顶端的生长点上取食。幼虫取食 4 周后在土壤下 10~25cm 处度过蛹前和蛹期。

年轻成虫一直在土壤中并且钻得更深来抵抗寒冬的侵袭。

（3）防治方法　①轮作：胡麻前茬不应当是豌豆、芥末或者油菜，可以是谷物、苜蓿或者马铃薯等。②药物防治：在发生后应用 2.5%敌杀死（溴氰菊酯）乳油 1 500~3 000 倍液均匀喷雾。

3. 地老虎

（1）为害　地老虎幼虫咬断胡麻幼苗，造成缺苗断条。

（2）形态特征及生活习性　地老虎成虫体长 15~18mm，翅展 40~4mm。前翅前缘有一条明显的灰白色或灰褐色宽边。肾纹和环纹灰白色，剑纹黑色。后翅灰褐色，外缘色较深。老熟幼虫体长 43~46mm，黄褐或灰褐色。头部黄褐色，有"八"字纹，两侧有黑褐色网状纹。腹部背面的 4 个毛片，前 2 个约等于后 2 个的一半。肾板黄褐色，其前缘及两侧黑褐色，肾板之中部有 2 条深褐色的短纵带。地老虎每年发生 1 代，以卵越冬。第二年 4 月上旬孵化，早期为害杂草，待胡麻出土后即为害胡麻幼苗。5 月下旬至 6 月上旬是为害胡麻的盛期。6 月下旬老熟，7 月中旬羽化，8 月上、中旬产卵。该虫的发生多集中在前作为麦茬的胡麻地。

（3）防治方法　①轮作：胡麻前茬尽量避开麦茬。②防治：利用豆饼粉毒饵诱杀，用 90%敌百虫（将 1 份敌百虫用 9 份水化开后喷于豆饼粉上，拌匀），拌豆饼 50kg，于傍晚顺垄撒在胡麻根际周围，每公顷约用饼饵 150kg，对老龄幼虫诱杀效果好，此法还可兼治蝼蛄；还可用糖蜜或灯光诱杀成虫。

4. 金针虫

（1）为害　金针虫是叩头虫的幼虫，为害植物根部、茎基，取食有机质。在地下主要为害幼苗根茎部。有沟金针虫、细胸金针虫和褐纹金针虫 3 种，其幼虫统称金针虫，以沟金针虫分布范围最广。为害时，可咬断刚出土的幼苗，也可外入已长大的幼苗根里取食为害，被害处不完全咬断，断口不整齐。还能钻蛀较大的种子及块茎、块根，蛀成孔洞，被害株则干枯而死亡。

（2）形态特征及生活习性　成虫叩头虫一般颜色较暗，体形细长或扁平，具有梳状或锯齿状触角。胸部下侧有 1 个爪，受压时可伸入胸腔。当叩头虫仰卧，若突然敲击爪，叩头虫即会弹起，向后跳跃。幼虫圆筒形，体表坚硬，蜡黄色或褐色，末端有 2 对附肢，体长 13~20mm。根据种类不同，幼虫期 1~3 年，蛹在土中的土室内，蛹期大约 3 周，金针虫在 8—9 月化蛹，蛹期 20d 左右，9 月羽化为成虫，即在土中越冬，第二年 3—4 月出土活动。金针虫的活动与土壤温度、湿度、寄主植物的生育时期等有密切关系。

（3）防治方法　用 4%拓达毒死蜱 100 倍液进行拌种。苗期可用 40%的拓达毒死蜱 1 500 倍液或 40%的辛硫磷 500 倍液与适量炒熟的麦麸或豆饼混合制成毒饵，于傍晚撒入田间，利用地下害虫昼伏夜出的习性，即可将其杀死。

5. 蛴螬

（1）为害　蛴螬是金龟子的幼虫，又称大头虫、蜒虫、白土蚕、核桃虫等。成虫通称为金龟子或金龟甲。它的食性很杂，幼虫为害多种作物，在土中取食各种作物的地下部分，以及刚萌发的种子，可咬断胡麻或其他作物幼苗的根茎，是世界性的地下害虫，为害很大。

（2）形态特征及生活习性　蛴螬体型肥大，弯曲呈 C 形，老熟幼虫长 16～41mm，多为白色，少数为黄白色。头部褐色，上颚显著，腹部肿胀，肛门孔呈三射裂纹状。体壁较柔软多皱，体表疏生细毛。头大而圆，多为黄褐色，生有左右对称的刚毛，刚毛数量的多少常为分种的特征。蛴螬具胸足 3 对，一般后足较长。腹部 10 节，第 10 节称为臀节，臀节上生有刺毛，其数目的多少和排列方式也是分种的重要特征。成虫体长 7～21mm，长椭圆形，黑褐色或黑色，具光泽。鞘翅长椭圆形，亦有光泽，每侧鞘翅各有 4 条明显的纵肋。卵椭圆形，长 1～3.5mm，乳白色，表面光滑，略具光泽。蛹长 6～20mm，初为黄白色，后变成橙黄色，头部细小，向下稍弯，腹部末端有叉状凸起一对。如黑绒金龟子成虫体长 7～8mm，宽 4～5mm，全身黑褐色，被灰色和黑紫色绒毛，有光泽。成虫交配后 10～15d 产卵，产在松软湿润的土壤内，以水浇地最多，每头雌虫可产卵 100 粒左右。蛴螬年生代数因种、因地而异。这是一类生活史较长的昆虫，一般 1 年 1 代，或 2～3 年 1 代，长者 5～6 年 1 代。如黑绒金龟子、暗黑鳃金龟、铜绿丽金龟 1 年 1 代，大黑鳃金龟 2 年 1 代，小云斑鳃金龟在青海 4 年 1 代。蛴螬共 3 龄，1 龄、2 龄期较短，第 3 龄期最长。蛴螬有假死和负趋光性，并对未腐熟的粪肥有趋性。白天藏在土中，晚上 8～9 时进行取食等活动。蛴螬始终在地下活动，与土壤温湿度关系密切。当土温达 5℃时开始上升至土表，13～18℃时活动最盛，23℃以上则往深土中移动，至秋季土温下降到其活动适宜范围时，再移向土壤上层。因此蛴螬对胡麻幼苗及其他作物的为害主要是春秋两季最重。土壤潮湿，活动加强，尤其是连续阴雨天气。春、秋季在表土层活动，夏季时多在清晨和夜间到表土层。

（3）防治方法　蛴螬种类多，在同一地区同一地块，常为几种蛴螬混合发生，世代重叠，发生和为害时期很不一致，因地因时采取相应的综合防治措施，才能收到良好的防治效果。①做好预测预报工作：调查和掌握成虫发生盛期，采取措施，及时防治。②农业防治：在胡麻田不施未腐熟的有机肥料。精耕细作，及时镇压土壤，清除田间杂草。发生严重的地区，秋冬翻地可把越冬幼虫翻到地表使其风干、冻死或被天敌捕食，机械杀伤，防效明显。③药剂处理土壤：用 50%辛硫磷乳油每公顷 3～3.75kg，加水 10 倍喷于 375～450kg 细土上拌匀制成毒土，将该毒土撒于地面随即耕翻或混入厩肥中施用。用 2%甲基异柳磷粉每公顷 30～45kg 拌细土 375～450kg 制成毒土。用 3%甲基异柳磷颗粒剂、3%呋喃丹颗粒剂、5%半硫磷颗粒剂或 5%地亚农颗粒剂，每公顷 37.5～45.0kg 处理土壤。④药剂拌种：用 50%甲胺磷乳油 50～100ml 加少量水，拌胡麻种 50kg，晾干后播种。还可兼治其他地下害虫。⑤毒饵诱杀：每公顷地用 25%对硫磷或辛硫磷胶囊剂 2.25～3kg 拌谷子等饵料 75kg。或用榆、杨树新叶枝条，浸蘸药液，诱集成虫取食，中毒死亡。⑥物理方法：有条件地区，可设置黑光灯诱杀成虫，减少蛴螬的发生数量。⑦生物防治：利用茶色食虫虻、金龟子黑土蜂、白僵菌等。

6. 草地螟

（1）为害　草地螟是一种杂食性很强的害虫。它除为害胡麻、甜菜、大豆、高粱及向日葵等作物外，还为害灰菜、水蒿、黄蒿、刺儿菜、黄瓜、香菜、柳条等。主要以幼虫为害胡麻，幼虫期较长。它的幼虫咬食胡麻叶片，大发生时，将叶片全部吃光，只剩下茎秆，使胡麻严重减产。

（2）形态特征及生活习性　草地螟虫体长 10~12mm，翅长 18~26mm，黑褐色小型蛾子，前翅浅褐，外缘有一条由黄白色小点连成的纵纹。在接近翅中央处，有个较大的黄白色线条，外缘也有一列由黄色小点形成的纵条纹。卵扇圆形，长径 0.8~1.0mm，灰白色，平滑而有光泽，卵粒互相重叠成覆瓦状排列。老熟幼虫体长 20mm 左右，体灰绿色。头黑色，硬皮板上有 3 条黄色纵纹，背中线黑色明显，腹部背面每节各有瘤状凸起 2 对，凸起上各生有刚毛 1 根，毛基黑色，外围具有两个同心的黄白色球，气门上线为黄绿色两条。腹部黄绿色，全身具有疏散的淡黄色细毛。草地螟 1 年发生 2 代，以老熟幼虫在土中做茧越冬。第二年 6 月上旬和中旬为蛾子发生期，6 月下旬为第 1 代幼虫发生盛期。幼虫最初为害灰菜等杂草，以后迁移到甜菜、胡麻等作物。7 月下旬至 8 月上旬，第 1 代成虫羽化，中旬可见幼虫。全年第 1 代幼虫为害重，第 2 代幼虫为害轻。成虫期约 10d，卵期 3~4d，幼虫期约 21d。

（3）防治方法　①农业防治：秋季进行耕耙，破坏草地螟的越冬环境，增加越冬期死亡率。6 月中旬前麻田除草，可起到杀卵的作用。②化学防治：喷洒药剂，当虫卵基本孵化时，要集中人力喷 2.5% 溴氰菊酯乳油。每平方米虫口密度为 50~100 头，幼虫为 4~5 龄时，喷洒溴氰菊酯 2 500 倍液。每平方米虫口密度 500 头以上时须喷 2 次药，虫口密度在 100 头以下，幼虫为 1~3 龄时，喷洒溴氰菊酯 4 000~5 000 倍液、20% 除虫菊酯乳油 2 000~4 000 倍液、80% 敌敌畏乳油 800 倍液、50% 辛硫磷乳剂 800~1 000 倍液或 2.5% 敌百虫粉剂，杀虫效果都在 80% 以上。

7. 甘蓝夜蛾

（1）为害　甘蓝夜蛾是胡麻生育中、后期食叶性害虫。初孵化的幼虫取食叶肉为害，1~3 龄幼虫昼夜取食叶片为害，4~6 龄幼虫夜间出来为害。为害严重发生时可使胡麻单产下降 10%~20%。幼虫为杂食性，除为害胡麻外，还为害甜菜、甘蓝、白菜等作物。

（2）形态特征及生活习性　成虫体长 17~2lmm，翅长 42~51m，体灰褐或黑褐色。前翅花纹很多，基线、中线及外线均为黑色，肾纹外缘白色，环纹褐灰色，楔纹近圆形，黄褐色，周围黑色。后翅无斑纹，由基部向外缘颜色渐深。老熟幼虫体长 40~50mm，体色因龄期、食物有较大的差异。1 龄幼虫呈绿色，头为淡黄褐色。4~6 龄幼虫体呈灰褐色或灰黑色，背部有倒八字纹。甘蓝叶蛾 1 年发生 2 代，以蛹越冬。第二年 5 月下旬至 6 月初羽化，6 月中下旬为羽化盛期。成虫昼伏夜出，有较强的趋光性和趋化性。成虫在胡麻叶背面产卵，呈卵块。每块卵的数量由几粒到几百粒不等。初孵化的幼虫集聚在卵块周围，取食卵壳和叶肉，稍有惊动即吐丝下垂。1~3 龄幼虫昼夜为害，4~6 龄幼虫白天躲在心叶里、枯叶下或土块下，夜间出来为害。幼虫老熟后于 7~12 龄在土层中化蛹。8 月上旬，为第 2 代成虫发生盛期，8 月中下旬为第 2 代幼虫发生盛期。一般第 2 代幼虫发生数量比第 1 代多。

（3）防治方法　①农业防治：利用甘蓝夜蛾在土里化蛹习性，秋末耕翻可增加蛹的死亡，利用成虫在茂密杂草产卵的习性，清除杂草压低幼虫密度。掌握产卵期及初孵幼虫集中取食的习性，摘除卵块及初孵幼虫食害的叶片，可大量消灭卵块及初孵幼虫。②化学防治：可喷洒 50%敌敌畏乳剂 300~400 倍液或 75%辛硫磷 800~100 倍液。2.5%溴氰菊酯，具有触杀能力强、速效安全、用药量低等优点，每公顷用药量 60g。

8. 黏虫

（1）为害 黏虫属杂食性、暴食性害虫，大发生时为害极重。幼虫咬食叶片，1~2 龄幼虫仅食叶肉形成小孔，5~6 龄达暴食期可将叶片吃光，造成严重减产。主要为害禾谷类作物和杂草，大量发生年份也为害豆类、胡麻等阔叶作物。

（2）形态特征及生活习性 成虫翅展 30~45mm，为淡黄色或灰褐色蛾。前翅中央稍近前缘处有 2 个黄色圆斑，近中央处有 1 个小白点，它的两侧各有 1 个小黑点，前翅由顶角斜向内方有 1 条灰色斜纹。幼虫初孵时，体色暗灰，随着龄期增长，体色变化很大，由淡绿色至深黑色不一，大发生时常为黑色。身上有 5 条纵线，背线白色，较细，边缘绕有细黑色，亚背线稍带蓝色，边缘绕有白色纹线。黏虫 1 年繁殖 2~3 代，发育 1 代所需的天数主要受温度的影响，一般需 40~50d，但是不能越冬。成虫有昼伏夜出习性，白天隐伏于草丛、麦田、草堆、土隙等处，夜间活动、取食、交配、产卵。4 月中下旬即有少量成虫出现，盛期多在 5 月末至 6 月上旬，第 1 代产卵高峰是在成虫高峰期开始 10d 以后。黏虫繁殖力强，1 头雌虫可产卵千粒以上，雌蛾有趋枯黄的禾本科植物产卵趋向，卵排列成块，包在叶鞘或枯叶内，每一卵块一般 20~40 粒卵或更多。第 1 代幼虫为害期主要在 6 月中下旬，6 月末尤为猖獗。初龄幼虫怕见光，常潜伏心叶、叶鞘和叶丛间。幼虫很小，食量也小，不易引人注意。4 龄以后食量剧增，6 龄为暴食期，同时随龄期增长抗药能力也增强。幼虫在午后、晚间取食，阴天时白天也出来活动，如受到惊动，有卷曲掉落的假死性。可因食物缺乏成群转移。

（3）防治方法 ①诱卵防治：利用黏虫产卵趋枯黄的禾本科植物的习性，将谷草 3~4 根，或玉米叶及高粱叶 10~20 片，或稻草 10 根，分别扎成把插于防治田块中，每公顷 750 把，3d 更换 1 次，集中处理掉，可大大降低虫卵密度。②化学防治。用 2.5%敌百虫粉或 5%马拉硫磷粉剂，每公顷喷 22.5~37.5kg，杀虫率 85%~90%。用 50%~75%的辛硫磷乳油 3 000~5 000 倍液、50%的敌敌畏乳油 1 000~1 500 倍液、20%的杀螟松乳油 1 000~2 000 倍液用水稀释后，每公顷喷洒 450~560kg，杀虫效果为 90%左右。

9. 蚜虫

（1）为害 蚜虫吮吸枝叶汁液，蚜虫群集胡麻顶梢，为害嫩叶、嫩芽，叶枝卷缩，植株矮化，严重者枯萎而死。常造成植株生长不良，矮缩，不能开花结实或植株早枯，使产量受到严重损失。常连年发生，有时与无网长管蚜混生，为害颇烈。

（2）形态特征及生活习性 有翅蚜体长 1.3mm，头及前胸灰绿色，中胸背面及小盾片漆黑色，触角端部黑色，长及胸部后缘，第 3 节有圆形感觉孔 7~10 个，单行纵列，复眼黑色或黑褐色，腹部深绿色，侧缘有模糊的黑斑数个。腹管淡绿色，略长于尾片，端部缢缩如瓶口。尾片淡绿色，上有弯曲毛 4 根，翅有灰黄色反光，翅痣污黄色。足灰绿色，腿节和胫节节端及跗节黑色。无翅蚜体长 1.5mm，全体绿色，口吻短，长不及 2 中足基部，其他同有翅蚜。蚜虫 1 年多代。一般于 5 月初以有翅蚜进入胡麻田，分别于 5 月底、6 月中旬出现 2 次高峰期，为害并迅速繁殖 7~8 代，每代 2 个龄期，世代历期为 5~7d，随气温的上升，历期有所缩短，6 月下旬有翅蚜迁飞他地，降雨可降低虫口密度。

（3）防治方法　蚜虫在田间常与无网长管蚜混合发生为害，不同年份、不同地区虫口比例存在显著差别，防治也应重视无网长管蚜。在 5 月底、6 月初蚜害高峰期前用 50%辛硫磷乳油 800 倍液、2.5%溴氰菊酯乳油 2 000~2 500 倍液、氯氰菊酯 10%乳油 2 500~5 000 倍液或 40%氧化乐果乳油 800 倍液 1 次喷治，对蚜量控制、蚜害指数降低、千粒重增加和产量提高都有显著效果。在 5 月中旬蚜虫峰期开始第 1 次防治，以后观蚜情再补防第 2 次，效果更好。

10. 小蠹蛾

（1）为害　小蠹蛾又称细卷蛾，为胡麻专属害虫，为害种子。幼虫孵化后多从蒴果基部蛀入，食害籽粒蛀入孔很快愈合而留一褐色小点，被害果内种籽常被食光或残缺不全。亚麻成熟收获时，幼虫陆续老熟，在蒴果基部咬 1 孔爬出，落入土中结茧越冬。

（2）形态特征及生活习性　成虫为前翅正中和边缘带有暗色条纹的黄色小蛾，腹足 4 对，翅展 14~16mm。幼虫白色到玫瑰色，头褐色，长 4~8mm。蛹长 5~6mm 赤褐色，头顶有一凸起。腹端环形，上有褐色瘤突，每瘤有刺钩 1 个。茧有越冬茧和化蛹茧 2 种，均由丝黏缀土粒而成。越冬茧长筒形或近圆形，质地较坚实，化蛹茧稍长而结构较松，一端留有羽化孔。小蠹蛾 1 年发生 1 代，以老熟幼虫在深约 1cm 的土壤中结茧越冬。第二年 5 月下旬至 6 月上旬越冬幼虫从冬茧中爬出，上升至土面隐蔽处做茧化蛹，蛹期 10d 左右。成虫盛发期正值胡麻盛花期（7 月上中旬）。每雌蛾能产卵 35 粒左右，卵散产于植株中上部叶片上，少数产于花萼上，卵期约 7d。幼虫孵化后多从蒴果基部蛀入，食害籽粒蛀入孔很快愈合而留一褐色小点，被害果内种籽常被食光或残缺不全。亚麻成熟收获时，幼虫陆续老熟，在蒴果基部咬 1 孔爬出，落入土中结茧越冬。在收获的捆子下，脱果幼虫较为密集，是消灭越冬幼虫的有利环节。麻农根据幼虫蛀空蒴果的为害特点，称此虫为漏油虫。

（3）防治方法　①精选种子，提早播种或采用早熟品种，避开成虫盛发期，可减轻为害。②每公顷用 5%甲萘威（西维因）粉剂 37.5kg，或 2.5%甲基对硫磷（甲基 1605）粉剂 37.5kg，与细湿土约 225kg 拌匀，于 5 月底越冬幼虫尚未出土前均匀撒于地表，可杀死出土的越冬幼虫。③在成虫产卵期，喷洒 20%速灭杀丁乳油。④收获时在麻捆堆下撒上述药剂，毒杀脱果越冬幼虫。

11. 其他害虫

亚麻象在宁夏也是为害胡麻的一种田间害虫。杨崇庆等（2017）介绍，通过养殖和田间调查亚麻象发生规律和生活史，采用频次分布法，应用聚集度指标的计算公式以及 Taylor、Iwao 的回归方程式，分析和测定亚麻象幼虫的空间分布格局。结果表明，亚麻象在固原地区每年发生 1 代，5 月下旬越冬成虫从冬麦田迁入胡麻田开始交配产卵，整个产卵期持续时间较长，约 35d，幼虫期 30~35d，蛹期 15~21d，7 月上旬胡麻开花期是亚麻象羽化的高峰期，10月中旬越夏成虫转移至冬麦地和地埂疏松的表土中开始越冬。亚麻象幼虫的空间分布型为负二项分布，应用聚集度指标分析表明亚麻象幼虫呈聚集分布。研究阐明了亚麻象在固原地区胡麻田的周年发生的种群动态规律和生活史以及幼虫空间分布型，可为亚麻象的预测测报和综合防治提供理论参考依据。杨崇庆等（2018）还初步研究了胡麻对亚麻象蛀食胁迫的补偿效应。

（三）杂草防除

1. 胡麻田常见杂草种类

亚麻的种植模式一般以粗放型为主。由于亚麻窄行密植的栽培方式使之难以进行中耕管理，亚麻田的杂草为害相当严重。这不仅造成亚麻产量的下降，而且会严重降低产品的品质。亚麻田的杂草主要有稗、马唐、蓼、狗尾草、毒麦、野燕麦、菟丝子、亚麻荠、刺耳菜、蒿、苋、苣荬菜、野黍、块茎香豌豆、灰绿藜，野油菜、野花生、狼紫草、野豌豆、小蓟、水蓼、田旋花、大麻、问荆、扁蓄、野薄荷、三叶草豆、圆叶锦葵等。据报道，野燕麦、块茎香豌豆、灰绿藜，野油菜在新疆尼勒克县胡麻田的出现均度超过了50%以上，相对多度分别达81.5%，39.31%，33.92%，26.4%。

赵利等（2010）采用田间调查和室内测定、相对丰度和生态位计算与分析相结合的方法，对兰州地区胡麻田杂草群落进行了研究。初步明确了兰州地区胡麻田间杂草种类共有11科23种，其中主要科为禾本科、菊科、藜科、苋科和旋花科；优势种群为地肤、狗尾草、藜、苣荬菜、稗草和打碗花。同时明确了优势杂草的消长变化规律，即4月中旬为杂草始发期，5月中旬和6月中旬为2个出草高峰期。优势杂草生态位的研究结果表明，地肤的综合生态位宽度值最大，对胡麻的为害最大，其次为狗尾草和藜；地肤与狗尾草的时间生态位重叠值最大，与苣荬菜的水平生态位重叠值最大；而苣荬菜和藜的垂直生态位重叠值最大，它们相互利用资源的相似性较高。利用相对丰度和生态位宽度均能确定优势杂草的种类，反映杂草对作物为害程度的大小。

韩相鹏等（2014）通过多年定点观察和大田调查，初步掌握了定西市胡麻田间杂草的发生种类、种群分布及为害程度。全市胡麻田草害面积达85%以上，杂草种类有23科51种，平均株数15.6~170.0株/m²。

李爱荣等（2015）系统调查了冀西北地区油用亚麻田苗期杂草种类、群落及优势杂草，并开展了化学除草防除试验。结果表明，本区域油用亚麻田苗期杂草种类有16科43种，禾本科、菊科、藜科、蓼科，苋科为优势种，占杂草种类55.3%。优势杂草主要有藜、苦荞、狗尾草、野糜子、苋、野燕麦、苣荬菜、卷茎蓼、芦苇、皮碱草和野油菜11种。刘卫东等（2015）在甘肃省榆中县田间调查表明，播期对露地胡麻田杂草发生程度有显著影响。播期越晚，杂草发生越轻。

岳德成、王宗胜等（2015）对甘肃省平凉市胡麻田杂草种类、优势种、主要群落类型进行了系统调查研究。结果表明，平凉市胡麻田杂草种类100种，分属34科，以一年生和越年生杂草为主，占65.00%，多年生杂草种类较少，占35.00%；草本杂草种类繁多，占93.00%，木本杂草稀少，占7.00%。全市性优势杂草有藜、狗尾草、反枝苋、马唐、小蓟、苣荬菜、打碗花、田旋花、铁苋菜和龙葵10种，区域性优势种有蒙古蒿、稗草、冰草、糜子、荞麦、问荆、早开堇菜、水棘针、小花鬼针草9种。主要群落类型5种，其中阴湿山台区有"狗尾草+藜+尼泊尔蓼+问荆"和"藜+小蓟+冰草+苣荬菜+马唐"2种，干旱山台区有"狗尾草+藜+反枝苋+水棘针+铁苋菜"和"藜+小蓟+冰草+苣荬菜+马唐"2种，干旱塬区有"藜+狗尾草+小蓟+打碗花"和"打碗花+狗尾草+反枝苋+苣荬菜"2种，各群落类型出现频率均在26.47%以上。

余红等（2016）探讨播种密度对胡麻田杂草发生以及对胡麻产量的影响，为胡麻田杂草的综合治理提供参考。通过大田试验研究胡麻不同播种密度（45、60、75、90、105、120kg/hm²）对胡麻田杂草发生以及胡麻产量的影响。结果表明，胡麻播种密度与杂草发生量关系密切，播种密度越高，杂草发生越少。胡麻播种密度对胡麻产量有显著影响，随着播种密度的提高，胡麻产量逐渐降低，主要是因为胡麻密度越高，倒伏越严重，造成的减产率越高。综合胡麻密度与杂草发生、产量构成的关系并考虑倒伏因素，甘肃省中部地区胡麻种植的适宜密度为60kg/hm²。

2. 新疆胡麻田常见杂草

（1）马唐

学名：*Digitaria sanguinalis*（Linn.）Scop.，其他名称有抓地草、大抓根草、秧子草、须草、叉子草、鸡爪草。

科属地位：禾本科杂草。

形态特征：成株高40~100cm。茎秆基部倾斜，着土后节易生根或具分枝，光滑无毛。叶松弛包茎，大部短于节间。叶舌膜质，黄棕色、先端钝圆，长1~3mm。叶片条状披针形，长3~17cm、宽3~10mm，两端疏生软毛或无毛。总状花序3~10枚，长5~18cm，上部互生或呈指状排列于茎顶，下部近于轮生。穗轴宽约1mm、中肋白色，翼绿色。小穗披针形、长3~3.5mm、通常孪生，一具长柄、一具极短的柄或几无柄。第一颖微小、钝三角形、长约0.2mm；第二颖长为小穗的1/2~3/4，狭窄，具不明显的3脉，边缘具纤毛。第一小花外稃与小穗等长，具明显的5~7脉，中部的脉更明显，脉间距离较宽而无毛，边缘具纤毛；第二小花几等长于小穗，色淡绿。籽实带稃颖果。第二颖边缘具纤毛。第一外稃侧脉无毛或脉间贴生柔毛。颖果椭圆形，长约3mm，淡黄色或灰白色，脐明显，圆形，胚卵形，长约等于颖果的1/3。幼苗深绿色，密被柔毛胚芽硝阔披针形，半透明膜质，长2.5~3mm。第一片真叶长6~8mm，宽2~3mm，具有一狭窄环状而顶端齿裂的叶舌，叶缘具长睫毛。幼苗其他叶片长10~12mm，宽3~3.5mm，多脉，叶鞘和叶片均密被长毛。

为害：秋熟旱作物地恶性杂草。发生数量、分布范围在旱地杂草中均具首位，以作物生长的前中期为害为主。

（2）狗尾草

学名：*Setaria viridis*（L.）Beauv.，其他名称有谷莠子、绿狗尾草、狗毛草、莠。

科属地位：禾本科杂草。

形态特征：成株秆疏丛生，直立或倾斜，株高30~100cm。叶舌膜质，长1~2mm，具环毛。叶片条状披针形，顶端渐尖，基部圆形。圆锥花序紧密，呈圆柱状，直立或微倾斜。小穗长2~2.5mm，2至数枚成簇生于缩短的分枝上，基部有刚毛状小枝1~6条，成熟后与刚毛分离而脱落。第一颖长为小穗的1/3，具1~3脉；第二颖与小穗等长或稍长，具5~6脉。第一小花外稃与小穗等长，具5脉；第二小花外稃较第一小花外稃短，边缘卷抱内稃。幼苗第一叶倒披针状椭圆形，先端尖锐，长8~9mm，宽2.3~2.8mm，绿色，无毛，叶片近地面，斜向上伸出；第二、三叶狭倒披针形，先端尖，长20~30mm，宽2.5~4mm，叶舌毛状，叶鞘无毛，被绿色粗毛。叶耳处有紫红色斑。

为害：广布全国各地、为秋熟旱作物田主要杂草之一。耕作粗放地尤为严重。

（3）野燕麦

学名：*Avena fatua* L.，其他名称有铃铛麦、燕麦草、香麦。

科属地位：禾本科杂草。

形态特征：成株秆丛生或单生，直立，株高50~120cm。秆具2~4节，光滑。叶鞘松弛，叶舌膜质透明，叶片宽条形。圆锥花序，开展，呈塔形，分枝具棱。小穗长18~25mm，含2~3朵花。小穗柄弯曲下垂，顶端膨胀。小穗轴节间密生淡棕色或白色硬毛，具关节，易断落。颖等长，具9脉。外稃质地硬，半部被淡棕色或白色毛。第一外稃长15~20mm，基盘密生短鬃毛，芒自外稃中部稍下处伸出，长2~4cm，膝曲，下部扭转，芒棕色。第二外稃与第一外稃相等，具芒。籽实颖果纺锤形，被淡棕色柔毛，腹面具纵沟，长6~8mm，宽2~3mm。幼苗叶片初生时卷成筒状。叶片细长，扁平，略扭曲，两面均疏生柔毛。叶缘有短毛。叶舌较短，透明膜质，先端具不规则齿裂。叶鞘具短柔毛及稀疏长纤毛。

为害：麦田受害最为严重。在麦田中常成单优势种杂草群落。直接影响作物的产量与产品质量。分布于我国南北各地，以西北、东北地区受害最为严重。是麦类赤霉病、叶斑病和黑粉病病菌的寄主。

（4）毒麦

学名：*Lolium temulentum* L.，其他名称有黑麦子、小尾巴麦、闹心麦。

科属地位：禾本科杂草。

形态特征：成株秆呈疏丛，无毛，株高20~120cm。叶鞘较硫松，长于节间。叶舌长约2.7mm，膜质截平。叶耳狭窄。叶片长6~40cm，宽3~13mm，质地较薄，无毛或微粗糙。穗状花序，长5~40cm，宽1~1.5cm，有12~14个小穗。穗轴节间长5~7mm。小穗长8~9毫米，有2~6朵小花，以5朵为多。小穗轴节间长1~1.5mm，光滑无毛。颖质地较硬，具5~9脉，具狭膜质边缘，长8~10mm。外稃质地较薄，基盘微小，具5脉，顶端膜质透明。第一外稃长6毫米，芒长可达1.4cm，自近外稃顶端处伸出，内稃长约等于外稃，脊上具有微小纤毛。籽实颖果长椭圆形，长4~6mm，宽约2mm，褐黄色至棕色，坚硬，无光泽，腹沟较宽。幼苗绿色，基部紫红色。胚芽鞘长1.5~1.8cm。第一叶线形，长6.5~9.5cm，宽2~3mm，先端渐尖，光滑无毛。

为害：除华南外，全国各地均有分布。一般混生于作物田中，为有毒杂草，影响作物产量。毒麦颖果内种皮与淀粉层之间寄生有毒麦苗的菌丝，它含有一种毒麦碱，人、畜食后都能中毒，轻者引起头晕、昏迷、呕吐、痉挛等，重者则会使中枢神经系统麻痹以致死亡。毒麦未成熟时或多雨潮湿季节收获的种子毒力最强。

（5）稗

学名：*Echinochloa crusgalli*（L）Beauv，其他名称有稗草、扁扁草、稗子、野稗。

科属地位：禾本科杂草。

形态特征：成株秆丛生，直立或基部膝曲，株高 50~130cm。秆光滑无毛。叶条形，无毛，叶鞘光滑，无叶舌。圆锥花序塔形，较开展，粗壮，直立，主轴具棱，基部被有疣基硬刺毛，分枝为穗形总状花序，并生或对生于主轴，上斜举或贴生，下部的排列稍疏离，上部的密接，小枝上有 4~7 个小穗。小穗长 3~4mm（芒除外），密集于穗轴的一侧，脉上被疣基刺毛 3 枚。第一颖三角形，约为小穗的 1/3，具 3 脉或 5 脉；第二颖有长尖头，具 5 脉，与第一小花的外稃近等长。籽实颖果椭圆形，长 2.5~3.5mm，凸面有纵脊，黄褐色。幼苗子叶留土。第一片真叶线状披针形，有 15 条直出平行脉，叶鞘长 3.5cm，叶片与叶鞘间的分界不明显，无叶耳、叶舌；第二片真叶与前者相似。

为害：稗草是世界性杂草，在我国各地均有分布。多发生于潮湿旱地为害秋熟旱作物。

（6）菟丝子

学名：*Cuscuta chinensis* Lam.，其他名称有中国菟丝子、大豆菟丝子、黄丝、无根草、金丝藤。

科属地位：旋花科杂草。

形态特征：成株茎缠绕，黄色或淡黄色，细弱，多分枝，无叶。花多数簇生成团，有时两个并生，伞状花序。花萼杯状 5 裂，中部以下连合，裂片三角形，长约 1.5mm。花冠白色或略带黄色，钟形，4~5 裂，裂片三角状卵形，先端锐尖或稍钝，常内折，成熟时将果实全部包住。鳞片 5 片，较大，近长圆形，与冠筒等长。雄蕊 5 枚，着生于花冠裂片弯缺处稍下方，较裂片短花柱 2 枚，等长，柱头球形，子房近球形。籽实蒴果近球形，直径约 3mm，稍扁，几乎全为宿存花冠所包，成熟时开裂。种子卵圆形，有喙，种皮赤褐色至淡褐色，表面较粗糙，有白霜状突起。幼苗淡黄色，早期具极短的初生根，在土壤中起短期吸水作用，当固着于寄主茎后即停止生长，逐渐萎缩死亡。胚轴与幼茎纤细，与寄主接触后，茎上产生吸器（寄生根），侵入寄主体内吸收水分和养料。

为害：为秋收作物和大豆田的恶性寄生杂草。被寄生的作物植株生长矮小，轻者结籽数减少，籽粒瘦秕，重者植株早期死亡，颗粒无收。

（7）田旋花

学名：*Convolvulus arvensis* L.，其他名称有中国旋花、箭叶旋花。

科属地位：旋花科杂草。

形态特征：成株茎蔓生或缠绕，具条纹或棱，上部有柔毛。叶互生，有柄，叶形多变，全缘或 3 裂，中裂片大，卵状长圆形至披针状长圆形，侧裂片开展，呈耳形或戟形，微尖。花 1~3 朵，腋生，花梗长 3~8cm。苞片 2 片，远离萼片。萼片 5 片，卵圆形，边缘膜质。花冠漏斗状，粉红色。籽实蒴果卵状球形或圆锥形。种子 4 粒，卵圆形，黑褐色。幼苗初生叶 1 片，近矩圆形，先端圆，基部两侧稍向外突出成矩。上下胚轴均发达。

为害：分布于东北、华北、西北、四川、西藏等地。为旱作物地常见杂草。近年来华北、西北地区为害较严重，已成为难防除的杂草之一。也是小地老虎和盲椿象的寄主。

（8）刺儿菜

学名：*Cephalanoplos segetum*（Bunge）Kitam.，其他名称有小蓟、刺儿菜。

科属地位：菊科杂草。

形态特征：成株具长匍匐根。茎直立，株高 30~50cm。幼茎被白色蛛丝状毛，有棱。叶互生，无柄，缘具刺状齿。基生叶早落。下部和中部叶椭圆状披针形，两面被白色蛛丝状毛，中、上部叶有时羽状浅裂。雌雄异株，雌花序较雄花序大，总苞片覆瓦状排列，长约 18mm，苞片先端具刺，全为筒状。雌花花冠长约 26mm，紫红色或淡红色。籽实瘦果长椭圆形或长卵形，表面浅黄色至褐色，有波状横纹，每面具一条明显的纵脊。冠毛羽状，白色。幼苗子叶出土，阔椭圆形，长 6.5mm，宽 5mm，稍歪斜，全缘，基部楔形。下胚轴发达，上胚轴不发育。初生叶 1 片，椭圆形，缘具齿状刺毛，无毛，随之出现的后生叶几与初生叶成对生。

为害：全国均有分布和为害，以北方更为普遍和严重。为农田的主要为害性杂草。在作物生长早期和后期均产生较重为害，多发生于土壤疏松的旱地。是蚜虫、菌核病病原体的寄主，也可造成作物的间接为害。

（9）藜

学名：*Chenopodiun album* L.，其他名称有灰菜、灰条菜、落藜。

科属地位：藜科杂草。

形态特征：成株茎直立，多分枝，株高 60~120cm，有棱和绿色的纵条纹。叶片菱状卵形至宽披针形，互生，具长柄。叶基部宽楔形，叶缘具不整齐锯齿，下面生有粉粒，灰绿色。花两性，数个花集成团伞花簇，由花簇排成密集或间断而疏散的圆锥状花序，顶生或腋生。花小，黄绿色。花被片 5 片，宽卵形至椭圆形，具纵隆脊和膜质边缘。雄蕊 5 枚，柱头 2 枚。幼苗子叶近线形，或披针形，长 0.6~0.8cm，先端钝，肉质，略带紫色，叶下面有白粉，具柄。初生叶 2 片，长卵形，先端钝，边缘略呈波状，主脉明显，叶片下面多呈紫红色，具白粉。上胚轴及下胚轴均较发达，紫红色。后生叶互生，卵形，全缘或有钝齿。

为害：除西藏自治区外，各地都有分布。主要为害农作物及果树，常形成单一群落。是地老虎和棉铃虫的寄主，有时也是蚜虫的寄主。

（10）反枝苋

学名：*Amaranthus retroflexus* L.，其他名称有西风谷、野苋菜。

科属地位：苋科杂草。

形态特征：成株茎直立，有分枝，稍显钝棱，密生短柔毛，株高 20~80cm。叶互生，具短柄，菱状卵形或椭圆状卵形，长 4~10cm，先端锐尖或微凹，基部楔形，全缘或波状缘，两面及边缘具柔毛。圆锥花序较粗壮，顶生或腋生，由多数穗状花序组成。幼苗叶长椭圆形，先端钝，基部楔形，具柄，子叶腹面呈灰绿色，背面紫红色，初生叶互生，全缘，卵形，先端微凹，叶背面亦呈紫红色；后生叶有毛，柄长。下胚轴发达，紫红色；上胚轴不发达。

为害：适应性强，喜湿润环境，也比较耐旱。为旱作物地常见杂草。

2. 防除措施

（1）播前土壤处理　氟乐灵是选择性芽前土壤处理剂，田间持效期较长，对亚麻安全，一次施药可基本控制亚麻全生育期的杂草为害。主要防除一年生禾本科杂草及种子繁殖的多年生杂草和一些阔叶杂草，如马唐、牛筋草、稗草、千金子、狗尾草、早熟禾、藜、苋、地肤、繁缕、马齿苋等杂草。在亚麻播前3~5d，砂质土及有机质含量低的田块每亩用48%氟乐灵乳油80~100ml，黏质土及有机质含量高的田块每亩用100~150ml，加水30~50L，均匀喷雾土表。施药后应立即耙地浅混土3~5cm深，干旱时要镇压保墒。

（2）播后苗前土壤处理

都尔：选择性芽前土壤处理除草剂，可防除牛筋草、马唐、狗尾草、稗、千金子等一年生禾本科杂草及苋、马齿苋等阔叶杂草和碎米莎草等杂草。在亚麻播后芽前每亩用72%都尔乳油130~220ml（壤土130~180ml，黏土180~220ml），对水50L均匀喷雾土表。土壤湿度大时有利于药效的发挥。都尔的田间持效期50~70天，对亚麻和后茬作物都很安全。

拉索：可防除一年生禾本科杂草和一些阔叶杂草如马唐、牛筋草、稗草、狗尾草、藜、苋、马齿苋等。亚麻播后芽前砂质土每亩用48%拉索乳油150~250ml（粘土用250~300ml），对水40~60L喷雾土表。土壤墒情好时有利于药效的发挥，若干旱无雨，可采用播前施药，并浅混土3~5cm深。

杀草丹：对禾本科杂草如马唐、牛筋草、千金子、稗、狗尾草、画眉草和早熟禾等有特效，对马齿苋和碎米莎草也有较好防除效果。在亚麻播后芽前，每亩用50%杀草丹乳油150~200ml，或90%高杀草丹乳油80~100ml，加水50L均匀喷雾地表。

敌草胺：对牛筋草、马唐、稗、千金子、狗尾草、野燕麦等禾本科杂草和藜、苋、牛繁缕、苣荬菜等阔叶杂草有很好的防除效果。在亚麻播后苗前，每亩用20%敌草胺乳油120~250ml，加水50L喷雾地表。

都阿合剂：该除草剂是都尔与阿特拉津混配而成，对一年生禾本科杂草和阔叶杂草都有很好的防除效果。亚麻播后芽前，每亩用50%都阿合剂100~150ml，对水50L均匀喷雾。土壤湿度好，有利于药效的充分发挥。

其他除草剂的混用：敌草隆是防除阔叶杂草较好的除草剂，但在亚麻田单独施用易产生药害，若与防除禾本科杂草的除草剂如拉索等减量混用，既可提高除草效果，又对亚麻安全。每亩可用25%敌草隆可湿性粉剂100g加48%拉索乳油100ml，加水均匀喷雾。也可每亩用48%拉索乳油100ml加25%绿麦隆可湿性粉剂100g，或50%都阿合剂50~100ml加25%绿麦隆可湿性粉剂100g，对水50L均匀喷雾地面，并保证土壤湿度，以有利于药效发挥。

（3）苗后茎叶处理

收乐通：为高选择性、内吸传导型芽后除草剂，在杂草生长旺盛期使用，可防除多种一年生和多年生禾本科杂草如稗草、狗尾草、金狗尾草、马唐、牛筋草、千金子、看麦娘、早熟禾、狗牙根、白茅和芦苇等。每亩用12%收乐通乳油25~35ml，对水20~30L均匀喷雾。防除一年生禾本科杂草在2~4叶期施药，防除多年生禾本科杂草在分蘖后施药最有效。施药时，若每亩用药量加入150~160ml植物油，可提高杀草活性。收乐通施药后可很快被杂草吸收传导，2h后下雨则不影响除草效果。夏天施药，2~3周后可见禾本科杂草枯死。

高效盖草能：内吸传导型选择性苗后除草剂，施药后很快被杂草叶片吸收传导，喷洒落入土中的除草剂也可被吸收起到杀草作用，对苗后至分蘖抽穗初期的一年生和多年生禾本科杂草有很好的防除效果。在亚麻出苗后，禾本科杂草3~5叶期，每亩用10.8%高效盖草能25~30ml，对水30L均匀喷雾。由于盖草能仅对禾本科杂草有效，而亚麻田往往是禾本科杂草与阔叶杂草混合发生为害，为了扩大杀草谱，达到一次施药同时防治多种杂草的目的，可用盖草能与苯达松、虎威、杂草焚、克阔乐等适当减量后混用。施药时期应尽量在禾本科杂草3~5叶期、阔叶杂草2~4叶期，过晚施药会影响对阔叶杂草的除草效果。

其他：防治一年生和多年生禾本科杂草，还可每亩用6.9%威霸浓乳剂50~60ml，或20%拿捕净乳油80~100ml，或分别用15%精稳杀得乳油、35%稳杀得乳油或5%禾草克乳油50~75ml，对水30L均匀喷雾。土壤水分适宜、杂草生长旺盛时施药除草效果好。这几种药剂也能被杂草很快吸收传导，施药后2h降雨基本不影响除草效果。

二、非生物胁迫及其应对

在胡麻产区的适期播种条件下，非生物胁迫主要表现为水分胁迫。局部地区和条件下，也表现为盐碱胁迫。

（一）水分胁迫

水分胁迫是指土壤缺水而明显抑制植物生长的现象。淹水、冰冻、高温或盐渍等也能引起水分胁迫。干旱缺水引起的水分胁迫是最常见的，也是对植物产量影响最大的。作物吸水量小于蒸腾量，使体内水分不足，妨碍正常生理活动的现象，称为水分亏缺。水分胁迫对植物代谢的影响反应最快的是细胞伸长生长受抑制，因而叶片较小，光合面积减小；随着胁迫程度的增强，水势明显降低净光合率亦随之下降。另外，植物缺水时细胞合成过程减弱而水解过程加强，淀粉水解为糖，蛋白质水解成氨基酸，水解产物又在呼吸中消耗。水分胁迫引起植物脱水，导致细胞膜结构破坏。在正常情况下，由于细胞膜结构的存在，植物细胞内有一定的区域化功能，不同的代谢过程在不同的部位进行而彼此又相互联系；如果膜结构破坏就会引起代谢紊乱。不同植物或品种对水分胁迫的反应不同。旱生植物长期生活在干旱的环境中，在生理或形态上具有一定的适应特性。

1. 对胡麻生长发育的影响

在胡麻枞形成和快速生长期遇旱影响亚麻的正常生长，快速生长期到开花期是胡麻产量形成的关键时期，遇干旱严重影响种子产量。

乔海明等（2010）在自然持续干旱胁迫生态条件下，对不同播种期油用亚麻品种进行了二次生长研究观察。分析了油用亚麻二次生长发生条件、明确了油用亚麻二次生长发生时间、发生部位及二次生长果枝萌果发育表现及结实状况。二次生长发生条件：苗期果枝及花蕾已经完全分化；一次生长萌果已经完全成熟；茎秆有正常生命活力；生育中期生长发育不充分；发育后期生长条件得以改善；养分含量较高；生育期较长。二次生长发生在生育后期。二次生长部位是一级分枝出现侧枝，顶端长出花蕾。

吴文荣等（2012）以胡麻种子为试验材料，渗透剂选用 PEG-6000 模拟干旱胁迫，探讨了 5 种干旱胁迫条件（10%、15%、20%、22%、25%）对胡麻种子萌发特性的影响。结果表明，胁迫浓度达到 22% 时，各品种的发芽势、发芽率、种子萌发指数、种子活力指数均降低，"坝亚 7 号""坝亚 12 号"表现最好，"坝亚 13 号""1062"品种表现最差；同一胁迫条件下，不同品种的萌发特性对干旱胁迫的敏感性表现不同，初步分析了不同胡麻品种的抗旱性。

赵利等（2015）采用盆栽人工控水方法，研究了不同水分处理对苗期胡麻叶片相对含水量（RWC）、过氧化氢酶（CAT）活性、过氧化物酶（POD）活性以及过氧化产物丙二醛（MDA）含量和游离脯氨酸（Pro）含量的影响。结果表明，干旱胁迫下，不同抗旱类型的胡麻品种 RWC 均有不同程度的降低，在中度和重度胁迫下，RWC 平均比 CK 降低 4.36% 和 13.74%，即随胁迫强度的增加 RWC 下降幅度变大，强、弱抗旱性品种平均比 CK 降低 7.67% 和 10.42%，即抗旱性强的品种 RWC 下降幅度相对较小；抗旱性强的品种其 CAT 和 POD 活性在中度和重度胁迫下平均比 CKL 高 12.46%、15.14% 和 65.01%、156.01%，均随胁迫的增强而增加，但抗旱性弱的品种却为 46.84%、29.85% 和 58.73%、38.20%，呈现先增后减的趋势；MDA 含量均随胁迫加剧呈上 L 趋势，但抗旱性强的品种 MDA 含量随胁迫的增强增幅小，为 2.99%；Pro 含量随水分胁迫程度的加剧不断增加，且抗旱性强的品种体内游离脯氨酸积累量较高，平均 L 高 108.64%。RWC 和 Pro 可作为胡麻苗期抗旱性鉴定的生理指标。

2. 水分胁迫的应对措施

（1）选用抗旱、耐旱品种　对于耐旱性植物来说，能够忍受长时间没有水的问题，因此选育耐旱胡麻品种是提高其在水分胁迫下增产的主要措施。岳国强等（2009）采用干旱胁迫法对胡麻苗期抵御干旱胁迫的能力进行鉴定。同时，在田间条件下对胡麻忍耐或抵御干旱胁迫的能力进行鉴定。据此筛选出适宜宁夏固原推广种植的胡麻品种，如"9425w-25-11""宁亚 14 号""宁亚 17 号""宁亚 15 号"等。

祁旭 L 等（2010）为了了解不同类型胡麻种质的成株期抗旱性表现，挖掘抗旱基因资源，为抗旱育种提供科技支撑，在年降水量不足 40mm 的敦煌市，设干旱胁迫和正常灌水 2 个处理进行试验研究，考查与抗旱性相关的 7 个农艺性状，采用综合抗旱系数与隶属函数相结合的方法，对其抗旱性进行综合评价。结果被考查的农艺性状对干旱胁迫的反应程度各异，其中株高和千粒重迟钝，单株粒数和单株粒重敏感；根据抗旱性量度值（D 值）的聚类结果，将供试种质划分为 5 级，其中旱性强弱与其地理来源、选育条件和利用生境息息相关。选择多个农艺性状，采用综合抗 1 级抗旱型 2 份、2 级 22 份、3 级 69 份、4 级 72 份、5 级 27 份；供试的，不仅可以避免种质的抗旱系数与隶属函数相结合的方法，综合评估胡麻成株期抗旱性是可行单一指标的片面性和不稳定性，而且可以较好地揭示指标性状与抗旱性的关系。

　　王雍臻等（2013）以 15 个品种的胡麻为试验材料，在正常灌溉和自然降水栽培条件下，测定成熟期不同品种胡麻的主要农艺性状指标，应用相关性分析、抗旱系数和抗旱指数评价不同品种胡麻的农艺性状与抗旱性的关系及供试品种的抗旱性。结果表明，不同品种胡麻的农艺性状在灌溉和自然降水栽培条件下表现差异较大，2 个处理间除有效分枝数差异 t 测验不显著外，其他性状间差异 t 测验均达到极显著水平。以"陇亚 8号"为对照品种，采用抗旱指数法对 15 个品种参试胡麻（包括"陇亚 8 号"）的抗旱能力进行评价，其中有 2 个品种胡麻抗旱能力为好，4 个品种胡麻为较好，6 个品种胡麻为中等，其余 3 个品种胡麻为较差和差的评价级别。根据研究结果，建议在选育具有较强抗旱性兼顾高产胡麻新品种时，重点应以提高单株产量、千粒质量为主，兼顾选择单株果实数多、株高略高的材料。

　　李凤荣等（2015）在供试的 13 个抗旱品种中，综合评价了表现抗旱高产的 3 个品种，苗期长势强，生长整齐一致，抗旱抗病。

　　欧巧明等（2017）为了探讨现有胡麻种质资源抗旱性及其与重要育种性状间的关系，研究胡麻抗旱性综合评价方法和鉴定指标，为抗旱育种及抗旱基因资源挖掘、利用提供参考依据。基于 15 份国内主栽胡麻品种建立的抗旱性综合评价体系，以 227 份国内外胡麻种质、育成品种、地方品种为材料，考查与其成株期抗旱性相关的 5 个农艺性状及产量指标，采用抗旱指数、因子分析、模糊隶属函数分析、聚类分析、灰色关联度分析等方法，对其进行抗旱性综合评价、抗旱型划分和评价指标筛选研究。结果显示，被考查性状指标对干旱胁迫的反应程度及关联程度各异，可选择与抗旱性关系密切的产量及其相关性状为优先选择指标；D 值与产量指标呈极显著正相关；据 D 值将供试胡麻种质划分为 7 个抗旱级别，可较好地反映各供试胡麻种质的抗旱性及其特点。说明有选择地测定与 D 值（综合抗性量度值）密切相关的 6 个性状指标，以其 D 值作为评价参数可有效且准确的鉴定胡麻种质抗旱性。

　　（2）适时补充灌溉　胡麻耗水量随植株的生长而增加，快速生长期到开花期达到高峰，开花后逐渐减少。其需水规律是两头少、中间多。胡麻的快速生长期生长速度快，每昼夜可生长 3~5cm，因而是需水量最多的时期。所以此期必须保证充分的水分供应，避免干旱，这样才能增产增收。在播种后遇到干旱及时喷水灌溉 1 次，确保土壤相对湿度大于 21%，保证胡麻出苗对水分的需求，在胡麻进入枞形末期和快速生长初期，如土壤含水量低于 21%，需要灌水，可以灌水 1~2 次，使土壤相对湿度大于 75%，确保胡麻生长对水分的需求。灌水方法可以用水管深入田间漫灌或滴灌、沟灌等，也可喷灌。每次灌水必须注意要灌透、灌匀，防止涝塘和上湿下干。灌后准时松土破除板结层。

（二）盐碱胁迫

　　盐碱地是盐类集积的一个种类，是指土壤里面所含的盐分影响作物的正常生长。在新疆干旱、半干旱地区，降水量小，蒸发量大，溶解在水中的盐分容易在土壤表层积聚。盐碱地在利用过程当中可以分为轻盐碱地、中度盐碱地和重盐碱地。轻盐碱地是指它的出苗率在 70%~80%，它含盐量在千分之三以下；重盐碱地是指它的含盐量超过千分之六，出苗率低于 50%；中间这块就是中度盐碱地（用 pH 值表示，即轻度盐碱地

pH 值为 7.1~8.5，中度盐碱地 pH 值为 8.5~9.5，重度盐碱地 pH 值为 9.5 以上）。

赵玮等（2016）以强抗旱胡麻品种伊亚 4 号和抗旱系数较低的胡麻品种 LY-8 号为材料，分析了不同浓度的 NaCl 胁迫下的胡麻苗期和成株期农艺性状以及 SOD、POD、MDA 含量。通过对叶片数、株高、根长等农艺性状分析的结果表明，NaCl 胁迫对胡麻植株的伤害明显，低浓度 NaCl 胁迫对不同品种胡麻幼苗的生长均有促进作用，但是随着盐分积累，生长后期对胡麻植株同样会产生伤害，且抗旱性强的胡麻品种同样具有更强的耐盐特性。对生理指标的分析结果表明，伊亚 4 号苗期和成株期的 SOD 和 POD 含量均较 LY-8 号高，成株期 MDA 含量较高，而幼苗期则相反。由于耐盐品种具有较高的 MDA、SOD 含量水平，且保持相对稳定的动态平衡，更有利于对盐胁迫的适应。

郭瑞等（2016）利用中性盐 NaCl、Na_2SO_4 和碱性盐 $NaHCO_3$、Na_2CO_3 混合模拟不同强度的盐、碱胁迫条件，对亚麻进行 14 天胁迫处理，测定其地上部分和根生长速率、光合特征、离子平衡及有机渗透调节物质积累，以探讨亚麻对盐、碱两种胁迫的生理响应特点。研究表明，亚麻生长对盐、碱胁迫的响应存在差异，在相同盐浓度下，碱胁迫对亚麻的伤害大于盐胁迫。碱胁迫使地上部分中 Na^+ 浓度急剧增高，造成叶绿体破坏、光合色素含量下降，光合能力及碳同化能力也急剧下降。亚麻中 Na^+ 含量随着胁迫强度的增加而 L 高，而 K^+ 含量呈下降趋势，碱胁迫下的变化明显大于盐胁迫。因此，碱胁迫导致 Na^+ 过度积累可能是碱胁迫对植物伤害大于盐胁迫的最主要原因。碱胁迫下 Ca^{2+} 和 Mg^{2+} 在根中下降明显，可见高 pH 值阻碍根对 Ca^{2+} 和 Mg^{2+} 的吸收。Fe^{2+} 和 Zn^{2+} 对渗透调节的影响不大，因为它们的离子含量较低。盐胁迫促进阴离子（Cl^-、$H_2PO_4^-$ 和 SO_4^{2-}）的积累来平衡大量涌入的 Na^+，但是碱胁迫明显减少无机阴离子含量，可能造成严重营养胁迫（如 P 和 S 不足）。亚麻在盐胁迫下积累大量可溶性糖来平衡大量的 Na^+，但碱胁迫下积累大量有机酸来维持细胞内离子平衡和 pH 值稳定，碱胁迫大量积累的有机酸也可能被分泌到根外调节根外的 pH 值，这说明亚麻对两种不同胁迫的响应方式不同。研究证明，高 pH 值会直接影响植物根系的生长发育，影响植物矿质元素的吸收，阻碍离子稳态重建，有机酸代谢是亚麻碱胁迫下的关键适应机制。

（顾元国、林萍）

第六节　胡麻品质与利用

一、胡麻品质

（一）胡麻籽的化学成分

胡麻籽含有多种营养物质，有脂肪、蛋白质、碳水化合物、膳食纤维、多种维生素、多种矿质元素等。据陈海华（2004）介绍，胡麻种子中含有 35.0% 的脂肪、19.7% 蛋白质、29.8% 的总膳食纤维、2.3% 可溶性膳食纤维、6.1% 碳水化合物，含多种矿质元素的灰分 3.8%，水分 5.6%。郑伟等（2009）利用气相色谱法测定了不同亚麻酸含量的油用亚麻品种（系）和杂交后代的籽粒各种脂肪酸含量，并且对其各种脂肪酸含量相关关系进行了分析。结果表明，在亚麻酸含量差异大的（含突变基因的材料）种质间亚麻酸与亚油酸的相关系数较稳定（$r = -0.9911 \pm 0.0036$），亚麻酸与油酸的相关系数为 $r = 0.7808 \pm 0.0502$，均达到显著水平。在中国普通型的遗传基础稳定的亚麻品种（系）间或仅在突变型品系间进行相关分析，18 碳不饱和脂肪酸含量的相关系数均不显著。胡晓军等（2012）采用亚麻籽和亚麻籽脱皮后的亚麻籽仁和亚麻籽皮为原料提取脂肪、蛋白质、亚麻胶、木酚素和膳食纤维，对亚麻籽中主要营养成分的分布进行了研究。结果表明，亚麻籽脱皮后亚麻籽仁与亚麻籽皮的比例为 54∶46；木酚素、亚麻胶和膳食纤维分布在亚麻籽皮上，脂肪主要分布在亚麻籽仁中，蛋白质在亚麻籽仁与亚麻籽皮中的分布没有明显的差异；将亚麻籽脱皮后，用亚麻籽仁和亚麻籽皮分别提取加工亚麻籽仁油、亚麻籽蛋白、亚麻胶和木酚素等产品较用亚麻籽加工的品质好、效率高、成本低、效益好。

（二）胡麻脂肪和脂肪酸

周亚东等（2010）利用气相色谱法对引自加拿大植物基因资源中心的 82 份亚麻材料和国内 23 份亚麻品种进行脂肪酸含量的测定，并对各组分进行相关性分析。结果表明，亚麻籽中的平均脂肪酸含量顺序为亚麻酸（47.34%）、油酸（28.62%）、亚油酸（13.15%）、棕榈酸（5.16%）、硬脂酸（4.76%）。油分含量与亚麻酸、棕榈酸呈极显著正相关（$r = 0.30^{**}$，$r = 0.25^{**}$），与硬脂酸、亚油酸呈极显著负相关（$r = -0.30^{**}$，$r = -0.30^{**}$），与油酸呈负相关性，但未达到显著。亚麻酸与其他四种脂肪酸都呈负相关性，其中与硬脂酸、油酸达到极显著负相关（$r = -0.52^{**}$，$r = -0.87^{**}$）亚麻品种间脂肪酸组分差异极大，发现一些优异种质资源。

孟桂元等（2016）为探明亚麻种籽油脂开发利用价值，采取索氏提取法和气相色谱法对其种籽含油量、脂肪酸成分及其相关性进行了研究分析。结果表明，亚麻种籽含油量较高，最高可达 39.92%，超过 36.57% 的有 5 个品种。亚麻籽油主要由棕榈酸、硬脂酸、油酸、亚油酸和亚麻酸组成，其含量均值达 99.09%，其中不饱和脂肪酸含量为 84.29%～92.25%，均值达 89.36%，明显高于棉花籽油、橄榄油和大豆油；其油脂多不饱和脂肪酸亚麻酸含量丰富，变幅为 42.79%～57.06%，均值为 49.51%，表现远高于菜籽油、大豆油、棉籽油、红花籽油、橄榄油和葵花籽油；单不饱和脂肪酸油酸则表现仅明显优于红花籽油和棉籽油。相关分析表明，亚麻籽油分与油酸、α-亚麻酸呈负相关，与亚油酸、γ-亚麻酸呈正相关；α-亚麻酸与油酸和亚油酸存在显著负相关；γ-亚麻酸与油酸、亚油酸存在正相关，其中与亚油酸达显著水平；亚油酸与油酸存在负相关。分析可见，亚麻种籽具有适宜含油量和丰富不饱和脂肪酸，其亚麻酸含量优势明显，表明优异亚麻种质对于品质育种具有重要价值，对特种食用植物油和相应高脂肪酸保健食品极具开发利用前景。

（三）胡麻蛋白质

许光映等（2013）试验研究了亚麻不同品种和生态环境对亚麻蛋白质含量的影响。结果表明，亚麻品种、亚麻种植地海拔高度和北纬度 3 个因素对亚麻籽的蛋白质含量影响均较大，其中，品种对亚麻籽蛋白质含量的影响是由基因所决定；生态环境对亚麻籽蛋白质含量的影响表现为种植地海拔越低，亚麻籽的蛋白质含量越高，种植地北纬度越低，亚麻籽的蛋白质含量越高，且海拔、北纬度和亚麻籽蛋白质含量之间的绝对相关系数均在 0.7974 以上，负相关性较大。

李燕青等（2016）依据 GB 5009.124—2016《食品安全国家标准食品中氨基酸的测定》的方法对 9 种不同产地及种皮颜色的亚麻籽中氨基酸组成成分及含量进行研究。结果表明，亚麻籽中氨基酸含量在 15% 以上，并且不同亚麻籽中 16 种氨基酸含量的比例近乎一致，其中人体必需的 7 种氨基酸平均含量可达 6.02%，除甲硫氨酸含量略低，其他必需氨基酸均符合或接近 WHO/FAO 规定的适宜人体氨基酸模式的要求。可以作为新食品原料或补充氨基酸的功能食品加以开发。

（四）其他成分

前述，胡麻籽粒有多种成分。

孙爱景等（2010）介绍了亚麻籽的功能成分，如亚麻油及 α-亚麻酸、亚麻木酚素、亚麻籽胶、亚麻生氰糖苷等。

谢冬微等（2016）来自国内外的 221 份亚麻种质资源的 6 个主要性状进行了主成分和系统聚类分析与评价。结果表明，木酚素含量及主要农艺性状的变异系数为 15.32%~54.31%，表明各材料间性状遗传变异丰富，类型广泛；主成分分析将主要农艺性状聚为 4 个主成分，分别为"工艺长因子""分枝数因子""千粒重因子"和"木酚素含量因子"，这 4 个主成分对总变异的贡献率分别为 44.17%、22.69%、12.94% 和 15.59%，累计贡献率为 95.39%；系统聚类分析将 221 份种质资源聚为 6 大类群，其中木酚素含量较高的材料主要集中在第 I 类中，包括 47 份材料，而综合农艺性状较好的材料主要集中在第 IV 和第 VI 类群，包括 76 份材料，这些材料木酚素含量高，分枝能力强，单株果数多，单株生产力高，综合农艺性状优良，作为优异基因资源可以进一步开发利用。

二、胡麻的利用

（一）提取胡麻油

1. 方法和工艺

张培宜等（2012）采用 Schaal 烘箱法对不同方法提取的胡麻油的氧化性质进行了对比研究。试验结果表明，由 3 种方法提取的胡麻油的自氧化试验可知，过氧化值变化由大到小为冷榨胡麻油、超临界 CO_2 提油、溶剂提油；碘值变化从大到小的顺序为超临界提油、冷榨胡麻油、溶剂提油；酸值变化从大到小的顺序为超临界提油、溶剂提油、冷榨胡麻油；黏度变化从大到小的是超临界提油、冷榨胡麻油、溶剂提油。3 种胡麻油中，特征值变化最大的是超临界 CO_2 提取的胡麻油。

邓乾春等（2012）比较了不同加工工艺获得的亚麻籽油的降脂活性。与热榨精炼亚麻籽油相比，冷榨亚麻籽油具有更显著的降脂活性和抗氧化活性。

陈超等（2014）采用 HS-SPME（顶空固相微萃取）方法对新疆伊亚 3 号胡麻油脂挥发性香气成分进行了萃取。通过优化固相微萃取的条件，建立了胡麻油香气组分萃取的方法。结果表明，采用 50/30μmDVB/CAR/PDMS 萃取头，在磁力搅拌条件下，萃取温度 60℃、萃取时间 40min 时胡麻油中的挥发性风味物质能最大程度地挥发、吸附。

卢银洁等（2017）采用顶空固相微萃取—气相色谱—质谱联用技术，对比了冷榨和热榨胡麻油中挥发性物质的组成，并结合相对气味活度值法，分析了胡麻油中关键风味物质。结果表明，胡麻油中挥发性物质有醛类、醇类、杂环类、酮类、烷烃类、酸类和酯类，含量最高的是醛类物质，主要是己醛和反式-2，4-庚二烯醛；冷榨和热榨胡麻油醛类物质分别占挥发性物质总含量的 40.79% 和 68.53%，两种胡麻油共有的关键风味物质有壬醛、己醛、反-2-辛烯醛和反式-2，4-庚二烯醛；冷榨和热榨胡麻油挥发性物质中对总体风味贡献最大的分别是壬醛和反式-2，4-癸二烯醛；热榨胡麻油的关键风味物质中还有 2，5-二甲基吡嗪和 2-戊基呋喃，这两种物质是热榨胡麻油特有的烤香味的来源。

2. 胡麻油的成分

胡麻籽富含油脂和蛋白质以及矿物元素 K、Ca、Mg、P、Fe、Zn 等；胡麻籽油中含有 16 种脂肪酸，其中不饱和脂肪酸含量达到 90% 以上，油脂营养成分含量为豆蔻酸 0.05%、顺-11-二十碳一稀酸 0.36%、棕榈酸 5.38%、二十一碳酸 0.05%、棕榈油酸 0.08%、顺-11，14，17-二十碳三稀酸 0.06%、硬脂酸 3.27%、山嵛酸 0.12%、油酸 20.18%、芥酸 0.48%、亚油酸 16.22%、顺-13，16-二十二碳二稀酸 0.10%、α-亚麻酸 53.06%、木焦油酸 0.09%、花生酸 0.14%、神经酸 0.05%；亚麻籽油维生素 E 含量达到 55g/100g。

王映强等（1998）用化学萃取法获得亚麻子油，得油率 38.97%。皂化、甲酯化后用 GC/MS 计算机联用技术分析其中的脂肪酸组成及其相对含量。实验检出 α-亚麻酸等 5 种脂肪酸和 2 种未知成分。归一化结果表明，脂肪酸占 99.91%。软脂酸、亚油酸、α-亚麻酸、硬脂酸和二十二烷酸的相对百分含量分别为 4.29%、8.20%、83.84%、3.53% 和 0.05%。用化学萃取法获得亚麻子油，得油率 38.97%。皂化、甲酯化后用 GC/MS 计算机联用技术分析其中的脂肪酸组成及其相对含量。实验检出 α-亚麻酸等 5 种脂肪酸和 2 种未知成分。归一化结果表明，脂肪酸占 99.91%。软脂酸、亚油酸、α-亚麻酸、硬脂酸和二十二烷酸的相对百分含量分别为 4.29%、8.20%、83.84%、3.53% 和 0.05%。

王兰等（2006）介绍，脂肪酸是脂肪的主要组成部分，人体可以自身合成多种脂肪酸，但是有两种脂肪酸人体无法合成，只能从食物中摄取，因此被称作"必需脂肪酸"，这两种必需脂肪酸分别是亚油酸和 α-亚麻酸。胡麻油中不饱和脂肪酸占 90% 以上，其中含 α-亚麻酸为 58%，亚油酸为 16%，是植物油中含量最高的。

范玉婷等（2016）分析宁夏产胡麻籽中含油量及脂肪酸组成。采用超临界 CO_2 提取胡麻籽油，胡麻籽油经甲酯化后，GC-MS 对胡麻籽油中脂肪酸组成进行分析。结果表明，相比较水蒸气蒸馏，超临界 CO_2 提取胡麻籽出油率高，达到 43.4%。宁夏胡麻籽油中含有 6 种脂肪酸，不饱和脂肪酸含量占总脂肪酸含量 92.27%，含量最多的为亚油酸（71.25%），其次为亚麻酸（20.85%）。

梁少华等（2016）以 5 个品种亚麻籽为原料，分析和研究不同品种亚麻籽油的基本理化指标、脂肪酸分布、甘三酯组成，测定了亚麻籽及油中木脂素含量以及亚麻籽油中维生素 E 含量。结果表明，亚麻籽中粗脂肪质量分数为 45% 左右，油中不饱和脂肪酸含量较高，主要为亚麻酸，相对质量分数为 49.20%~55.43%，其次是油酸，相对质量分数 18.69%~28.21%，亚油酸相对质量分数为 10.85%~16.73%，总不饱和脂肪酸质量分数达到 88% 以上。高效液相色谱法测定亚麻籽油中维生素 E 含量均达到 6.59mg/100g 以上；采用紫外可见分光光度计法测定亚麻籽和亚麻籽油中木脂素（SDG）的质量分数，分别为 1.53%~3.69% 和 0.03%~0.22%。

3. 胡麻油的保健功能

（1）α-亚麻酸　郭永利等（2007）综述了亚麻籽富含 α-亚麻酸、木酚素等多种功能性活性物质，可用来预防和治疗高血压、高血脂、癌症等多种疾病。α-亚麻酸在人体内可衍生 DHA 和 EPA 两种不饱和脂肪酸，DHA 和 EPA 是目前保健市场畅销的"深海鱼油"的主要成分，其对人体独特的生理、病理功效，在古今中外都得到了证明。亚麻籽中 α-亚麻酸的含量极高，超过其他植物品种，这一特性决定了亚麻籽的保健功效和药用价值。

曹秀霞等（2009）介绍了胡麻籽粒中含有 a-亚麻酸、氨基酸、维生素、微量元素、膳食纤维、木酚素、胡麻胶等物质，对提高人体的营养健康水平有非常重要的作用，而有些物质是人体新陈代谢过程不可缺少而且在人体内部不能合成的，只有通过食用胡麻等食品才能摄入并满足人体营养健康的需要。a-亚麻酸和木酚素被广泛用于医药工业，胡麻油和胡麻胶被大量用于绿色食品加工业。

林非凡等（2012）研究了亚麻籽油中 α-亚麻酸对实验性高血脂小白鼠的预防和治疗作用。结果表明，亚麻籽油中 α-亚麻酸能有效降低高血脂小白鼠血清中的总胆固醇水平、甘油三酯和低密度脂蛋白胆固醇水平，提高高密度脂蛋白胆固醇水平，能使血浆致动脉硬化指数降低，对小白鼠的高血酯症和动脉硬化有明显的抑制作用。利用 β-环糊精包合法从亚麻籽油中分离纯化的 α-亚麻酸具有显著的预防和治疗高脂血症的作用。

（2）木酚素　流行病学研究发现，胡麻木酚素具有抑制荷尔蒙依赖型癌症（主要对乳腺癌和前列腺癌）的效果，而且在不同器官中胡麻木酚素对荷尔蒙依赖型癌症的功用有所不同。在乳腺癌的初期，摄入木酚素可以降低盲肠、肝脏肾和子宫等靶向器官中雌二醇和类胰岛素生长因子的浓度，从而抑制肿瘤的生长。在乳腺癌发展后期，木酚素可以降低乳腺癌细胞的入侵。

刘珊等（2015）通过大鼠试验，证明亚麻籽木酚素有预防乳腺癌的效应。所以胡麻木酚素可能通过在动物机体内的抗过氧化作用，而起到抗衰老的作用。同时，另有研究发现，木酚素不仅在体外实验中能清除活性氧簇，对体内内源性抗氧化体系还有间接作用；木酚素虽其自身不能进入血液循环系统，但是它能在结肠肠腔内发挥抗氧化作用。

对更年期综合征的作用。Hutchins 等（2001）研究发现，补充摄入胡麻木酚素会影响绝经女性的荷尔蒙代谢，减少 17β-雌二醇和硫酸雌酮的含量，而增加血液中催乳激素的浓度。

抗心血管系统疾病。木酚素对心血管系统的作用突出表现为抗动脉粥样硬化和降低急性冠心病发作风险。Prasad 通过对以往实验分析，指出木酚素有抗动脉粥样硬化能力，且可能与其抗氧化能力及降低血浆中脂质的能力有关。

胡麻木酚素可辅助治疗糖尿病。胡麻木酚素对糖尿病（包括 1 型和 Ⅱ 型）具有一定疗效。Prasad 等（2000）研究发现，链脲霉素诱导的糖尿病是通过氧化胁迫来调节的，木酚素可有效地降低这类糖尿病，其发生率可降低 75%。

（3）维生素和矿物质　胡麻籽中含有丰富的维生素（维生素 C、维生素 B_1、维生素 B_2、维生素 B_3、维生素 B_5、维生素 B_6、维生素 B_9、维生素 B_{12}、维生素 E、少量维生素 H、维生素 K）。维生素 E 是脂溶性维生素，胡麻籽中维生素 E 主要是以 γ-生育酚存在，一般含量 8.5~39.5mg/100g 胡麻籽。γ-生育酚是一种抗氧化剂，能防止细胞蛋白质和脂肪氧化，作为一种强有效的自由基清除剂，能有效延缓衰老和抑制机体内的过氧化过程，能促进钠从尿液中排泄，有助于降低血压、降低患心脏病的风险，降低患某些类型的癌症和老年痴呆症疾病的概率。胡麻籽还含有少量 0.3μg/tbsp（0.3μg 每汤匙，胡麻籽粉）叶绿醌形式的维生素 K，是植物形式维生素。维生素 K 在参与某些蛋白质的形成、凝血和构建骨骼中扮演着必不可少的角色。

同时，胡麻籽中富含人体所需的多种矿质元素，如钾、钙、镁、磷、铁、锌、锰等。其含量虽少但作用非常重要，如电荷载体、传递神经脉冲信息、酶的催化中心和骨骼结构元素及免疫系统调节作用等。其中钾含量最高，钾与维持人体正常血压有关。

（4）膳食纤维　膳食纤维是一种不被人体肠道内消化酶消化、吸收但能被大肠内某些微生物部分分解、利用的非淀粉多糖类物质，主要包括纤维素、半纤维素、果胶、树胶、抗性淀粉。胡麻籽约含 28% 的膳食纤维，其可溶性与不溶性纤维的比例介于 20：80 与 40：60；比燕麦中可溶性纤维含量还高。胡麻膳食纤维有膨胀润滑作用，可促进胃肠蠕动和食物消化，具有排便作用；能吸收和排泄胆固醇，预防心血管疾病；能吸收和排泄致癌物质，减少肠癌、结肠癌的危险；可增加肠道内真菌，减少厌氧菌，排毒、抗衰老；水溶性纤维有助于维持血糖水平、降低血脂水平，预防糖尿病；可产生饱腹感，有利于减肥等。最近一项研究对长期护理机构中的老年人进行调查，发现在每日膳食中增加 1 汤匙胡麻籽粉，4 个月后排便频率增加了 35%。在研究期间，该群体的栓剂使用量减少了 35%。美国食品与药品管理局（Food and Drug Administration，FDA）推荐成人膳食纤维摄入量为 20~35g/d，因而胡麻籽膳食纤维可以添加到面包、面条、糕点、果酱等食品中以弥补人体日常膳食纤维摄入量的不足。

（5）多酚　植物多酚是一种具有多元酚结构的重要次生代谢产物，其广泛存在于植物体中，具有抗氧化活性。油料中的酚类化合物主要包括苯甲酸和肉桂酸的羟基化衍生物、香豆素、黄酮类化合物和木酚素等，与其他油料作物相比，胡麻籽中结合多酚含量偏低，种类较多，以酚酸或酯化酚酸为主。胡麻籽中主要酚酸物质为香豆酸、阿魏酸、丁香酸、芥子酸、没食子酸、羟基苯甲酸、肉桂酸、香草酸、咖啡酸，分别占总酚酸含量的 47.45%、23.36%、9.2%、4.86%、4.58%、4.24%、2.92%、2.07%、1.32%。Hechi 等报道，胡麻籽油中酚酸类物质主要有香草酸、对羟基苯甲酸、香豆酸甲酯、阿魏酸甲酯、阿魏酸、香草醛、反式对羟基肉桂酸、反式芥子酸等。Muhammad H. Alu datt 等报道，胡麻籽全籽中阿魏酸占总酚酸含量的 23.36%，丁香酸为 9.2%，肉桂酸为2.92%，香草酸为2.07%，对香豆酸为47.45%，没食子酸为4.58%；其测定脱脂粉中阿魏酸含量占总酚酸含量的48.77%，丁香酸含量为9.16%，肉桂酸为1.89%，香草酸为1.32%，对香豆酸为3.93%，没食子酸为9.13%。

酚酸化合物大多具有确切的药理活性和药用价值。酚酸具有抗心血管疾病、抗炎、抗菌和抗氧化活性等功效；高酚酸含量品种在储藏期对昆虫具有更好抵抗力。阿魏酸和香豆酸是公认的天然抗氧化剂，也是近年来国际营养业界所认知的防癌物质，尤其是阿魏酸对过氧化氢、超氧自由基、羟自由基、过氧化亚硝基等都有强烈的清除作用，并且能调节生理机能，抑制产生自由基的酶，增加清除自由基酶的活性。阿魏酸还可提高免疫力，对一些细菌和病毒具有抑制作用，能竞争性地抑制肝脏中羟戊酸-5-焦磷酸脱氢酶活性，抑制肝脏合成胆固醇，起到降血脂作用；此外还具有防治冠心病、抗突变和防癌等作用。阿魏酸除在医药方面广泛应用外，也用作防腐保鲜剂；一些国家已批准将其作为食品添加剂。日本已允许用于食品抗氧化剂，美国和一些欧洲国家则允许采用一些阿魏酸含量较高的草药、咖啡、香兰豆等作为抗氧化剂。另一方面，酚酸具有沉淀蛋白质、抑制消化酶活性、影响维生素和矿物质吸收等特性。胡麻籽酚酸存在会导致胡麻粕不良香味和黑色形成。胡麻品种不同，酚酸含量也不同。因此有人将酚酸作为胡麻籽中抗营养成分。

(6) 植物甾醇　植物甾醇是以环戊烷多氢菲为骨架的三萜类化合物，C-3位上连有一个羟基，C-17位连有由8~10个碳原子构成的侧链，多数甾醇C-5上是双键。由于C-17位上的R基和C-3位上羟基结合的物质不同，甾醇的种类也就不同。通常纯的植物甾醇为片状或粉末状白色固体，经过不同溶剂处理的植物甾醇形状不同。植物甾醇不溶于水、酸和碱，可溶于酒精、丙酮、乙醚等多种有机溶剂，但溶解量很少；比重略大于水；熔点一般为130~140℃，在一定条件下可以高达215℃。在150~170℃下可以氢化，从而转变成烃；在温度超过250℃时，其结构树脂化；植物甾醇对热稳定，无臭、无味。植物甾醇具有降胆固醇的作用，被用作高血胆固醇患者的治疗药物，也具有辅助降血脂的作用；具有抗癌作用，可以降低乳腺癌、卵巢癌、结肠癌、胃癌、前列腺癌及肺癌等多种肿瘤的发病危险；具有类激素作用，其在化学结构上类似于类固醇，很多学者认为，植物甾醇是类固醇激素的合成前体，在体内能表现出一定的激素活性，并且无激素副作用。研究表明，植物甾醇经机体吸收转化可以影响机体部分生化指标，如激素水平、酶活性、糖原含量和器官重量等；也具有抗氧化作用，可作为食品添加剂；也可作为动物生长剂原料，促进动物生长，增进动物健康。1999年，日本农林省批准植物甾醇、植物甾醇酯等为调节血脂的特定专用保健食品FOSHU的功能性添加剂。2000年美国食品与药品管理局（FDA）已经批准，添加了植物甾醇或甾烷醇酯的食品可以使用"有益健康"的标签。该组织发布公告称，只要我们每天在日常生活中能够摄入1.3g植物甾醇或3.4g植物甾烷醇，就可以使胆固醇水平显著降低。2004年，欧盟委员会批准植物甾醇和植物甾醇酯在几类特定食品中使用。2010年，我国也允许植物甾醇和植物甾醇酯作为新资源食品在食品中添加。

(7) 生氰糖苷　生氰糖苷是一类α-羟腈（或称氰醇糖苷），氰苷是氨基酸转变而来的含氮植物代谢物。由氰醇衍生物羟基与D-葡萄糖缩合而成糖苷，生氰糖苷可水解生成高毒性氰氢酸（HCN），从而会对人体造成为害。胡麻籽已鉴定主要氰苷有亚麻氰苷（LN）和新亚麻氰苷（NN），分别为β-龙胆二糖丙酮氰醇和β-龙胆二糖甲乙酮氰醇，通过薄层层析也检测到少量亚麻苦苷和百脉根苷（亚麻苦苷的含量 0～300mg/kg）。生氰糖苷毒性是因氰苷在 β 葡萄糖苷酶作用下释放出氰氢酸，CN 能迅速与氧化型细胞色素氧化酶中 Fe 结合，引起细胞窒息，而产生强烈的抑制呼吸的作用，使机体发生中毒。氢氰酸的主要毒副作用在于氰离子（CN⁻）能迅速与氧化型细胞色素氧化酶的三价铁（Fe^{3+}）结合，生成非常稳定的高铁细胞色素氧化酶，使其不能转变为具有二价铁（Fe^{2+}）的还原型细胞色素氧化酶，致使细胞色素氧化酶失去传递电子激活分子氧的功能，使组织细胞不能利用氧，形成"细胞内窒息"，导致细胞中毒性缺氧症。由于中枢神经系统对缺氧最为敏感，而且氢氰酸在类脂质中溶解度较大，容易透过血脑屏障，所以中枢神经系统首先受害，尤以呼吸中枢及动物血管中枢为甚，临床上表现为先兴奋后抑制。呼吸麻痹是氢氰酸中毒最严重的表现和致死的主要原因。目前，已发现 CN 可抑制 40 多种酶的活性，其中大多数酶的结构中都含有铁和铜，因为 CN 与铁、铜离子有高度亲和力，尤其细胞色素氧化酶对 CN 最敏感。氢氰酸除能引起急性中毒外，长期少量摄入含氰苷的饲料也能引起慢性中毒，主要表现为甲状腺肿大及生长发育迟缓。其中毒机理是由于 CN 在动物体内经硫氰酸酶的催化作用转化为硫氰酸盐。由于其硫氰基（SCN⁻）和碘离子（I⁻）有相似的分子体积及电荷，在甲状腺腺泡细胞聚碘过程中与 I⁻竞争，从而减少了甲状腺腺泡细胞对碘的聚集，导致机体甲状腺激素的合成与分泌减少。在甲状腺机能调节系统的调节机制下，当血液中甲状腺激素的浓度降低时，通过负反馈作用，使腺垂体分泌大量促甲状腺激素（TSH）。TSH 持续不断地作用于甲状腺，从而使甲状腺腺泡细胞呈现增生性变化，形成甲状腺肿。据报道，澳大利亚和新西兰的羊，由于长期采食含氰苷的白三叶草而引起羊的甲状腺肿大，生长发育迟缓。

（8）植酸　植酸（肌醇六磷酸盐）是从植物种子中提取的一种有机磷酸类化合物。植酸一般以植酸钙、镁、钾盐形式广泛存在于植物种子内，可促进氧合血红蛋白中氧释放，改善血红细胞功能，延长血红细胞生存期等。但植酸也是限制胡麻籽营养价值因素之一，植酸与蛋白质形成复合物的同时，植酸也与对人体有益矿物质如锌钙、铜、镁和铁等络合，减少人体对这些元素的吸收。研究发现，发芽期植酸含量减少可能与发芽期植酸酶活性增强有关。烘烤、脱氰苷混合溶剂体系和微波干燥能减少胡麻籽中植酸含量。

云少君等（2015）试验证明，胡麻油的抗氧化性随加入抗氧化剂浓度的增大而增强，并且加入植酸后胡麻油的抗氧化性更强。

4. 影响胡麻油含量和质量的因素

品种、产地、种植密度、施肥、贮藏等都对胡麻油产量和品质有一定影响。

高忠东等（2013）试验表明，亚麻品种和品系对亚麻籽中粗脂肪含量影响极显著。海拔对亚麻籽中粗脂肪含量的影响也极显著，海拔越高粗脂肪含量越高。纬度越高粗脂肪含量越高。总体上是海拔的影响最大，其次是品种和品系，第三是纬度。

张晓霞等（2017）采用索氏提取法和 GC-MS 法测定并分析了 6 个不同产地亚麻籽含油率及亚麻籽油脂肪酸组成。结果表明，不同产地亚麻籽含油率在 36.59%～

44.88%，含油率与产地的生长季积温呈显著负相关；亚麻籽油中相对含量最高的 5 种脂肪酸分别是亚麻酸（53.36%~65.84%）、亚油酸（10.14%~16.39%）、油酸（10.03%~12.37%）、硬脂酸（3.98%~9.85%）和软脂酸（2.41%~7.97%），不饱和脂肪酸含量高达 77.51%~92.39%。

高翔等（2002）通过田间试验曾说明，随着种植密度的增加，胡麻的生物产量、籽粒产量呈抛物线型变化，经济系数和籽粒油分含量呈下降趋势。种植密度对生物产量的影响大于经济系数，对籽粒产量的影响又大于油分含量。

胡晓军等（2015）采用单因素随机区组试验设计，就施肥种类和施用量对亚麻籽油中 α-亚麻酸含量的影响进行了研究。结果表明，施肥后 α-亚麻酸含量的消长与硬脂酸含量呈正相关，与棕榈酸、油酸和亚油酸含量呈负相关；各处理间亚麻籽油中 α-亚麻酸含量存在显著或极显著差异，在试验范围内，施肥量与 α-亚麻酸含量呈正相关，N，P 素施用量越大，α-亚麻酸含量越高。

卢银洁等（2016）利用气相色谱法分析胡麻油中主要脂肪酸的组成及含量，并采用加速氧化法对胡麻油在贮藏过程中主要脂肪酸含量和过氧化值的变化进行分析。结果表明，胡麻油的主要脂肪酸有亚麻酸、亚油酸、油酸、棕榈酸和硬脂酸，其中亚麻酸含量为 53.6%；随贮藏时间的延长，胡麻油各不饱和脂肪酸含量下降，且下降程度随不饱和度的增大而增大，过氧化值降低，饱和脂肪酸含量基本不变。

乔海明等（2014）以 α-亚麻酸为测定指标，采用气相色谱法测定了"坝选 3 号"等 5 个油用亚麻品种 2 个不同收获时期，以及内蒙古、河北两省区 7 个产地油用亚麻籽实中的 α-亚麻酸含量。结果表明：同一地点测定 5 个油用亚麻品种间 α-亚麻酸含量最高相差 4.476 个百分点，不同品种间 α-亚麻酸含量有较大差异。不同品种两个收获时期 α-亚麻酸含量差异在 1.052~1.896 个百分点，同一品种不同收获时期 α-亚麻酸含量有明显变化，随着成熟度的提高，α-亚麻酸含量相应提高。同一品种在同一地点不同年份 α-亚麻酸含量也有一定变化，最高年份和最低年份相差 1.338 个百分点。"坝选 3号"在 5 个不同产地测定 α-亚麻酸含量变动幅度在 53.802%~60.579%，最多相差 6.777 个百分点，同一品种在不同产地 α-亚麻酸有较大差异。

李一凡等（2017）认为，亚麻籽油中不饱和脂肪酸在加热过程会发生氧化和异构化。利用气相色谱法测定不同温度下亚麻籽油的脂肪酸组成和含量变化。结果表明，油温低于 120℃加热不会对其中的脂肪酸造成显著影响（$P>0.05$）；高于 160℃时，随着温度升高脂肪酸组成和含量变化显著（$P>0.05$），到达 240℃时，不饱和脂肪酸总量由 65.241g/100g 降低到 16.013g/100g；反油酸相对含量增加至 3.31%，反亚油酸增加至 4.58%，反亚麻酸增加至 29.01%。在日常烹饪过程中应控制亚麻籽油的加热温度，保证营养健康。

（二）提取其他成分

1. 提取蛋白质及其制剂

亚麻籽蛋白的种类隶属于麻仁球蛋白，亚麻籽中的亚麻籽蛋白的含量也是出奇的高，由于受到环境和基因的不同，蛋白含量的区间是 10%~30%。相比较大豆蛋白含有的氨基酸，亚麻籽蛋白的种类更加的丰富。

国外对亚麻籽蛋白质的提取，最早可以追溯到 1892 年。亚麻籽蛋白的制备工艺流程为：亚麻籽→果胶酶脱胶→干燥→粉碎（过 80 目筛）→脱脂→碱溶浸提→离心→等电点沉淀→离心→洗涤→冷冻干燥→亚麻籽蛋白粉。

亚麻籽蛋白的具体提取步骤为：称取少量的脱胶脱脂亚麻籽粉末，并将其与蒸馏水按一定的料液比混合均匀，用氢氧化钠调至一定的 pH 值，并在一定温度下持续搅拌 25min，然后再以 3 500r/min 离心 15min。得到的沉淀物重复提取 1 次，得到的 2 次上清液合并起来，用氯化氢调 pH 至等电点使蛋白质沉淀，再以 3 500r/min 离心 15min，用蒸馏水洗涤沉淀 3 次，再用氢氧化钠调 pH 到中性 7.0，搅拌使沉淀重新溶解后再冷冻干燥，最终得到亚麻籽蛋白粉。脱胶脱脂亚麻籽粉末的制备流程为：首先用果胶酶对亚麻籽进行脱胶处理，然后将脱胶干燥后的亚麻籽进行粉碎，并在常温下用石油醚脱脂 3 次，置于通风橱中 12h 以挥发溶剂，得脱脂粉，于冰箱 5℃保存备用，脱脂亚麻籽粉中蛋白质含量采用凯式定氮法进行测定。

施树（2007）利用碱溶酸沉法从机械压榨和溶剂浸提法制油后产生胡麻饼粕中提取蛋白质，用双缩脲法测定这两种碱提液蛋白质等电点。溶剂浸提脱脂饼粕提取蛋白质 pI＝4.4，等电点非常稳定，沉淀蛋白质颜色很白；机榨脱油胡麻饼粕提取蛋白质 pI＝3.3，等电点降低，且不太稳定，可能是高温压榨致使蛋白质变性和蛋白质与胶质结合作用所致。

董聪等（2015）以胡麻籽粕蛋白粉为原料，分别采用木瓜蛋白酶、碱性蛋白酶及中性蛋白酶对胡麻籽粕蛋白进行酶解，以水解度为指标对酶制剂进行筛选。通过单因素及正交试验，以抗氧化性为指标，获取最佳酶解工艺。结果表明，碱性蛋白酶对胡麻籽粕蛋白的酶解效果较好，胡麻籽粕蛋白的最佳酶解工艺为：底物浓度 1.5%，pH8.5，酶底比 3%，超声波功率 300W，酶解温度 40℃、酶解时间 3h，在此条件下，胡麻籽粕多肽对 O^{2-}·和 OH^-·清除能力分别为 42%和 30%。

2. 提取黄酮

黄酮是指两个具有酚氢基的苯环通过中央三碳原子相互连结而成的一系列化合物，其基本母核为 2-苯基色原酮。黄酮是一种天然的多酚类物质，是最有前途的抗癌药物之一。在植物性食品中普遍存在，如水果、蔬菜、茶以及大多数药用植物。在过去的几十年中，已经有超过 1 万种的黄酮种类存在。黄酮作为植物体内重要的次生代谢产物，具有毒副作用小、天然可提取、降低血管通透性、抗肿瘤、治疗心血管疾病等有显著效果，已经成为医药卫生领域的研究热点。

黄酮类化合物的提取工艺有溶剂提取法、微波辅助提取法、超声辅助提取法、酶辅助提取法、超临界流体萃取法。黄酮类化合物分离纯化的方法很多，如溶剂萃取法、重结晶法、超滤法等，需根据不同的分离纯化场景选择适宜的方法。如黄酮类化合物与杂质极性不同，则可采用石油醚等有机溶剂萃取法；黄酮类化合物与杂质吸附性能不同，可采用层析柱吸附分离；黄酮类化合物与杂质分子量相差较大，可采用凝胶色谱层析分离。

侯兰芳等（2013）以胡麻饼粕为原料、采用乙醇为提取剂提取胡麻饼粕中的黄酮。

选取乙醇体积分数、液料比、提取时间、提取温度4个单因素进行正交试验。采用方差分析对试验数据进行分析得出胡麻饼粕黄酮的最佳提取工艺。结果表明，胡麻饼粕黄酮的最佳提取工艺参数为乙醇体积分数70%、液料比70：1、提取时间90min、提取温度70℃，在此条件下黄酮的最佳提取率为0.195%。

（三）综合利用

早在2 600多年前，古希腊医药之父希波克拉底记载了胡麻籽止腹痛和抗炎的医药用途，古印度文献还记载说每天食用胡麻籽可保心身健康。药理研究表明，胡麻籽的活性成分具有卓著的降血压、降血脂、抗癌、抗炎、抗过敏、降血糖、提高记忆力和肌体免疫力等作用，并已用于治疗心血管病、风湿、癌症、化学性肝损伤、疟疾、糖尿病、狼疮肾炎等疾病。

关明等（2009）以新疆胡麻卵磷脂为原料，利用2步法合成了乙酰化羟化磷脂。通过测定碘值确定乙酰化磷脂的羟化度，以及磷脂、改性磷脂的乳化性和分散性。结果表明，改性磷脂的分散性明显提高，在O/W型乳状液中，其乳化性也明显改善。

胡晓军（2009）介绍，亚麻木脂素只在亚麻籽、种皮皮中存在，其他器官中未发现。试验表明，亚麻不同品种和生态环境对亚麻籽中木脂素的含量影响很大，影响程度依次为品种、种植区域和年份。在检测的中国亚麻主栽品种中晋亚9号的亚麻木脂素含量最高，达到20.05mg/g。

胡晓军等（2012）试验研究了亚麻仁酱的制作。亚麻籽经160℃烘烤10min，在脱皮机上脱皮后，把仁皮混合物用12目和20目筛分成三部分，结果仁中含皮率为9.31%，皮中含仁率为0.89%，感官评价最好。产品中α-亚麻酸占到酱体总重的31.2%，比同重量亚麻籽的α-亚麻酸高出10.9%。包装为一次性消费小包装，净重3.5g，每包含有1gα-亚麻酸，是人体平均每天应需补充ω-3多不饱和脂肪酸的理论值。

（顾元国、李瑜、任瑾）

参考文献

白斌，胡福平.2016.玉米套种胡麻产量优势试验研究 [J].农业工程技术 (26)：19-20.

曹秀霞，安维太，钱爱萍，等.2012.密度和施肥量对旱地胡麻产量及农艺性状的影响 [J].陕西农业科学，58 (1)：87-89.

曹秀霞，张信.2009.胡麻籽营养保健功能成分研究综述 [J].安徽农学通报，15 (21)：75-76.

剡斌，牛俊义，崔政军，等.2015.氮磷用量对胡麻非结构性碳水化合物积累转运及产量的影响 [J].中国土壤与肥料 (2)：63-69.

陈超，黄景霞，李梦，等.2014.新疆胡麻油香气萃取条件研究 [J].食品工业科技，35 (2)：242-246.

陈海华.2004.亚麻籽的营养成分及开发利用 [J].中国油脂，29 (6)：72-74.

陈军，罗影，王立光，等.2017.不同种植模式土壤水浸提液对胡麻的化感效应 [J].中国土壤与肥料 (3)：125-130.

程志立，杨富安.2016.旱地胡麻秋施肥秋覆膜穴播高产栽培技术 [J].农业科技与信息 (1)：

74-74.

程志立, 杨富安 .2016. 全膜覆土穴播胡麻播种密度试验研究 [J]. 农业科技与信息 (2)：58-59.

崔红艳, 胡发龙, 徐维成, 等 .2014. 施用有机肥对土壤水分、胡麻干物质生产和产量影响的研究 [J]. 中国土壤与肥料 (5)：59-64.

崔红艳, 许维成, 孙毓民, 等 .2014. 有机肥对胡麻产量和品质的影响 [J]. 核农学报, 28 (3)：518-525.

崔红艳, 胡发龙, 方子森, 等 .2015. 不同施氮水平对胡麻根系形态和氮素利用的影响 [J]. 中国粮油作物学报, 37 (5)：694-701.

崔红艳, 胡发龙, 方子森, 等 .2015. 灌溉量和灌溉时期对胡麻需水特性和产量的影响 [J]. 核农学报, 29 (4)：812-819.

崔红艳, 胡发龙, 方子森, 等 .2015. 丸粒化处理对胡麻种子萌发和幼苗生长的影响研究 [J]. 干旱地区农业研究, 33 (2)：26-31.

崔红艳, 方子森, 胡发龙, 等 .2016. 施肥对胡麻籽粒灌浆特性及产量的影响 [J]. 核农学报, 30 (5)：1 013-1 020.

崔红艳, 方子森 .2016. 水氮互作对胡麻干物质生产和产量的影响 [J]. 西北植物学报, 36 (1)：156-164.

党照, 张建平, 赵利, 等 .2017. 基因型与环境互作效应对胡麻主要农艺性状的影响 [J]. 西北植物学报, 26 (9)：1 324-1 333.

邓乾春, 禹晓, 许继取, 等 .2012. 加工工艺对亚麻籽油降脂活性的影响 [J]. 中国粮油学报, 27 (3)：48-52.

邓欣, 陈信波, 邱财生, 等 .2015. 我国亚麻种质资源研究与利用概述 [J]. 中国麻业科学 (6)：322-329.

丁国梁 .2015. 乌兰察布市胡麻综合利用与分析 [J]. 饲料广角 (24)：22-23.

丁逸 .2015. 胡麻高产栽培技术措施 [J]. 农业科技 (10)：96.

董聪, 李芳, 王琳, 等 .2015. 酶解胡麻籽粕蛋白制备抗氧化肽的工艺优化 [J]. 食品研究与开发, 36 (18)：111-114.

董丽华, 牛艳, 赵银宝, 等 .2012. 胡麻籽原料的质量品质对胡麻油品质的影响 [J]. 安徽农业科学, 40 (10)：5 838.

杜刚, 杨若菡, 吴学英, 等 .2015. 外引油用亚麻品种资源品质分析 [J]. 西南农业学报, 28 (4)：1 508-1 512.

杜刚, 王家银, 杨若菡, 等 .2016. 外引油用亚麻品种资源农艺性状的多元统计分析 [J]. 西南农业学报, 29 (4)：770-774.

范玉婷, 蔡倩, 王学英, 等 .2016. 胡麻籽油提取及脂肪酸组成分析 [J]. 石油化工应用, 35 (11)：148-151.

甘敏 .2017. 胡麻油的酸价与羰基价的测定 [J]. 民营科技 (8)：28.

甘政法, 崔小茹 .2016. 北方一熟区胡麻立体高效栽培技术 [J]. 农业科技与信息 (29)：61.

高凤云, 张辉, 斯钦巴特尔 .2007. 亚麻显性雄性核不育基因的 RAPD 标记 [J]. 华北农学报, 22 (1)：129-131.

高翔, 胡俊, 王莹 .2002. 种植密度对胡麻产量和含油量的影响 [J]. 内蒙古农业科技 (5)：10-11.

高翔, 胡俊, 王玉芬 .2003. 种植密度对胡麻光合性能和氮素代谢的影响 [J]. 内蒙古农业大学学报（自然科学版），24（4）：91-93.

高小丽，刘淑英，王平，等.2010.西北半干旱地区有机无机肥配施对胡麻养分吸收及产量构成的影响［J］.西北农业学报，19（2）：106-110.

高玉红，吴兵，牛俊义，等.2016.水肥耦合对间作胡麻氮素养分及其产量和品质的影响［J］.干旱地区农业研究，34（2）：69-75.

高珍妮，赵利，郭丽琢，等.2015.灌溉量和施氮量对油用亚麻茎秆抗倒性能及产量的影响［J］.中国生态农业学报，23（5）：544-553.

高忠东，胡晓军，许光映，等.2013.品种及生态环境对亚麻粗脂肪含量的影响［J］.农产品加工（学刊）（24）：66-68.

顾元国，王锁牢，李广阔，陈跃华.2010.新疆纤用亚麻高产栽培模式研究［J］.新疆农业科学，47（7）：1 381-1 386.

关虎，王振华，曹禹，等.2011.亚麻品种主要农艺性状遗传多样性分析［J］.新疆农业科学，48（11）：2 035-2 040.

关明，杜文敏，赵淑贤.2009.新疆胡麻卵磷脂乙酰化羟化改性研究［J］.中国酿造，28（652）：53.

郭景旭，张辉，李子钦，等.2011.胡麻枯萎病生防芽孢杆菌筛选及抑菌效果研究［J］.中国油料作物学报，33（6）：598-602.

郭瑞，李峰，周际，等.2016.亚麻响应盐、碱胁迫的生理特征［J］.植物生态学报，40（1）：69-79.

郭秀娟，冯学金，杨建春，等.2016.不同氮磷配施对旱地胡麻总糖含量及品质的影响［J］.中国农学通报，32（18）：60-64.

郭秀娟，杨建春，冯学金，等.2016.不同前茬作物对胡麻干物质积累规律、品质及产量构成因子的影响［J］.作物杂志（2）165-167.

郭秀娟，冯学金，杨建春，等.2017.不同种植密度和肥料配施对胡麻植株性状和经济产量的效应［J］.作物杂志（2）：135-138.

郭永利，范丽娟.2007.亚麻籽的保健功效和药用价值［J］.中国麻业科学，29（3）：147-149.

郭媛，邱财生，龙松华，等.2015.耐盐碱亚麻种质的筛选与综合评价［J］.中国麻业科学（6）：285-290.

韩相鹏，魏周金，陈爱昌，等.2014.定西市胡麻田杂草种类及群落调查［J］.甘肃农业科技（6）：34-37.

何海军，王晓娟.2016.不同密度和带型对胡麻/玉米带田产量的影响［J］.农业科技通讯（8）：105-111.

何丽，杜彦斌，张金，等.2017.干旱对胡麻现蕾期光合特性及产量的影响［J］.西北农林科技大学学报（自然科学版），45（4）：59-64.

何太，侯保俊.2009.对胡麻主要病害的鉴别与防治［J］.农业技术与装备（7）：59.

侯兰芳，王永.2013.胡麻饼粕黄酮提取工艺研究［J］.中国食物与营养，19（12）：55-58.

胡晓军，李群，梁霞，等.2009.亚麻品种及生态环境对亚麻木脂素含量的影响［J］.中国油料作物学报，31（2）：256-258.

胡晓军，李群，梁霞.2012.亚麻籽脱皮及亚麻仁酱的研究［J］.农村新技术，16（4）：36-38.

胡晓军，李群，许光映，等.2012.亚麻籽中主要营养成分的分布研究［J］.中国油脂，37（12）：64-66.

胡晓军，王振，高忠东，等，2015.施肥对亚麻籽油中α-亚麻酸含量的影响［J］.山西农业科学，43（5）：582-583.

黄文功 .2011. 亚麻种质资源的 RAPD 分析 [J]. 黑龙江农业科学（8）：11-12.

贾海斌，何海军 .2012. 乌兰察布不同种植模式下胡麻带田产量及经济效益研究 [J]. 中国种业（8）：44-46.

康庆华，关凤芝，王玉福，等 .2006. 中国亚麻分子育种研究进展 [J]. 中国农业科学，39（12）：2 428-2 434.

李爱荣，刘栋，马建富，等 .2015. 冀西北油用亚麻田杂草调查及化学防控技术研究 [J]. 中国麻业科学（5）：250-253.

李凤荣，李爱荣，刘栋，等 .2015. 胡麻抗旱品种筛选试验及分析评价 [J]. 现代农业科技（8）：56-57.

李凤珍，马晓岗 .2012. 油用亚麻染色体核型分析 [J]. 江苏农业科学，40（4）：104-105.

李富恒，王晓宇，杨学，等 .2013. 亚麻抗炭疽病种质资源抗性鉴定与鉴定方法筛选 [J]. 东北农业大学学报，44（10）：33-38.

李建鑫 .2012. 旱地胡麻高产栽培技术 [J]. 青海农技推广（4）：5-7.

李今兰，金硕柞 .1986. 长白山一带延边野亚麻 [J]. 中国麻作（3）：37.

李秋芝，姜颖，鲁振家，等 .2017.300 份亚麻种质资源主要农艺性状的鉴定及评价 [J]. 中国麻业科学，39（4）：172-179.

李淑珍，孙琳丽，马玉平，等 .2014. 气候变化对固原地区胡麻发育进程和产量的影响 [J]. 应用生态学报，25（10）：2 892-2 900.

李小燕，张蕾，牛菊芬，等 .2015. 旱地混合型微垄全膜不同覆盖时期对土壤水分及胡麻生长的影响 [J]. 干旱地区农业研究，33（2）：16-21.

李兴华，方子森，牛俊义 .2013. 大量及微量元素对胡麻幼苗生长发育的影响 [J]. 甘肃农业大学学报，48（1）：42-48.

李延帮，刘汝温 .1982. 油用亚麻史略 [J]. 农业考古（2）：86-88.

李燕青，金军 .2018. 亚麻籽中氨基酸组成及含量的研究 [J]. 食品研究与开发，39（7）：169-173.

李一凡，王凤玲，王玉玮，等 .2017. 加热对亚麻籽油脂肪酸种类和含量的影响 [J]. 食品研究与开发，38（1）：10-13.

李玥，武凌，高珍妮，等 .2018. 基于 APSIM 的胡麻光合生产与干物质积累模拟模型 [J]. 草业学报，27（3）：57-66.

梁慧锋 .2010. 胡麻油的营养成分及其保健作用 [J]. 企业导报（2）：243-244.

梁少华，王金亚，董彩文，等 .2016. 亚麻籽和亚麻籽油理化特性及组成分析 [J]. 中国粮油学报，31（12）：61-66.

林非凡，谭竹钧 .2012. 亚麻籽油中 α-亚麻酸降血脂功能研究 [J]. 中国油脂，37（9）：44-47.

刘春英 .2013. 灌水量和灌溉方式对胡麻生长发育和产量的影响 [J]. 甘肃科技纵横，42（6）：73-75.

刘福华，夏自成，王洪福，等 .2006. 胡麻套种地膜辣椒栽培技术 [J]. 宁夏农林科技（1）：60.

刘惠霞，杨荣洲，汪国峰 .2015. 对防治胡麻白粉病中使用杀菌剂的药效初探 [J]. 农业与技术，35（22）：25.

刘丽 .2018. 巴里坤县旱地胡麻栽培技术 [J]. 农村科技（2）：13-14.

刘秦，姚正良，缪纯庆，等 .2017. 河西地区甜菜与胡麻全膜覆盖带田高效栽培技术 [J]. 中国甜菜糖业（3）：13-15.

刘珊，李昕，张保平，等 . 2015. 亚麻籽木酚素预防乳腺癌的作用及机制研究 [J]. 现代生物医学进展，15（34）：6 645-6 648.

刘卫东，李玉奇，牛树君，等 . 2015. 播期对胡麻田杂草发生及产量的影响 [J]. 甘肃农业科技（9）：19-20，21.

刘晓华，马玉鹏，苏存录 . 2015. 旱地有机胡麻栽培技术 [J]. 宁夏农林科技，56（1）：17.

卢银洁，郝利平，郭雨萱 . 2016. 贮藏过程中胡麻油主要脂肪酸含量及组成变化 [J]. 食品与机械（6）：115-117.

卢银洁，狄建兵，郝利平，等 . 2017. 热榨和冷榨胡麻油挥发性物质与关键风味物质组成的分析 [J]. 中国油脂，42（3）：44-47.

陆孝睦 . 1985. 我国亚麻起源问题佐见 [J]. 农业考古（1）：275.

吕彦彬，金亚征 . 2009. 水分供给对胡麻产量的影响 [J]. 安徽农业科学，37（13）：5 956.

罗俊杰，欧巧明，叶春雷，等 . 2014. 主要胡麻品种抗旱相关指标分析及综合评价 [J]. 核农学报，28（11）：2 115-2 125.

罗俊杰，欧巧明，叶春蕾，等 . 2014. 重要胡麻栽培品种的抗旱性综合评价及指标筛选 [J]. 作物学报，40（7）：1 259-1 273.

罗影，王立光，陈军，等 . 2017. 不同种植模式对甘肃中部高寒区胡麻田土壤酶活性及土壤养分的影响 [J]. 核农学报，31（6）：1 185-1 191.

孟桂元，孙方，周静，等 . 2016. 亚麻种质脂肪酸成分差异及其相关性研究 [J]. 分子植物育种（9）：2 502-2 508.

牛小霞，牛俊义 . 2017. 不同轮作制度对定西地区农田杂草群落的影响 [J]. 干旱地区农业研究，35（4）：223-229.

欧巧明，叶春雷，李进京，等 . 2017. 胡麻种质资源成株期抗旱性综合评价及其指标筛选 [J]. 干旱区研究，34（5）：1 083-1 092.

欧巧明，叶春雷，李进京，等 . 2017. 油用亚麻品种资源主要性状的鉴定与评价 [J]. 中国油料作物学报，39（5）：623-633.

蒲金涌，邓振镛，姚小英，等 . 2004. 甘肃省胡麻生态气候分析及种植区划 [J]. 中国油料作物学报，26（3）：37-39.

祁旭，王兴荣，许军，等 . 2010. 胡麻种质资源成株期抗旱性评价 [J]. 中国农业科学，43（15）：3 076-3 087.

钱爱萍，曹秀霞，安维太，等 . 2014. 微肥配施对旱地胡麻出苗和种子产量的影响 [J]. 江苏农业科学，42（6）：90-91.

乔海明，米君，张丽丽，等 . 2010. 胡麻品种不同播期对产量及经济性状的影响 [J]. 河北北方学院学报（自然科学版），26（1）：19-23.

乔海明，米君，张丽丽 . 2010. 冀西北地区胡麻"三早"栽培技术 [J]. 河北农业科学，14（2）：11-12.

乔海明，米君 . 2010. 自然持续干旱胁迫生态条件下油用亚麻二次生长研究初报 [J]. 中国麻类科学，32（2）：104-106.

乔海明 . 2010. 油用亚麻边际效应研究初报 [J]. 中国农学通报，26（12）：126-129.

乔海明，米君，曲志华，等 . 2014. 影响油用亚麻 α-亚油酸含量主要因素初步分析 [J]. 中国麻业科学，36（4）：191-193.

邱财生，邓欣，龙松华，等 . 2015. 亚麻种质资源的表型多样性分析 [J]. 种子，34（12）：55-57.

施树.2007.两种胡麻饼粕提取蛋白质等电点测定 [J].粮食与油脂（8）：25-26.

帅瑞艳，刘飞虎.2010.亚麻起源及其在中国的栽培与利用 [J].中国麻业科学，32（5）：16-19.

宋军生，党占海，张建平，等.2015.油用亚麻品种资源农艺性状的主成分及聚类分析 [J].西南农业学报，28（2）：492-497.

孙爱景，刘玮.2010.亚麻籽功能成分提取及其应用 [J].粮食科技与经济，35（1）：44-45，50.

孙洪涛，傅卫东，柳新.1986.在温室条件下人工光照与温度对亚麻生长发育的影响 [J].中国麻业（3）：35-36.

孙洪涛，傅卫东，吴昌斌，等.1995.影响亚麻花药培养的某些因素 [J].植物学通报，12（3）：41-44.

孙俊，付克勤.2009.旱地胡麻与葵花间种高产栽培技术研究 [J].现代农业科学（5）：69-72.

孙小花，谢亚萍，牛俊义，等.2015.不同供钾水平对胡麻花后干物质转运分配及钾肥利用效率的影响 [J].核农学报，29（1）：192-201.

孙小花，谢亚萍，牛俊义，等.2015.不同施钾水平对胡麻钾素营养转运分配及产量的影响 [J].草业学报，24（4）：30-38.

孙银霞.2016.灌水对胡麻籽粒产量和水分利用效率的影响 [J].甘肃农业科技（3）：49-53.

汪磊，谭美莲，叶春雷，等.2016.胡麻覆膜种植模式对产量、水分利用效率和经济效益的影响 [J].中国油料作物学报，38（4）：460-466.

王斌，王利民，党照，等.2016.胡麻套种不同密度油菜对产量和经济效益的影响 [J].甘肃农业科技（10）：9-11.

王达，吴崇仪.1983.我国油用亚麻原产地管见 [J].农业考古（2）：261-265.

王海平，李心文，李景欣，等.2004.胡麻枯萎病病原尖孢镰刀菌生态生物型的划分研究 [J].华北农学报，19（2）：115-116.

王红梅，李雨阳，余华林，等.2017.白银市刘川灌区胡麻套种豌豆栽培技术 [J].甘肃农业科技（2）：88-89.

王克臣，冷超，李明.2010.亚麻形态发生的生理生化特性 [J].中国农学通报，26（12）：30-34.

王兰.2006.胡麻油——必需脂肪酸的宝库 [J].四川旅游学院学报（3）：10-11.

王瑞，贺维忠.2010.伊犁河谷胡麻高产无公害栽培技术 [J].新疆农业科技（3）：8-9.

王世全，薄天岳，樊晓燕，等.2002.亚麻抗锈病近等基因系RAPD特异指纹带的克隆分析 [J].西南农业学报，15（3）：82-84.

王树彦，韩冰，周四敏，等.2016.胡麻脂肪酸含量与相关基因的差异表达 [J].中国油料作物学报，38（6）：771-777.

王霞，苏玉彤，崔岩，等.2014.胡麻营养价值及套种向日葵和小麦高产高效栽培技术 [J].特种经济动植物，17（12）：32-33.

王映强，赖炳森.1998.亚麻籽油中脂肪酸组成分析 [J].药物分析杂志（3）：176-180.

王雍臻，罗俊杰，刘新星，等.2013.基于农艺性状的15个胡麻品种抗旱性评价 [J].甘肃农业大学学报，48（6）：45-51.

王占贤，高俊山，吕忠诚，等.2012.鄂尔多斯地区胡麻品种筛选试验研究 [J].安徽农学通报，18（1）：77-78.

王宗胜.2017.胡麻膜侧沟播机械化栽培技术 [J].农业开发与装备（6）：124.

吴兵，高玉红，李玥，等.2016.旱地胡麻不同氮磷配施后磷素转运分配和磷肥的利用效率 [J].中国油料作物学报，38（5）：619-625.

吴俊玲.2013.胡麻套种多种作物的技术措施 [J].科技创业家（14）：212.

吴文荣，刘晓艳，吴桂丽，等.2012.不同干旱胁迫对胡麻种子萌发特性的影响 [J].作物杂志（2）：134-137.

吴行芬.2005.不同生态条件下雄性不育亚麻育性表现及细胞学特征研究 [D].甘肃：甘肃农业大学.

肖运峰，谢文忠，李秉文.1978.宿根亚麻的生态—生物学特性及其驯化利用前途 [J].植物学报，20（3）：262-265.

谢冬微，路颖，赵德宝，等.2016.亚麻种质资源木酚素含量及农艺性状分析与评价 [J].中国麻业科学，38（4）：145-151.

谢亚萍，闫志利，李爱荣，等.2013.施磷量对胡麻干物质积累及磷素利用效率的影响 [J].核农学报，27（10）：1 581-1 587.

谢亚萍，吴兵，牛俊义，等.2014.施氮量对旱地胡麻养分积累、转运及氮素利用率的影响 [J].中国油料作物学报，36（3）：357-362.

徐大鹏，姚泽恩，尹永智.2013.不同光强对胡麻幼苗生长发育特性的影响 [J].现代农业科技（8）：9-10.

徐新清.2011.胡麻生态区域布局规划分析与评价 [J].中国农村小康科技（2）：35-36.

许光映，胡晓军，高忠东，等.2013.品种及生态环境对亚麻籽蛋白质含量的影响 [J].山西农业科学，41（4）：336-338.

闫志利，郭丽琢，方子森，等.2012.有机肥对胡麻干物质积累、分配及产量的影响研究 [J].中国生态农业学报，20（8）：988-995.

燕鹏，崔红艳，方子森，等.2017.补充灌溉对土壤水分和胡麻籽粒产量的影响 [J].水土保持研究，24（1）：328-332.

杨崇庆，曹秀霞，张炜，等.2017.亚麻象的生活史及幼虫空间分布研究 [J].环境昆虫学报，39（3）：701-704.

杨崇庆，曹秀霞，张炜，等.2018.胡麻对亚麻象蛀食胁迫的补偿效应初探 [J].中国油料作物学报，40（1）：140-145.

杨国燕，陈轩，周坚.2015.高温氧化热处理对亚麻籽油结晶和熔融曲线的影响 [J].中国油脂，40（4）：33-37.

杨丽，祁双桂，李青梅，等.2017.不同覆膜栽培方式对胡麻水分利用效率和产量研究 [J].西北农业学报，26（5）：728-737.

杨龙，陈发宏，王斌，等.2005.密度和播期对六安地区亚麻生育期和产量的影响 [J].中国麻业，27（6）：308-311.

杨萍，李杰，张中凯，等.2016.施氮对胡麻/大豆间作体系作物间作优势及种间关系的影响 [J].草业学报，25（3）：181-190.

杨天庆，牛俊义.2016.氨基酸配方有机肥对胡麻生长和籽粒产量及品质的影响 [J].西北植物学报，36（8）：1 632-1 641.

杨万军，乔海明，米君，等.2014.同一密度不同行距播种方式对胡麻产量及主要性状影响 [J].河北北方学院学报（自然科学版）（1）：49-53.

姚虹，马建军.2011.不同种植方式对胡麻产量构成因素的影响 [J].安徽农业科学，39（30）：18 460-18 462.

姚玉璧，王润元，杨金虎，等.2011.黄土高原半干旱区气候变暖对胡麻生育和水分利用效率的影响 [J]. 应用生态学报，22（10）：2 635-2 642.

姚玉波，关凤芝，吴广文，等.2015.温度对不同亚麻品种发芽的影响 [J]. 黑龙江农业科学（1）：16-18.

伊六喜，斯钦巴特尔，张辉，等.2017.胡麻种质资源遗传多样性及亲缘关系的 SRAP 分析 [J]. 西北植物学报，37（10）：1 941-1 950.

余红，牛树君，胡冠芳，等.2016.播种密度对胡麻田杂草发生及胡麻产量的影响 [J]. 安徽农业科学，44（27）：240-241.

袁世军.2015.全膜双垄沟播一膜两年用胡麻栽培技术 [J]. 甘肃农业（20）：33.

岳德成，王宗胜，姜延军.2015.平凉市胡麻田杂草调查研究 [J]. 现代农业科技（23）：134-136.

岳国强，程炳文，殷秀琴，等.2009.胡麻抗旱节水品种筛选研究 [J]. 现代农业科技（14）：61-62，64.

云少君，戴玥，延莎.2015.β-胡萝卜素和植酸对胡麻油抗氧化活性的影响 [J]. 山西农业大学学报（自然科学版），35（3）：277-280.

詹永莉.2013.棉花间作胡麻栽培技术 [J]. 农村科技（6）：9.

张辉，陈鸿山，王宜林.1996.显性核不育亚麻在育种上的应用研究初报 [J]. 华北农学报，11（2）：38-42.

张举仁.1987.亚麻下胚轴细胞脱分化过程的细胞学研究 [J]. 山东大学学报（自然科学版），22（2）：97-104.

张雷，李小燕，牛芳菊，等.2011.旱地微垄地膜覆盖沟播栽培对土壤水分和胡麻产量的影响 [J]. 作物杂志（4）：95-97.

张雷，李小燕，牛芬菊，等.2017.旱地胡麻全膜大小垄侧穴播栽培技术研究 [J]. 干旱地区农业研究，35（2）：62-67.

张梦君，黎继烈，申爱荣，等.2017.亚麻立枯病拮抗菌的筛选、生防效果及发酵条件优化 [J]. 微生物学通报，44（5）：1 099-1 107.

张培宜，毛丹卉，张明靓，等.2012.不同方法提取胡麻油性质的对比研究 [J]. 中国粮油学报，27（7）：71-73.

张素梅.2017.不同茬口对胡麻经济性状及营养品质的影响 [J]. 农业开发与装备（4）：73-74.

张炜，曹秀霞，钱爱萍.2016.化学除草剂防除胡麻田稗草的药效研究 [J]. 宁夏农林科技，57（9）：37-38.

张文军.2017.甜菜套种胡麻高效丰产栽培技术 [J]. 中国糖料，39（3）：43-44.

张晓霞，尹培培，杨灵光，等.2017.不同产地亚麻籽含油率及亚麻籽油脂肪酸组成的研究 [J]. 中国油脂，42（11）：142-146.

张新学，曹秀霞，安维太，等.2015.种植密度对旱地垄膜集雨沟播胡麻干物质积累及产量的影响 [J]. 农业科学研究，36（3）：35-37.

张政，李志彬.2015.伊犁河谷胡麻不同种植密度试验初报 [J]. 新疆农业科技（3）：31-32.

赵利，党占海，牛俊义，等.2015.水分胁迫下不同抗旱类型胡麻苗期生理生化指标变化 [J]. 干旱地区农业研究，33（4）：140-145.

赵利，党占海，张建平，等.2008.不同类型胡麻品种资源品质特性及其相关性研究 [J]. 干旱地区农业研究，26（5）：6-9.

赵利，胡冠芳，王利民，等.2010.兰州地区胡麻田杂草消长动态及群落生态位研究 [J]. 草业学报, 19 (6): 18-24.

赵利, 牛俊义, 胡冠芳, 等. 2012. 地肤根系分泌物对胡麻的化感作用 [J]. 草业科学, 29 (6): 894-897.

赵玮, 党占海, 张建平, 等. 2016. NaCl 胁迫对不同抗旱强度胡麻品种农艺性状和生理指标的影响 [J]. 甘肃农业科技 (11): 1-6.

赵文举, 郁文, 徐裕, 等. 2015. 干旱区集雨和压砂种植模式对胡麻产量的影响 [J]. 节水灌溉 (5): 9-11.

郑伟, 王树彦, 高文, 等. 2009. 油用亚麻种质间各脂肪酸含量差异的相关分析 [J]. 中国油料作物学报, 31 (3): 311-315.

周亚东, 李明, 苏钰, 等. 2010. 亚麻种质资源脂肪酸组分含量与品质性状的相关分析 [J]. 东北农业大学学报, 41 (9): 21-26.

周宇, 张辉, 叶春雷, 等. 2015. 甘肃省胡麻白粉病发生规律研究 [J]. 中国麻类科学, 37 (1): 26-29.

朱猛蒙, 达海莉, 张蓉, 等. 2011. 不同药剂处理对胡麻害虫—天敌群落的影响 [J]. 宁夏农林科技, 52 (2): 36-37, 49.

Garner W W, Allard H A. 1920. Effect of the relative of day and night and other factors of the environment on growth and reproduction in plants [J]. Journal Agrical Research, 18: 553-606.